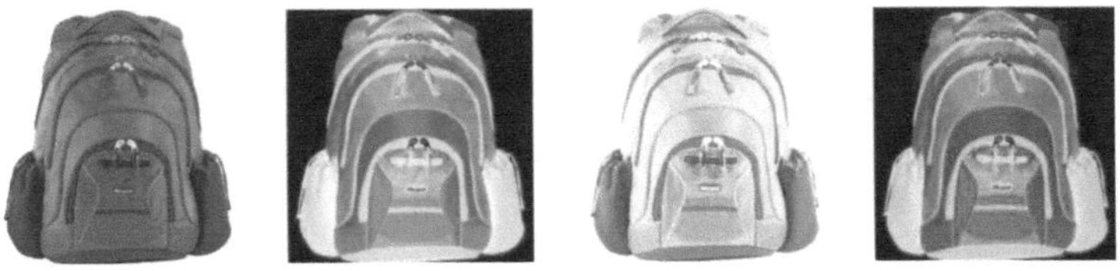

a）原始图像　b）饱和度信息　c）亮度信息　d）色调信息

图 4.5　表达图像完整与部分信息的示例

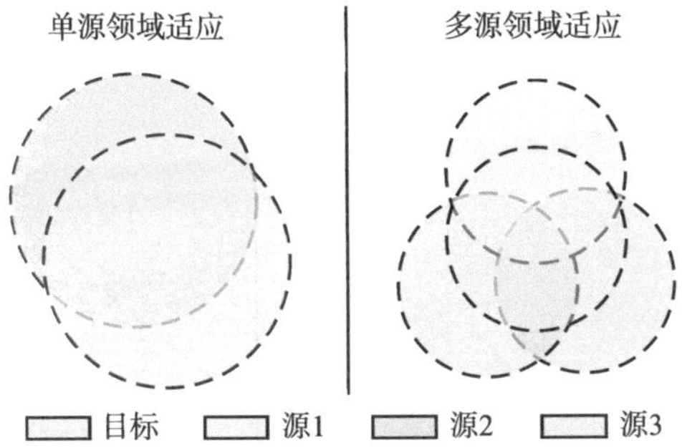

图 4.7　单源领域自适应与多源领域自适应。在单源领域适应中，源领域和目标领域的分布不能很好地匹配，而在多源领域适应中，由于多个源领域之间的分布偏移，匹配所有源领域和目标领域的分布要困难得多[71]

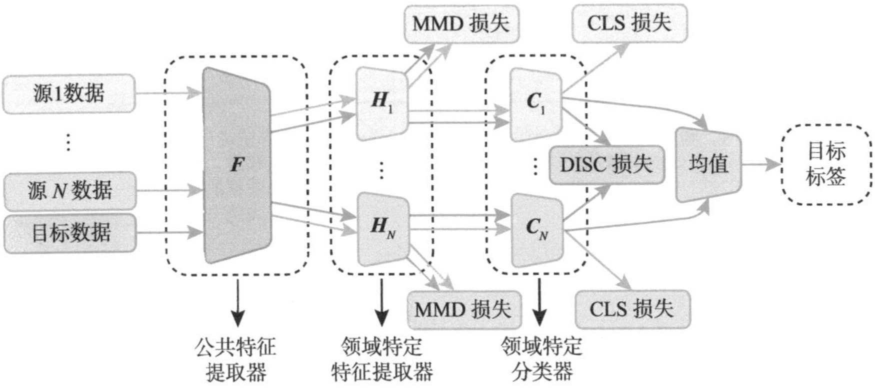

图 4.8　同时对齐分布和分类器的多源自适应方法[71]

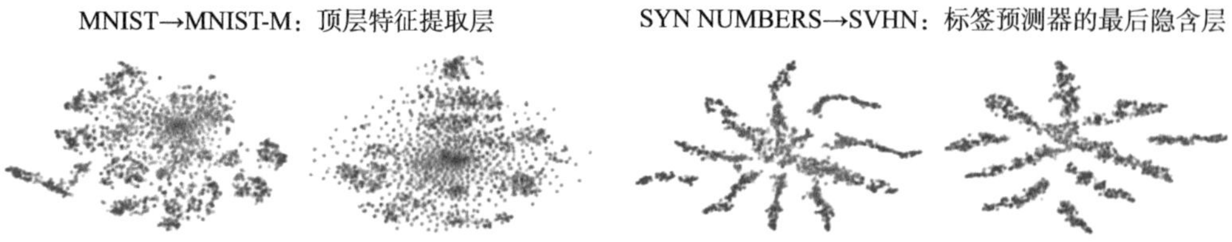
MNIST→MNIST-M：顶层特征提取层
SYN NUMBERS→SVHN：标签预测器的最后隐含层

a）非适应的结果　b）适应的结果　c）非适应的结果　d）适应的结果

图 5.4　领域对抗神经网络可视化结果[64]

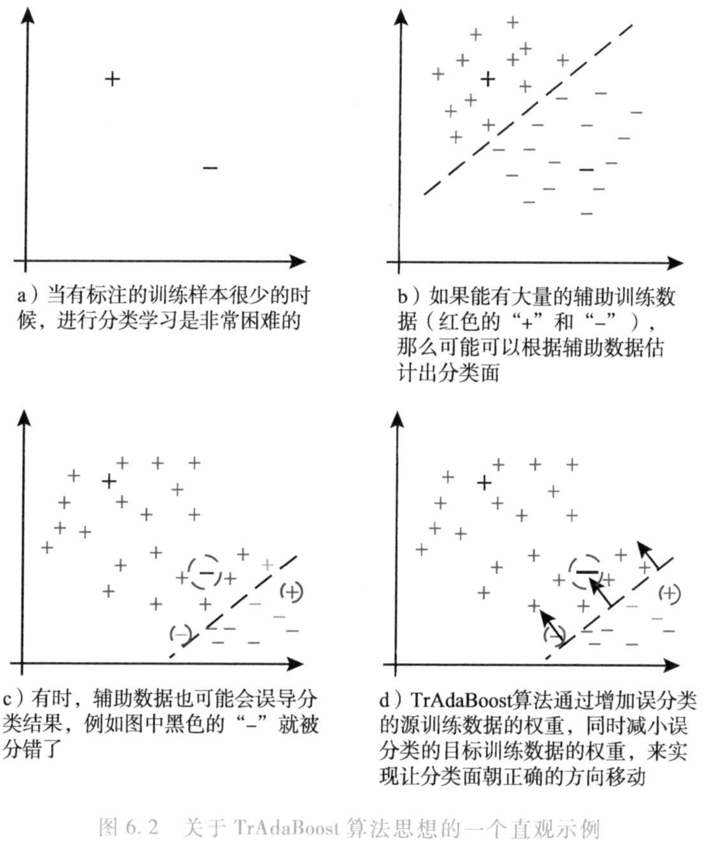
a）当有标注的训练样本很少的时候，进行分类学习是非常困难的
b）如果能有大量的辅助训练数据（红色的“+”和“–”），那么可能可以根据辅助数据估计出分类面
c）有时，辅助数据也可能会误导分类结果，例如图中黑色的“–”就被分错了
d）TrAdaBoost算法通过增加误分类的源训练数据的权重，同时减小误分类的目标训练数据的权重，来实现让分类面朝正确的方向移动

图 6.2　关于 TrAdaBoost 算法思想的一个直观示例

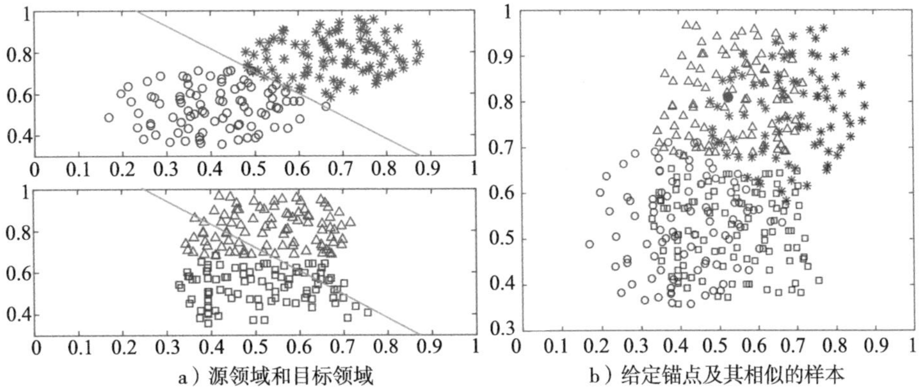

图 6.10 基于锚点的集成学习示意图[100]

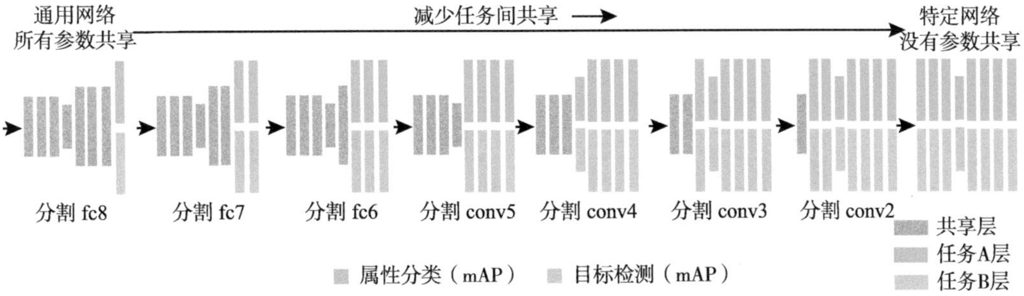

图 8.9 拆分架构[130]

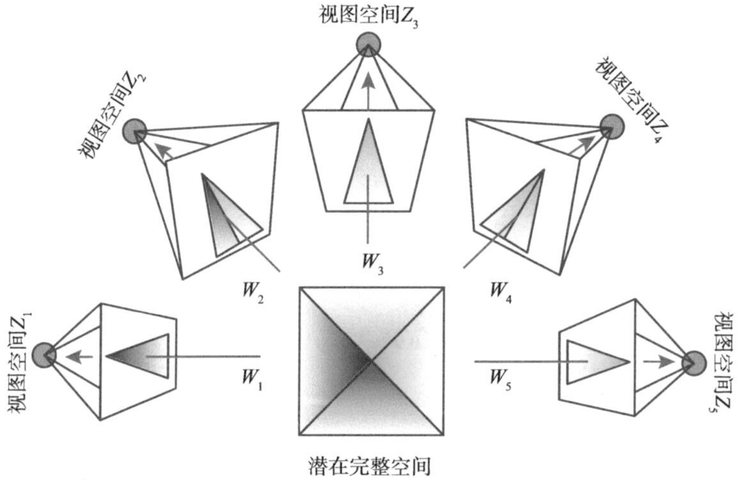

图 9.4　视图不足假设[136]

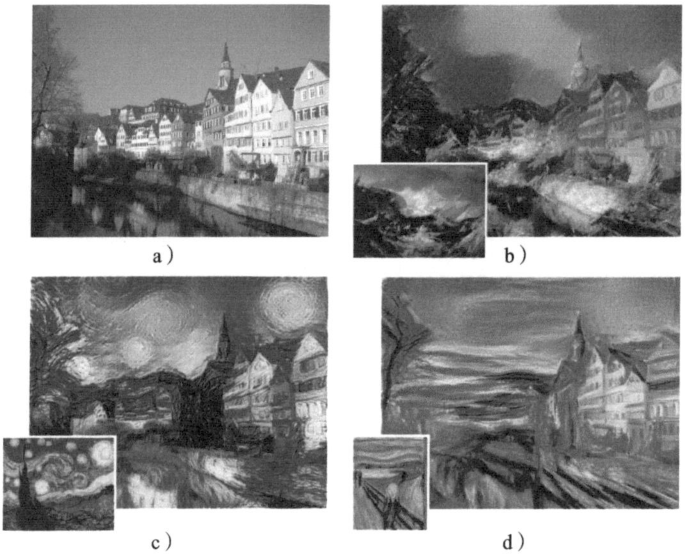

图 10.20　风格迁移示意图[202]

智能科学与技术丛书

迁移学习算法

应用与实践

庄福振 朱勇椿 祝恒书 熊辉 著

TRANSFER LEARNING ALGORITHMS

Applications and Practices

机械工业出版社
CHINA MACHINE PRESS

本书首先从迁移学习采用的技术出发，系统介绍每一类迁移学习算法，包括基于非负矩阵分解、概率模型、传统深度学习、对抗深度学习、模型融合以及图神经网络等的迁移学习算法，针对每一类算法介绍具有代表性的几种工作，并从算法动机、算法原理、算法流程等方面进行重点介绍；然后针对迁移学习的应用场景，介绍典型的应用案例；最后介绍迁移学习在百度飞桨平台上的实践。

本书旨在让迁移学习或者相关领域的研究人员系统地掌握迁移学习的各类算法，熟悉各类应用场景，进而为迁移学习落地实践提供指导和帮助。

图书在版编目（CIP）数据

迁移学习算法：应用与实践 / 庄福振等著．— 北京：机械工业出版社，2023.3（2025.1 重印）
（智能科学与技术丛书）
ISBN 978-7-111-72650-0

Ⅰ.①迁…　Ⅱ.①庄…　Ⅲ.①机器学习 - 算法　Ⅳ.① TP181

中国国家版本馆 CIP 数据核字（2023）第 029797 号

机械工业出版社（北京市百万庄大街 22 号　邮政编码：100037）
策划编辑：刘　锋　　　　　责任编辑：刘　锋　赵亮宇
责任校对：张爱妮　张　薇　责任印制：李　昂
北京捷迅佳彩印刷有限公司印刷
2025 年 1 月第 1 版第 3 次印刷
185mm × 260mm · 17.25 印张 · 2 插页 · 364 千字
标准书号：ISBN 978-7-111-72650-0
定价：99.00 元

电话服务
客服电话：010-88361066
010-88379833
010-68326294

网络服务
机　工　官　网：www.cmpbook.com
机　工　官　博：weibo.com/cmp1952
金　书　网：www.golden-book.com
机工教育服务网：www.cmpedu.com

序

机器学习发展至今，在研究和实践上均取得了巨大进步。然而，在数据量爆炸式增长的今天，机器学习也面临着更大的挑战，例如医疗场景仅有少量数据，无法训练好的机器学习模型，再例如个人没有资源训练大模型，不使用大模型无法达到令人满意的效果。人类拥有知识迁移能力，能够从见过的场景迁移知识到新的场景，从而更快地学习新的知识，比如学习骑自行车的知识可以快速泛化到学习骑电动车。受到人类知识迁移能力的启发，研究者希望模型可以像人类一样迁移知识，从“大数据”场景迁移知识来解决“小数据”场景的问题，从而避免花费大量人力物力标记数据。因此，研究者提出了迁移学习，旨在从源领域向目标领域迁移知识，从而提升目标领域模型的表现性能或减少目标领域对标注数据的需求。

迁移学习是一种新的机器学习范式，近年来受到了广泛关注。庄福振研究员在迁移学习领域深入研究了十余年，是最早研究迁移学习的研究人员之一，在迁移学习及相关领域已经取得了大量研究成果，积累了丰富的研究经验，并且将迁移学习落地到文本分类、推荐系统、金融风控等多个场景。此外，庄福振研究员前两年也完成了一篇关于近十年来迁移学习研究工作进展的系统综述，该综述主要从数据和模型角度对迁移学习算法进行了总结，也比较全面地涵盖了整个迁移学习领域的前沿进展。

本人的团队曾出版《迁移学习》，该书全面讲解了迁移学习中的各个方向。而庄福振研究员撰写的《迁移学习算法：应用与实践》更侧重于迁移学习算法的系统介绍以及应用实践，并且搭配有百度飞桨的代码，方便初学者快速入门。《迁移学习算法：应用与实践》不仅介绍了概率模型的迁移学习算法、传统深度学习的迁移学习算法，还介绍了近几年兴起的基于图神经网络的迁移学习算法，此外，还扩展介绍了和迁移学习相关的多任务学习、多视图学习算法。该书还介绍了迁移学习在自然语言处理、计算机视觉、推荐系统、金融风控、城市计算等多方面的应用，极大地弥合了工业界和学术界的鸿沟。作为首篇迁移学习综述及首本迁移学习领域书籍的作者，我向对迁移学习研究感兴趣的读者强力推荐这本书，以便大家快速掌握相关的迁移学习算法原理并实践。

杨　强
加拿大工程院院士、
加拿大皇家科学院院士、
香港科技大学讲席教授

前言

迁移学习是机器学习中一种新的学习范式，解决的是目标领域中只有少量标记样本，甚至没有样本的富有挑战性的学习问题。在过去的十几年里，不管从算法、理论研究还是从实际场景应用来说，迁移学习都得到越来越广泛的关注与研究。

国内外学者对迁移学习的研究已经有十几年，并且提出了大量的迁移学习算法，但还没有相关图书针对这些算法从所采用的技术的角度进行系统、深入的梳理和总结。本人从事迁移学习以及相关方面的研究将近十五年，一直想对迁移学习算法所采用的技术脉络进行系统梳理，方便学术界和工业界能够较快地掌握各类迁移学习算法；另外，我们还将对已有的迁移学习代码进行梳理，方便迁移学习相关的研究学者以及应用开发者进行研究和实践。因此，本书试图按照迁移学习采用的技术对迁移学习算法进行分类总结，以我们十几年来的研究工作为基础，扩展各类迁移学习算法的代表性工作进行介绍。具体来说，本书首先从迁移学习采用的技术出发，系统介绍每一类迁移学习算法，包括基于非负矩阵分解、概率模型、传统深度学习、对抗深度学习、模型融合以及图神经网络等的迁移学习算法，针对每一类算法介绍代表性的几种工作，并从算法动机、算法原理、算法流程等方面进行重点介绍；然后针对迁移学习的应用场景，介绍典型的应用案例；最后，介绍迁移学习在百度飞桨平台上的实践。本书旨在让迁移学习或者相关领域的研究人员系统地掌握迁移学习的各类算法，熟悉各类应用场景，进而为落地实践提供指导和帮助。

本书从 2021 年 7 月开始撰写，之所以能够顺利完成，我的团队、学生、朋友，还有百度团队付出了巨大的努力。在这里我要特别感谢他们，包括孙莹、秦川、朱勇椿、童逸琦、杜晨光、庄远鑫、张钊、张啸、姚开春、李爽、顾晶晶、祝恒书、毕然、张亚娴、张翰迪、马艳军、于佃海、吴蕾等（排名不分先后），他们每一个人都为本书的撰写付出了大量的时间和精力，再次感谢他们。我还要感谢香港科技大学的杨强教授，他为本书的撰写给出了很多建设性意见。当然，本书的出版也离不开出版社编辑老师的辛勤付出，在这里一并表示感谢。由于作者水平有限，本书完成初稿以后，虽然经历过反复梳理和校对，书中难免还有一些问题和瑕疵。若有发现，请及时反馈给我（Email：zhuangfuzhen@ buaa. edu. cn）或出版社进行修正，不胜感激。

庄福振

2022 年 9 月于北京航空航天大学

作者简介

庄福振 北京航空航天大学教授，博士生导师，入选国家级人才计划。2011 年 7 月毕业于中国科学院计算技术研究所，获得工学博士学位。2010 年 9 月至 2011 年 3 月获国家留学基金委资助，在美国明尼苏达大学学习 6 个月，2017 年 10 月至 2018 年 10 月受中国科学院资助，在美国新泽西州立大学罗格斯商学院访问一年。他是中国人工智能学会机器学习专委会委员、中国计算机学会模式识别与人工智能专委会委员、CCF 高级会员。

他主要从事机器学习和数据挖掘的相关研究工作，涉及迁移学习、多任务学习、多视图学习、推荐系统以及知识图谱等方面。在 *Nature Communications*、*PIEEE*、*TKDE*、KDD、IJCAI、AAAI、WWW、ICDE 等本领域顶级、重要国际期刊和国际会议上发表录用论文 150 多篇，其中 CCF A 类论文 80 多篇。译著有《迁移学习》《机器学习算法》《机器学习：应用视角》。曾获得 SDM2010 和 CIKM2010 的最佳论文提名，2013 年获得中国人工智能学会优秀博士学位论文奖，2015 年获得中国科学院计算技术研究所年度“卓越之星”，2017 年入选中国科学院青年创新促进会，2021 年入选北航青年人才拔尖计划。

朱勇椿 博士。长期致力于可靠人工智能研究及应用，在 KDD、WWW、SIGIR、*TKDE* 等国际顶级学术会议和期刊上发表文章 28 篇，Google 学术引用 3300 余次。公开或授权专利 10 余项。提出的方法应用到多个公司，包括腾讯、蚂蚁金服、美团、中科睿鉴等。参与三本迁移学习相关书籍的撰写、翻译工作。担任 KDD、WWW、AAAI、*TKDE*、*TOIS* 等会议和期刊的审稿人。

祝恒书 博士，北京市高端领军人才正高级工程师，BOSS 直聘职业科学实验室（CSL）主任。他长期致力于人工智能领域的前沿科学研究及跨领域产业应用，曾任百度人才智库（TIC）主任，百度人力资源信息与智能化副总经理，百度研究院主任架构师。他在 *Nature Communications*、*TKDE*、*TOIS*、KDD、SIGIR、WWW、AAAI 等国际顶级学术期刊和会议上发表论文 100 余篇，公开或授权专利 100 余项，4 次获得年度最佳论文奖或提名奖，相关成果被 *Harvard Business Review*、*MIT Technology Review*、《中国日报》等权威媒体广泛报道。他是 ACM、CAAI、CCF、IEEE 的高级会员，以及 CCF 大数据专家委员会执行委员、CCF 普适计算专委会执行委员、CAAI 智能服务专委会委员、中国人力资源开发研究会智能分会常务理事。他担任了 IEEE 标准协会人才服务与管理工作组主席，牵头了 IEEE SA P3154 国际标准的制定。他曾获得教育部自然科学奖一等奖、中国人工智能学会优博、中国科学院优博、中国科学院院长特别奖等荣誉。

熊　辉　现为香港科技大学（广州）讲座教授、协理副校长。他曾担任美国罗格斯-新泽西州立大学杰出教授，并曾在学术休假期间担任百度研究院副院长并主管 5 个实验室。主要研究领域涵盖数据挖掘、人工智能以及智能化人才分析。他获得的部分荣誉包括 AAAS Fellow、IEEE Fellow、ACM 杰出科学家、中国教育部长江讲座教授、中国国家基金委海外杰青 B 类（海外及港澳学者合作研究基金）、*Harvard Business Review* 2018 年“拉姆·查兰管理实践奖-全场大奖”、2017 IEEE ICDM Outstanding Service Award、ICDM-2011 最佳研究论文奖和 AAAI-2021 最佳论文奖。他还是 *Encyclopedia of GIS*（Springer）的共同主编，曾担任 ACM KDD 2012 企业及政府专题的共同程序委员会主席、IEEE ICDM 2013 的共同程序委员会主席、IEEE ICDM 2015 的共同大会主席，以及 ACM KDD—2018 的研究专题程序委员会主席。在人才培养方面，熊辉教授指导的大多数博士毕业生均成为美国知名大学，如田纳西大学（University of Tennessee-Knoxville）、亚利桑那大学（University of Arizona）和纽约州立大学石溪分校（Stony Brook University）的终身教授。

目录

第 1 章

绪论

1.1 迁移学习缘起

子曰：“不愤不启，不悱不发。举一隅不以三隅反，则不复也。”

——《论语·述而》

其中第二句讲的就是，孔子在教育弟子的过程中采用启发式的教育方式，目的是让人开悟，从而触类旁通，举一反三。也就是说，教给一个人某一方面的知识，他却不能由此而推知其他方面的知识，那就不再教他了。从这里我们可以看到，从古代开始，就已经非常重视学习的迁移了。

迁移学习应该说最早起源于教育心理学，根据教育心理学对学习迁移的描述[1]：学习是一个连续的过程，任何学习都是在学习者已经具有的知识经验和认知结构、已经获得的动作技能、已经习得的态度等基础上进行的，而新的学习过程及其结果又会对学习者原有的知识经验、技能和态度，甚或学习策略等产生影响，这种新旧学习之间的相互影响就是学习迁移（Transfer of Learning）。学习迁移是“在一种情境中的技能、知识和理解的获得或态度的形成，对另一种情境中的技能、知识和理解的获得或态度的形成的影响”[2]，或者简单地说，学习迁移是一种学习对于另一种学习的影响。

近年来传统机器学习算法已大有所成，且在许多实际应用中取得成功，但它对于一些真实场景仍有局限性。理想的机器学习场景中应有大量的标记训练实例，且训练实例与测试实例服从独立同分布。然而，收集大量的训练数据通常成本高且耗时长，甚至在许多情况下并不现实。半监督学习通过减少对大量标记数据的需求，在一定程度上解决了这个问题。它假定在独立同分布的情况下，一般只需要有限数量的标记数据和大量的未标记数据就能提高模型的学习精度。但在许多情况下，即使是未标记的实例也难以收集，这使得传统模型的训练效果并不理想。

迁移学习（Transfer Learning）侧重于跨领域的知识迁移，旨在运用已有的知识对不同但相关领域的问题进行求解，它是一种潜在的被认为有希望解决上述问题的机器学习方法。根据心理学家 C. H. Judd 提出的迁移泛化理论（the generalization theory of transfer），学习迁移是经验泛化的结果。人只要能对已有的经验进行泛化，就可能实现不同场景之间的知识迁移。基于上述理论，迁移的前提是两个学习任务之间存在关联。实际上，学过小提琴的人再学钢琴会比没学过的人学得快，因为钢琴和小提琴都是乐器，一些知识可能相同。图 1.1 展示了一些关于迁移学习的直观例子。迁移学习受人类学习过程中跨领域知识迁移能力的启发，旨在利用相关领域（称为源域）的知识来提高学习性能，或最小化目标域所需的标记实例数量。值得一提的是，迁移的知识不一定总能给新任务带来积极影响。假如源域与目标域没什么共同点，那么知识迁移就可能不成功。例如，学骑自行车不一定能让我们更快地学会钢琴。此外，领域之间的相似性并不一定有助于学习，因为有时相似性可能会产生误导。例如，虽然西班牙语和法语之间有着密切联系，同属于罗曼语族，但懂得西班牙语的人学法语可能会有困难，容易错用词汇或变形。这是由于之前学西班牙语的成功经验会对学法语的构词、用法、发音、变形等造成干扰。在心理学上，之前的经验对新的学习任务产生负面影响，这种现象称为负迁移（Negative Transfer）[3]。同样，在迁移学习领域，如果目标学习器受到迁移知识的负面影响，这种现象也称为负迁移[4-5]。负迁移发生与否取决于几个因素，如源域与目标域之间的相关性、学习器跨领域寻找知识中可迁移的有效部分的能力。文献［5］中给出了负迁移的正式定义及一些分析。

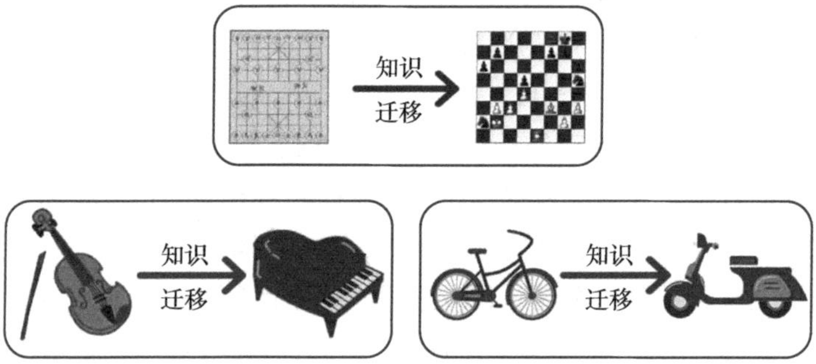

图 1.1　迁移学习的直观例子

1.2　学习的迁移理论

迁移学习的根本目的是提高学习器在目标领域/任务上的性能，下面我们试图从儿童教育心理学的角度来分析学习的迁移理论支撑。总体上，早期的迁移理论有三大学说[6]：形式训练说、相同要素说、概括化理论。在机器学习的迁移学习领域，笔者认为这三大学说可以对应于模型训练、数据基础、概念学习。

形式训练说 迁移理论中最早的学说是形式训练说（Formal Discipline Theory），主张迁移要经历一个“形式训练”过程才能产生。形式训练说的心理学基础是官能心理学，认为迁移是通过某种科目或者题材对组成心智的各种官能进行训练，以提高各种能力而自动实现学习，得到训练的官能又可以自动地迁移到其他活动中，即一种官能改进了，其他官能也会在无形中得以加强，如记忆官能增强以后，人就可以更好地学会和记住各种知识。

官能训练注重训练的形式而不注重内容，因为内容会被忘掉，其作用是暂时的，而只有通过这种形式的训练所达到的官能的进化才是永久的，才能迁移到其他的知识学习中，终生受用。类比到机器学习领域，则是对迁移学习模型不断训练的过程。通过不断地训练，模型可以“记住”更多知识，这样就可以保证模型在未知领域上的性能。目前，人工智能领域非常热的预训练模型可以作为非常典型的形式训练说的体现，通过大规模的预训练模型，知识得以加强，而且可以更好地泛化到相关领域问题的解决中。

相同要素说 桑代克和伍德沃斯以刺激—反应的联结理论为基础，提出了学习迁移的相同要素说（Identical Element Theory），认为训练可以迁移到类似的学习活动中，不相似的学习活动间则无迁移现象，如学习围棋并不会对学习法语有帮助。

桑代克的形状知觉实验是学习迁移的相同要素说的经典实验。他以大学生为被试对象，训练他们判断各种形状、大小的图形的面积。首先，被试对象接受初测，要求估计127个矩形、三角形、圆形和不规则图形的面积，以了解他们判断各种图形面积的能力。然后用90个平行四边形训练被试对象。最后，对被试对象进行两种测验：一是判断13个与训练图形相似的长方形的面积；二是判断27个曾在初测中使用过的三角形、圆形和不规则图形的面积。结果表明，这样的训练只是提高了被试对象对长方形面积的判断成绩，他们对三角形、圆形、不规则图形面积的判断成绩却没有提高。该实验说明，只有当学习情境和迁移测验情境存在共同成分时，一种学习才能影响另一种学习，即产生迁移。这也就是桑代克所说的具备共同要素才能更好地迁移。相同要素说相比形式训练说，对迁移的解释更客观，说明了学习任务与迁移任务之间的关系对迁移产生的影响。

在提出的很多迁移学习算法中，也是基于这样的假设，即源领域（任务）和目标领域（任务）具有相关性或者共享相同的因素，迁移学习算法才能表现得好。基于实例的迁移学习算法就是在模型训练过程中针对源领域中的样本赋予不同的权重，对与目标领域相似的样本给予较高的权重，反之则降低权重。基于特征选择的方法，也是选取不同领域之间的共同特征作为知识迁移的桥梁。基于参数共享的迁移学习算法，则是通过共享不同领域之间的共性知识达到迁移的目的。

概括化理论 概括化理论又称“经验类化理论”，它是由贾德提出来的。这个理论认为，只要一个人对他的经验进行了概括，就可以完成从一个情境到另一个情境的迁移。贾德在 1908 年所做的“水下打靶”实验是经验类化理论的经典实验。他以五年级和六年级的小学生作为被测对象，将他们分成两组，并让他们练习用标枪投中水下的靶子。在实验前，对其中一组讲授了光学折射原理，对另一组则不讲授，他们只能从尝试中获得一些经验。在开始投掷练习时，靶子置于水下 1.2 英寸[⊖]处。结果，学习过和未学习过折射原理的学生，其成绩相同。这是因为在测验中，所有学生都必须学会运用标枪，理论说明不能代替练习。当把水下 1.2 英寸处的靶子移到水下 4 英寸处时，两组的差异就明显地表现出来了：未学习折射原理的一组学生不能运用水下 1.2 英寸处的投掷经验来改进靶子位于水下 4 英寸处的投掷练习效果，错误持续发生；学过折射原理的学生，则能迅速适应水下 4 英寸的学习情境，并且学得快，投得准。

对此，贾德是这样解释的：理论曾把有关的全部经验，包括水外的、深水的和浅水的经验，组成了整个思想体系。学生在理论知识的背景上，理解了实际情况以后，就能利用概括好的经验去迅速解决需要按实际情况分析和调整的新问题。概括化理论与相同要素说的区别在于，桑代克的理论把注意力集中在先期和后期的学习活动所共有的因素上，而贾德则认为在先期学习 A 中所获得的经验，之所以能够迁移到后期的学习 B，是因为在学习 A 时获得了一般原理，这种一般原理可以部分或全部运用于学习 A 和学习 B 之中。这一理论强调了经验概括的重要性。

贾德认为，两个学习活动之间存在的共同成分，只是产生迁移的必要前提，而产生迁移的关键是，学习者在两种活动中概括出它们之间的共同原理。这也为迁移学习的研究提供了迁移理论基础和更高的要求，在迁移学习研究过程中，要同时重视数据认识以及模型训练。首先，源领域与目标领域存在的共性（数据、知识、参数）是进行迁移学习的条件，学会骑自行车并不会对学习围棋有任何帮助。其次，我们要重视迁移过程中模型的设计和训练。良好的模型设计和训练可以学习到利于下游任务目标的抽象知识和高层语义，即高度概括化的知识。值得庆幸的是，随着深度学习的研究进展，很多模型已经能够学习到特定领域的概括化知识，从而推动迁移学习的研究。

1.3 迁移学习定义

本节给出迁移学习的有关定义[7]。在给出迁移学习的定义之前，我们先回顾一下域和任务的定义。

⊖ 1 英寸≈2.54 厘米。——编辑注

定义1 （域） 一个域D由特征空间$\mathcal{X}$和边缘分布$P(X)$两部分组成。换而言之，$D=\{\mathcal{X}, P(X)\}$。其中，符号X指实例集，$X=\{x \mid x_i \in \mathcal{X}, i=1, \cdots, n\}$。

定义2 （任务） 一个任务$\mathcal{T}$由标签空间$\mathcal{Y}$和决策函数f组成，即$\mathcal{T}=\{\mathcal{Y}, f\}$。其中，决策函数$f$是隐式函数，自样本数据中学习得到。

有些机器学习模型实际上输出预测实例的条件分布，在这种情况下，$f(x_j)=\{P(y_k \mid x_j) \mid y_k \in \mathcal{Y}, k=1, \cdots, |\mathcal{Y}|\}$。

在实践中，我们一般通过许多带标签信息或不带标签信息的实例来观察一个域。例如，对应于源任务$\mathcal{T}_S$的源域D_S通常是通过“实例-标签”对观察得到，即$D_S=\{(x, y) \mid x_i \in \mathcal{X}^S, y_i \in \mathcal{Y}^S, i=1, \cdots, n^S\}$。对目标域的观察通常由大量未标记实例和有限数量的标记实例组成。

定义3 （迁移学习） 给定对应于$m^S \in \mathbf{N}^+$个源域和任务的观察（即$\{(D_{S_i}, \mathcal{T}_{S_i}) \mid i=1, \cdots, m^S\}$），以及对$m^T \in \mathbf{N}^+$个目标域和任务的观察（即$\{(D_{T_j}, \mathcal{T}_{T_j}) \mid j=1, \cdots, m^T\}$），迁移学习利用源域中隐含的知识来提升目标域的决策函数$f^{T_j}(j=1, \cdots, m^T)$的性能。

上述定义涵盖了多源迁移学习的情况，如果m^S为1，则该场景称为单源迁移学习，否则称为多源迁移学习。此外，m^T表示迁移学习的任务数。一些研究关注$m^T>2$的情况，但一般现有的研究侧重于$m^T=1$的情况（尤其是$m^S=m^T=1$）。值得一提的是，对域或任务的观察是一个广义的概念，通常被固化成有标签或无标签的实例集或预训练的模型。一个常见的场景是我们在源域上有大量的标记实例或有一个训练良好的模型，而在目标域上只有有限数量的标记实例。在这种情况下，实例和模型等实际上是观察结果，而迁移学习的目标是在目标域上学习更准确的决策函数。

迁移学习领域的另一个常用术语是领域自适应（Domain Adaptation）。领域自适应是指通过适应一个或多个源域来迁移知识，提高目标学习器的学习性能[8]。迁移学习往往依赖于领域自适应的过程，该过程试图减少域之间的差异。

1.4 迁移学习与已有学习范式的关系

迁移学习是旨在运用已存有的知识对不同但相关领域问题进行求解的一种有效机器学习方法。它放宽了传统机器学习中的两个基本假设：1）用于学习的训练样本与新的测试样本满足独立同分布的条件；2）必须有足够的可利用训练样本，才能学习得到一个好的分类模型。迁移学习的本质是，共享或迁移已有的知识来解决目标领域中仅有少量（甚至没有）有标签样本数据的学习问题。下面将介绍与迁移学习相关的领域，包括半监督学习、多视图学习、多任务学习、集成学习、元学习、小样本学习、分布外泛化、知识蒸馏、联邦学习，并阐明它们与迁移学习的联系与区别。

半监督学习（Semi-Supervised Learning） 半监督学习是介于监督学习（实

例全标记）和非监督学习（实例完全无标记）之间的一种机器学习方法。通常，半监督学习利用大量的未标记实例，结合有限的标记实例来训练学习器。半监督学习减少了对标记实例的依赖，从而降低了昂贵的标记成本。但需要注意的是，在半监督学习中，标记的和未标记的实例都来源于相同的分布。相比之下，在迁移学习中，源域和目标域的数据分布一般不同。许多迁移学习方法借鉴了半监督学习技术，而且使用了半监督学习中的关键假设，即平滑度假设、聚类假设和流形假设。

多视图学习（Multi-View Learning） 多视图学习关注的是多视图数据的机器学习问题，一个视图代表一个独特的特征集。多视图的一个直观的例子就是，视频对象可以从两个不同的视角来描述，即图像信号和音频信号。简而言之，多视图学习从多个视角描述一个对象，从而产生丰富的信息。合理地考虑各视图的信息可以提高学习器的学习性能。多视图学习采用的策略包括子空间学习（Subspace Learning）、多核学习（Multi-Kernel Learning）和协同训练（Co-Training）[9-10] 等。在一些迁移学习方法中也采用了多视图学习技术。例如，Zhang 等人提出了一种多视图迁移学习框架，该框架强加了多个视图之间的一致性[11]。Yang 和 Gao 将跨领域的多视图信息用于知识迁移[12]。Feuz 和 Cook 的研究引入了一种用于活动学习（Activity Learning）的多视图迁移学习方法，可以在异构传感器平台之间迁移活动知识[13]。

多任务学习（Multi-Task Learning） 多任务学习的思想是通过共享知识共同学习一组相关的任务。具体而言，多任务学习利用任务之间的相互联系，即兼顾任务间的相关性和任务间的差异性，来强化各个学习任务，从而增强每个任务的泛化能力。迁移学习与多任务学习的主要区别在于前者迁移相关领域内的知识，而后者通过同时学习多个相关任务来迁移知识。换而言之，多任务学习对每个任务同等关注，而迁移学习对目标任务的关注多于对源任务的关注。迁移学习和多任务学习之间存在一些共性和关联。二者都旨在通过知识迁移来提高学习器的学习性能，在构建模型时还采用了一些类似的策略，如特征转换和参数共享等。值得一提的是，一些现有的研究同时使用了迁移学习和多任务学习技术。例如，Zhang 等人的工作采用多任务和迁移学习技术进行生物图像分析[14]。Liu 等人提出了一个基于多任务学习和多源迁移学习的人类动作识别框架[15]。

集成学习（Ensemble Learning） 集成学习并不是一个单独的机器学习算法，而是通过构建并结合多个机器学习器（基学习器，Base Learner）来完成学习任务。对于训练集数据，通过训练若干个弱学习器（Weak Learner），采取一定的集成策略，最终形成一个强学习器（Strong Learner），以达到取长补短的目的。从共享知识的角度看，可以认为集成学习通过共享多个模型上的知识来获得最终性能的提升。集成学习可以用于分类问题集成、回归问题集成、特征选取集成、异常点检测集成等机器学习领域。集成学习典型的代表性算法包括 Bagging 和 Adaboost 等，前者通过有放回采样，构建多个数据集来训练多个基学习器，后者则在每一轮采样中改变样本被采样的权重，后续基学习器的训练依赖于前面基学习器的训练。基学习器的训练过程可以从三个粒度上进行：第一，对特征进行划分形成不同的子集，从而形成特征子集上的基学习器；第二，对数据进行划分形成不同的子集，从而形成局部数据上的基学习器；第三，数据来自不同的领域，从而形成跨领域上的基学习器。集成学习也通常被用于迁移学习中，通过学习不同样本的重要性、不同模型的权重等。

元学习（Meta Learning） 元学习[16]旨在从大量已有任务上学习可泛化的知识，从而快速泛化到新的任务，现有的元学习方法通常划分为三类：第一类是基于度量的方法[17]，这类方法基于距离度量学习公共特征空间，从而能区分开类别；第二类是基于优化的方法[18]，这类方法使用元学习器作为优化器或者用来学习良好的初始化参数；第三类是基于参数生成的方法[19]，这类方法通常设计参数预测网络并将其用作元学习器。元学习和迁移学习存在紧密联系，都旨在从已有任务或领域迁移知识提升目标任务或者目标领域的效果。然而两者也存在差异，元学习更侧重于学习可泛化的知识，目标任务在训练阶段是未知的，而迁移学习在训练阶段目标领域是已知的，更侧重于迁移对已知目标领域有用的知识。

小样本学习（Few-Shot Learning） 小样本学习[20]可以看作元学习的一个主要应用场景，旨在基于少量样本学习到好的模型。现有的元学习方法通过在大量已有任务中学到一个泛化能力强的模型，从而实现基于少量样本即可达到很好的测试效果。而迁移学习通过从相关的源领域迁移知识，在只有少量标签样本的目标领域上取得很好的效果。两者相比，元学习是在同领域下存在概念偏移的已有任务学习泛化知识，解决小样本问题，而迁移学习是从数据分布不同的领域中迁移知识来解决小样本问题。

分布外泛化（Out-of-Distribution Generalization） 现有的机器学习方法假设训练集和测试集满足独立同分布（IID）的条件，但是在真实场景中，测试集通常和训练集分布不同，如何在训练集上训练模型，并在和训练集分布不同的测试集上取得很好的泛化效果，这就是分布外泛化处理的问题[21]。迁移学习和分布外泛化均假设测试集和训练集分布存在差异，这两者最大的差异为迁移学习中测试集分布是已知的，而分布外泛化问题中测试集分布是未知的。分布外泛化包含很多子问题，比如领域泛化（Domain Generalization）、因果学习（Causal Learning）、稳定学习（Stable Learning）等。同时，分布外泛化也可以看作迁移学习的进化。

知识蒸馏（Knowledge Distillation） 知识蒸馏[22]是一种基于“教师-学生网络思想”的训练方法，知识蒸馏方法认为模型参数包含了知识，这类方法将已经训练好的模型包含的知识蒸馏提取到另一个模型里面去，其中的教师模型和学生模型可以是同构的，也可以是异构的。随着深度学习的发展，现在的模型越来越复杂，参数量巨大，这些大模型对移动设备极其不友好，因此需要进行模型压缩，从大模型向小模型蒸馏知识，这也是知识蒸馏的主要应用。除了模型压缩，知识蒸馏还能用于迁移学习，例如在源领域训练好的模型，直接从源领域模型向目标领域迁移知识，这样的方法可以保护数据隐私。

联邦学习（Federated Learning） 联邦学习允许多方用户（如手机、物联网设备等）形成一个联合体训练得到一个集中模型，而用户数据则安全地存储在本地，这就解决了数据隐私和安全保护问题。同时其可以有效应用联合体各方所掌握的标注数据，解决标注数据缺乏的问题。虽然其不共享数据，但传递参数的过程可能会造成参与方数据泄露，可信联邦学习则通过现有的一些隐私保护技术，例如同态加密（Homomorphic Encryption，HE）、差分隐私（Differential Privacy，DP）、安全多方计算（Secure Multi-Party Computation，MPC）等，为其抵御存在的重建攻击和推断攻击。此外，模型的版权问题也引起了重视，目前可通过水印技术修改模型的嵌入层，实现通过模型的输出结果带独有的水印以维护模型版权。

根据参与者之间数据特征和数据样本的分布情况，联邦学习一般可以分为水平联邦学习（Horizontal Federated Learning，HFL）、垂直联邦学习（Vertical Federated Learning，VFL）和联邦迁移学习（Federated Transfer Learning，FTL）。在 HFL 中，参与者的数据特征是对齐的，在 VFL 中，参与者的训练样本是对齐的，而 FTL 则是处理联邦学习参与者在样本空间和特征空间中几乎没有重叠的场景。其通过迁移学习使补充知识能够在数据联合中跨域传输，从而使目标域方能够通过利用来自源域的丰富标签来构建灵活有效的模型，并克服数据或标签不足的问题。该方法在收敛性和准确性方面的性能与非隐私保护的迁移学习相当。例如，Liu 等人提出使用同态加密和基于 beaver 三元组的秘密共享方法，并结合到两方计算（two-party computation，2PC）的联邦迁移学习框架[23] 中。Peng 等人则向联邦学习中引入直推式迁移学习中的领域自适应（Domain Adaption），提出了一种联邦对抗域适应方法（Federated Adversarial Domain Adaptation，FADA），通过对抗性技术解决联邦学习中的域迁移问题[24]。联邦学习与迁移学习相结合，既可以有效地保护隐私和数据安全，又可以解决目标域/任务中标签数据不足以及分布不一致的问题。

1.5 迁移学习未来的研究方向

近十几年，学术界和工业界已经对迁移学习展开了大量的研究和应用。令人欣喜的是，该方向的学术成果也已经取得了显著突破，并且在一些特定场景下成功落地应用。但作者认为该领域还非常年轻，还有很多事情可以做。比如在真实场景中，虽然有一些实际数据的应用，但其算法主要还停留在实验阶段，离实用还有一定距离。另外，现实世界中也存在着各种各样的应用需求。迁移学习作为能够解决人工智能最后一公里问题的学习范式被提出，它还有很长的路要走，需要更多的研究人员投入精力对迁移学习做进一步开发和探索。

作者从迁移学习兴起时就开始从事这方面的研究工作，以下将从这么多年的研究工作经验和体会出发，提出未来迁移学习的研究方向，以供从事该领域研究和应用工作的读者参考。我们从四个方面进行阐述：数据、模型、应用以及理论。第一，根据儿童教育心理学的迁移理论，源领域/任务与目标领域/任务之间发生迁移的条件是它们之间存在相同的要素或者共性知识。因此，我们在未来的工作中需要加强对源领域和目标领域数据之间的共性，或者源任务和目标任务之间的联系的认识与挖掘。那么如何度量两个领域/任务之间的相关性就成了关键任务。当前很多度量方法大多是无监督的，如KL散度、MMD距离等，针对不同的任务，它们并不能很好地工作，所以我们需要研究基于下游任务感知的度量方法。第二，在模型层面虽然有大量的迁移算法被提出，但大多数过于复杂且泛化能力差，无法适用于实际应用。另外，迁移模型的可解释性也是一个重要的问题。因此，研究轻量、高效和具有可解释性的迁移学习算法变得越来越重要。第三，迁移学习已经在一些应用上取得了巨大成功，但应用的领域还比较少，未来需要进一步拓展迁移学习的应用场景，特别是训练数据无法获取或者标记困难的场景。第四，已有的迁移学习理论研究工作，假设条件过于苛刻，很难保证在服从假设的情况下算法的有效性分析是可用的，因此需要进一步进行理论研究，为迁移学习的有效性和适用性提供理论支持。

第 2 章

基于非负矩阵分解的迁移学习算法

非负矩阵分解（Non-Negative Matrix Factorization，NMF）[25]是由 Lee 和 Seung 于 1999 年在自然杂志上提出的矩阵分解算法，由于其分解后的所有分量均为非负值，符合现实场景设置，因此多年来有着广泛的应用。

本章介绍基于非负矩阵的迁移学习的基本思想及经典算法，内容组织如下：2.1 节介绍基于非负矩阵分解进行迁移学习的问题定义；2.2 节介绍从词空间到文档空间的知识迁移算法；2.3 节介绍相似概念的知识迁移；2.4 节介绍包括相同和相似的共享概念的知识迁移；2.5 节介绍划分共享和差异概念的迁移算法；2.6 节介绍软关联的知识迁移算法；2.7 节为本章小结。

2.1 问题定义

词簇指的是文本中反复出现的高频词语序列，研究表明词簇等高级概念有助于建模不同领域的数据分布，而 NMF 可以通过矩阵分解将词-文档矩阵分解为低秩概念矩阵，通过假设不同领域间词簇等概念分布的相似性来实现知识迁移。下文对如何利用 NMF 进行迁移学习这一问题进行定义。

传统的 NMF 将词-文档矩阵 $\boldsymbol{X} \in \mathbf{R}_{+}^{m \times n}$ 分解为非负因子矩阵 $\boldsymbol{F} \in \mathbf{R}_{+}^{m \times k}$ 与 $\boldsymbol{G} \in \mathbf{R}_{+}^{n \times k}$ 的乘积，写作 $\boldsymbol{X} \approx \boldsymbol{F}\boldsymbol{G}^{\top}$。其优化目标可表达为

$$\min_{\boldsymbol{F}, \boldsymbol{G} \geqslant 0} \| \boldsymbol{X} - \boldsymbol{F}\boldsymbol{G}^{\top} \|^2 \tag{2.1}$$

其中 $\boldsymbol{F}$ 可看作各聚类的中心，$\boldsymbol{G}$ 可看作各样本类别向量。

进一步地，Ding 等人[26] 在二因子 NMF 的基础上提出非负矩阵三因子分解

(NMTF)。该方法将词-文档矩阵 $\boldsymbol{X}$ 分解为三个非负因子的乘积，其优化目标表达为

$$\min_{\boldsymbol{F},\boldsymbol{S},\boldsymbol{G}\geqslant 0} \|\boldsymbol{X}-\boldsymbol{F}\boldsymbol{S}\boldsymbol{G}^{\top}\|^2 \tag{2.2}$$

其中 $\|\cdot\|$ 表示矩阵的 Frobenius 范数，$\boldsymbol{F}\in\mathbf{R}_{+}^{m\times k}$，$\boldsymbol{S}\in\mathbf{R}_{+}^{k\times c}$，$\boldsymbol{G}\in\mathbf{R}_{+}^{n\times c}$，分别为特征矩阵、关联矩阵和文档类别矩阵。

总的来说，NMTF 给出了一个很好的框架来同时聚类 $\boldsymbol{X}$ 的行和列。基于 NMTF，Zhuang 等人[27] 将一个概念（词簇）的词集合称为该概念的**外延**。将概念和文档类之间的关联称为概念**内涵**，它可以指示文档类别。基于词簇在外延和内涵上的差异性，Zhuang 等人分别定义了相同、相似和差异概念。具体而言，相似概念指的是内涵相同但外延不同的概念，相同概念指的是内涵和外延均相同的概念，这两部分可以共享。而差异概念指的是外延和内涵均不同的概念，不可共享。

本章使用的符号及其描述如表 2.1 所示。矩阵 $\boldsymbol{F}$，$\boldsymbol{S}$，$\boldsymbol{G}$ 的具体语义如下所示[26]：

- $\boldsymbol{F}\in\mathbf{R}_{+}^{m\times k}$，$\boldsymbol{F}=[f_1,\ \cdots,\ f_k]$，$f_i$ 表示 m 个词关于第 i 个词簇的概率分布。
- $\boldsymbol{S}\in\mathbf{R}_{+}^{k\times c}$，$\boldsymbol{S}=[s_1,\ \cdots,\ s_c]$，$\boldsymbol{S}_{(ij)}$ 表示第 i 个词簇与第 j 个文档簇相关联的概率或权重。
- $\boldsymbol{G}\in\mathbf{R}_{+}^{n\times c}$，$\boldsymbol{G}_{(ij)}$ 表示第 i 个文档属于第 j 个文档簇的概率，对于分类任务，每个文档簇被视为一类。

表 2.1　本章使用的符号及其描述

符　号	描　述
m	词（特征）个数
k	词（特征）簇个数
c	文档（样本）类簇个数
n	文档（样本）个数
$\mathcal{D},\mathcal{D}_*$	领域 *
$\boldsymbol{X},\boldsymbol{X}_*$	$m\times n$ 维的词-文档数据矩阵
$\boldsymbol{F},\boldsymbol{F}_*$	$m\times k$ 维的词-词簇特征矩阵
$\boldsymbol{S},\boldsymbol{S}_*$	$k\times c$ 维的词簇-文档簇关联矩阵
$\boldsymbol{G},\boldsymbol{G}_*$	$n\times c$ 维的文档-文档簇类矩阵
α,β	调节参数

2.2　基于共享词簇的知识迁移

许多实际应用往往涉及多种类型的数据点，例如文档分析中包含词和文档两种类型的数据点。一般而言，不同类型的数据点并不独立，它们之间存在密切的关系，但传统的聚类算法很难有效地利用这些关系。于是 Li 等人[28] 提出一种共享簇的知识迁移算法，在文档聚类任务中考虑了词的先验知识，利用 NMTF 模型实现将词空间的知识迁

移到文档空间。具体而言，模型将词-文档矩阵分解为 $\boldsymbol{X} \approx \boldsymbol{F}\boldsymbol{S}\boldsymbol{G}^{\top}$，并在源和目标领域上共享簇，同时考虑了词空间的先验知识 $\boldsymbol{F}_0$。目标函数表示如下：

$$\min_{\boldsymbol{F},\boldsymbol{S},\boldsymbol{G} \geqslant 0} \| \boldsymbol{X} - \boldsymbol{F}\boldsymbol{S}\boldsymbol{G}^{\top} \|^2 + \alpha \| \boldsymbol{F} - \boldsymbol{F}_0 \|^2 \quad \text{s.t.} \quad \alpha > 0,\ \boldsymbol{F}^{\top}\boldsymbol{F} = \boldsymbol{I},\ \boldsymbol{G}^{\top}\boldsymbol{G} = \boldsymbol{I} \tag{2.3}$$

其中模型通过 α 来控制 $\boldsymbol{F} \approx \boldsymbol{F}_0$ 的程度，该约束保证了非监督学习问题的解接近于先验知识。正交条件 $\boldsymbol{F}^{\top}\boldsymbol{F}=\boldsymbol{I}$，$\boldsymbol{G}^{\top}\boldsymbol{G}=\boldsymbol{I}$，使得 $\boldsymbol{F}$ 和 $\boldsymbol{G}$ 的每一行只有一个非零项，避免了多解带来的歧义。

式（2.3）中的优化问题可以按如下更新规则来更新：

$$\boldsymbol{G}_{(ij)} \leftarrow \boldsymbol{G}_{(ij)} \frac{(\boldsymbol{X}^{\top}\boldsymbol{F}\boldsymbol{S})_{(ij)}}{(\boldsymbol{G}\boldsymbol{G}^{\top}\boldsymbol{X}^{\top}\boldsymbol{F}\boldsymbol{S})_{(ij)}} \tag{2.4}$$

$$\boldsymbol{S}_{(ij)} \leftarrow \boldsymbol{S}_{(ij)} \frac{(\boldsymbol{F}^{\top}\boldsymbol{X}\boldsymbol{G})_{(ij)}}{(\boldsymbol{F}^{\top}\boldsymbol{F}\boldsymbol{S}\boldsymbol{G}^{\top}\boldsymbol{G})_{(ij)}} \tag{2.5}$$

$$\boldsymbol{F}_{(ij)} \leftarrow \boldsymbol{F}_{(ij)} \frac{(\boldsymbol{X}\boldsymbol{G}\boldsymbol{S}^{\top} + \alpha\boldsymbol{F}_0)_{(ij)}}{(\boldsymbol{F}\boldsymbol{F}^{\top}\boldsymbol{X}\boldsymbol{G}\boldsymbol{S}^{\top} + \alpha\boldsymbol{F}\boldsymbol{F}^{\top}\boldsymbol{F}_0)_{(ij)}} \tag{2.6}$$

模型伪代码如算法 2.1 所示。

算法 2.1　基于共享簇的分类算法

输入： 词空间先验知识 $\boldsymbol{F}_0$，k-means 聚类结果 $\boldsymbol{G}_0$

输出： 词的后验概率 $\boldsymbol{F}$，文档空间中的知识 $\boldsymbol{G}$，词-文档矩阵的信息压缩矩阵 $\boldsymbol{S}$

1. 初始化 $\boldsymbol{F}=\boldsymbol{F}_0$，$\boldsymbol{G}=\boldsymbol{G}_0$，$\boldsymbol{S}=[(\boldsymbol{F}^{\top}\boldsymbol{F})^{-1}\boldsymbol{F}^{\top}\boldsymbol{X}\boldsymbol{G}(\boldsymbol{F}^{\top}\boldsymbol{F})^{-1}]_+$
2. 固定 $\boldsymbol{F},\boldsymbol{S}$，根据式（2.4）更新 $\boldsymbol{G}$
3. 固定 $\boldsymbol{G},\boldsymbol{S}$，根据式（2.5）更新 $\boldsymbol{F}$
4. 固定 $\boldsymbol{G},\boldsymbol{F}$，根据式（2.6）更新 $\boldsymbol{S}$
5. 判断是否收敛，未收敛则转至步骤 2
6. 输出 $\boldsymbol{F},\boldsymbol{G},\boldsymbol{S}$

2.3　基于相似概念（共享词簇-文档簇关联）的知识迁移

在文本分类的跨领域学习中，相同概念在不同的领域经常会采用不同的表达，例如在硬件领域往往使用“硬件”“磁盘”“ROM”等来表达计算机科学概念，而软件领域往往使用“软件”“程序”“代码”等，但实际上，在不同领域中，词簇和文档类别之间的关联通常保持稳定。

受此启发，Zhuang 等人[29]提出了一种基于 NMTF 的分类框架（MTrick），MTrick 假设源领域和目标领域的文档共享相同的词簇，词簇-文档簇关联矩阵 $\boldsymbol{S}$ 在不同领域相同，但词-词簇矩阵 $\boldsymbol{F}$ 和文档-文档簇矩阵 $\boldsymbol{G}$ 的分布在不同领域存在差异性，因此在对源领域和目标领域数据上的非负矩阵三因子分解联合优化过程中，模型共享词簇-文档簇关联 $\boldsymbol{S}$，作为知识迁移的桥梁，并利用源领域数据的类标签信息的矩阵 $\boldsymbol{G}$ 来监督模型的优化过程，从而预测目标领域中的文档类标签。

针对源领域的数据矩阵 $\boldsymbol{X}_s \in \mathbf{R}_+^{m\times n_s}$（其中 m 为源领域的词个数，n_s 为源领域的文档个数），MTrick 构建约束优化问题如下：

$$\min_{\boldsymbol{F}_s,\boldsymbol{S}_s,\boldsymbol{G}_s\geqslant 0} \|\boldsymbol{X}_s - \boldsymbol{F}_s\boldsymbol{S}_s\boldsymbol{G}_s^\top\|^2 + \frac{\alpha}{n_s}\cdot\|\boldsymbol{G}_s - \boldsymbol{G}_0\|^2$$
$$\text{s.t.}\quad \sum_{j=1}^{k_1}\boldsymbol{F}_{s_{(ij)}} = 1, \sum_{j=1}^{k_2}\boldsymbol{G}_{s_{(ij)}} = 1 \tag{2.7}$$

最小化式（2.7）后，将得到 $\boldsymbol{F}_s$，$\boldsymbol{G}_s$，$\boldsymbol{S}_s$。

针对目标领域数据的数据矩阵 $\boldsymbol{X}_t \in \mathbf{R}_+^{m\times n_t}$（$n_t$ 为目标领域中文档数量），可构造约束优化问题如下：

$$\min_{\boldsymbol{F}_t,\boldsymbol{G}_t\geqslant 0} \|\boldsymbol{X}_t - \boldsymbol{F}_t\boldsymbol{S}_0\boldsymbol{G}_t^\top\|^2$$
$$\text{s.t.}\quad \sum_{j=1}^{k_1}\boldsymbol{F}_{t_{(ij)}} = 1,\ \sum_{j=1}^{k_2}\boldsymbol{G}_{t_{(ij)}} = 1 \tag{2.8}$$

其中 $\boldsymbol{S}_0$ 为求解式（2.7）得到的 $\boldsymbol{S}_s$ 的最优值。由于词簇和文档簇在源领域和目标领域可能共享相同的关联，因此 $\boldsymbol{S}_0$ 可作为优化过程中的监督信息。最小化式（2.8）将得到 $\boldsymbol{F}_t,\boldsymbol{G}_t$。

最后，将式（2.7）和式（2.8）中的两个单独优化问题合并为联合优化问题：

$$\min_{\boldsymbol{F}_s,\boldsymbol{G}_s,\boldsymbol{S},\boldsymbol{F}_t,\boldsymbol{G}_t\geqslant 0} \|\boldsymbol{X}_s - \boldsymbol{F}_s\boldsymbol{S}\boldsymbol{G}_s^\top\|^2 + \frac{\alpha}{n_s}\cdot\|\boldsymbol{G}_s - \boldsymbol{G}_0\|^2$$
$$+\beta\cdot\|\boldsymbol{X}_t - \boldsymbol{F}_t\boldsymbol{S}\boldsymbol{G}_t^\top\|^2$$
$$\text{s.t.}\quad \sum_{j=1}^{k_1}\boldsymbol{F}_{s_{(ij)}} = 1, \sum_{j=1}^{k_2}\boldsymbol{G}_{s_{(ij)}} = 1$$
$$\sum_{j=1}^{k_1}\boldsymbol{F}_{t_{(ij)}} = 1, \sum_{j=1}^{k_2}\boldsymbol{G}_{t_{(ij)}} = 1 \tag{2.9}$$

其中 $\alpha\geqslant 0$，$\beta\geqslant 0$ 均为调节参数。在式（2.9）中，源领域和目标领域的矩阵分解过程共享 $\boldsymbol{S}$。由于式（2.9）可以同时涵盖式（2.7）和式（2.8）中的两个子问题，因此只需要求解式（2.9）中的联合优化问题。为此 Zhuang 等人提出一种交替迭代算法来求解式（2.9），原优化问题等价于最小化下式：

$$\mathcal{L}(\boldsymbol{F}_s,\boldsymbol{G}_s,\boldsymbol{S},\boldsymbol{F}_t,\boldsymbol{G}_t)$$
$$= \mathrm{Tr}(\boldsymbol{X}_s^\top\boldsymbol{X}_s - 2\boldsymbol{X}_s^\top\boldsymbol{F}_s\boldsymbol{S}\boldsymbol{G}_s^\top + \boldsymbol{G}_s\boldsymbol{S}^\top\ \boldsymbol{F}_s^\top\boldsymbol{F}_s\boldsymbol{S}\boldsymbol{G}_s^\top)$$

$$+\frac{\alpha}{n_s}\cdot \mathrm{Tr}(\boldsymbol{G}_s\boldsymbol{G}_s^\top - 2\boldsymbol{G}_s\boldsymbol{G}_0^\top + \boldsymbol{G}_0\boldsymbol{G}_0^\top)$$

$$+\beta\cdot \mathrm{Tr}(\boldsymbol{X}_t^\top\boldsymbol{X}_t - 2\boldsymbol{X}_t^\top\boldsymbol{F}_t\boldsymbol{S}\boldsymbol{G}_t^\top + \boldsymbol{G}_t\boldsymbol{S}^\top\boldsymbol{F}_t^\top\boldsymbol{F}_t\boldsymbol{S}\boldsymbol{G}_t^\top)$$

$$\text{s.t.}\quad \sum_{j=1}^{k_1}\boldsymbol{F}_{s_{(ij)}} = 1,\ \sum_{j=1}^{k_2}\boldsymbol{G}_{s_{(ij)}} = 1$$

$$\sum_{j=1}^{k_1}\boldsymbol{F}_{t_{(ij)}} = 1,\ \sum_{j=1}^{k_2}\boldsymbol{G}_{t_{(ij)}} = 1 \tag{2.10}$$

由于该问题是非凸问题，因此使用非线性优化方法将很难获得全局最优解。作者提出了一种交替迭代算法，能收敛于局部最优解。在每一轮迭代中，矩阵更新公式如下：

$$\boldsymbol{F}_{s_{(ij)}} \leftarrow \boldsymbol{F}_{s_{(ij)}}\cdot\sqrt{\frac{(\boldsymbol{X}_s\boldsymbol{G}_s\boldsymbol{S}^\top)_{(ij)}}{(\boldsymbol{F}_s\boldsymbol{S}\boldsymbol{G}_s^\top\boldsymbol{G}_s\boldsymbol{S}^\top)_{(ij)}}} \tag{2.11}$$

$$\boldsymbol{G}_{s_{(ij)}} \leftarrow \boldsymbol{G}_{s_{(ij)}}\cdot\sqrt{\frac{\left(\boldsymbol{X}_s^\top\boldsymbol{F}_s\boldsymbol{S} + \frac{\alpha}{n_s}\cdot\boldsymbol{G}_0\right)_{(ij)}}{\left(\boldsymbol{G}_s\boldsymbol{S}^\top\boldsymbol{F}_s^\top\boldsymbol{F}_s\boldsymbol{S} + \frac{\alpha}{n_s}\cdot\boldsymbol{G}_s\right)_{(ij)}}} \tag{2.12}$$

$$\boldsymbol{F}_{t_{(ij)}} \leftarrow \boldsymbol{F}_{t_{(ij)}}\cdot\sqrt{\frac{(\boldsymbol{X}_t\boldsymbol{G}_t\boldsymbol{S}^\top)_{(ij)}}{(\boldsymbol{F}_t\boldsymbol{S}\boldsymbol{G}_t^\top\boldsymbol{G}_t\boldsymbol{S}^\top)_{(ij)}}} \tag{2.13}$$

$$\boldsymbol{G}_{t_{(ij)}} \leftarrow \boldsymbol{G}_{t_{(ij)}}\cdot\sqrt{\frac{(\boldsymbol{X}_t^\top\boldsymbol{F}_t\boldsymbol{S})_{(ij)}}{(\boldsymbol{G}_t\boldsymbol{S}^\top\boldsymbol{F}_t^\top\boldsymbol{F}_t\boldsymbol{S})_{(ij)}}} \tag{2.14}$$

然后对 $\boldsymbol{F}_s$，$\boldsymbol{G}_s$，$\boldsymbol{F}_t$，$\boldsymbol{G}_t$ 进行归一化以满足等式约束：

$$\boldsymbol{F}_{s_{(i\cdot)}} \leftarrow \frac{\boldsymbol{F}_{s_{(i\cdot)}}}{\sum_{j=1}^{k_1}\boldsymbol{F}_{s_{(ij)}}} \tag{2.15}$$

$$\boldsymbol{G}_{s_{(i\cdot)}} \leftarrow \frac{\boldsymbol{G}_{s_{(i\cdot)}}}{\sum_{j=1}^{k_2}\boldsymbol{G}_{s_{(ij)}}} \tag{2.16}$$

$$\boldsymbol{F}_{t_{(i\cdot)}} \leftarrow \frac{\boldsymbol{F}_{t_{(i\cdot)}}}{\sum_{j=1}^{k_1}\boldsymbol{F}_{t_{(ij)}}} \tag{2.17}$$

$$\boldsymbol{G}_{t_{(i\cdot)}} \leftarrow \frac{\boldsymbol{G}_{t_{(i\cdot)}}}{\sum_{j=1}^{k_2}\boldsymbol{G}_{t_{(ij)}}} \tag{2.18}$$

最后利用归一化后的 F_s, G_s, F_t, G_t 按照如下公式更新 S：

$$S_{(ij)} \leftarrow S_{(ij)} \cdot \sqrt{\frac{(F_s^\top X_s G_s + \beta \cdot F_t^\top X_t G_t)_{(ij)}}{(F_s^\top F_s S G_s^\top G_s + \beta \cdot F_t^\top F_t S G_t^\top G_t)_{(ij)}}} \tag{2.19}$$

迭代计算的详细过程如算法 2.2 所示。

算法 2.2　基于矩阵三因子分解的分类（MTrick）算法

输入： 有标签源领域的数据矩阵 $X_s \in \mathbf{R}_+^{m\times n_s}$，源领域的真实标签信息 G_0，无标签目标领域的数据矩阵 $X_t \in \mathbf{R}_+^{m\times n_t}$，调节参数 α, β，阈值 ε（$\varepsilon>0$），最大的迭代次数 max

输出： 词簇信息 F_s, F_t，文档簇信息 G_s, G_t，词簇和文档簇之间的关联 S

1. 初始化矩阵变量 $F_s^{(0)}$，$F_t^{(0)}$，$G_s^{(0)}$，$G_t^{(0)}$，$S^{(0)}$
2. 计算式（2.10）中 $\mathcal{L}^{(0)}$ 的初始值
3. $k := 1$
4. 根据式（2.11）更新 $F_s^{(k)}$，根据式（2.15）归一化 $F_s^{(k)}$
5. 根据式（2.12）更新 $G_s^{(k)}$，根据式（2.16）归一化 $G_s^{(k)}$
6. 根据式（2.13）更新 $F_t^{(k)}$，根据式（2.17）归一化 $F_t^{(k)}$
7. 根据式（2.14）更新 $G_t^{(k)}$，根据式（2.18）归一化 $G_t^{(k)}$
8. 根据式（2.19）更新 $S^{(k)}$
9. 根据式（2.10）计算 $\mathcal{L}^{(k)}$。当 $|\mathcal{L}^{(k)}-\mathcal{L}^{(k-1)}| < \varepsilon$ 时，转至步骤 11
10. $k := k+1$。当 $k \leqslant$ max 时，转至步骤 4
11. 输出词簇信息 $F_s^{(k)}, F_t^{(k)}$，文档簇信息 $G_s^{(k)}, G_t^{(k)}$，词簇与文档簇之间的关联 $S^{(k)}$

2.4　同时考虑相同和相似概念的知识迁移

迁移学习的一种常见假设是如果样本边缘分布在某些隐空间相似，则样本的条件分布也将相似。换言之，如果两个领域的数据在隐空间中接近，那么它们的类标签也应该相似[30]。基于该思想，Long 等人[31] 提出 Dual Transfer Learning（DTL）来同时学习边缘分布和条件分布，并利用它们之间的对偶性质实现有效的知识迁移。该工作提出了领域特定的隐含因子和共享隐含因子。领域特定的隐含因子导致不同领域中数据分布的差异，而共享隐含因子在跨领域的数据分布中相似。DTL 将样本生成概率写作 $P(\boldsymbol{x}, y) = P(\boldsymbol{x}) \cdot P(y \mid \boldsymbol{x})$，其中 $P(\boldsymbol{x})$ 为样本数据的边缘分布，$P(y \mid \boldsymbol{x})$ 为条件分布，即分类模型。共享隐含因子使得跨领域的边缘分布在共享隐空间中接近[32]，然后可以在该空间中学习分类模型，并且该模型可以跨领域共享，从而拉近跨领域的条件分布。另外，学习到的条件分布监督共享隐含因子的学习，使边缘分布更接近。最后通过迭代更新两个分布实现有效的知识迁移。

DTL 主要关注直推式迁移学习，即源领域存在大量标记的样本，而目标领域只有

未标记的样本。假设共有 $s+t$ 个领域，表示为 $\mathcal{D}=(\mathcal{D}_1,\cdots,\mathcal{D}_s,\mathcal{D}_{s+1},\cdots,\mathcal{D}_{s+t})$。不失一般性，假设前 s 个领域为带文档类标签的源领域，即 $\mathcal{D}_r=\{(x_i^{(r)},y_i^{(r)})\}|_{i=1}^{n_r}$ $(1\leqslant r\leqslant s)$，而剩余的 t 个领域是无标签的目标领域，即 $\mathcal{D}_r=\{x_i^{(r)}\}|_{i=1}^{n_r}$ $(s+1\leqslant r\leqslant s+t)$。$n_r$ 为数据领域 $\mathcal{D}_r$ 中文档的数量。对于每个领域$\mathcal{D}_r$，设 $\boldsymbol{X}_r=[\boldsymbol{x}_1^r,\cdots,\boldsymbol{x}_{n_r}^r]\in\mathbf{R}^{m\times n_r}$ 是 n_r 个样本的数据矩阵，$\boldsymbol{Y}_r\in\mathbf{R}^{n_r\times c}$ 为对应的标签。DTL 同样使用 NMTF 对领域 r 中的数据进行聚类：

$$\min_{\boldsymbol{F}_r',\boldsymbol{S}_r,\boldsymbol{G}_r\geqslant 0}\mathcal{L}_r=\|\boldsymbol{X}_r-\boldsymbol{F}_r'\boldsymbol{S}_r\boldsymbol{G}_r^{\top}\|^2 \tag{2.20}$$

其中 $\boldsymbol{F}_r'\sim\phi_r'$，与$\mathcal{D}_r$的边缘分布学习相关；$\boldsymbol{S}_r\sim\theta_r$，与$\mathcal{D}_r$的条件分布学习相关。通过提取词簇和词簇-文档类的关联，即 $\boldsymbol{F}_r'$或 $\boldsymbol{S}_r$ 的公共部分，可将来自不同领域的数据映射到共享隐空间，降低各领域边缘分布或条件分布的差异。

DTL 迭代更新边缘映射和条件映射的过程如下：

- 边缘映射。DTL 通过学习词簇 $\boldsymbol{F}_r'$得到边缘映射 ϕ_r'。具体而言，DTL 将跨领域特征簇划分为 κ 个共享特征簇 $\boldsymbol{F}\in\mathbf{R}^{m\times\kappa}$ 和 $k-\kappa$ 个领域特定特征簇 $\boldsymbol{F}_r\in\mathbf{R}^{m\times(k-\kappa)}$，写作 $\boldsymbol{F}_r'=[\boldsymbol{F},\boldsymbol{F}_r]$，实现了将边缘映射划分为领域共享的 ϕ 和领域特定的 ϕ_r，即 $\phi_r'=[\phi,\phi_r]$。这使得模型可以根据领域之间的相关性控制共享程度，从而自适应地学习边缘分布。由此，可将公式（2.20）扩展为：

$$\min_{\boldsymbol{F},\boldsymbol{F}_r,\boldsymbol{S}_r,\boldsymbol{G}_r\geqslant 0}\mathcal{L}_r=\|\boldsymbol{X}_r-[\boldsymbol{F},\boldsymbol{F}_r]\boldsymbol{S}_r\boldsymbol{G}_r^{\top}\|^2 \tag{2.21}$$

- 条件映射。DTL 通过簇关联矩阵 $\boldsymbol{S}_r$ 来获得条件映射 θ_r，与 MTrick 相同，DTL 假设特征簇和样本簇之间的关联矩阵在各领域中稳定，即所有领域的 $\boldsymbol{S}_r=\boldsymbol{S}$，$\theta_r=\theta$，将式（2.21）进一步扩展为

$$\min_{\boldsymbol{F},\boldsymbol{F}_r,\boldsymbol{S},\boldsymbol{G}_r\geqslant 0}\mathcal{L}_r=\|\boldsymbol{X}_r-[\boldsymbol{F},\boldsymbol{F}_r]\boldsymbol{S}\boldsymbol{G}_r^{\top}\|^2 \tag{2.22}$$

因此多个领域的联合非负矩阵三因子分解的目标函数如式（2.23）所示：

$$\begin{aligned}&\min_{\boldsymbol{F},\boldsymbol{F}_r,\boldsymbol{S},\boldsymbol{G}_r\geqslant 0}\mathcal{L}=\sum_{r=1}^{s+t}\|\boldsymbol{X}_r-[\boldsymbol{F},\boldsymbol{F}_r]\boldsymbol{S}\boldsymbol{G}_r^{\top}\|^2\\&\text{s.t.}\quad[\boldsymbol{F},\boldsymbol{F}_r]^{\top}\mathbf{1}_m=\mathbf{1}_k,\boldsymbol{G}_r\mathbf{1}_c=\mathbf{1}_{n_r},\forall r\in[1,s+t]\end{aligned} \tag{2.23}$$

源领域通过 $\{\boldsymbol{G}_r\equiv\boldsymbol{Y}_r\}_{r=1}^{s}$ 进行标签监督学习，其中≡代表恒等。$\boldsymbol{F}_r$ 的每一列和 $\boldsymbol{G}_r$ 的每一行采用 L_1 范式进行正则化。

DTL 不断迭代两部分参数以交替地最小化损失函数，直至收敛。具体而言，在每次迭代过程中，模型提取共享和领域特定的特征簇来学习边缘分布；同时，模型提取特征簇和样本簇之间的共享关联来学习条件分布，其迭代公式如下所示：

$$F_r \leftarrow F_r \circ \sqrt{\frac{[X_r G_r S_v^{\top}]}{[[F, F_r] S G_r^{\top} G_r S_v^{\top}]}} \tag{2.24}$$

$$F \leftarrow F \circ \sqrt{\frac{[\sum_{r=1}^{s+t} X_r G_r S_\mu^{\top}]}{[\sum_{r=1}^{s+t} [F,\ F_r] S G_r^{\top} G_r S_\mu^{\top}]}} \tag{2.25}$$

$$G_r \leftarrow G_r \circ \sqrt{\frac{[X_r^{\top}[F,\ F_r] S]}{[G_r S^{\top}\ [F,\ F_r]^{\top}\ [F,\ F_r] S]}} \tag{2.26}$$

$$S \leftarrow S \circ \sqrt{\frac{[\sum_{r=1}^{s+t} [F,\ F_r]^{\top}\ X_r G_r]}{[\sum_{r=1}^{s+t} [F,\ F_r]^{\top}\ [F,\ F_r] S G_r^{\top} G_r]}} \tag{2.27}$$

其中 $S_\mu \equiv S\ (1:\ \kappa, :)$，$S_v \equiv S\ (\kappa+1:\ k, :)$，运算 $\circ$ 代表张量元素的乘积，$\frac{[\cdot]}{[\cdot]}$代表张量元素的除法，$\sqrt{\cdot}$代表张量元素的开方根。

为加快算法的收敛速度，DTL 通过对源领域数据进行逻辑回归[33] 训练来初始化目标领域数据的标签，同时在迭代过程中保持源领域数据的标签不变，即 $\{G_r \equiv Y_r\}_{r=1}^{s}$。模型优化过程如算法 2.3 所示。

算法 2.3　DTL：对偶迁移学习

输入： 数据集 $\{X_r\}_{r=1}^{s+t}$，$\{Y_r\}_{r=1}^{s}$，参数 k, κ 分别代表总的和共享的特征簇个数

输出： 特征簇 $\{F_r\}_{r=1}^{s+t}$，F，簇之间的关联 S，目标领域中的分类结果 $\{G_r\}_{r=s+1}^{s+t}$

1. **初始化：** 通过 $X_r \leftarrow X_r / \sum_{(ij)} (X_r)_{(ij)}$，$r \in [1, s+t]$ 将每个数据规范化为概率；随机初始化正数 $\{F_r\}_{r=1}^{s+t}$，F，S，通过逻辑回归训练源领域 $\{X_r, G_r\}_{r=1}^{s}$ 得到 $\{G_r\}_{r=s+1}^{s+t}$，从而得到 $\{G_r\}_{r=1}^{s+t}$
2. **For** $k := 1 \rightarrow \max$
3. 　　**For** $r := 1 \rightarrow t$
4. 　　　　根据式(2.24)～式(2.27)更新 F_r, F, G_r, S，更新过程保持 $\{G_r \equiv Y_r\}_{r=1}^{s}$ 不变
5. 　　　　每次更新均对 $[F, F_r]$ 的每一列和 G_r 的每一行采用 L_1 范数正则化
6. 　　　　根据式（2.23）计算目标函数 $\mathcal{L}^k$
7. 　　**end**
8. **end**
9. 输出 $\{F_r\}_{r=1}^{s+t}$，F，S，$\{G_r\}_{r=s+1}^{s+t}$

2.5　综合考虑相同、相似、差异概念的知识迁移

MTrick 假设所有领域共享相同的词簇-文档簇关联，实质上只考虑了相似概念，

DTL 则在相似概念的基础上同时考虑了相同概念，但这些模型都没有考虑不同领域间概念的差异性，即有些概念可能只存在于一个文本语料库中，而与另一个语料库的内容完全无关，这种不区分差异概念的数据建模可能影响知识迁移的灵活性，导致在源域上学到的知识对目标域上的学习产生负面作用，即负迁移。因此，Zhuang 等人[27] 提出了综合考虑相同、相似、差异概念的知识迁移框架，称为三重迁移学习（TriTL）。

TriTL 将 $\boldsymbol{F}$ 和 $\boldsymbol{S}$ 分别分为三部分，即 $\boldsymbol{F}=[\boldsymbol{F}^1_{m\times k_1},\ \boldsymbol{F}^2_{m\times k_2},\ \boldsymbol{F}^3_{m\times k_3}]$（$k_1+k_2+k_3=k$），其中 $\boldsymbol{F}^1$ 为相同概念的词簇信息，$\boldsymbol{F}^2$ 为相似概念的词簇信息，$\boldsymbol{F}^3$ 为差异概念的词簇信息。相应地，关联 $\boldsymbol{S}$ 可以表示为 $\boldsymbol{S}=\begin{bmatrix}\boldsymbol{S}^1_{k_1\times c}\\ \boldsymbol{S}^2_{k_2\times c}\\ \boldsymbol{S}^3_{k_3\times c}\end{bmatrix}$，其中 $\boldsymbol{S}^1$ 表示相同概念和文档类之间的关联，$\boldsymbol{S}^2$ 表示相似概念和文档类之间的关联，$\boldsymbol{S}^3$ 表示差异概念和文档类之间的关联，得到式（2.28）：

$$\begin{aligned}\boldsymbol{X}&=\boldsymbol{F}\boldsymbol{S}\boldsymbol{G}^{\top}\\&=[\boldsymbol{F}^1,\boldsymbol{F}^2,\boldsymbol{F}^3]\begin{bmatrix}\boldsymbol{S}^1\\ \boldsymbol{S}^2\\ \boldsymbol{S}^3\end{bmatrix}\boldsymbol{G}^{\top}\end{aligned}\tag{2.28}$$

在式（2.28）的基础上，类似于 DTL 中式（2.23），构建目标函数如下式：

$$\mathcal{L}=\sum_{r=1}^{s+t}\|\boldsymbol{X}_r-\boldsymbol{F}_r\boldsymbol{S}_r\boldsymbol{G}_r^{\top}\|^2\tag{2.29}$$

其中 $\boldsymbol{X}_r\in\mathbf{R}_+^{m\times n_r}$，$\boldsymbol{F}_r\in\mathbf{R}_+^{m\times k}$，$\boldsymbol{S}_r\in\mathbf{R}_+^{k\times c}$，$\boldsymbol{G}_r\in\mathbf{R}_+^{n_r\times c}$。

该算法将矩阵 $\boldsymbol{F}_r$ 分为三部分 $\boldsymbol{F}_r=[\boldsymbol{F}^1,\ \boldsymbol{F}^2_r,\ \boldsymbol{F}^3_r]$（$\boldsymbol{F}^1\in\mathbf{R}_+^{m\times k_1}$，$\boldsymbol{F}^2_r\in\mathbf{R}_+^{m\times k_2}$，$\boldsymbol{F}^3_r\in\mathbf{R}_+^{m\times k_3}$，$k_1+k_2+k_3=k$）。由于 $\boldsymbol{F}^1$ 代表相同概念的词簇，因此在不同领域之间共享（$\boldsymbol{F}^1$ 没有下标 r）。而 $\boldsymbol{F}_r{}^2$ 和 $\boldsymbol{F}_r{}^3$ 分别代表相似和差异概念的词簇，在不同领域中不同（$\boldsymbol{F}^2_r$ 和 $\boldsymbol{F}^3_r$ 有下标 r）。

相似地，$\boldsymbol{S}_r$ 可以表示为 $\boldsymbol{S}_r=\begin{bmatrix}\boldsymbol{S}^1\\ \boldsymbol{S}^2\\ \boldsymbol{S}^3_r\end{bmatrix}$（$\boldsymbol{S}^1\in\mathbf{R}_+^{k_1\times c}$，$\boldsymbol{S}^2\in\mathbf{R}_+^{k_2\times c}$，$\boldsymbol{S}^3_r\in\mathbf{R}_+^{k_3\times c}$），其中 $\boldsymbol{S}^1$（$\boldsymbol{S}^2$）为相同（相似）概念和文档类之间的关联矩阵，这在所有领域中都是共享的。而 $\boldsymbol{S}^3_r$ 代表差异概念与文档类的关联，因此它是领域相关的。最终式（2.29）可以写为

$$\begin{aligned}\mathcal{L}&=\sum_{r=1}^{s+t}\|\boldsymbol{X}_r-\boldsymbol{F}_r\boldsymbol{S}_r\boldsymbol{G}_r^{\top}\|^2\\&=\sum_{r=1}^{s+t}\left\|\boldsymbol{X}_r-[\boldsymbol{F}^1,\boldsymbol{F}^2_r,\boldsymbol{F}^3_r]\begin{bmatrix}\boldsymbol{S}^1\\ \boldsymbol{S}^2\\ \boldsymbol{S}^3_r\end{bmatrix}\boldsymbol{G}_r^{\top}\right\|^2\end{aligned}\tag{2.30}$$

考虑到 F_r 和 G_r 的约束，我们得到如下优化问题：

$$
\begin{aligned}
&\min_{F_r,S_r,G_r\geqslant 0} \mathcal{L} \\
&\text{s. t.} \quad \sum_{i=1}^{m} F^1_{(ij)}=1,\ \sum_{i=1}^{m} F^2_{r\,(ij)}=1 \\
&\qquad\ \ \sum_{i=1}^{m} F^3_{r\,(ij)}=1,\ \sum_{j=1}^{c} G_{r\,(ij)}=1
\end{aligned}
\tag{2.31}
$$

其中 F 满足每一列和为 1，G 满足每一行和为 1。换言之，F 的每一列表示一个概念的词分布，而 G 的每一行表示一个文档类别的概率分布。

根据迹和 Frobenius 范数的性质，式（2.31）等价于最小化以下目标函数：

$$
\begin{aligned}
\mathcal{L} &= \sum_{r=1}^{s+t} \left\| X_r - [F^1, F^2_r, F^3_r]\begin{bmatrix} S^1 \\ S^2 \\ S^3_r \end{bmatrix} G_r^{\top} \right\|^2 \\
&= \sum_{r=1}^{s+t} \operatorname{tr}\Bigg(X_r^{\top}X_r - 2\cdot X_r^{\top}[F^1, F^2_r, F^3_r]\begin{bmatrix} S^1 \\ S^2 \\ S^3_r \end{bmatrix} G_r^{\top} \\
&\quad + G_r\begin{bmatrix} S^1 \\ S^2 \\ S^3_r \end{bmatrix}^{\top} [F^1, F^2_r, F^3_r]^{\top}\,[F^1, F^2_r, F^3_r]\begin{bmatrix} S^1 \\ S^2 \\ S^3_r \end{bmatrix} G_r^{\top}\Bigg) \\
&= \sum_{r=1}^{s+t} \operatorname{tr}\big(X_r^{\top}X_r - 2\cdot X_r^{\top}A_r - 2\cdot X_r^{\top}B_r - 2\cdot X_r^{\top}C_r \\
&\quad + G_r S^{1\top} F^{1\top} A_r + G_r S^{2\top} F_r^{2\top} B_r + G_r S_r^{3\top} F_r^{3\top} C_r \\
&\quad + 2\cdot G_r S^{1\top} F^{1\top} B_r + 2\cdot G_r S^{1\top} F^{1\top} C_r + 2\cdot G_r S^{2\top} F_r^{2\top} C_r \big) \\
&\text{s. t.} \quad \sum_{i=1}^{m} F^1_{(ij)}=1,\ \sum_{i=1}^{m} F^2_{r\,(ij)}=1 \\
&\qquad\ \ \sum_{i=1}^{m} F^3_{r\,(ij)}=1,\ \sum_{j=1}^{c} G_{r\,(ij)}=1
\end{aligned}
\tag{2.32}
$$

其中 $A_r=F^1S^1G_r^{\top}$，$B_r=F_r^2S^2G_r^{\top}$，$C_r=F_r^3S_r^3G_r^{\top}$。当 $r=\{1,\cdots,s\}$ 时，G_r 是真实的标签信息，因此我们只需要求解 $r=\{s+1,\cdots,s+t\}$ 时的 G_r。交替迭代算法中每一轮迭代的矩阵更新公式如下：

$$
F^1_{(ij)} \leftarrow F^1_{(ij)} \cdot \sqrt{\frac{\left[\sum_{r=1}^{s+t} X_r G_r S^{1\top}\right]_{(ij)}}{\left[\sum_{r=1}^{s+t}\left(A_r G_r S^{1\top} + B_r G_r S^{1\top} + C_r G_r S^{1\top}\right)\right]_{(ij)}}}
\tag{2.33}
$$

$$\boldsymbol{F}^2_{r(ij)} \leftarrow \boldsymbol{F}^2_{r(ij)} \cdot \sqrt{\frac{[\boldsymbol{X}_r\boldsymbol{G}_r\boldsymbol{S}^{2\mathrm{T}}]_{(ij)}}{[\boldsymbol{B}_r\boldsymbol{G}_r\boldsymbol{S}^{2\mathrm{T}} + \boldsymbol{A}_r\boldsymbol{G}_r\boldsymbol{S}^{2\mathrm{T}} + \boldsymbol{C}_r\boldsymbol{G}_r\boldsymbol{S}^{2\mathrm{T}}]_{(ij)}}} \tag{2.34}$$

$$\boldsymbol{F}^3_{r(ij)} \leftarrow \boldsymbol{F}^3_{r(ij)} \cdot \sqrt{\frac{[\boldsymbol{X}_r\boldsymbol{G}_r\boldsymbol{S}^{3\mathrm{T}}_r]_{(ij)}}{[\boldsymbol{C}_r\boldsymbol{G}_r\boldsymbol{S}^{3\mathrm{T}}_r + \boldsymbol{A}_r\boldsymbol{G}_r\boldsymbol{S}^{3\mathrm{T}}_r + \boldsymbol{B}_r\boldsymbol{G}_r\boldsymbol{S}^{3\mathrm{T}}_r]_{(ij)}}} \tag{2.35}$$

$$\boldsymbol{S}^1_{(ij)} \leftarrow \boldsymbol{S}^1_{(ij)} \cdot \sqrt{\frac{[\sum_{r=1}^{s+t} \boldsymbol{F}^{1\mathrm{T}}\boldsymbol{X}_r\boldsymbol{G}_r]_{(ij)}}{[\sum_{r=1}^{s+t}(\boldsymbol{F}^{1\mathrm{T}}\boldsymbol{A}_r\boldsymbol{G}_r + \boldsymbol{F}^{1\mathrm{T}}\boldsymbol{B}_r\boldsymbol{G}_r + \boldsymbol{F}^{1\mathrm{T}}\boldsymbol{C}_r\boldsymbol{G}_r)]_{(ij)}}} \tag{2.36}$$

$$\boldsymbol{S}^2_{(ij)} \leftarrow \boldsymbol{S}^2_{(ij)} \cdot \sqrt{\frac{[\sum_{r=1}^{s+t} \boldsymbol{F}^{2\mathrm{T}}_r\boldsymbol{X}_r\boldsymbol{G}_r]_{(ij)}}{[\sum_{r=1}^{s+t}(\boldsymbol{F}^{2\mathrm{T}}_r\boldsymbol{B}_r\boldsymbol{G}_r + \boldsymbol{F}^{2\mathrm{T}}_r\boldsymbol{A}_r\boldsymbol{G}_r + \boldsymbol{F}^{2\mathrm{T}}_r\boldsymbol{C}_r\boldsymbol{G}_r)]_{(ij)}}} \tag{2.37}$$

$$\boldsymbol{S}^3_{r(ij)} \leftarrow \boldsymbol{S}^3_{r(ij)} \cdot \sqrt{\frac{[\boldsymbol{F}^{3\mathrm{T}}_r\boldsymbol{X}_r\boldsymbol{G}_r]_{(ij)}}{[\boldsymbol{F}^{3\mathrm{T}}_r\boldsymbol{C}_r\boldsymbol{G}_r + \boldsymbol{F}^{3\mathrm{T}}_r\boldsymbol{A}_r\boldsymbol{G}_r + \boldsymbol{F}^{3\mathrm{T}}_r\boldsymbol{B}_r\boldsymbol{G}_r]_{(ij)}}} \tag{2.38}$$

$$\boldsymbol{G}_{r(ij)} \leftarrow \boldsymbol{G}_{r(ij)} \cdot \sqrt{\frac{[\boldsymbol{X}^{\mathrm{T}}_r\boldsymbol{F}_r\boldsymbol{S}_r]_{(ij)}}{[\boldsymbol{G}_r\boldsymbol{S}^{\mathrm{T}}_r\boldsymbol{F}^{\mathrm{T}}_r\boldsymbol{F}_r\boldsymbol{S}_r]_{(ij)}}} \tag{2.39}$$

经过每一轮迭代计算后，利用式（2.40）对 $\boldsymbol{F}^1$，$\boldsymbol{F}^2_r$，$\boldsymbol{F}^3_r$，$\boldsymbol{G}_r$ 归一化以满足等式约束条件：

$$\boldsymbol{F}^1_{(ij)} \leftarrow \frac{\boldsymbol{F}^1_{(ij)}}{\sum_{i=1}^{m}\boldsymbol{F}^1_{(ij)}},\ \boldsymbol{F}^2_{r(ij)} \leftarrow \frac{\boldsymbol{F}^2_{r(ij)}}{\sum_{i=1}^{m}\boldsymbol{F}^2_{r(ij)}}$$

$$\boldsymbol{F}^3_{r(ij)} \leftarrow \frac{\boldsymbol{F}^3_{r(ij)}}{\sum_{i=1}^{m}\boldsymbol{F}^3_{r(ij)}},\ \boldsymbol{G}_{r(ij)} \leftarrow \frac{\boldsymbol{G}_{r(ij)}}{\sum_{j=1}^{c}\boldsymbol{G}_{r(ij)}} \tag{2.40}$$

该迭代算法的详细过程如算法 2.4 所示。

算法 2.4 三重迁移学习（TriTL）算法

输入： 源领域 $\mathcal{D}_r=\{x_i^{(r)},y_i^{(r)}\}\big|_{i=1}^{n_r}$ $(1 \leqslant r \leqslant s)$，目标领域 $\mathcal{D}_r=\{x_i^{(r)}\}\big|_{i=1}^{n_r}$ $(s+1 \leqslant r \leqslant s+t)$，数据矩阵 $\boldsymbol{X}_1, \cdots, \boldsymbol{X}_s, \boldsymbol{X}_{s+1}, \cdots, \boldsymbol{X}_{s+t}$，归一化数据矩阵 $\boldsymbol{X}_{r(ij)}=\frac{\boldsymbol{X}_{r(ij)}}{\sum_{i=1}^{m}\boldsymbol{X}_{r(ij)}}$，真实的标签信息 $\boldsymbol{G}_r$ $(1 \leqslant r \leqslant s)$，参数 k_1，k_2，k_3，最大迭代次数 max

输出： $\boldsymbol{F}^1$，$\boldsymbol{F}^2_r$，$\boldsymbol{F}^3_r$，$\boldsymbol{S}^1$，$\boldsymbol{S}^2$，$\boldsymbol{S}^3_r$ $(1 \leqslant r \leqslant s+t)$，$\boldsymbol{G}_r$ $(s+1 \leqslant r \leqslant s+t)$

1. **初始化：** 初始化 $\boldsymbol{F}^{1(0)}$，$\boldsymbol{F}^{2(0)}_r$，$\boldsymbol{F}^{3(0)}_r$；随机初始化 $\boldsymbol{S}^{1(0)}$，$\boldsymbol{S}^{2(0)}$，$\boldsymbol{S}^{3(0)}_r$，$\boldsymbol{G}^{(0)}_r$ $(s+1 \leqslant r \leqslant s+t)$ 初始化为有监督学习模型的概率输出，如逻辑回归
2. $k:=1$

3. 根据式（2.33）更新 $\boldsymbol{F}^{1(k)}$
4. For $r:=1 \rightarrow s+t$
   根据式（2.34）更新 $\boldsymbol{F}_r^{2(k)}$，根据式（2.35）更新 $\boldsymbol{F}_r^{3(k)}$
5. end
6. 根据式（2.36）更新 $\boldsymbol{S}^{1(k)}$，根据式（2.37）更新 $\boldsymbol{S}^{2(k)}$
7. For $r:=1 \rightarrow s+t$
   根据式（2.38）更新 $\boldsymbol{S}_r^{3(k)}$
8. end
9. For $r:=s+1 \rightarrow s+t$
   根据式（2.39）更新 $\boldsymbol{G}_r^{(k)}$
10. end
11. 根据式（2.40）归一化 $\boldsymbol{F}^{1(k)}$，$\boldsymbol{F}_r^{2(k)}$，$\boldsymbol{F}_r^{3(k)}$，$\boldsymbol{G}_r^{(k)}$
12. $k:=k+1$. 当 $k < \max$ 时，转至步骤 3
13. 输出 $\boldsymbol{F}^{1(k)}$，$\boldsymbol{F}_r^{2(k)}$，$\boldsymbol{F}_r^{3(k)}$，$\boldsymbol{S}^{1(k)}$，$\boldsymbol{S}^{2(k)}$，$\boldsymbol{S}_r^{3(k)}$，$\boldsymbol{G}_r^{(k)}$

2.6 软关联的知识迁移

在 DTL 和 TriTL 中，特征簇矩阵被分为两部分，分别代表共享和差异概念，并假设两个领域的共享概念的分布完全相同。然而在许多情况下，源领域和目标领域的词频分布完全不同，特征分布的多样性可能会导致负迁移，从而对目标领域中的性能产生不利影响[34-35]。因此，Wang 等人[36] 提出了软关联知识迁移算法 sa-TL，其假设两个领域之间的特征概念的分布相似而非相同。sa-TL 算法提出了一个共享词概念的近似约束，要求跨领域词簇矩阵和关联矩阵的差异尽量小而非完全相同。

以源领域$\mathcal{D}_s$为例，sa-TL 将特征簇矩阵 $\boldsymbol{F}_s \in \mathbf{R}_+^{m\times k}$分成相似部分 $\boldsymbol{F}_{ss} \in \mathbf{R}_+^{m\times k_1}$和差异部分 $\boldsymbol{F}_{sd} \in \mathbf{R}_+^{m\times k_2}$。对应的 $\boldsymbol{S}_s \in \mathbf{R}_+^{k\times c}$也分为相似部分 $\boldsymbol{S}_{ss} \in \mathbf{R}_+^{k_1\times c}$和差异部分 $\boldsymbol{S}_{ts} \in \mathbf{R}_+^{k_2\times c}$，$k_1$ 和 k_2 分别表示相似特征簇和差异特征簇的数量。目标领域上也类似地划分 $\boldsymbol{F}_t$ 和 $\boldsymbol{S}_t$。

sa-TL 在相似特征簇上采用 L_2 正则来保证不同领域词分布相似，在不同领域的差异特征簇上用 L_1 正则来保证词分布的稀疏性。此外，sa-TL 使用源标签 $\boldsymbol{G}_0$ 作为监督信息，不要求 $\boldsymbol{G}_s$ 与 $\boldsymbol{G}_0$ 相等而只要求相似来放松对标签矩阵的约束，从而适应源领域中的标签噪声。最终联合优化如式（2.41）所示。

$$
\begin{aligned}
\min_{\substack{\boldsymbol{F}_{ss},\boldsymbol{F}_{sd},\boldsymbol{S}_{ss},\boldsymbol{S}_{sd},\boldsymbol{G}_s,\\ \boldsymbol{F}_{ts},\boldsymbol{F}_{td},\boldsymbol{S}_{ts},\boldsymbol{S}_{td},\boldsymbol{G}_t\geqslant 0}} & \left\| \boldsymbol{X}_s - [\boldsymbol{F}_{ss} \quad \boldsymbol{F}_{sd}] \begin{bmatrix} \boldsymbol{S}_{ss} \\ \boldsymbol{S}_{sd} \end{bmatrix} \boldsymbol{G}_s^{\top} \right\|^2 \\
& + \left\| \boldsymbol{X}_t - [\boldsymbol{F}_{ts} \quad \boldsymbol{F}_{td}] \begin{bmatrix} \boldsymbol{S}_{ts} \\ \boldsymbol{S}_{td} \end{bmatrix} \boldsymbol{G}_t^{\top} \right\|^2 + \pi \left\| \boldsymbol{G}_0 - \boldsymbol{G}_s \boldsymbol{M} \right\|^2 \\
& + \alpha \left\| \boldsymbol{F}_{ss} - \boldsymbol{F}_{ts} \right\|^2 + \beta \left\| \boldsymbol{S}_{ss} - \boldsymbol{S}_{ts} \right\|^2
\end{aligned}
$$

$$
\begin{aligned}
&+\gamma \| \boldsymbol{F}_{sd}+\boldsymbol{F}_{td} \| +\delta \| \boldsymbol{S}_{sd}+\boldsymbol{S}_{td} \| \\
&\text{s.t.}\quad \sum_{i=1}^{m} \boldsymbol{F}_{ss_{(ij)}}=1,\ \sum_{i=1}^{m} \boldsymbol{F}_{ts_{(ij)}}=1,\ \sum_{i=1}^{m} \boldsymbol{F}_{sd_{(ij)}}=1 \\
&\sum_{i=1}^{m} \boldsymbol{F}_{td_{(ij)}}=1,\ \sum_{j=1}^{c} \boldsymbol{G}_{s_{(ij)}}=1,\ \sum_{j=1}^{c} \boldsymbol{G}_{t_{(ij)}}=1
\end{aligned}
\tag{2.41}
$$

其中 α，β，γ，δ，$\pi \geqslant 0$，是调节参数；$\boldsymbol{M} \in \mathbf{R}_{+}^{c\times c}$，是对齐文档簇和文档类之间的矩阵。$\pi \| \boldsymbol{G}_0-\boldsymbol{G}_s\boldsymbol{M} \|^2$ 衡量源领域真实标签 $\boldsymbol{G}_0$ 与学习到的 $\boldsymbol{G}_s$ 之间的相似性。由于聚类是无序的，sa-TL 引入 $\boldsymbol{M}$ 来学习 $\boldsymbol{G}_0$ 和 $\boldsymbol{G}_s$ 之间的最佳映射。

注意 根据式（2.41）中的框架，可重新审视知识迁移方法。Li 等人[28] 的模型采用源领域和目标领域之间的共享词簇来传递标签信息。然而，不同领域的词簇只是相关而非完全相同，因此这种假设会导致错误的知识迁移。此外，模型迁移被完全忽略。MTrick 考虑了词簇的多样性，并利用不变的关联矩阵作为两个领域之间的知识桥梁，这可能会导致错误的模型迁移，因为关联矩阵可能会因领域变化而略有不同。进一步地，DTL 既考虑了词簇的多样性，也考虑了公共知识，但仍然假设公共关联没有改变。TriTL 进一步将词簇分为三个部分（相同、相似和不同），相应的关联也分为三部分。虽然 TriTL 手动区分不同的概念和关联矩阵，但它仍然保持关联矩阵不变，这会导致错误的模型分解和知识迁移。此外，TriTL 没有考虑源领域中的标签噪声。

sa-TL 根据矩阵的 Frobenius 范数与矩阵的迹之间的关系，将式（2.41）的极小化问题转化为式（2.42）的极小化问题。

$$
\begin{aligned}
&\min_{\boldsymbol{F}_{ss},\boldsymbol{F}_{sd},\boldsymbol{S}_{ss},\boldsymbol{S}_{sd},\boldsymbol{G}_s,\boldsymbol{F}_{ts},\boldsymbol{F}_{td},\boldsymbol{S}_{ts},\boldsymbol{S}_{td},\boldsymbol{G}_t \geqslant 0} \mathcal{L} \\
&=\operatorname{Tr}(\boldsymbol{X}_s^{\top} \boldsymbol{X}_s-2\boldsymbol{X}_s^{\top} \boldsymbol{T}_s\boldsymbol{G}_s^{\top}+\boldsymbol{G}_s\boldsymbol{T}_s^{\top} \boldsymbol{T}_s\boldsymbol{G}_s^{\top}) \\
&+\operatorname{Tr}(\boldsymbol{X}_t^{\top} \boldsymbol{X}_t-2\boldsymbol{X}_t^{\top} \boldsymbol{T}_t\boldsymbol{G}_t^{\top}+\boldsymbol{G}_t\boldsymbol{T}_t^{\top} \boldsymbol{T}_t\boldsymbol{G}_t^{\top}) \\
&+\pi \cdot \operatorname{Tr}(\boldsymbol{G}_0^{\top} \boldsymbol{G}_0-2\boldsymbol{G}_0^{\top} \boldsymbol{G}_s\boldsymbol{M}+\boldsymbol{M}^{\top} \boldsymbol{G}_s^{\top} \boldsymbol{G}_s\boldsymbol{M}) \\
&+\alpha \cdot \operatorname{Tr}(\boldsymbol{F}_{ss}^{\top} \boldsymbol{F}_{ss}-2\boldsymbol{F}_{ss}^{\top} \boldsymbol{F}_{ts}+\boldsymbol{F}_{ts}^{\top} \boldsymbol{F}_{ts}) \\
&+\beta \cdot \operatorname{Tr}(\boldsymbol{S}_{ss}^{\top} \boldsymbol{S}_{ss}-2\boldsymbol{S}_{ss}^{\top} \boldsymbol{S}_{ts}+\boldsymbol{S}_{ts}^{\top} \boldsymbol{S}_{ts}) \\
&+\gamma \cdot \sum_{i=1}^{m} \sum_{j=1}^{k_2} |\boldsymbol{F}_{sd_{(ij)}}|+\gamma \cdot \sum_{i=1}^{m} \sum_{j=1}^{k_2} |\boldsymbol{F}_{td_{(ij)}}| \\
&+\delta \cdot \sum_{i=1}^{k_2} \sum_{j=1}^{c} |\boldsymbol{S}_{sd_{(ij)}}|+\delta \cdot \sum_{i=1}^{k_2} \sum_{j=1}^{c} |\boldsymbol{S}_{td_{(ij)}}| \\
&\text{s.t.}\ \sum_{i=1}^{m} \boldsymbol{F}_{ss_{(ij)}}=1,\ \sum_{i=1}^{m} \boldsymbol{F}_{ts_{(ij)}}=1,\ \sum_{i=1}^{m} \boldsymbol{F}_{sd_{(ij)}}=1 \\
&\quad\ \sum_{i=1}^{m} \boldsymbol{F}_{td_{(ij)}}=1,\ \sum_{j=1}^{c} \boldsymbol{G}_{s_{(ij)}}=1,\ \sum_{j=1}^{c} \boldsymbol{G}_{t_{(ij)}}=1
\end{aligned}
\tag{2.42}
$$

其中 $\boldsymbol{T}_s=\boldsymbol{F}_{ss}\boldsymbol{S}_{ss}+\boldsymbol{F}_{sd}\boldsymbol{S}_{sd}$，$\boldsymbol{T}_t=\boldsymbol{F}_{ts}\boldsymbol{S}_{ts}+\boldsymbol{F}_{td}\boldsymbol{S}_{td}$。

然后通过计算式（2.42）的偏微分，可利用拉格朗日函数和辅助函数推导出如下迭代更新规则［式（2.43）~式（2.53）］：

$$\boldsymbol{F}_{ss_{(ij)}} \leftarrow \boldsymbol{F}_{ss_{(ij)}} \cdot \sqrt{\frac{(\boldsymbol{X}_s\boldsymbol{G}_s\boldsymbol{S}_{ss}^{\top}+\alpha\cdot\boldsymbol{F}_{ts})_{(ij)}}{(\boldsymbol{T}_s\boldsymbol{G}_s^{\top}\boldsymbol{G}_s\boldsymbol{S}_{ss}^{\top}+\alpha\cdot\boldsymbol{F}_{ss})_{(ij)}}} \tag{2.43}$$

$$\boldsymbol{S}_{ss_{(ij)}} \leftarrow \boldsymbol{S}_{ss_{(ij)}} \cdot \sqrt{\frac{(\boldsymbol{F}_{ss}^{\top}\boldsymbol{X}_s\boldsymbol{G}_s+\beta\cdot\boldsymbol{S}_{ts})_{(ij)}}{(\boldsymbol{F}_{ss}^{\top}\boldsymbol{T}_s\boldsymbol{G}_s^{\top}\boldsymbol{G}_s+\beta\cdot\boldsymbol{S}_{ss})_{(ij)}}} \tag{2.44}$$

$$\boldsymbol{F}_{sd_{(ij)}} \leftarrow \boldsymbol{F}_{sd_{(ij)}} \cdot \sqrt{\frac{(2(\boldsymbol{X}_s-\boldsymbol{F}_{ss}\boldsymbol{S}_{ss}\boldsymbol{G}_s^{\top})\boldsymbol{G}_s\boldsymbol{S}_{sd}^{\top})_{(ij)}}{(2\boldsymbol{F}_{sd}\boldsymbol{S}_{sd}\boldsymbol{G}_s^{\top}\boldsymbol{G}_s\boldsymbol{S}_{sd}^{\top}+\gamma)_{(ij)}}} \tag{2.45}$$

$$\boldsymbol{S}_{sd_{(ij)}} \leftarrow \boldsymbol{S}_{sd_{(ij)}} \cdot \sqrt{\frac{(2\boldsymbol{F}_{sd}^{\top}(\boldsymbol{X}_s-\boldsymbol{F}_{ss}\boldsymbol{S}_{ss}\boldsymbol{G}_s^{\top})\boldsymbol{G}_s)_{(ij)}}{(2\boldsymbol{F}_{sd}^{\top}\boldsymbol{F}_{sd}\boldsymbol{S}_{sd}\boldsymbol{G}_s^{\top}\boldsymbol{G}_s+\delta)_{(ij)}}} \tag{2.46}$$

$$\boldsymbol{G}_{s_{(ij)}} \leftarrow \boldsymbol{G}_{s_{(ij)}} \cdot \sqrt{\frac{(\boldsymbol{X}_s^{\top}\boldsymbol{T}_s+\pi\cdot\boldsymbol{G}_0\boldsymbol{M}^{\top})_{(ij)}}{(\boldsymbol{G}_s\boldsymbol{T}_s^{\top}\boldsymbol{T}_s+\pi\cdot\boldsymbol{G}_s\boldsymbol{M}\boldsymbol{M}^{\top})_{(ij)}}} \tag{2.47}$$

$$\boldsymbol{M}_{(ij)} \leftarrow \boldsymbol{M}_{(ij)} \cdot \sqrt{\frac{(\boldsymbol{G}_s^{\top}\boldsymbol{G}_0)_{(ij)}}{(\boldsymbol{G}_s^{\top}\boldsymbol{G}_s)_{(ij)}}} \tag{2.48}$$

$$\boldsymbol{F}_{ts_{(ij)}} \leftarrow \boldsymbol{F}_{ts_{(ij)}} \cdot \sqrt{\frac{(\boldsymbol{X}_t\boldsymbol{G}_t\boldsymbol{S}_{ts}^{\top}+\alpha\cdot\boldsymbol{F}_{ss})_{(ij)}}{(\boldsymbol{T}_t\boldsymbol{G}_t^{\top}\boldsymbol{G}_t\boldsymbol{S}_{ts}^{\top}+\alpha\cdot\boldsymbol{F}_{ts})_{(ij)}}} \tag{2.49}$$

$$\boldsymbol{S}_{ts_{(ij)}} \leftarrow \boldsymbol{S}_{ts_{(ij)}} \cdot \sqrt{\frac{(\boldsymbol{F}_{ts}^{\top}\boldsymbol{X}_t\boldsymbol{G}_t+\beta\cdot\boldsymbol{S}_{ss})_{(ij)}}{(\boldsymbol{F}_{ts}^{\top}\boldsymbol{T}_t\boldsymbol{G}_t^{\top}\boldsymbol{G}_t+\beta\cdot\boldsymbol{S}_{ts})_{(ij)}}} \tag{2.50}$$

$$\boldsymbol{F}_{td_{(ij)}} \leftarrow \boldsymbol{F}_{td_{(ij)}} \cdot \sqrt{\frac{(2(\boldsymbol{X}_t-\boldsymbol{F}_{ts}\boldsymbol{S}_{ts}\boldsymbol{G}_t^{\top})\boldsymbol{G}_t\boldsymbol{S}_{td}^{\top})_{(ij)}}{(2\boldsymbol{F}_{td}\boldsymbol{S}_{td}\boldsymbol{G}_t^{\top}\boldsymbol{G}_t\boldsymbol{S}_{td}^{\top}+\gamma)_{(ij)}}} \tag{2.51}$$

$$\boldsymbol{S}_{td_{(ij)}} \leftarrow \boldsymbol{S}_{td_{(ij)}} \cdot \sqrt{\frac{(2\boldsymbol{F}_{td}^{\top}(\boldsymbol{X}_t-\boldsymbol{F}_{ts}\boldsymbol{S}_{ts}\boldsymbol{G}_t^{\top})\boldsymbol{G}_t)_{(ij)}}{(2\boldsymbol{F}_{td}^{\top}\boldsymbol{F}_{td}\boldsymbol{S}_{td}\boldsymbol{G}_t^{\top}\boldsymbol{G}_t+\delta)_{(ij)}}} \tag{2.52}$$

$$\boldsymbol{G}_{t_{(ij)}} \leftarrow \boldsymbol{G}_{t_{(ij)}} \cdot \sqrt{\frac{(\boldsymbol{X}_t^{\top}\boldsymbol{T}_t)_{(ij)}}{(\boldsymbol{G}_t\boldsymbol{T}_t^{\top}\boldsymbol{T}_t)_{(ij)}}} \tag{2.53}$$

迭代过程中，对 $\boldsymbol{F}_{sd}$，$\boldsymbol{F}_{td}$，$\boldsymbol{F}_{ss}$，$\boldsymbol{F}_{ts}$，$\boldsymbol{G}_s$，$\boldsymbol{G}_t$ 进行归一化以满足目标函数的等式约束：

$$\boldsymbol{F}_{ss_{(\cdot j)}} \leftarrow \frac{\boldsymbol{F}_{ss_{(\cdot j)}}}{\sum \boldsymbol{F}_{ss(\cdot j)}},\quad \boldsymbol{F}_{sd_{(\cdot j)}} \leftarrow \frac{\boldsymbol{F}_{sd_{(\cdot j)}}}{\sum \boldsymbol{F}_{sd_{(\cdot j)}}}$$

$$F_{ts_{(\cdot j)}} \leftarrow \frac{F_{ts_{(\cdot j)}}}{\sum F_{ts_{(\cdot j)}}},\quad F_{td_{(\cdot j)}} \leftarrow \frac{F_{td_{(\cdot j)}}}{\sum F_{td_{(\cdot j)}}}$$

$$G_{s_{(i\cdot)}} \leftarrow \frac{G_{s_{(i\cdot)}}}{\sum G_{s_{(i\cdot)}}},\quad G_{t_{(i\cdot)}} \leftarrow \frac{G_{t_{(i\cdot)}}}{\sum G_{t_{(i\cdot)}}} \tag{2.54}$$

最后迭代优化求解，算法具体流程如算法 2.5 所示。

算法 2.5　用于跨领域分类的软关联迁移学习算法

输入： 源领域$\mathcal{D}_s$和对应的词-文档矩阵 $\boldsymbol{X}_s \in \mathbf{R}_+^{m\times n_s}$；

第 i 个样本的标签向量是 $\boldsymbol{y}_i$，若其属于第 j 类，则 $\boldsymbol{y}_{(ij)}=1$；

目标领域$\mathcal{D}_t$和对应的词-文档矩阵 $\boldsymbol{X}_t \in \mathbf{R}_+^{m\times n_t}$；

$\alpha,\beta,\gamma,\delta,\pi$，最大迭代轮数 max，误差阈值 ε；

k_1，即相似特征簇数量；k_2，即独立特征簇数量

输出： $\boldsymbol{F}_{ss},\boldsymbol{F}_{sd},\boldsymbol{S}_{ss},\boldsymbol{S}_{sd},\boldsymbol{G}_s,\boldsymbol{M},\boldsymbol{F}_{ts},\boldsymbol{F}_{td},\boldsymbol{S}_{ts},\boldsymbol{S}_{td},\boldsymbol{G}_t$

1. 初始化矩阵 $\boldsymbol{F}_{ss}$，$\boldsymbol{F}_{sd}$，$\boldsymbol{S}_{ss}$，$\boldsymbol{S}_{sd}$，$\boldsymbol{G}_s$，$\boldsymbol{M}$，$\boldsymbol{F}_{ts}$，$\boldsymbol{F}_{td}$，$\boldsymbol{S}_{ts}$，$\boldsymbol{S}_{td}$，$\boldsymbol{G}_t$
2. 计算式（2.42）的$\mathcal{L}^{(0)}$
3. $k:=1$
4. 根据式（2.43）更新 $\boldsymbol{F}_{ss}^{(k)}$ 并基于式（2.54）做归一化
5. 根据式（2.44）更新 $\boldsymbol{S}_{ss}^{(k)}$ 并基于式（2.54）做归一化
6. 根据式（2.46）更新 $\boldsymbol{S}_{sd}^{(k)}$
7. 根据式（2.47）更新 $\boldsymbol{G}_s^{(k)}$ 并基于式（2.54）做归一化
8. 根据式（2.48）更新 $\boldsymbol{M}^{(k)}$
9. 根据式（2.49）更新 $\boldsymbol{F}_{ts}^{(k)}$ 并基于式（2.54）做归一化
10. 根据式（2.50）更新 $\boldsymbol{S}_{ts}^{(k)}$
11. 根据式（2.51）更新 $\boldsymbol{F}_{td}^{(k)}$ 并基于式（2.54）做归一化
12. 根据式（2.52）更新 $\boldsymbol{S}_{td}^{(k)}$
13. 根据式（2.53）更新 $\boldsymbol{G}_t^{(k)}$ 并基于式（2.54）做归一化
14. 计算$\mathcal{L}^{(k)}$。如果 $|\mathcal{L}^{(k)}-\mathcal{L}^{(k-1)}|<\varepsilon$，则跳到步骤 16
15. $k:=k+1$。当 $k\leqslant$ max 时，跳到步骤 4
16. 输出 $\boldsymbol{F}_{ss}^{(k)}$，$\boldsymbol{F}_{sd}^{(k)}$，$\boldsymbol{S}_{ss}^{(k)}$，$\boldsymbol{S}_{sd}^{(k)}$，$\boldsymbol{G}_s^{(k)}$，$\boldsymbol{M}^{(k)}$ $\boldsymbol{F}_{ts}^{(k)}$，$\boldsymbol{F}_{td}^{(k)}$，$\boldsymbol{S}_{ts}^{(k)}$，$\boldsymbol{S}_{td}^{(k)}$，$\boldsymbol{G}_t^{(k)}$

2.7　本章小结

Li 等人[28] 提出的基于共享簇的知识迁移算法在源领域和目标领域上共享词簇 $\boldsymbol{F}$。Zhuang 等人[29] 考虑到词簇分布在不同领域存在差异性，而词簇和文档类别之间的关联通常保持稳定，提出了共享词簇-文档簇关联 $\boldsymbol{S}$（相似概念）的 MTrick。Long 等人[31] 提出的 DTL 模型综合考虑共享词簇 $\boldsymbol{F}$ 和词簇-文档簇关联 $\boldsymbol{S}$，并利用它们之间

的对偶性实现有效的知识迁移。以上模型都没有考虑不同领域间概念的差异性，即有些概念可能只存在于一个文本语料库中。Zhuang 等人[27] 提出的 TriTL 将词簇 $\boldsymbol{F}$ 和词簇-文档簇关联 $\boldsymbol{S}$ 分为三部分，综合考虑相同、相似和差异概念。然而在许多情况下，源领域和目标领域的词频分布完全不同，可能会导致负迁移，因此，Wang 等人[36] 提出了软关联知识迁移算法 sa-TL，其假设两个领域之间的特征概念的分布相似而非相同。

非负矩阵分解模型将不同领域的词-文档矩阵 $\boldsymbol{X}$ 分解为三个因子矩阵的乘积 $\boldsymbol{FSG}^{\top}$，通过假设不同领域间类似词簇等的高级概念分布的相似性来实现知识迁移。

第 3 章

基于概率模型的迁移学习算法

概率模型是机器学习中最有代表性的一类模型，例如经典的朴素贝叶斯模型（Naive Bayes）和概率主题模型（Probabilistic Topic Model），等等。近年来，一些研究者提出了一系列基于概率模型的迁移学习方法，其被广泛应用于文本挖掘等领域。

本章将对这类方法进行介绍，具体内容组织如下：3.1 节介绍问题定义及相关模型预备知识，包括贝叶斯分类算法与概率主题模型的基础概念。在概率主题模型中主要介绍概率潜在语义分析（Probabilistic Latent Semantic Analysis，PLSA）和潜在狄利克雷分配（Latent Dirichlet Allocation，LDA）模型；3.2 节介绍基于 EM 算法的朴素贝叶斯迁移方法；3.3 节介绍主题共享的领域迁移概率潜在语义分析方法；3.4 节介绍基于协同对偶概率潜在语义分析的多域领域迁移；3.5 节介绍更普适的基于潜在语义分析的多域领域迁移；3.6 节介绍基于组对齐的跨领域主题模型；3.7 节介绍基于粗粒度对齐主题模型的跨领域文本分类；3.8 节为本章小结。

3.1 问题定义

基于概率模型的迁移学习大多是针对文本数据在无监督领域或者半监督领域自适应这个问题进行的，特别是针对文档的跨领域分类问题，相关问题定义如下：

给定一个或多个源领域的文档集$\mathcal{D}_l$，对于任意文档 $d_i \in \mathcal{D}_l$，可以表示为文本中单词的聚合，每个单词 $w_j \in V$，其中 V 表示整个词表。在源领域，我们有每个文档 d_i 的类别标签 y_i。另外，给定目标领域$\mathcal{D}_u$，仅包括文档数据（在半监督条件下，目标领域存在少量样本标注）。该任务的目标通过联合学习源领域与目标领域自身数据分布与不同领域间存在的领域偏移并训练得到分类器，实现对目标领域$\mathcal{D}_u$上高效精准的标签预测。

为了解决上述文本分类任务的领域迁移问题，现有基于概率模型的研究主要有基于贝叶斯分类算法和概率主题模型的研究工作。下面对这两类模型的概念进行简单介绍。

- **贝叶斯分类算法**　贝叶斯分类算法是统计学中的一种分类方法，由于此类算法均以贝叶斯公式［式（3.1）］为基础，通过先验概率，利用贝叶斯公式计算出后验概率，原则上最大后验概率所对应的类别即为分类结果，因此统称为贝叶斯分类算法。其中，朴素贝叶斯算法是贝叶斯分类算法中最简单、常见、高效的一种算法。

$$P(B \mid A)=\frac{P(A \mid B)P(B)}{P(A)} \tag{3.1}$$

对于分类任务，我们首先给出如下定义：给定输入每个数据为 $x_i \in \mathcal{R}^n$ 的 n 维向量集合，每个输入数据的类别 $y_i \in \{c_1, c_2, \cdots, c_K\}$。我们把 $p(X, Y)$ 记作样本数据与类别的联合概率分布，因此训练数据 $\{(x_1, y_2), \cdots, (x_N, y_N)\}$ 可以由该分布产生。朴素贝叶斯算法的目的就是通过该训练数据求解 $p(X, Y)$，基于贝叶斯公式，我们首先需要学习先验概率分布 $p(Y=c_i)$，$i \in [1, K]$，以及条件概率

$$p(X=x \mid Y=c_i)=p(X^{(1)}=x^{(1)},\cdots,X^{(n)}=x^{(n)} \mid Y=c_i), i \in [1,K] \tag{3.2}$$

这里，朴素贝叶斯算法对条件概率做了条件独立性假设，即

$$p(X=x \mid Y=c_i)=\prod_{j=1}^{n} p(X^{(j)}=x^{(j)} \mid Y=c_i), i \in [1,K] \tag{3.3}$$

从而有

$$p(Y=c_i \mid X=x)=\frac{p(Y=c_i)\prod_{j=1}^{n} p(X^{(j)}=x^{(j)} \mid Y=c_i)}{\sum_{i=1}^{K} p(Y=c_i)\prod_{j=1}^{n} p(X^{(j)}=x^{(j)} \mid Y=c_i)} \tag{3.4}$$

在学习朴素贝叶斯模型的过程中，可以使用极大似然、贝叶斯估计的方式来估计 $p(Y=c_k)$ 和 $p(X^{(j)}=x^{(j)} \mid Y=c_i)$。

- **概率主题模型**　概率主题模型是指挖掘文档中主题结构信息的算法[37]，它也被进一步拓展到其他非文本场景中[38]。下面我们将快速回顾主题模型中两个经典的模型算法：概率潜在语义分析模型和潜在狄利克雷分配模型。

在介绍两种模型前，我们首先会给出在文本中建模主题模型时所需要的一些相关变量的数学定义。我们用 $\mathcal{D}=\{d_1, d_2, \cdots, d_M\}$ 表示数据中的文档集，用 $d=\{w_1, w_2, \cdots, w_N\}$ 表示每个文档。每个 w_i 是文档中的词，我们用 V 表示整个词表，用 z 表示文档的主题，K 是主题的个数。

首先是概率潜在语义分析模型（PLSA）[39]。该模型的每一个文档是由多个主题联合生成的，图 3.1 给出了 PLSA 的概率图。其假设文档生成过程如下：

- 以 $p(d_i)$ 的概率选中文档集 $\mathcal{D}$ 中的一个文档 d_i。

- 以 $p(z_j \mid d_i)$ 的概率选中文档中的一个主题 z_j。
- 以 $p(w_l \mid z_j)$ 的概率生成文档中的一个单词 w_l。

为此，我们可以观测到联合概率分布

$$p(d_i, w_l) = \sum_{j=1}^{K} p(z_j, d_i, w_l) = p(d_i) \sum_{j=1}^{K} p(z_j \mid d_i)\, p(w_l \mid z_j) \tag{3.5}$$

这里 $p(z_j \mid d_i)$ 和 $p(w_l \mid z_j)$ 也就是要求解的参数了。可以使用 EM 算法求解这两个参数，读者可以自行进行推导[39]。

而潜在狄利克雷分配模型（LDA）[40] 是在 PLSA 模型的基础上引入了参数的先验分布这一概念，增加了贝叶斯框架，是主题模型中应用得最广泛的框架，图 3.2 给出了 LDA 的概率图。其假设文档生成过程如下：

- 从 Dirichlet 分布 α 中采样生成文档 d_i 的主题分布 θ_i。
- 从多项式分布 θ_i 中采样生成 d_i 中第 j 个主题 z_j。
- 从 Dirichlet 分布 β 中采样生成主题 z_j 对应的单词分布 ϕ_{z_j}。
- 从多项式分布 ϕ_{z_j} 中采样生成单词 w_l。

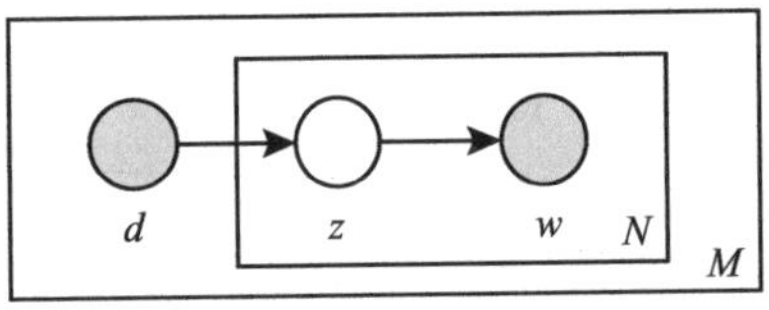

图 3.1 PLSA 概率图[39]

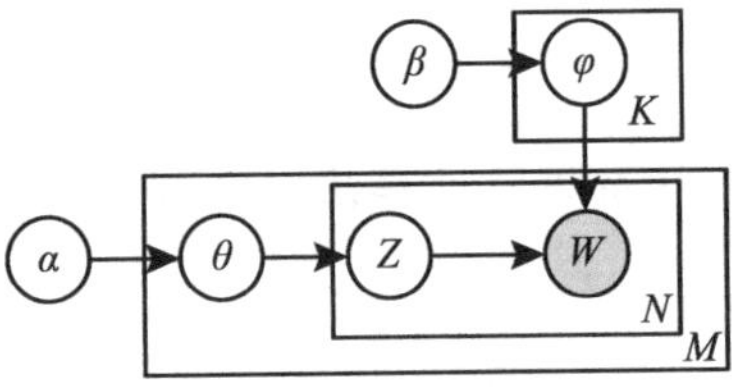

图 3.2 LDA 概率图[40]

LDA 模型相对 PLSA 模型让主题与单词的先验分布服从稀疏的 Dirichlet 分布的形式，这使得每篇文档集中在少量的主题上，让每个主题集中在少量的单词上。相对于 PLSA，这种假设可以让 LDA 更好地学习到文档、主题、单词三者的关联关系。

3.2 基于 EM 算法的朴素贝叶斯迁移算法

分类任务是机器学习中的一类经典问题，迁移学习在该场景中关注当测试数据的数据分布与训练数据不同时，模型如何实现准确的分类。基于该目标，文献［41］中提出一种基于 EM 算法的朴素贝叶斯迁移分类器，用来实现跨领域文本分类的目标。不同于以往假设数据分布为高斯分布的迁移学习算法[42]，文献［41］放宽了对数据分布的假设，考虑源领域数据集 $\mathcal{D}_l$ 的概率分布为 $\mathscr{D}_l$，目标领域数据集 $\mathcal{D}_u$ 的概率分布为 $\mathscr{D}_u$，提出了一种朴素贝叶斯迁移方法（Naive Bayes Transfer Classifier，NBTC）。首先基于 $\mathcal{D}_l$ 进行训练，得到初始模型，并进一步使用最大期望（Expectation Maximization，EM）算法拟合得到 $\mathcal{D}_u$ 上的局部最优模型。

具体来讲，基于局域最大后验估计原理，模型在 $\mathcal{D}_l$ 和 $\mathcal{D}_u$ 上最大化：

$$l(h \mid \mathcal{D}_l, \mathcal{D}_u) = \log p_{\mathscr{D}_u}(h \mid \mathcal{D}_l, \mathcal{D}_u) \tag{3.6}$$

即

$$l(h \mid \mathcal{D}_l, \mathcal{D}_u) \propto \log p_{\mathscr{D}_u}(h) + \sum_{d \in \mathcal{D}_l} \log \sum_{c \in C} p_{\mathscr{D}_u}(d \mid c, h) \cdot p_{\mathscr{D}_u}(c \mid h)$$
$$+ \lambda \sum_{d \in \mathcal{D}_u} \log \sum_{c \in C} p_{\mathscr{D}_u}(d \mid c, h) \cdot p_{\mathscr{D}_u}(c \mid h) \tag{3.7}$$

这里用 $\lambda \in (0,1)$ 弱化无标签数据$\mathcal{D}_u$的影响。随后使用如下 EM 算法。

- E 步:

$$p_{\mathscr{D}_u}(c \mid h) \propto p_{\mathscr{D}_u}(c) \prod_{w \in d} p_{\mathscr{D}_u}(w \mid c) \tag{3.8}$$

- M 步:

$$p_{\mathscr{D}_u}(c) \propto \sum_{i \in l, u} p_{\mathscr{D}_u}(\mathcal{D}_i) \cdot p_{\mathscr{D}_u}(c \mid \mathcal{D}_i)$$
$$p_{\mathscr{D}_u}(w \mid c) \propto \sum_{i \in l, u} p_{\mathscr{D}_u}(\mathcal{D}_i) \cdot p_{\mathscr{D}_u}(c \mid \mathcal{D}_i) \cdot p_{\mathscr{D}_u}(w \mid c, \mathcal{D}_i) \tag{3.9}$$

这里 $p_{\mathscr{D}_u}(c \mid \mathcal{D}_i) = \sum_{d \in \mathcal{D}_u} p_{\mathscr{D}_u}(c \mid d) \cdot p_{\mathscr{D}_u}(d \mid \mathcal{D}_i)$，$p_{\mathscr{D}_u}(w \mid c, \mathcal{D}_i) = \dfrac{1 + n_{\mathscr{D}_u}(w, c, \mathcal{D}_i)}{\mid W \mid + n_{\mathscr{D}_u}(c, \mathcal{D}_i)}$，$n_{\mathscr{D}_u}(w,$ $c, \mathcal{D}_i) = \sum_{d \in \mathcal{D}_i} \mid d \mid \cdot p_{\mathscr{D}_u}(w \mid d) \cdot p_{\mathscr{D}_u}(c \mid d)$，$n_{\mathscr{D}_u}(c, \mathcal{D}_i) = \sum_{d \in \mathcal{D}_i} \mid d \mid \cdot p_{\mathscr{D}_u}(c \mid d)$。

随后可以给出 NBTC 算法，如算法 3.1 所示。

算法 3.1　NBTC 算法

输入：基于分布 $\mathscr{D}_l$ 下的有标签数据集$\mathcal{D}_l$；基于分布 $\mathscr{D}_u$ 下的无标签数据集$\mathcal{D}_u$；所有的类别集合 C；所有的字词特征 W；最大迭代次数 T

输出：$p_{\mathscr{D}_u}^{(T)}(c \mid d)$

1. 基于朴素贝叶斯分类器算法初始化 $p_{\mathscr{D}_u}^{(0)}(w \mid c)$，$p_{\mathscr{D}_u}^{(0)}(c)$ 和 $p_{\mathscr{D}_u}^{(0)}(d)$
2. **for** t in $1:T$ **do**:
3. 　**for** 每个 $c \in C$ 和 $d \in \mathcal{D}_u$ **do**:
4. 　　基于 $p_{\mathscr{D}_u}^{(t-1)}(c)$，$p_{\mathscr{D}_u}^{(t-1)}(w \mid c)$ 通过式(3.8)计算 $p_{\mathscr{D}_u}^{(t)}(c \mid d)$
5. 　**end for**
6. 　**for** 每个 $c \in C$ **do**:
7. 　　基于 $p_{\mathscr{D}_u}^{(t)}(c \mid d)$，通过式(3.9)计算 $p_{\mathscr{D}_u}^{(t)}(c)$
8. 　　**for** 每个 $d \in \mathcal{D}_u$ **do**:
9. 　　　基于 $p_{\mathscr{D}_u}^{(t)}(c \mid d)$，通过式(3.9)计算 $p_{\mathscr{D}_u}^{(t)}(w \mid c)$
10. 　　**end for**
11. 　**end for**
12. **end for**

文献 [41] 中提出使用相对熵（Kullback–Leibler Divergence，KL Divergence）来

度量两个数据分布 $\mathscr{D}_l$ 与 $\mathscr{D}_u$ 之间的距离，从而估计 NBTC 算法中的权衡参数$p_{\mathscr{D}_u}(\mathcal{D}_i)$。

在上面的 EM 算法里面，使用$\mathcal{D}_l$和$\mathcal{D}_u$来估计 $\mathscr{D}_l$ 和 $\mathscr{D}_u$，得到 $\widehat{\mathscr{D}_l}$ 和 $\widehat{\mathscr{D}_u}$。随后可以使用 KL 距离度量这两个分布之间的距离，即

$$KL(\widehat{\mathscr{D}_l} \parallel \widehat{\mathscr{D}_u}) = \sum_{w \in W} p(w \mid \mathcal{D}_l) \log_2 \frac{p(w \mid \mathcal{D}_l)}{p(w \mid \mathcal{D}_u)} \tag{3.10}$$

在估计出 $KL(\mathscr{D}_l \parallel \mathscr{D}_u)$ 后，令 $\gamma = \dfrac{p_{\mathscr{D}_u}(\mathcal{D}_l)}{p_{\mathscr{D}_u}(\mathcal{D}_u)}$。随后在 11 个数据集上给出了一种经验性的方法求解这两者之间的关系，如图 3.3 所示。算法 3.2 展示了整个基于自动化参数设置的 NBTC 算法。

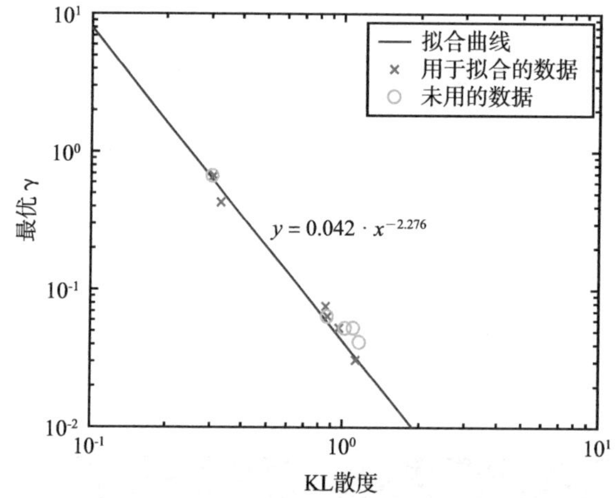

图 3.3　最优 γ 与 KL 散度之间的关系[41]

算法 3.2　基于自动化参数设置的 NBTC 算法

输入： 基于分布 $\mathscr{D}_l$ 下的有标签数据集$\mathcal{D}_l$；基于分布 $\mathscr{D}_u$ 下的无标签数据集$\mathcal{D}_u$；所有的类别集合 C；所有的词特征 W

输出： $p_{\mathscr{D}_u}(c|d)$

1. 基于式(3.10)估计 $KL(\mathscr{D}_l \parallel \mathscr{D}_u)$
2. $\gamma \leftarrow 0.042 \cdot KL(\mathscr{D}_l \parallel \mathscr{D}_u)^{-2.276}$
3. $p_{\mathscr{D}_u}(\mathcal{D}_l) \leftarrow \frac{\gamma}{1+\gamma}, p_{\mathscr{D}_u}(\mathcal{D}_u) \leftarrow 1 - p_{\mathscr{D}_u}(\mathcal{D}_l)$
4. 基于 $p_{\mathscr{D}_u}(\mathcal{D}_u)$ 和 $p_{\mathscr{D}_l}(\mathcal{D}_u)$ 调用算法 3.1

3.3　基于概率潜在语义分析的主题共享领域迁移算法

概率潜在语义分析（PLSA）方法被广泛应用于文本挖掘任务中，针对跨领域文本分类问题，一些研究者基于 PLSA 进行了拓展。如文献［43］中提出了一种基于主题桥

接的概率潜在语义分析方法（Topic-bridged PLSA，TPLSA）。其主要假设源领域数据集$\mathcal{D}_l$与目标领域数据集$\mathcal{D}_u$所涵盖的文档内容具有一定相关性，并优化原始的 PLSA 模型，使其可以在$\mathcal{D}_l$与$\mathcal{D}_u$之间构建主题桥，从而传递具有领域共享的主题，从而优化目标领域的文本分类效果。

具体来讲，基于观测到的$\mathcal{D}_l$与词表 W，可以构建一个 PLSA 模型，如下：

$$p(d_l \mid w) = \sum_z p(d_l \mid z) p(z \mid w) \tag{3.11}$$

其中 $d_l \in \mathcal{D}_l$。类似地，可以得到目标文档集的 PLSA 模型，其与源领域共享同一个词表 W，如下：

$$p(d_u \mid w) = \sum_z p(d_u \mid z) p(z \mid w) \tag{3.12}$$

基于主题空间共享的假设（$p(z \mid w)$），这里可以同时训练这两个 PLSA 模型，并基于不同的条件概率分布 $p(d_l \mid z)$ 和 $p(d_u \mid z)$ 来生成源领域和目标领域的文本，如图 3.4 所示。这里所学习到的共享的主题空间 z 被称为链接源领域和目标领域的主题桥。

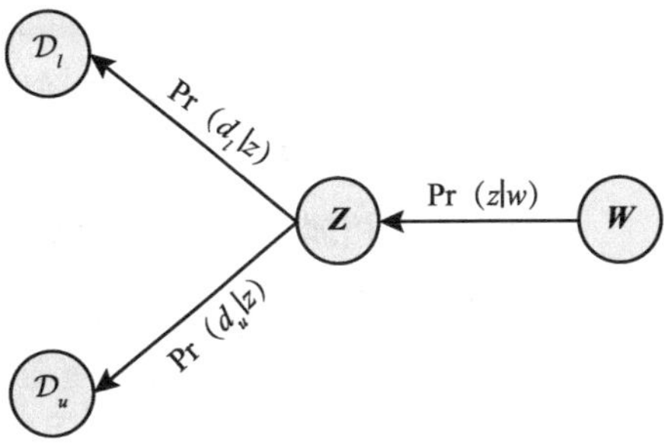

图 3.4　TPLSA 模型[43]

当该共享的主题空间被建模后，即可以通过训练数据中类别的信息来获得测试数据的类别信息。文献［43］使用了一个权重参数 $\lambda \in (0, 1)$ 来均衡源领域和目标领域，从而当 λ 趋近于 1 时，让模型更依赖源领域数据，当 λ 趋近于 0 时，让模型更依赖目标领域数据，即

$$L = \sum_w \left[\lambda \sum_{d_l} n(w,d_l) \log \sum_z p(d_l \mid z) p(z \mid w) + (1-\lambda) \sum_{d_u} n(w,d_u) \log \sum_z p(d_u \mid z) p(z \mid w) \right] \tag{3.13}$$

为了充分利用训练数据中的知识，文献［43］应用半监督聚类算法[44] 中必连约束（must-link constraints）和勿连约束（cannot-link constraints）的思想来引入标签信息。对于任何两个文档，如果它们属于同一个主题，那应该存在必连约束，如果从属于不同主题，那应该存在勿连约束。为了促进（d_i，d_j）之间的必连约束，目标函数中增加了如下的惩罚项：

$$f_s(d_i, d_j) = \log \sum_z p(d_i \mid z) \ p(d_j \mid z) \tag{3.14}$$

相对地，对于勿连约束，增加了如下惩罚项：

$$f_d(d_i,d_j) = \log\sum_{z_l\neq z_u} p(d_i \mid z_l)\ p(d_j \mid z_u) \tag{3.15}$$

从而式（3.13）可以被更新为

$$L_c = L + \beta_1 \sum f_s(d_i,d_j) + \beta_2 \sum f_d(d_i,d_j) \tag{3.16}$$

为了优化非凸目标函数 L_c，文献［43］中使用了EM算法来求解。

- E步：

$$p(z \mid d_l,w) = \frac{p(d_l \mid z)p(z \mid w)}{p(d_l \mid w)}$$
$$p(z \mid d_u,w) = \frac{p(d_u \mid z)p(z \mid w)}{p(d_u \mid w)} \tag{3.17}$$

这里使用 $C(d_l,\ w,\ z)$ 相似地表示传统PLSA中的 $p(z \mid d,\ w)$，对于两个约束 $f_s(d_i,\ d_j)$ 和 $f_d(d_i,\ d_j)$，给定任何文档对（d_i，d_j）使用 $C_s(d_l^i,\ d_l^j,\ z)$ 表示两个文档属于同一个主题 z 的概率，使用 $C_d(d_l^i,\ d_l^j,\ z_i,\ z_j)$ 表示两个文档分别属于不同主题 z_i 和 z_j 的概率，具体估计如下：

$$C(d_l,w,z) = \frac{p(d \mid z)p(z \mid w)}{\sum_z p(d \mid z)p(z \mid w)}$$
$$C_s(d_l^i,d_l^j,z) = \frac{p(d_l^i \mid z)p(d_l^j \mid z)}{\sum_z p(d_l^i \mid z)p(d_l^j \mid z)}$$
$$C_d(d_l^i,d_l^j,z_i,z_j) = \frac{p(d_l^i \mid z_i)p(d_l^j \mid z_j)}{\sum_{z_i\neq z_j} p(d_l^i \mid z_i)p(d_l^j \mid z_j)} \tag{3.18}$$

- M步：

$$p(d_u \mid z) \propto \sum_w n(w,d_u) \cdot p(z \mid d_u,w)$$
$$p(d_l \mid z) \propto \sum_w n(w,d_l) \cdot C(d_l,w,z) + \beta_1 \sum_{d\in\mathcal{D}_l} C_s(d_l,d,z) + \beta_2 \sum_{d\in\mathcal{D}_l}\sum_{z':z'\neq z} C_d(d_l,d,z,z')$$
$$p(z \mid w) \propto \lambda \sum_{d_l} n(w,d_l) \cdot p(z \mid d_l,w) + (1-\lambda) \sum_{d_u} n(w,d_u) \cdot p(z \mid d_u,w) \tag{3.19}$$

最后，使用 $c(\cdot)$ 表示计算一个文档或者隐变量类别，即 $c(d)$ 和 $c(z)$。算法3.3展示了TPLSA算法的整体过程。

算法 3.3　TPLSA 算法

输入：有标签数据集$\mathcal{D}_l$；无标签数据集$\mathcal{D}_u$；对于每个 $d \in \mathcal{D}_l$ 下标注的类别 c

输出：任意 $d \in \mathscr{D}_u$ 对应的 c

随机初始化 $p(d_l|z)$，$p(d_u|z)$和 $p(z|w)$；
while L_c 未收敛到预设值 **do**：
　基于式(3.17)估计 $p(z|d_l, w)$和 $p(z|d_u, w)$；
　基于式(3.18)估计 $C(d_l, w, z)$，$C_s(d_l^i, d_l^j, z)$和 $C_d(d_l^i, d_l^j, z_i, z_j)$；
　基于式(3.19)最大化 $p(d_u|z)$，$p(d_l|z)$和 $p(z|w)$；
end while
for 每个 z **do**：
　$c(z) = c(\arg\max_c |\{d \in \mathcal{D}_l | c(d) = z\}|)$；
end for
for 每个 $d \in \mathcal{D}_u$ **do**：
　$c(d) = c(\arg\max_z p(z|d))$；
end for

3.4　基于协同对偶概率潜在语义分析的多域领域迁移

为了进一步挖掘多源领域和多目标领域文本中存在的共性与特性，文献［45］中进一步提出了基于协同对偶概率潜在语义分析（Collaborative Dual-PLSA，CD-PLSA）模型，并用来解决跨领域文本分类问题。

区别于之前我们介绍的 PLSA 非对称展开形式，文献［45］从其对称形式出发，如图 3.5a 所示，即

$$p(d_i, w_l) = \sum_{j=1}^{K} p(z_j)\, p(d_i \mid z_j)\, p(w_l \mid z_j) \tag{3.20}$$

在该模型中，文档和词特征共享相同的隐性变量 z，然而由于实际文档和词特征通常表现不同的组织和结构，因此它们可能需要不同的隐性变量来进行刻画。如果以 z 来刻画词特征分布，y 来刻画文档类别分布的话，我们可以得到一种对偶 PLSA（D-PLSA），如图 3.5b 所示，我们有

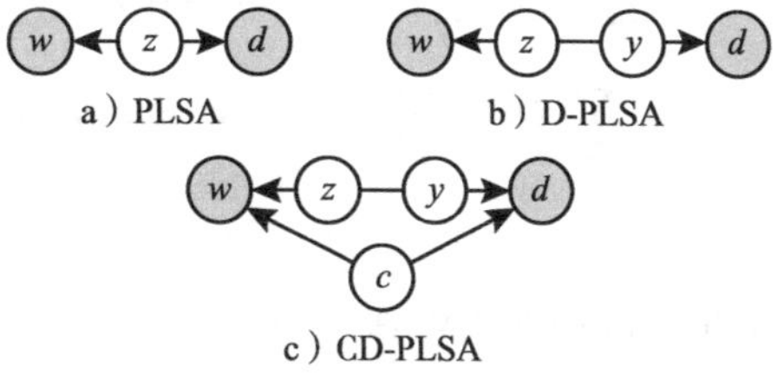

图 3.5　图模型 PLSA（对称形式），D-PLSA 和 CD-PLSA[45]

$$p(d_i, w_l) = \sum_{j,k} p(z_j, y_k)\, p(d_i \mid y_k)\, p(w_l \mid z_j) \tag{3.21}$$

D-PLSA 的形式在文献［46］中提出，用于解决聚类问题。实际上，由于 $p(d_i \mid y_k)$ 的引入，可以很容易地将其适配到文本的分类问题上，即这里的 y_k 是文档的

类别，从而使得 D-PLSA 变成一个半监督的分类模型。文献［45］基于 D-PLSA 的形式，提出了一个统计生成模型处理多领域数据的跨领域文本分类算法。

给定 $s+t$ 个领域数据，表示为 $D=(D_1, D_2, \cdots, D_s, D_{s+1}, \cdots, D_{s+t})$，不失一般性，假设前面 s 个领域为带标签的源领域数据，而后 t 个领域为无标签的目标领域数据。文献［46］中基于如上形式构建了 CD-PLSA 模型，如图 3.5c 所示。这里所有领域共享 y 与 z，并使其独立于数据领域变量 c，而每个领域数据的词特征 w 依赖于变量 z 与 c，文档 d 依赖于变量 y 与 c。从而有如下联合概率分布：

$$p(d,w,y,z,c)=p(c)p(y\mid c)p(z\mid y)p(w\mid z,c)p(d\mid y,c) \tag{3.22}$$

用共现矩阵 O_c 表示第 c 个领域的词-文档共现矩阵，其中元素 $O_{w,d,c}$ 表示三元组 (w, d, c) 第 c 个领域中词 w 在文档 d 中出现的频率。上述问题可以形式化成最大对数似然，如下所示：

$$\log p(X\mid\theta)=\log\sum_Z p(Z,X\mid\theta) \tag{3.23}$$

其中 X 表示所有领域数据，Z 表示潜在变量 z 和 y，θ 表示所有参数。

这里可以用 EM 算法对上述模型进行求解，即最大化式（3.23）的下界 L_0：

$$\begin{aligned}L_0 &= \sum_Z p(Z\mid X;\theta^{\text{old}})\log p(Z,X\mid\theta) - \sum_Z p(Z\mid X;\theta^{\text{old}})\log p(Z\mid X;\theta^{\text{old}})\\ &= \sum_Z p(Z\mid X;\theta^{\text{old}})\log p(Z,X\mid\theta) + \text{const}\end{aligned} \tag{3.24}$$

因此可以转化为最大化非常数项 L[⊖]：

$$\begin{aligned}L &= \sum_Z p(Z\mid X;\theta^{\text{old}})\log p(Z,X\mid\theta)\\ &= \sum_n\sum_{Z_n} p(Z_n\mid X_n;\theta^{\text{old}})\log p(Z_n,X_n\mid\theta)\\ &= \sum_{w,d,c} O_{w,d,c}\sum_{z,y} p(z,y\mid w,d,c;\theta^{\text{old}})\cdot\log p(d,w,y,z,c\mid\theta)\\ &= \sum_{z,y,w,d,c} O_{w,d,c}\sum_{z,y} p(z,y\mid w,d,c;\theta^{\text{old}})\cdot\log[p(c)p(y\mid c)p(z\mid y)p(w\mid z,c)p(d\mid y,c)]\end{aligned} \tag{3.25}$$

为此可以构造 EM 算法中的 E 步，如下：

$$p(z,y\mid w,d,c;\theta^{\text{old}})=\frac{p(c)p(y\mid c)p(z\mid y)p(w\mid z,c)p(d\mid y,c)}{\sum_{z,y}p(c)p(y\mid c)p(z\mid y)p(w\mid z,c)p(d\mid y,c)} \tag{3.26}$$

⊖ 这里介绍的求解方式是文献［45］中作者后续在该论文基础上进一步优化后的求解方式，即进一步考虑文档类别概率 $p(y)$ 依赖于各个不同领域，表示为 $p(y\mid c)$，各领域共享条件概率 $p(z\mid y)$。

随后构造 EM 算法中的 M 步，首先抽取关于参数 $\hat{p}(w \mid z, c)$ 的项：

$$L_{[\hat{p}(w\mid z,c)]} = \sum_{z,y,w,d,c} O_{w,d,c}\, p(z,y \mid w,d,c;\theta^{\text{old}}) \cdot \log p(w \mid z,c) \tag{3.27}$$

通过拉格朗日函数，加入约束 $\sum_{w} p(w \mid z, c)=1$，推导后可得：

$$p(w \mid d,c) = \frac{\sum_{y,d} O_{w,d,c}\, p(z,y \mid w,d,c;\theta^{\text{old}})}{\lambda} \tag{3.28}$$

由于 $\sum_{w} p(w \mid z, c)=1$，则 $\lambda = \sum_{w} \sum_{y,d} O_{w,d,c} p(z, y \mid w, d, c; \theta^{\text{old}})$。从而可以得到 $p(w \mid z, c)$ 的迭代公式，并类似得到 M 步所有迭代公式如下：

$$\hat{p}(w \mid z,c) = \frac{\sum_{y,d} O_{w,d,c} p(z,y \mid w,d,c;\theta^{\text{old}})}{\sum_{y,w,d} O_{w,d,c} p(z,y \mid w,d,c;\theta^{\text{old}})}$$

$$\hat{p}(d \mid y,c) = \frac{\sum_{z,w} O_{w,d,c} p(z,y \mid w,d,c;\theta^{\text{old}})}{\sum_{z,w,d} O_{w,d,c} p(z,y \mid w,d,c;\theta^{\text{old}})}$$

$$\hat{p}(z \mid y) = \frac{\sum_{w,d,c} O_{w,d,c} p(z,y \mid w,d,c;\theta^{\text{old}})}{\sum_{z,w,d,c} O_{w,d,c} p(z,y \mid w,d,c;\theta^{\text{old}})}$$

$$\hat{p}(y \mid c) = \frac{\sum_{z,w,d} O_{w,d,c} p(z,y \mid w,d,c;\theta^{\text{old}})}{\sum_{z,y,w,d} O_{w,d,c} p(z,y \mid w,d,c;\theta^{\text{old}})}$$

$$\hat{p}(c) = \frac{\sum_{z,y,w,d} O_{w,d,c} p(z,y \mid w,d,c;\theta^{\text{old}})}{\sum_{z,y,w,d,c} O_{w,d,c} p(z,y \mid w,d,c;\theta^{\text{old}})} \tag{3.29}$$

为了加入源领域数据中的标签信息，这里通过对概率 $p(d \mid y, c)$，$c \in [1, s]$ 的赋值来实现。在 EM 算法的求解过程中 $p(d \mid y, c)$，$c \in [1, s]$ 保持不变，$p(d \mid y, c)$，$c \in (s, s+t]$ 随着算法迭代至收敛。在预测过程中，基于贝叶斯公式可以得到：

$$\begin{aligned} p(y \mid d,c) &= \frac{p(y,d,c)}{p(d,c)} \propto p(y,d,c) = p(d \mid y,c)\, p(y,c) \\ &= p(d \mid y,c)\, p(y)\, p(c) = p(d \mid y,c) p(c) \sum_{z} p(z,y) \propto p(d \mid y,c) \sum_{z} p(z,y) \end{aligned} \tag{3.30}$$

CD-PLSA 算法的具体流程如算法 3.4 所示。

算法 3.4　CD-PLSA 算法

输入： $s+t$ 个领域数据，$D_1,\cdots,D_s,\cdots,D_{s+t}$，其中前 s 个为有标签的源领域数据，后 t 个为无标签的目标领域数据

输出： 目标领域中文档的预测信息

随机初始化 $p^{(0)}(z,y)$，使用 PLSA 初始化 $p^{(0)}(w|z,c)$，使用 $\frac{L_{d,y}^{c}}{\sum_{d} L_{d,y}^{c}}$ 初始化 $p(d|y,c)$

while 未到预设迭代次数 **do**：

　for c in $1:s+t$ **do**：

　　基于式(3.27)更新 $p^{(k)}(z,y|w,d,c;\theta^{\text{old}})$

　end for

　for c in $1:s+t$ **do**：

　　基于式(3.29)更新 $p^{(k)}(w|z,c)$

　end for

　for c in $s+1:s+t$ **do**：

　　基于式(3.29)更新 $p^{(k)}(d|z,c)$

　end for

　基于式(3.29)更新 $p^{(k)}(z|y)$，$p^{(k)}(y|c)$ 和 $p^{(k)}(c)$

end while

基于 $\arg\max_z p(y|d,c)$ 求出目标领域每个文档的类别

3.5　更普适的基于潜在语义分析的多域领域迁移

在文献［45］中所提的 CD-PLSA 中，其假设各个领域的 $p(y,\ z)$ 是一致的。分析该联合概率 $p(y,\ z)=p(z|\ y)p(y)$，很明显各个领域中文档类别的概率 $p(y)$ 不一定一致，从而条件概率 $p(z|\ y)$ 也需要相应变化才可以满足 $p(y,\ z)$ 的一致性假设，该假设过强。文献［47］则对其进行了一步细化，引入三种不同情况，即

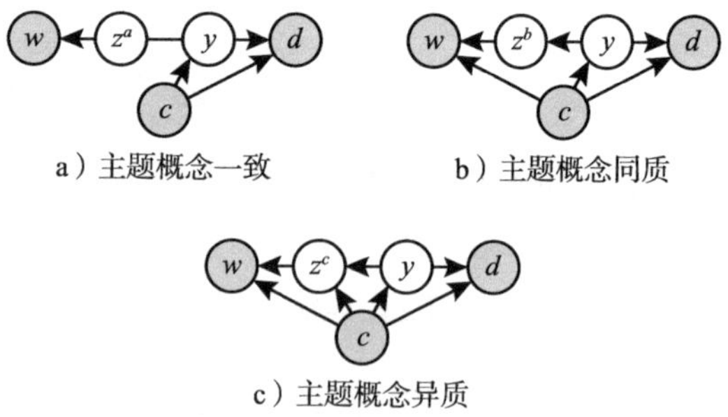

图 3.6　HIDC 模型中的三种概率图[47]

- 主题概念一致：不同领域文本 $p(z|\ y)$ 一致，且词的分布只与 z 相关。
- 主题概念同质：不同领域文本 $p(z|\ y)$ 一致，词的分布与 z 和 c 均相关。
- 主题概念异质：不同领域文本 $p(z|\ y)$ 不一致，词的分布与 z 和 c 均相关。其对应的图模型如图 3.6 所示。

文献 [47] 中基于该概率图将联合概率进行了如下更新:

$$
\begin{aligned}
p(d,w,c) &= \sum_{z,y} p(d,w,y,z,c) \\
&= \sum_{z^a,y} p(d,w,y,z^a,c) + \sum_{z^b,y} p(d,w,y,z^b,c) + \sum_{z^c,y} p(d,w,y,z^c,c)
\end{aligned} \tag{3.31}
$$

其中基于图 3.6 中的概率图可以得到:

$$
\begin{aligned}
p(d,w,y,z^a,c) &= p(w \mid z^a)p(z^a \mid y)p(d \mid y,c)p(c) \\
p(d,w,y,z^b,c) &= p(w \mid z^b,c)p(z^b \mid y)p(d \mid y,c)p(c) \\
p(d,w,y,z^c,c) &= p(w \mid z^c,c)p(z^c \mid y,c)p(d \mid y,c)p(c)
\end{aligned} \tag{3.32}
$$

该模型被称作 HIDC，其参数求解可以使用 EM 算法。仿照式 (3.25) 的推导，可以得到 HIDC 的目标函数:

$$
\begin{aligned}
L &= \sum_{Z} p(Z \mid X;\theta^{\mathrm{old}}) \log p(Z,X;\theta) \\
&= \sum_{Z^a} p(Z^a \mid X;\theta^{\mathrm{old}}) \log p(Z^a,X;\theta) + \sum_{Z^b} p(Z^b \mid X;\theta^{\mathrm{old}}) \log p(Z^b,X;\theta) \\
&\quad + \sum_{Z^c} p(Z^c \mid X;\theta^{\mathrm{old}}) \log p(Z^c,X;\theta) \\
&= \sum_{w,d,z^a,y,r} O_{w,d,r} p(z^a,y \mid w,d,r;\theta^{\mathrm{old}}) \log p(z^a,y,w,d,r;\theta) \\
&\quad + \sum_{w,d,z^b,y,r} O_{w,d,r} p(z^b,y \mid w,d,r;\theta^{\mathrm{old}}) \log p(z^b,y,w,d,r;\theta) \\
&\quad + \sum_{w,d,z^c,y,r} O_{w,d,r} p(z^c,y \mid w,d,r;\theta^{\mathrm{old}}) \log p(z^c,y,w,d,r;\theta)
\end{aligned} \tag{3.33}
$$

这里 Z^a 表示 z^a 和 y，Z^b 表示 z^b 和 y，Z^c 表示 z^c 和 y。为此可以构造 EM 算法中的 E 步如下:

$$
\begin{aligned}
\hat{p}(z^a,y \mid w,d,r) &= \frac{p(w \mid z^a)p(z^a \mid y)p(d \mid y,r)p(y \mid r)p(r)}{\sum_{z^a,y} p(w \mid z^a)p(z^a \mid y)p(d \mid y,r)p(y \mid r)p(r)} \\
\hat{p}(z^b,y \mid w,d,r) &= \frac{p(w \mid z^b)p(z^b \mid y)p(d \mid y,r)p(y \mid r)p(r)}{\sum_{z^b,y} p(w \mid z^b)p(z^b \mid y)p(d \mid y,r)p(y \mid r)p(r)} \\
\hat{p}(z^c,y \mid w,d,r) &= \frac{p(w \mid z^c)p(z^c \mid y)p(d \mid y,r)p(y \mid r)p(r)}{\sum_{z^c,y} p(w \mid z^c)p(z^c \mid y)p(d \mid y,r)p(y \mid r)p(r)}
\end{aligned} \tag{3.34}
$$

类似上一小节的构造方法，先单独观察 $p(d \mid y, r)$，有

$$L_{[p(d|y,r)]} = \sum_{w,d,z^a,y,r} O_{w,d,r} p(z^a,y \mid w,d,r;\theta^{\text{old}}) \cdot \log p(d \mid y,r) + \sum_{w,d,z^b,y,r} O_{w,d,r} p(z^b,y \mid w,d,r;\theta^{\text{old}}) \cdot \log p(d \mid y,r) + \sum_{w,d,z^c,y,r} O_{w,d,r} p(z^c,y \mid w,d,r;\theta^{\text{old}}) \cdot \log p(d \mid y,r) \tag{3.35}$$

通过拉格朗日函数，加入约束 $\sum_d p(d \mid y, r) = 1$，推导后可得：

$$p(d \mid y,r) = \frac{1}{\lambda}\Big(\sum_{w,z^a} O_{w,d,r} p(z^a,y \mid w,d,r;\theta^{\text{old}}) + \sum_{w,z^b} O_{w,d,r} p(z^b,y \mid w,d,r;\theta^{\text{old}}) + \sum_{w,z^c} O_{w,d,r} p(z^c,y \mid w,d,r;\theta^{\text{old}}) \Big) \tag{3.36}$$

考虑到 $\sum_d p(d \mid y, r) = 1$，有

$$\lambda = \sum_w \sum_{w,z^a} O_{w,d,r} p(z^a,y \mid w,d,r;\theta^{\text{old}}) + \sum_w \sum_{w,z^b} O_{w,d,r} p(z^b,y \mid w,d,r;\theta^{\text{old}}) + \sum_w \sum_{w,z^c} O_{w,d,r} p(z^c,y \mid w,d,r;\theta^{\text{old}}) \tag{3.37}$$

从而可以得到 $p(d \mid y, r)$ 的迭代公式，并类似得到 M 步所有迭代公式，如下：

$$\hat{p}(w \mid z^a) = \frac{\sum_{d,y,r} O_{w,d,r} p(z^a,y \mid w,d,r)}{\sum_{w,d,y,r} O_{w,d,r} p(z^a,y \mid w,d,r)}$$

$$\hat{p}(w \mid z^b,r) = \frac{\sum_{d,y} O_{w,d,r} p(z^b,y \mid w,d,r)}{\sum_{w,d,y} O_{w,d,r} p(z^b,y \mid w,d,r)}$$

$$\hat{p}(w \mid z^c,r) = \frac{\sum_{d,y} O_{w,d,r} p(z^c,y \mid w,d,r)}{\sum_{w,d,y} O_{w,d,r} p(z^c,y \mid w,d,r)}$$

$$\hat{p}(z^a \mid y) = \frac{\sum_{w,d,y} O_{w,d,r} p(z^a,y \mid w,d,r)}{\sum_{w,d,z^a,r} O_{w,d,r} p(z^a,y \mid w,d,r)}$$

$$
\begin{aligned}
\hat{p}(z^b \mid y) &= \frac{\sum\limits_{w,d,y} O_{w,d,r} p(z^b, y \mid w,d,r)}{\sum\limits_{w,d,z^b,r} O_{w,d,r} p(z^b, y \mid w,d,r)} \\
\hat{p}(z^c \mid y,r) &= \frac{\sum\limits_{w,d} O_{w,d,r} p(z^c, y \mid w,d,r)}{\sum\limits_{w,d,z^c} O_{w,d,r} p(z^c, y \mid w,d,r)} \\
\hat{p}(y \mid r) &\propto \sum_{w,d,z^a} O_{w,d,r} p(z^a, y \mid w,d,r) + \sum_{w,d,z^b} O_{w,d,r} p(z^b, y \mid w,d,r) + \sum_{w,d,z^c} O_{w,d,r} p(z^c, y \mid w,d,r) \\
\hat{p}(r) &\propto \sum_{w,d,z^a,y} O_{w,d,r} p(z^a, y \mid w,d,r) + \sum_{w,d,z^b,y} O_{w,d,r} p(z^b, y \mid w,d,r) + \sum_{w,d,z^c,y} O_{w,d,r} p(z^c, y \mid w,d,r)
\end{aligned}
\tag{3.38}
$$

算法 3.5 中展示了 HIDC 算法的整体流程。

算法 3.5　HIDC 算法

输入： $s+t$ 个领域数据，$D_1, \cdots, D_s, \cdots, D_{s+t}$，其中前 s 个为有标签的源领域数据，后 t 个为无标签的目标领域数据

输出： 目标领域中文档的预测信息

1. 随机初始化 $p(0)(z^a|y)$，$p(0)(z^b|y)$，$p(0)(z^c|y,r)$，$p(0)(y|r)$ 和 $p(0)(r)$，使用 PLSA 初始化 $p(0)(w|z^a)$ 和 $p(0)(w|z^b,r)$，使用 $\frac{L^r_{d,y}}{\sum_d L^r_{d,y}}$ 初始化 $p(d|y,r)$
2. **while** 未到预设迭代次数 **do**：
3. 　**for** r in $1:s+t$ **do**：
4. 　　基于式 (3.34) 更新 $p^{(k)}(z^a,y|w,d,r;\theta^{\text{old}})$，$p^{(k)}(z^b,y|w,d,r;\theta^{\text{old}})$ 和 $p^{(k)}(z^c,y|w,d,r;\theta^{\text{old}})$
5. 　**end for**
6. 　**for** r in $1:s+t$ **do**：
7. 　　基于式 (3.38) 更新 $p^{(k)}(w|z^b,r)$，$p^{(k)}(w|z^c,r)$，$p^{(k)}(z^c|y,r)p^{(k)}(y|r)$ 和 $p^{(k)}(r)$
8. 　**end for**
9. 　基于式 (3.38) 更新 $p^{(k)}(w|z^a)$，$p^{(k)}(z^a|y)$ 和 $p^{(k)}(z^b|y)$
10. 　**for** c in $s+1:s+t$ **do**：
11. 　　基于式 (3.38) 更新 $p^{(k)}(d|y,r)$
12. 　**end for**
13. **end while**
14. 基于 $\arg\max_z p(y|d,r)$ 求出目标领域每个文档的类别

相较于 CD-PLSA，由于 HIDC 的假设更加合理，建模了不同领域文本下的不同情况，实验结果显示 HIDC 在不同数据集上均有较大的性能提升。

3.6　基于组对齐的跨领域标签主题模型

随着 LDA 逐渐被验证其对文本建模的效果普遍优于 PLSA，一些研究者开始设计

以 LDA 模型为基础的跨领域迁移模型，这类模型被广泛应用在文本分类的任务中。其主要思想是最小化不同领域之间特征分布的差异，一些研究通过设计一对一特征对齐[48]、投影矩阵[49] 等方式来实现精准的特征对齐，然而这类约束通常会限制主题模型的学习能力，并且当不同领域的语义分布差异性较大的时候，会使得文本分类任务的效果变差。为此，文献［50］中通过使用文档标签等方式定义主题的群组概念，并设计了组对齐的策略。其可以保障组内存在源领域和目标领域的信息，而且可以对齐并允许不同主题组内主题数量不同，从而提高模型对于不同领域表征的灵活性。

图 3.7 给出了文献［50］中所提出的模型 CDL-LDA，该模型的生成过程如下：

- 对于类别 l 和通用主题 c，从 Dirichlet 分布 β 中采样生成对应的单词分布 $\phi_{l,c}^{C}$。
- 对于每个领域 m（源领域或目标领域），对于类别 l 和特定主题 s，从 Dirichlet 分布 β 中采样生成对应的单词分布 $\phi_{m,l,s}^{S}$。
- 对每个文档 d，从 Dirichlet 分布 η 中采样生成文档标签的分布 π_d。
- 从 Dirichlet 分布 α 中分别采样生成文档 d 的通用主题分布 $\theta_{d,l}^{C}$ 和特定主题分布 $\theta_{d,l}^{S}$。
- 对于标签 l 从 Beta 分布 γ 中采样主题分类（通用/特定）分布 $\sigma_{d,l}$。
- 从多项式分布 π_d 中采样文档的标签 d。
- 从 Bernoulli 分布 $\sigma_{d,l}$ 中采样文档主题的分类。
- 当 $r_{d,w}=0$ 时，从多项式分布 $\theta_{d,l}^{C}$ 采样生成主题 $z_{d,w}$。
- 当 $r_{d,w}=1$ 时，从多项式分布 $\theta_{d,l}^{S}$ 采样生成主题 $z_{d,w}$。

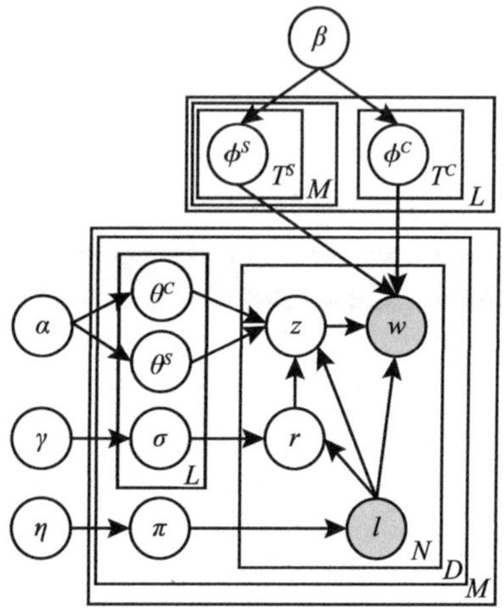

图 3.7　CDL-LDA 模型[50]

文献［50］中通过将主题分为通用主题和特殊主题来实现不同领域下的信息共享。

3.7　基于粗粒度对齐主题模型的跨领域文本分类

针对文本数据跨领域迁移场景中的特征对齐问题，Wang 等人[51] 也提出了一种基于粗粒度对齐主题模型的跨域的文本分类模型，并应用于情感分类这一问题中。文献［48，52-53］中提出通过强制所关注领域共享相同的公共主题来进行精确对齐的方法，当源领域和目标领域之间的分布差异很大时，存在文本表示的灵活性和性能变差等问题[54]。事实上，粗粒度模型只学习文档级别的特征表示，它很难捕捉到文本中的各个方面（例如，针对手机的销售评论中的屏幕、电池和相机），并且在单语种情感分类中，细粒度模型[55] 相比粗粒度模型[56] 具有更好的效果，而且在跨语言情感分类任务中，上述方法由于通过词级翻译从源语言和目标语言域中采样主题，导致语义漂移，并且同义词和多义词导致主题词分布不准确，因此其并不能达到很好的效果。为此，Wang 等人设计了一种 AOS 模型，以及可以使用源领域部分标注数据做监督信息的模型变种 ps-AOS。图 3.8 给出了两个模型的图模型结构。

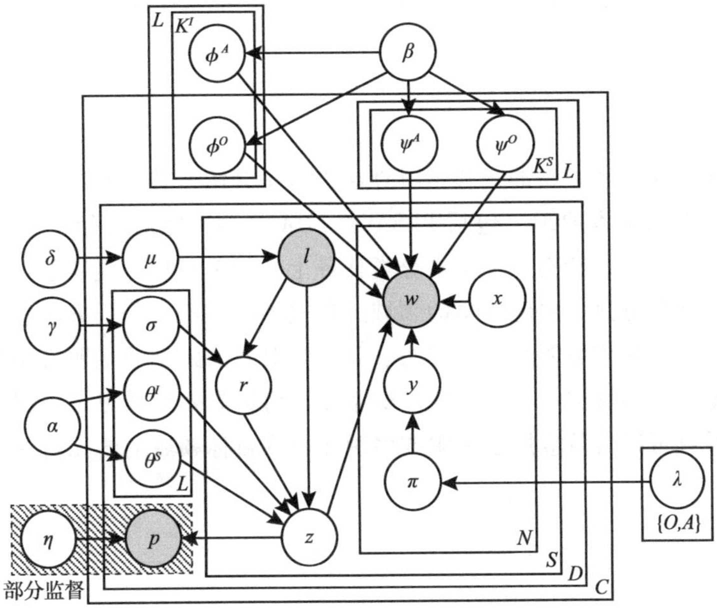

图 3.8　AOS 和 ps-AOS 模型，区别在于是否移除橙色区域[51]

具体来讲，ps-AOS 模型的生成过程如下：

- 对于公共主题 z 和情感 l，从 Dirichlet 分布 β 中采样生成对应的单词分布 $\phi^A_{l,z}$。
- 对于每个领域 c，公共主题 z 和情感 l 从 Dirichlet 分布 β 中采样生成对应的单词分布 $\phi^O_{c,l,z}$。
- 对于每个领域 c，特定主题 z 和情感 l 从 Dirichlet 分布 β 中采样生成对应的单词分布 $\phi^{A/O}_{c,l,z}$。
- 对于每个文档 d，选择一个领域 c，从 Beta 分布 δ 中采样文档的情感分布 μ_d。
- 对于每个情感 l，从 Dirichlet 分布 α 中采样生成每个文档的通用和特定主题分布 $\theta_{d,l}$。
- 对于每个情感 l，从 Beta 分布 γ 中采样生成主题分类（通用/特定）分布 $\sigma_{d,l}$。
- 如果文档 d 是源语言领域中的，从 Bernoulli 分布 Bern（logistic（$-p_d\eta^T\overline{z_d}$））中采样类别标签 p_d。
- 对于每条语句 s，基于 Bernoulli 分布 μ_d 采样情感 $l_{d,s}$，基于 Bernoulli 分布 $\sigma_{d,l_{d,s}}$ 采样主题分类（通用/特定）$r_{d,s}$。
- 当 $r_{d,s}=0$ 时，从多项式分布 $\theta^I_{d,l_{d,s}}$ 中采样生成主题 $z_{d,w}$。
- 当 $r_{d,s}=1$ 时，从多项式分布 $\theta^S_{d,l_{d,s}}$ 中采样生成主题 $z_{d,w}$。
- 对于每个单词 n，从 Bernoulli 分布 $\pi_{d,s,n}$ 中采样词的分类（对象/观点）。
- 当 $r_{d,s}=0$，$y_{d,s,n}=0$ 时，从多项式分布 $\phi^A_{l_{d,s},z_{d,s}}$ 中采样词 $w_{d,s,n}$。

- 当 $r_{d,s}=0$，$y_{d,s,n}=1$ 时，从多项式分布 $\phi^{O}_{c,l_{d,s},z_{d,s}}$ 中采样词 $w_{d,s,n}$。
- 当 $r_{d,s}=1$，$y_{d,s,n}=0$ 时，从多项式分布 $\psi^{A}_{l_{d,s},z_{d,s}}$ 中采样词 $w_{d,s,n}$。
- 当 $r_{d,s}=1$，$y_{d,s,n}=1$ 时，从多项式分布 $\psi^{O}_{c,l_{d,s},z_{d,s}}$ 中采样词 $w_{d,s,n}$。

3.8 本章小结

本章节对基于概率模型的迁移学习算法进行了介绍。首先介绍了贝叶斯分类算法和概率主题模型的基本原理，包括 PLSA 和 LDA 模型。随后介绍了一系列应用相关思想的迁移学习算法，特别是在文本分类任务上的相关模型，具体包括基于 EM 算法的朴素贝叶斯迁移方法、主题共享的领域迁移概率潜在语义分析方法、基于协同对偶概率潜在语义分析的多域领域迁移方法、基于组对齐的跨领域主题模型和基于粗粒度对齐主题模型的跨领域文本分类。通过概率模型可以有效地学习领域间数据分布的关联和偏移，并且可以有效应用于单源或多源领域到目标领域上的无监督或半监督领域自适应问题。

基于传统深度学习的迁移学习方法

近年来，深度学习在计算机视觉、自然语言处理等领域取得巨大成功。然而深度神经网络通常需要大量带标签数据进行训练。在真实世界中，获得充足的带标签数据非常耗费人力物力。对于一个缺乏带标签数据的目标任务，可以利用相关源领域的带标签数据来辅助目标任务。然而，这样的学习范式面临着不同领域数据分布偏移的问题（领域偏移），这导致在目标领域上的泛化性能通常很差。

事实上，迁移学习是解决上述数据分布偏差问题的一种合理方案。传统迁移学习方法会学习领域不变的特征表示或者估计样本的重要性。深度学习带来更强的表征能力，Yosinski 等人[57] 的工作表明深度学习可以学习更多可迁移的特征。

本章内容组织如下：4.1 节介绍问题定义；4.2 节介绍基于深度自编码器的迁移学习方法；4.3 节介绍深度领域自适应网络；4.4 节介绍深度子领域自适应网络；4.5 节介绍多表示自适应网络；4.6 节介绍同时对齐分布和分类器的多源自适应方法；4.7 节介绍基于注意力特征图的深度迁移学习；4.8 节为本章小结。

4.1 问题定义

基于传统深度学习的迁移学习方法大多是在无监督领域自适应问题设定下进行实验，因此这里我们主要介绍无监督领域自适应问题的定义。

无监督领域自适应通常包含一个源领域 $\mathcal{D}_s=\{(\boldsymbol{x}_i^s,\ \boldsymbol{y}_i^s)\}_{i=1}^{n_s}$，源领域中包含 n_s 个带标签的样本。$\boldsymbol{y}_i^s \in \mathbf{R}^C$ 是独热（one-hot）向量，表示样本 $\boldsymbol{x}_i^s$ 的类别标签，C 表示类别数量，$y_{ij}^s=1$ 表示该样本属于第 j 类。另外，给定一个目标领域 $\mathcal{D}_t=\{\boldsymbol{x}_j^t\}_{j=1}^{n_t}$ 包含 n_t

个无标签的样本。源领域$\mathcal{D}_s$和目标领域$\mathcal{D}_t$分别来自不同的数据分布 p 和 q，换句话说，源领域和目标领域存在领域偏移（Domain Shift）。通常假设两个领域共享类别空间。

无监督领域自适应旨在使用带标签的源领域$\mathcal{D}_s$帮助不带标签的目标领域$\mathcal{D}_t$训练得到分类器。基于深度学习的迁移学习旨在通过最小化领域间分布差异提取领域不变的特征表示，使得基于该表示学习的分类器在目标领域有着不错的泛化效果。

4.2 基于深度自编码器的迁移学习方法

迁移学习中一个重要的问题是如何减少源领域和目标领域间的差异，同时保留原始数据属性。基于特征的迁移学习方法表现出很好的性能，这类方法有一个公共的目标——学习一个转换函数，将不同领域的样本转换到一个公共的隐空间，在这个空间中，不同领域的样本间差异较小。虽然现有的深度迁移方法希望通过学习好的特征表示来减少领域间的差异，但是这些方法都没有显式地最小化领域间的距离，导致学到的表征空间无法保证领域间距离的减少。此外，这些方法采用无监督的框架，不使用标签信息。文献［58］中提出一种有监督的基于深度自编码器的迁移学习方法（Transfer Learning with Deep Autoencoder，TLDA）。TLDA 中有两个编码层和解码层，源领域和目标领域共享编码层、解码层的参数。第一个编码层表示嵌入（Embedding）层，在这一层中，源领域和目标领域的数据分布通过最小化 KL 散度拉近分布距离。第二个编码层是标签编码层，源领域的标签信息通过一个 Softmax 回归模型编码进模型。注意，第二个编码层的参数也被用于最后的分类模型，整体框架如图 4.1 所示。

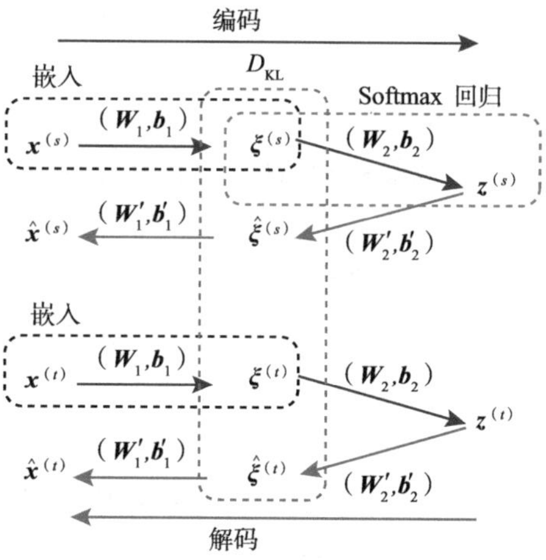

图 4.1 基于深度自编码器的迁移学习方法[58]

为学习更好的表征，模型中有三个要素，因此整个迁移学习框架的优化目标定义为

$$\mathcal{J}= J_r(\boldsymbol{x},\hat{\boldsymbol{x}}) + \alpha\Gamma(\boldsymbol{\xi}^{(s)},\boldsymbol{\xi}^{(t)}) + \beta\,\mathcal{L}(\boldsymbol{\theta},\boldsymbol{\xi}^{(s)}) + \gamma\Omega(\boldsymbol{W},\boldsymbol{b},\boldsymbol{W}',\boldsymbol{b}') \tag{4.1}$$

式（4.1）中 α，β，γ 表示超参数，控制每一项的权重。$\boldsymbol{\Omega}$（）表示正则化项，这里采用 L2 正则化的方式约束参数。

第一项表示目标领域和源领域数据的重构损失，表示为

$$J_r(\boldsymbol{x},\hat{\boldsymbol{x}})=\sum_{r\in\{s,t\}}\sum_{i=1}^{n_r}\left\|\boldsymbol{x}_i^{(r)}-\hat{\boldsymbol{x}}_i^{(r)}\right\|^2 \tag{4.2}$$

具体重构的数据计算方式如下：

$$\begin{aligned}&\boldsymbol{\xi}_i^{(r)}=f(\boldsymbol{W}_1\boldsymbol{x}_i^{(r)}+\boldsymbol{b}_1),\boldsymbol{z}_i^{(r)}=f(\boldsymbol{W}_2\boldsymbol{\xi}_i^{(r)}+\boldsymbol{b}_2)\\&\hat{\boldsymbol{\xi}}_i^{(r)}=f(\boldsymbol{W}'_2\boldsymbol{z}_i^{(r)}+\boldsymbol{b}'_2),\hat{\boldsymbol{x}}_i^{(r)}=f(\boldsymbol{W}'_1\hat{\boldsymbol{\xi}}_i^{(r)}+\boldsymbol{b}'_1)\end{aligned} \tag{4.3}$$

第一个隐含层叫作 Embedding 层，输出为 $\boldsymbol{\xi}\in\mathbf{R}^{k\times1}$，$k$ 表示节点数量。$\boldsymbol{W}_1$ 和 $\boldsymbol{b}_1$ 表示权重矩阵和偏置向量。第一层的输出送入第二个隐含层，第二个隐含层也叫作标签层，输出为 $z\in\mathbf{R}^{c\times1}$，有 c 个节点，也表示类别数。$\boldsymbol{W}_2$ 和 $\boldsymbol{b}_2$ 同样表示权重矩阵和偏置向量。这里，Softmax 回归用作源领域上的正则化项来利用标签信息。此外，第二层的输出也当作目标领域的预测结果。第三层是 Embedding 层对应的重构层，输出 $\hat{\boldsymbol{x}}$。

第二项表示源领域和目标领域编码后的表示之间的 KL 散度，可以表示为

$$\Gamma(\boldsymbol{\xi}^{(s)},\boldsymbol{\xi}^{(t)})=D_{\mathrm{KL}}(\boldsymbol{P}_s\parallel\boldsymbol{P}_t)+D_{\mathrm{KL}}(\boldsymbol{P}_t\parallel\boldsymbol{P}_s) \tag{4.4}$$

其中

$$\begin{aligned}&\boldsymbol{P}'_s=\frac{1}{n_s}\sum_{i=1}^{n_s}\boldsymbol{\xi}_i^{(s)},\boldsymbol{P}_s=\frac{\boldsymbol{P}'_s}{\sum\boldsymbol{P}'_s}\\&\boldsymbol{P}'_t=\frac{1}{n_t}\sum_{i=1}^{n_t}\boldsymbol{\xi}_i^{(t)},\boldsymbol{P}_t=\frac{\boldsymbol{P}'_t}{\sum\boldsymbol{P}'_t}\end{aligned} \tag{4.5}$$

通过最小化编码后源领域样本和目标领域样本之间的 KL 散度来保证在 Embedding 特征空间中，源领域和目标领域的数据分布相似。

4.3　深度领域自适应网络

近年来一些研究[57] 表明，深度学习能够学到更多可迁移的特征，泛化到新的领域任务。然而，特征可迁移性在深度神经网络更高层中显著下降。换句话说，在更高层的网络中，特征的计算必须依赖于特定数据集和任务，是一种任务特定的特征，不适合迁移到新的任务。另一个奇怪的现象是，解开网络更高层中的变分因素可能会扩大领域差异，因为具有深度表示的不同领域变得更加“紧凑”，并且更可区分。尽管深度特征对区分类别很重要，但增大的领域偏移可能会降低领域适应性能，从而导致目标任务在统计上的无界风险。

受到这些关于深度神经网络的可迁移性的先验知识启发，Long 等人[59] 提出了深度自适应网络（Deep Adaptation Network，DAN），把深度卷积网络泛化到领域自适

应场景。其主要思想是通过显式地减少领域差异来加强深度神经网络的任务特定层特征的可迁移性。为实现这个目标，所有任务特定层的隐表示被编码到一个可再生核希尔伯特空间，在这个空间中，不同领域的均值进行显式匹配。均值表示的匹配对于核函数的选择是敏感的，采用一个最优的多核选择过程来进一步减小领域差异。此外，还实现一种线性时间的核均值表示的无偏估计，便于深度神经网络学习。最后，基于大规模数据（例如 ImageNet）的深度预训练网络对于很多任务非常友好，因此提出的深度领域自适应网络基于预训练的 AlexNet 进行微调。

无监督领域自适应问题极具挑战，因为目标领域没有（或只有有限的）标签信息。为了解决这个问题，许多现有方法旨在通过源错误加上源领域和目标领域之间的差异度量来限制目标错误[60]。双样本测试探索两类统计数据，其中针对空假设 $p=q$ 做出接受或拒绝的决定，给定分别从分布 p 和 q 生成的样本：最大平均差异（MMD）[61]。在领域自适应网络中，主要关注 Gretton 等人提出的多核 MMD（MK-MMD）变体[62]。

假设$\mathcal{H}_k$表示具有特征核 k 的再生核希尔伯特空间（RKHS）。概率分布 p 和 q 之间的 MK-MMD d_k（p，q）被定义为 p 和 q 的均值表示之间的 RKHS 距离。MK-MMD 的平方公式定义为

$$d_k^2(p,q) \triangleq \| E_p[\phi(\boldsymbol{x}^s)] - E_q[\phi(\boldsymbol{x}^t)] \|_{\mathcal{H}_k}^2 \tag{4.6}$$

最重要的特质是，如果 d_k^2（p，q）$=0$，那么 $p=q$[62]。特征核关联的特征映射为 ϕ，$k(\boldsymbol{x}^s, \boldsymbol{x}^t)=\langle\phi(\boldsymbol{x}^s), \phi(\boldsymbol{x}^t)\rangle$，被定义为 m 个 PSD 核 k_u 的凸组合：

$$\mathcal{K} \triangleq \left\{ k = \sum_{u=1}^{m} \beta_u k_u : \sum_{u=1}^{m} \beta_u = 1, \beta_u \geqslant 0, \forall u \right\} \tag{4.7}$$

正如文献［62］中研究的理论，就保证测试能力和低的测试误差而言，核函数的选择对于分布 p 和 q 的均值表示非常关键。多内核 k 可以利用不同的内核来增强 MK-MMD 测试，从而形成优化内核选择的原则方法。

Long 等人[59] 探索基于 MK-MMD 的自适应思想，用于学习深度神经网络中的可迁移特征。从深度卷积神经网络（CNN）[63] 开始，这是一个适用于新任务的强大模型。由于主要挑战是目标领域没有或只有有限的标记信息，因此通过微调直接使 CNN 适应目标领域是不可能的或容易过拟合。根据领域自适应的思想，希望提出一个深度自适应网络（DAN），它可以利用源标记数据和目标未标记数据。整体的网络结构如图 4.2 所示。

该网络扩展自 AlexNet 架构，由 5 个卷积层（conv1～conv5）和 3 个全连接层（fc6～fc8）组成。用 $\boldsymbol{\Theta}=\{\boldsymbol{W}^\ell, \boldsymbol{b}^\ell\}_{\ell=1}^{l}$ 表示所有网络参数，网络的经验风险表示为

$$\frac{1}{n_s}\sum_{i=1}^{n_s} J(\theta(\boldsymbol{x}_i^s), y_i^s) \tag{4.8}$$

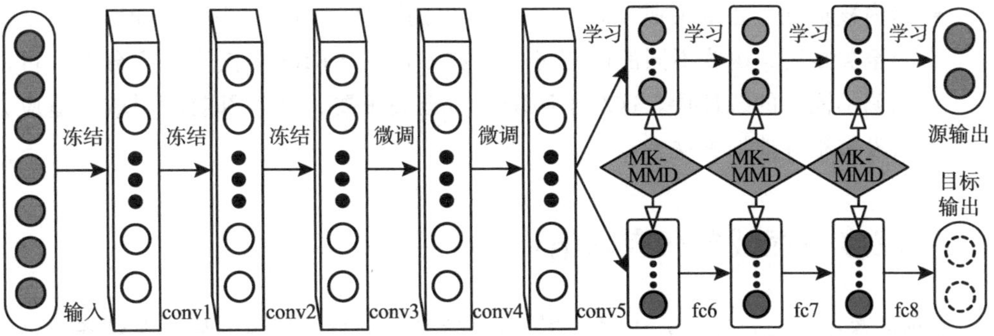

图 4.2　深度领域自适应网络[59]

其中 J 是交叉熵损失函数，$\theta\left(\boldsymbol{x}_i^s\right)$ 是 CNN 的预测概率分布。当使预训练的 AlexNet 适应目标领域时，选择冻结 conv1 ~ conv3 并微调 conv4 ~ conv5 以保持协同适应的能力。

在标准 CNN 中，深度特征随着网络层数的变化从一般过渡到特定，并且可迁移性差距随着领域差异变化而增长，特别在更高层（fc6 ~ fc8）时可迁移性变得特别大[57]。换句话说，全连接层是为它们的原始任务量身定制的，代价是目标任务上的性能下降，因此它们不能在有限的目标监督下通过微调直接迁移到目标领域。文献[59] 在源领域的带标签样本上微调 CNN，并要求源领域和目标领域的分布在全连接层 fc6 ~ fc8 的隐含层表示下变得相似。这可以通过在 CNN 经验风险上添加 MK-MMD 的多层自适应正则化项［见式（4.6）］来实现：

$$\min_{\boldsymbol{\theta}} \frac{1}{n_s}\sum_{i=1}^{n_s} J(\theta(\boldsymbol{x}_i^s), y_i^s) + \lambda \sum_{\ell=l_1}^{l_2} d_k^2(\mathcal{D}_s^\ell, \mathcal{D}_t^\ell) \tag{4.9}$$

其中 $\lambda>0$ 表示乘法参数，l_1, l_2 表示一些正则化项比较有效的层。在 DAN 实现中，设置 $l_1=6$，$l_2=8$，尽管可以采用不同的配置，但这取决于带标签的源领域数据集的大小和层中需要优化的参数数量。$d_k^2(\mathcal{D}_s^\ell,\ \mathcal{D}_t^\ell)$ 是在第 l 层表示上的源领域和目标领域之间的 MK-MMD 距离。

训练深度 CNN 需要大量带标签数据，这对于许多领域自适应问题来说很难实现，因此 Long 等人采用 ImageNet 2012 上预训练的 AlexNet 模型，并像文献［57］中介绍的那样对其进行微调。通过提出的 DAN 优化框架，能够学习从源领域到相关目标领域的可迁移特征。学习到的表示既可以从 CNN 中受益，又可以通过 MK-MMD 实现消除领域偏移。DAN 有两个突出创新：

- 多层自适应。正如文献［57］中所报告的，conv4 ~ conv5 上的特征迁移性很差，而在 fc6 ~ fc8 上显著下降，因此适应多层而不是单层至关重要。换句话说，适应单层无法消除源领域和目标领域之间的领域偏移。多层适应的另一个好处是，通过联合适配表示层和分类器层，可以从根本上弥合边缘分布和条件分布背后的领域差异，这对领域适应至关重要。

- 多内核适配。正如文献［62］中所指出的那样，内核选择对 MMD 的测试能力至关重要，因为不同的内核可能会在不同的 RKHS 中嵌入概率分布，可以强调不同阶的统计量。这对于匹配分布至关重要，然而以前的领域自适应方法没有很好地探索这一点。

4.4 深度子领域自适应网络

之前的深度领域自适应方法[59,64-65] 主要学习一个全局领域偏移，即对齐全局源领域和目标领域分布而不考虑两个领域中相关子领域之间的关系（一个子领域包含同一类中的样本）。结果，不仅来自源领域和目标领域的所有数据都会混淆，而且判别结构也可能混淆。这可能会丢失每个类别的细粒度信息。一个直观的例子如图 4.3（左）所示。全局领域适配后，两个领域的分布大致相同，但不同子领域中的数据过于接近，无法准确分类。这是以往全局领域自适应方法中的常见问题。因此，匹配全局源领域和目标领域可能不适用于所有的场景。

关于全局领域偏移的挑战，最近越来越多的研究者开始关注子领域自适应（也称为语义对齐或匹配条件分布）学习局部领域偏移，即准确对齐源领域和目标领域中相关子领域（同一类别）的分布。一个直观的例子如图 4.3（右）所示。适配子领域分布后，局部分布大致相同，全局分布也大致相同。然而，现有的这类方法都是对抗的方法，包含多个损失函数并且收敛缓慢。

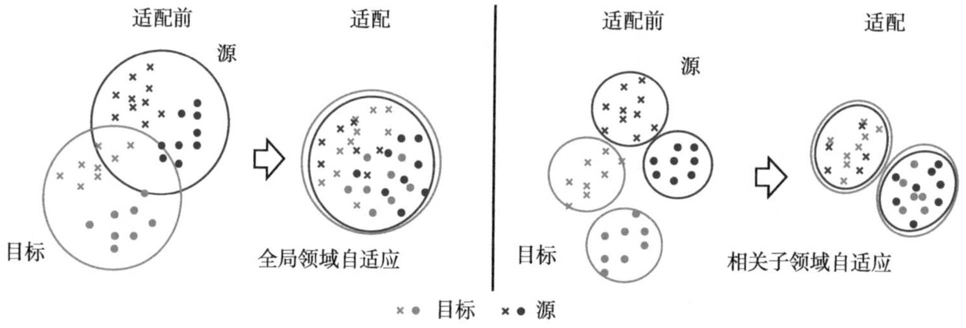

图 4.3　全局领域自适应与相关子领域自适应[66]

基于子领域自适应，Zhu 等人[66] 提出了一个深度子领域自适应网络（Deep Subdomain Adaptation Network，DSAN）来对齐跨领域的多个特定领域层中激活的相关子领域分布，以实现无监督的领域自适应。深度子领域自适应网络通过对齐上述相关子领域分布，扩展了深度自适应网络的特征表示能力。子领域自适应能够捕获每个类别的细粒度信息，可以在端到端框架中进行训练，这是对以前的全局领域自适应方法的一个关键改进。为了实现适当的对齐，人们设计了一个局部最大平均差异（Local Maximum Mean Discrepancy，LMMD），它在考虑不同样本的权重的情况下，测量源领域和目标领域中相关子领域经验分布的内核平均嵌入之间的 Hilbert-Schmidt 范数。LMMD 方法可以通过大多数前馈网络模型实现，并且可以使用标准反向传播进行有效训练。此外，深度子领域自适应网络非常简单且易于实现。深度子领域自适应网络是一种非对抗性方法，实验表明，它在目标识别任务和数字分类任务上都可以在标准域自适应方面获得显著的结果。

最近的研究表明，深度神经网络可以学习比传统人工选择的特征更好的可迁移表示[57]。全局领域自适应的方法取得了不错的效果，它们主要使用具有全局领域自适应损失的适应层来联合学习一个表示，优化目标表示为

$$\min_f \frac{1}{n_s}\sum_{i=1}^{n_s} J(f(\boldsymbol{x}_i^s), y_i^s) + \lambda \hat{d}(p, q) \tag{4.10}$$

其中 $J(\cdot,\cdot)$ 是交叉熵损失函数（分类损失），$\hat{d}(\cdot,\cdot)$ 是领域自适应损失，$\lambda>0$ 是领域自适应损失和分类损失的权衡参数。

这些方法的共同问题是，它们主要侧重于对齐源领域和目标领域的全局分布，而没有考虑不同领域的相关子领域之间的关系。这些方法为源领域和目标领域推导出一个全局领域偏移，自适应后两个领域的全局分布大致相同。然而，全局对齐可能会导致一些不相关的数据过于接近而无法准确分类。实际上，通过利用不同域中子领域之间的关系，仅对齐相关子领域分布不仅可以匹配全局分布，还可以匹配上述局部分布。因此，利用两个子领域之间的关系来克服对齐全局分布的限制，子领域自适应是必要的。

为了将源领域和目标领域划分为包含同一类样本的多个子领域，应利用样本之间的关系。众所周知，同一类别内的样本更相关，但是目标领域中的数据未标记。因此，该工作使用网络的输出作为目标领域数据的伪标签。根据类别，将 $\mathcal{D}_s$ 和 $\mathcal{D}_t$ 划分为 C 子领域 $\mathcal{D}_s^{(c)}$ 和 $\mathcal{D}_t^{(c)}$，其中 $c \in \{1, 2, \cdots, C\}$ 表示类别标签，$\mathcal{D}_s^{(c)}$ 和 $\mathcal{D}_t^{(c)}$ 分别是 $p^{(c)}$ 和 $q^{(c)}$。子领域自适应的目的是对齐具有相同标签样本的相关子领域的分布。结合分类损失和子领域自适应损失，子领域自适应方法的损失公式为

$$\min_f \frac{1}{n_s}\sum_{i=1}^{n_s} J(f(\boldsymbol{x}_i^s), \boldsymbol{y}_i^s) + \lambda E_c[\hat{d}(p^{(c)}, q^{(c)})] \tag{4.11}$$

其中 $E_c[\cdot]$ 是该类的数学期望。为了计算式（4.11）中相关子领域分布之间的差异，基于非参数度量最大平均差异（MMD）[62]，该工作使用局部最大平均差异来估计子领域之间的分布差异。

作为两个分布之间的非参数距离估计，MMD 已被广泛应用于度量源分布和目标分布之间的差异。以前的基于深度 MMD 的方法主要关注全局分布的对齐，忽略了同一类别内两个子领域之间的关系。考虑到相关子领域的关系，在源领域和目标领域中对齐同一类别内相关子领域的分布很重要。为了对齐相关子领域的分布，提出局部最

大平均差异（LMMD）为

$$d_{\mathcal{H}}(p,q) \triangleq E_c \| E_{p^{(c)}}[\boldsymbol{\phi}(\boldsymbol{x}^s)] - E_{q^{(c)}}[\boldsymbol{\phi}(\boldsymbol{x}^t)] \|_{\mathcal{H}}^2 \tag{4.12}$$

其中 $\boldsymbol{x}^s$ 和 $\boldsymbol{x}^t$ 是$\mathcal{D}_s$和$\mathcal{D}_t$中的实例，$p^{(c)}$ 和 $q^{(c)}$ 分别是$\mathcal{D}_s^{(c)}$和$\mathcal{D}_t^{(c)}$的分布。与关注全局分布差异的 MMD 不同，式（4.12）可以衡量局部分布的差异。通过最小化深度神经网络中的局部最大平均差异，同一类别内相关子领域的分布接近。因此，可以挖掘细粒度信息用于领域自适应。

假设每个样本根据权重 w^c 属于每个类，然后将式（4.12）的无偏估计公式化为

$$\hat{d}_{\mathcal{H}}(p,q) = \frac{1}{C}\sum_{c=1}^{C} \left\| \sum_{\boldsymbol{x}_i^s \in \mathcal{D}_s} w_i^{sc}\boldsymbol{\phi}(\boldsymbol{x}_i^s) - \sum_{\boldsymbol{x}_j^t \in \mathcal{D}_t} w_j^{tc}\boldsymbol{\phi}(\boldsymbol{x}_j^t) \right\|_{\mathcal{H}}^2 \tag{4.13}$$

其中 w_i^{sc} 和 w_j^{tc} 表示属于 c 类的 $\boldsymbol{x}_i^s$ 和 $\boldsymbol{x}_j^t$ 的权重。注意 $\sum_{i=1}^{n_s} w_i^{sc}$ 和 $\sum_{j=1}^{n_t} w_j^{tc}$ 都等于 1，而 $\sum_{x_{i \in \mathcal{D}}} w_i^c\boldsymbol{\phi}(\boldsymbol{x}_i)$ 是类别 c 的加权和。为样本 $\boldsymbol{x}_i$ 计算 w_i^c：

$$w_i^c = \frac{y_{ic}}{\sum_{(\boldsymbol{x}_j,\boldsymbol{y}_j) \in \mathcal{D}} y_{jc}} \tag{4.14}$$

其中 y_{ic} 是向量 $\boldsymbol{y}_i$ 的第 c 个值。对于源领域中的样本，使用真实标签 $\boldsymbol{y}_i^s$ 作为独热向量来计算每个样本的 w_i^{sc}。然而在目标领域没有标记数据的无监督适应中，无法直接计算式（4.13），因为 $\boldsymbol{y}_j^t$ 不可获得。研究发现深度神经网络 $\hat{\boldsymbol{y}}_i=f(\boldsymbol{x}_i)$ 的输出是一个概率分布，它很好地表征分配 $\boldsymbol{x}_i$ 到每个 C 类的概率。因此，对于没有标签的目标领域 $\mathcal{D}_t$，使用 $\hat{\boldsymbol{y}}_i^t$ 作为 $\boldsymbol{x}_i^t$ 的伪标签。

为了适配特征层，需要用到中间层的表示。给定源领域$\mathcal{D}_s$与 n_s 带标签的样本和目标领域$\mathcal{D}_t$与 n_t 无标签的样本，分别从分布 p 和 q 采样得到。深层网络将在 l 层中生成特征表示 $\{\boldsymbol{z}_i^{sl}\}_{i=1}^{n_s}$ 和 $\{\boldsymbol{z}_j^{tl}\}_{j=1}^{n_t}$。此外，由于不能直接计算 $\phi(\cdot)$，将式（4.13）重新表示为

$$\hat{d}_l(p,q) = \frac{1}{C}\sum_{c=1}^{C}\left[\sum_{i=1}^{n_s}\sum_{j=1}^{n_s} w_i^{sc}w_j^{sc}k(\boldsymbol{z}_i^{sl},\boldsymbol{z}_j^{sl}) + \sum_{i=1}^{n_t}\sum_{j=1}^{n_t} w_i^{tc}w_j^{tc}k(\boldsymbol{z}_i^{tl},\boldsymbol{z}_j^{tl}) - 2\sum_{i=1}^{n_s}\sum_{j=1}^{n_t} w_i^{sc}w_j^{tc}k(\boldsymbol{z}_i^{sl},\boldsymbol{z}_j^{tl})\right] \tag{4.15}$$

其中 $\boldsymbol{z}^l$ 是第 $l(l \in L = \{1, 2, \cdots, |L|\})$ 层激活。式（4.15）可以直接作为式（4.11）中的自适应损失，并且 LMMD 可以在大多数前馈网络模型中实现。

基于 LMMD 提出的深度子领域自适应网络（DSAN）如图 4.4 所示。与以往的全局自适应方法不同，DSAN 不仅对齐源领域和目标领域的分布，还通过端到端深度学

习模型集成深度特征学习和特征自适应来对齐相关子领域的分布。为了减少层 L 中特征表示的相关子领域分布之间的差异，使用式（4.15）中的 LMMD 在域特定层 L 上作为子领域自适应损失，总的优化目标如下所示：

$$\min_f \frac{1}{n_s}\sum_{i=1}^{n_s} J(f(\boldsymbol{x}_i^s),\boldsymbol{y}_i^s) + \lambda \sum_{l\in L} \hat{d}_l(p,q) \tag{4.16}$$

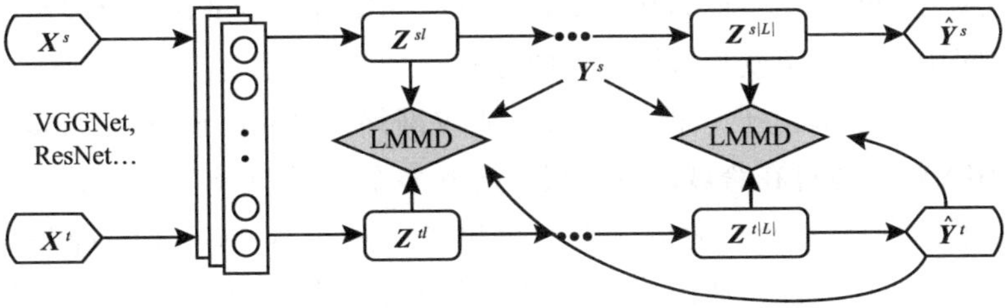

图 4.4　深度子领域自适应网络[66]

由于训练深度 CNN 需要大量标记数据，这对于许多领域自适应应用来说是令人望而却步的。因此，对从 ImageNet 2012 上预训练得到的 CNN 模型进行微调。DSAN 的训练主要遵循标准的批随机梯度下降（SGD）方法。值得注意的是，随着 DSAN 迭代，目标样本的标记通常会变得更加准确，该优化思路与 EM 方法类似。

4.5　多表示自适应网络

大多数最近的深度领域自适应方法都基于卷积神经网络，这样的网络具有从高维图像中提取抽象表示的能力。但是，该特征提取过程可能会丢失一些重要信息。因此，与原始图像相比，这样提取出的表示可能只包含部分而不是完整的信息，例如，只包含部分饱和度、亮度和色调信息。图 4.5 给出了一个直观的例子，图 4.5a 是原始图像，而图 4.5b～图 4.5d 是转换后的形式。更重要的是，所有转换后的图像只包含部分信息，可能提供真实图像的扭曲的信息。因此，需要从多个点观察物体，以得到一个全面的了解。

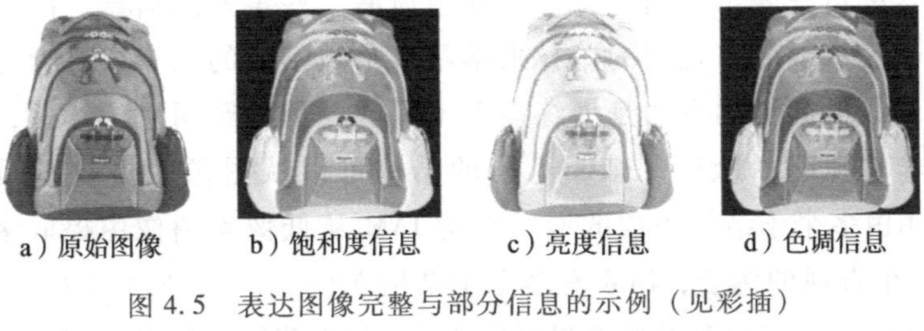

a）原始图像　b）饱和度信息　c）亮度信息　d）色调信息

图 4.5　表达图像完整与部分信息的示例（见彩插）

关于领域自适应的大多数研究都集中在如何减小领域间分布的差异，将源领域数据和目标领域数据中提取的表征的分布在一个单一结构提取得到的特征空间中对齐，换句话说，它们是单一表征的自适应方法。与示例中的变换图像类似，这样的表示仅包含部分信息，且对齐也侧重于部分信息。因此，这可能会导致不令人满意的迁移学习性能。为了完全理解目标，在对齐分布时应该考虑更多的表示。为此，卷积神经网络的不同结构提供了从图像中提取多个表示的选项。沿着这条路线，Zhu 等人[67] 提出多表示适应（Multi-Representation Adaptation，MRA），尝试在混合神经结构提取的多个表征空间中对齐源领域和目标领域的分布。

具体来说，就是提出了一种多表示自适应网络（Multi-Representation Adaptation Network，MRAN），通过在跨域的特定层中对齐多个表示的分布，以实现无监督的领域适应。为了达到多表示自适应，人们提出了一种名为 IAM（Inception Adaptation Module）的混合神经结构，从图像中提取多个表示。与以前的单一表示自适应方法相比，一个关键的新颖之处在于多表示自适应网络能够学习包含更多信息的多个领域不变的表示。此外，非参数最大平均差异（MMD）[68] 被扩展为基于条件分布计算适应损失，并集成到深度神经网络中。IAM 模块可以在大多数前馈模型中实现，并使用标准反向传播进行有效训练。在三个基准数据集上进行的大量实验表明，与最先进的基线方法相比，多表示自适应网络可以实现卓越的性能。

为了实现多表示自适应，有必要最小化从源领域和目标领域中提取的多个表示的分布之间的差异。为此，将最大平均差异（MMD）[68] 扩展到条件最大平均差异（CMMD），它可以计算多个表示的条件分布差异。基于 IAM 和 CMMD，人们提出了多表示适应网络。与之前最小化单个表示分布之间差异的方法不同，多表示自适应网络可以对齐多个表示的分布。

卷积神经网络采用了类似的结构，例如 ResNet[69]、DenseNet[70]，一般将结构 $y=f(\boldsymbol{x})$ 分为三部分：$g(\cdot)$、$h(\cdot)$、$s(\cdot)$。第一部分是卷积神经网络 $g(\cdot)$，用于将高像素图像转换为低像素图像；第二部分 $h(\cdot)$ 是从低像素图像中提取表征的全局平均池化；第三部分是用分类器 $s(\cdot)$ 来预测标签。因此，$y=f(\boldsymbol{x})$ 被重新表示为 $y=(s\circ h\circ g)(\boldsymbol{x})((h\circ g)(\boldsymbol{x})=h(g(\boldsymbol{x})))$。

深度迁移方法使用全局平均池化层的激活作为图像表示，然后对齐单个表示的分布。然而这种单一表示的适应方式可能会遗漏一些重要的信息。因此，有必要通过最小化多个表示的分布之间的差异来学习多个域不变的表示。要学习多个不同的领域不变表示，最简单的方法是训练多个不同的卷积神经网络。然而，训练多个卷积神经网络非常耗时。众所周知，不同的结构可以从图像中提取不同的表示。因此，我们使用由多个子结构组成的混合结构 IAM 从低像素图像中提取多个表示。作为图 4.6 中一个直观的例子，IAM 有多个子结构 $h_1(\cdot)$，…，$h_{n_r}(\cdot)$（n_r 是子结构的个数），它们彼此不同。用 IAM 代替全局平均池化，可以获得多个表示 $(h_1\circ g)(X)$，…，$(h_{n_r}\circ g)(X)$。与单一表示相比，多重表示可以覆盖更多的信息。因此，将多个表示的分布与更多信息对齐可以实现更好的性能。自适应任务可以通过最小化基于多种表示的分布差异来实现：

$$\min_{f} \sum_{i}^{n_r} \hat{d}((h_i \circ g)(X_s),(h_i \circ g)(X_t)) \tag{4.17}$$

其中 X 是 $\boldsymbol{x}$ 的集合，$\hat{d}(\cdot,\cdot)$ 是两个分布之间差异的估计量。为了实现分类任务，连接向量 $[(h_1 \circ g)(X);\ \cdots;\ (h_{n_r} \circ g)(X)]$ 被放入包含全连接层和 softmax 层的分类器 $s(\cdot)$ 中。全连接层主要用于重新组合多个表示，softmax 层用于输出预测标签。最后，使用 IAM 的神经网络 $y=f(\boldsymbol{x})$ 重新表述为

$$y = f(\boldsymbol{x}) = s([(h_1 \circ g)(X);\cdots;(h_{n_r} \circ g)(X)]) \tag{4.18}$$

与以前的单一表示适应网络不同，具有 IAM 的深度传输网络能够学习多个域不变的表示。IAM 是一个多表示提取器。此外，多个域不变的表示可以覆盖更多的信息。值得注意的是，大多数前馈模型都可以实现 IAM。当在其他网络中实现 IAM 时，只需要将最后一个平均池化层替换为 IAM。

来自同一类的数据样本应该位于同一个子空间，即使它们属于不同的领域。因此，我们减少了条件分布而不是边缘分布的差异。事实上，最小化条件分布 $P_s(y_s \mid \boldsymbol{x}_s)$ 和 $Q_t(y_t \mid \boldsymbol{x}_t)$ 之间的差异对于稳健的分布适配来说至关重要。不幸的是，虽然通过探索分布的足够统计量来匹配条件分布也很重要，但是目标领域中没有标记数据，即 $Q(y_t,\ \boldsymbol{x}_t)$ 不能直接建模。

深度神经网络 $\hat{y}_i^t=f(\boldsymbol{x}_i^t)$ 的输出可以用作目标领域中数据的伪标签。由于后验概率 $P(y_s \mid \boldsymbol{x}_s)$ 和 $Q(y_t \mid \boldsymbol{x}_t)$ 难以表示，因此该工作探索足够的统计类条件分布 $P(\boldsymbol{x}_s \mid y_s=c)$ 和 $Q(\boldsymbol{x}_t \mid y_t=c)$。现在有源领域数据的真实标签和目标领域数据的伪标签基本上可以匹配类条件分布 $P(\boldsymbol{x}_s \mid y_s=c)$ 和 $Q(\boldsymbol{x}_t \mid y_t=c)$。这里修改 MMD 来测量类条件分布 $P(\boldsymbol{x}_s \mid y_s=c)$ 和 $Q(\boldsymbol{x}_t \mid y_t=c)$ 之间的距离，称为 CMMD：

$$\hat{d}_{\mathcal{H}}(\boldsymbol{X}_s,\boldsymbol{X}_t) = \frac{1}{C}\sum_{c=1}^{C}\left\| \frac{1}{n_s^{(c)}}\sum_{\boldsymbol{x}_i^{s(c)} \in \mathcal{D}_{\boldsymbol{x}^s}^{(c)}} \phi(\boldsymbol{x}_i^{s(c)}) - \frac{1}{n_t^{(c)}}\sum_{\boldsymbol{x}_j^{t(c)} \in \mathcal{D}_{\boldsymbol{x}^t}^{(c)}} \phi(\boldsymbol{x}_j^{t(c)}) \right\|_{\mathcal{H}}^2 \tag{4.19}$$

通过最小化方程（4.19）可以拉近源领域和目标领域之间的条件分布。

MRAN 如图 4.6 所示，它在端到端深度学习模型中对齐由 IAM 提取的多个表示的分布。网络较低层中的特征是可迁移的，因此不需要进一步分布匹配[57]。MRAN 的损失公式为

$$\min_{f} \frac{1}{n_s}\sum_{i=1}^{n_s} J(f(\boldsymbol{x}_i^s),y_i^s) + \lambda \sum_{i}^{n_r} \hat{d}((h_i \circ g)(\boldsymbol{X}_s),(h_i \circ g)(\boldsymbol{X}_t)) \tag{4.20}$$

其中 $J(\cdot,\cdot)$ 是交叉熵损失函数（分类损失），$\hat{d}(\cdot,\cdot)$ 计算领域适应损失，如式（4.19）所示，$\lambda>0$ 是权衡参数。MRAN 基于 ResNet 实现，并用 IAM 替换全局平均

池化。具体来说，网络中的这些层是针对特定任务的结构量身定制的，这些结构通过最小化分类错误和 CMMD 调整数据分布。

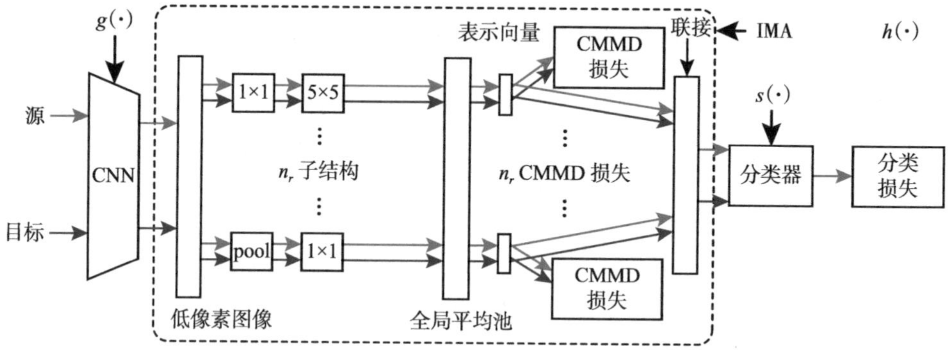

图 4.6　多表示自适应网络对齐多个表示的条件分布。IAM 可以从低像素图像中提取多个表示。通过最小化 CMMD 损失，源领域和目标领域之间的条件分布将更接近[67]

4.6　同时对齐分布和分类器的多源自适应方法

领域自适应吸引了大量研究人员的关注，大多数领域自适应方法都关注单源领域自适应（Single-source Domain Adaptation，SDA）问题，其中只有来自一个源领域的标记数据。以前的 SDA 方法包括对训练数据重新加权，并在低维流形中找到一个变换，使源和目标子空间更接近。近年来，大多数 SDA 方法学习将来自两个域的数据映射到一个公共特征空间，通过最小化领域分布差异来学习域不变表示，然后源分类器可以直接应用于领域分类任务。

然而，在实际场景中，很可能有多个源领域。因此，MDA 在实践中更可行，并且在性能提升方面更有价值，在实际应用领域受到了相当多的关注。一种常见且直接的方法是将所有源领域合并为一个源领域并像单源领域自适应方法一样对齐分布。由于数据扩充，这些方法可能会提高性能。但是改进可能并不显著，因此需要找到更好的方法来充分利用多个源领域。

尽管基于深度学习的单源领域自适应进展迅速，但只有少量关于基于深度学习的多源领域自适应的研究，这也更具挑战性。近年来，一些针对多源领域自适应深度学习的工作被提出，这些方法存在两个共同的问题。首先，它们尝试将所有源领域和目标领域数据映射到公共特征空间中，以学习公共的领域不变表示。然而，即使对于一个单一源和一个目标领域数据，学习域不变表示也并不容易。图 4.7 中的一个直观示例表明无法消除单个源领域和目标领域之间的领域偏移，并且当尝试对齐多个源领域和目标领域时，较大的不匹配度可能会导致不令人满意的性能。其次，因为这些方法认为目标领域数据与源领域数据适配后分布一致，所以可以使用多个源领域特定的分类器正确分类目标领域样本。

针对多源领域自适应，Zhu 等人[71] 提出一个具有两阶段对齐的新框架。第一阶段对齐域特定分布，即将每一对源领域和目标领域数据分别映射到多个不同的特征空间，通过对齐领域特定分布以学习多个域不变表示，然后使用多个领域不变表示训练多个领域特定的分类器。第二阶段是对齐领域特定的分类器。由于不同分类器预测的领域特定的决策边界附近的目标样本可能会得到不同的标签，因此，利用领域特定的决策边界对齐目标样本的分类器输出。

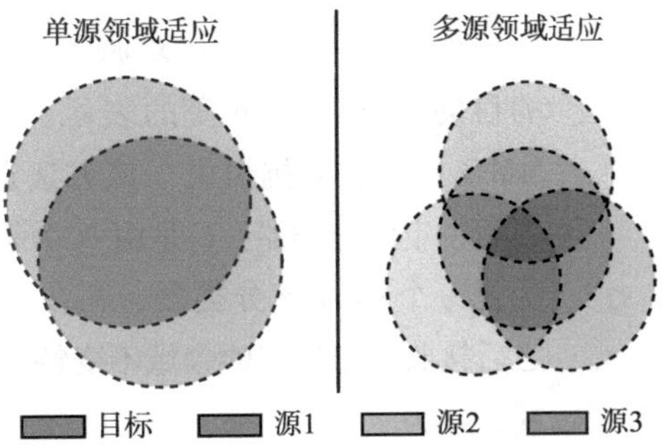

图 4.7　单源领域自适应与多源领域自适应。在单源领域适应中，源领域和目标领域的分布不能很好地匹配，而在多源领域适应中，由于多个源领域之间的分布偏移，匹配所有源领域和目标领域的分布要困难得多[71]（见彩插）

在多源无监督领域适应问题中，有 N 个不同的底层源分布，记为 $\{p_{sj}(x, y)\}_{j=1}^{N}$，带标签的源领域数据 $\{(X_{sj}, Y_{sj})\}_{j=1}^{N}$ 分别来自这些分布，其中 $X_{sj} = \{x_i^{sj}\}_{i=1}^{|X_{sj}|}$ 代表来自源领域 j 的样本，$Y_{sj} = \{y_i^{sj}\}_{i=1}^{|X_{sj}|}$ 是相应的真实标签。此外，给定目标分布 $p_t(x, y)$，我们从中采样目标领域数据 $X_t = \{x_i^t\}_{i=1}^{|X_t|}$，但没有标签观察 Y_t。

同时对齐分布和分类器的多源自适应方法（MFSAN）[71] 的网络结构如图 4.8 所示，包括三个部分：公共的特征提取器、领域特定的特征提取器、领域特定的分类器。

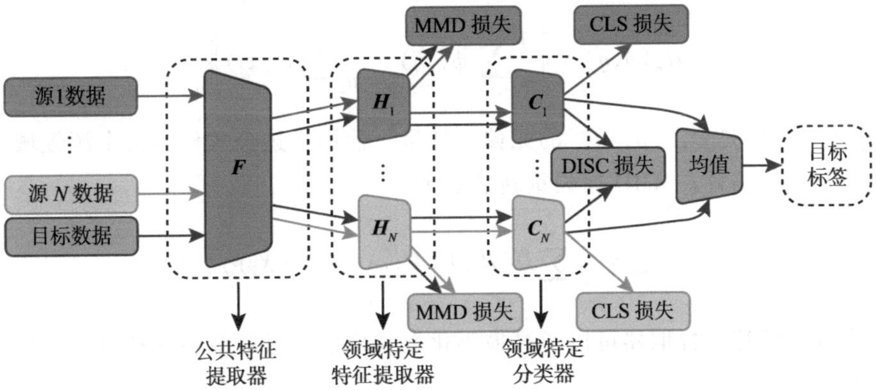

图 4.8　同时对齐分布和分类器的多源自适应方法[71]（见彩插）

- 公共的特征提取器：采用一个公共子网络 $f(\cdot)$ 来提取所有域的公共表示，将图像从原始特征空间映射到公共特征空间。
- 领域特定的特征提取器：希望每对源领域和目标领域的数据都可以映射到特定的特征空间。给定来自源领域 (X_{sj}, Y_{sj}) 的一批图像 x^{sj} 和来自目标领域 X_t 的

一批图像 x^t，这些领域特定的特征提取器的输入是来自公共特征提取器的共同特征 $f(x^{sj})$ 和 $f(x^t)$。然后，每个源领域 (X_{sj}, Y_{sj}) 有 N 个非共享域特定子网 $h_j(\cdot)$，将每对源领域和目标领域映射到特定特征空间。深度域适应的目的是学习域不变的表示，近年来有几种方法可以实现这个目标，例如 MMD 损失、对抗损失。该方法选择 MMD 的方法来减少域之间的分布差异。

- 领域特定的分类器：C 是由 N 个领域特定分类器 $\{C_j\}_{j=1}^{N}$ 组成的多输出网络。每个 C_j 是一个 softmax 分类器，并在第 j 个源领域的领域特定特征提取器 $H(F(x))$ 之后接收特定领域的领域不变特征。对于每个分类器，使用交叉熵建模分类损失，其公式为

$$\mathcal{L}_{cls} = \sum_{j=1}^{N} E_{x \sim X_{sj}} J(C_j(H_j(F(\boldsymbol{x}_i^{sj}))), \boldsymbol{y}_i^{sj}) \tag{4.21}$$

分布对齐 为了实现第一个对齐阶段（对齐每对源领域和目标领域的分布），Zhu 等人选择最大平均差异（MMD）[68] 作为对两个领域之间差异的估计。MMD 的基本思想是，如果生成分布相同，则所有统计数据都相同。形式上，MMD 定义为

$$D_{\mathcal{H}}(p,q) \triangleq \| E_p[\boldsymbol{\phi}(\boldsymbol{x}^s)] - E_q[\boldsymbol{\phi}(\boldsymbol{x}^t)] \|_{\mathcal{H}}^2 \tag{4.22}$$

其中$\mathcal{H}$是具有特征核 k 的再生核希尔伯特空间（RKHS）。这里 $\boldsymbol{\phi}(\cdot)$ 表示将原始样本映射到 RKHS 的一些特征图，内核 k 表示 $k(\boldsymbol{x}^s, \boldsymbol{x}^t) = \langle \boldsymbol{\phi}(\boldsymbol{x}^s), \boldsymbol{\phi}(\boldsymbol{x}^t) \rangle$，其中 $\langle \cdot, \cdot \rangle$ 表示向量的内积。在实践中，MMD 的估计将经验核均值嵌入之间的平方距离比较表示为

$$\hat{D}_{\mathcal{H}}(p,q) = \left\| \frac{1}{n_s} \sum_{\boldsymbol{x}_i \in \mathcal{D}_s} \boldsymbol{\phi}(\boldsymbol{x}_i) - \frac{1}{n_t} \sum_{\boldsymbol{x}_j \in \mathcal{D}_t} \boldsymbol{\phi}(\boldsymbol{x}_j) \right\|_{\mathcal{H}}^2 \tag{4.23}$$

其中 $\hat{D}_{\mathcal{H}}(p, q)$ 是 $D_{\mathcal{H}}(p, q)$ 的无偏估计量。使用上述公式作为每个源领域和目标领域之间差异的估计。MMD 损失重新表示为

$$\mathcal{L}_{\text{mmd}} = \frac{1}{N} \sum_{j=1}^{N} \hat{D}(H_j(F(X_{sj})), H_j(F(X_t))) \tag{4.24}$$

每个特定的特征提取器可以通过最小化上式来学习每对源领域和目标领域的领域不变表示。

分类器对齐 靠近类边界的目标样本更有可能被从源领域样本中学到的分类器误分类。由于分类器是在不同的源领域上训练的，因此它们可能对目标样本的预测存在分歧，尤其是类边界附近的目标样本。直觉上，不同分类器预测同一个目标样本应该得到相同的预测。因此，第二个对齐阶段是最小化所有分类器之间的差异。该工作利用所有分类器对目标领域数据的概率输出之间差异的绝对值作为损失：

$$\mathcal{L}_{\text{disc}}=\frac{2}{N\times(N-1)}\sum_{j=1}^{N-1}\sum_{i=j+1}^{N}E_{x\sim X_t}[\,|\,C_i(H_i(F(x_k)))-C_j(H_j(F(x_k)))\,|\,] \tag{4.25}$$

通过最小化上式，所有分类器的概率输出是相似的。最后，为了预测目标样本的标签，计算所有分类器输出的平均值。

总的框架　具体来说，这个网络包括两个对齐阶段，它们分别学习源领域特定的领域不变表示和对齐目标样本的分类器输出。框架由一个通用特征提取器、N 领域特定特征提取器和 N 源特定分类器组成，如图 4.8 所示该方法的算法由三部分组成：分类损失、MMD 损失、分类器差异损失。具体来说，通过最小化分类损失，网络可以准确地对源领域数据进行分类；通过最小化 MMD 损失来学习域不变表示；通过最小化分类器差异损失来减少分类器之间的差异。总损失形式化为

$$\mathcal{L}_{\text{total}}=\mathcal{L}_{\text{cls}}+\lambda\,\mathcal{L}_{\text{mmd}}+\gamma\,\mathcal{L}_{\text{disc}} \tag{4.26}$$

总的训练流程如算法 4.1 所示。

算法 4.1　同时对齐分布和分类器的多源自适应方法

输入： 给定训练轮数 T

1. **for** t in $1:T$ **do**:
2. 从 N 个源领域 $\{(X_{sj},Y_{sj})\}_{j=1}^{N}$ 的一个源领域随机采样 m 个样本 $\{x_i^{sj},y_i^{sj}\}_{i=1}^{m}$
3. 从目标领域(X_t)采样 m 个样本 $\{x_i^t\}_{i=1}^{m}$
4. 将源领域和目标领域样本送入公共的特征提取器以获得公共的隐表示 $F(x_i^{sj})$ 和 $F(x_i^t)$
5. 将源领域公共的隐表示送入源领域特定的特征提取器得到源领域样本领域特定的表示 $H_j(F(x_i^{sj}))$
6. 将源领域样本领域特定的表示 $H_j(F(x_i^{sj}))$ 送入领域特定的分类器 $C_j(H_j(F(x_i^{sj})))$，计算分类损失（交叉熵）
7. 将目标领域样本隐表示送入所有领域特定的特征提取器，得到目标样本的领域特定表示 $H_1(F(x_i^{t1})),\cdots,H_N(F(x_i^{tN}))$
8. 使用 $H_j(F(x_i^{sj}))$ 和 $H_j(F(x_i^{t1}))$ 计算 MMD 损失
9. 使用 $H_1(F(x_i^{t1})),\cdots,H_N(F(x_i^{tN}))$ 计算分类器差异损失
10. 最小化分类损失、MMD 损失、分类器差异损失来更新网络参数
11. **end for**

4.7　基于注意力特征图的深度迁移学习方法

微调是深度学习中进行迁移学习的一种有效方法。通常，通过具有足够多样本的源数据集预训练的网络权重能够比随机赋值提供更好的初始化效果。在典型的微调方法中，下卷积层的权重是固定的，上层的权重使用目标领域的数据重新训练。在这种方法中，目标模型的参数可能会远离初始值，从而导致迁移学习场景中的过拟合。

最近提出了使用起点作为参考的正则化（SPAR）方法来解决过拟合问题。例如，Li 等人[72] 提出了 L2-SP，将目标权重和起点（即源网络的权重）之间的欧几里得距离作为损失的一部分。最小化这个损失函数，L2-SP 旨在最小化深度学习的经验损失，同时减少源网络和目标网络之间的权重距离。与使用权重衰减（L2 归一化）的标准做法相比，取得的进步显著。

然而，这种正则化方法可能无法为迁移学习提供最佳解决方案。一方面，如果正则化不强，即使进行了微调，权重仍然可能远离初始位置，导致有用知识丢失，即灾难性的记忆丧失；另一方面，如果正则化太强，新获得的模型被约束在原始模型的局部邻域内，这对于目标数据集可能是次优的。尽管上述方法证明了正则化在深度迁移学习中的有效性，但 Li 等人[73] 认为至少需要在以下两个方面进行研究，以进一步改进当前的正则化方法：

- 行为与机制。CNN 权重正则化的实践源于一个简单的直觉——具有相似权重的网络（层）应该产生相似的输出。然而，由于深度神经网络结构复杂且冗余性强，直接调节模型参数似乎是一种 over-killing 的问题。Li 等人认为应该规范“行为”，即可以在每层产生的外层输出（例如特征图）中进行规范。使用受约束的特征图，可以通过将目标网络外层的行为与源网络的行为对齐来提高泛化能力，其中源网络已经使用超大数据集进行了预训练。该工作主要关注卷积神经网络，外层是卷积层，外层的输出是其特征图。
- 语法与语义。虽然正则化特征图可能会提高泛化能力的迁移，但设计这样的正则化器仍然很困难。在不了解其语义或表示的情况下测量特征图之间的相似性/距离是具有挑战性的。例如，对于图像分类，一些卷积核可能对应于两个学习任务之间共享的特征，因此应该在迁移学习中保留，而其他卷积核特定于源任务，因此可以在迁移学习中消除。

Li 等人[73] 提出一种新颖的正则化方法 DELTA 来解决这两个问题。具体来说，DELTA 通过使用新颖的监督注意机制重新加权特征图，从外层输出中选择判别性特征。通过关注特征图的判别部分，DELTA 使用它们的外层输出来表征源/目标网络之间的距离，并将这些距离作为损失函数的正则化项。通过反向传播，这种正则化最终影响深度神经网络权重的优化，并奖励从源网络继承的目标网络泛化能力。

通用正则化项　将所需任务的数据集表示为 $\{(\boldsymbol{x}_1, y_1), (\boldsymbol{x}_2, y_2), (\boldsymbol{x}_3, y_3), \cdots, (\boldsymbol{x}_n, y_n)\}$，其中每个元组 $(\boldsymbol{x}_i, y_i)$ 指的是输入图像及其在数据集中的标签。进一步表示 $\omega \in \mathbf{R}^d$ 是包含目标模型所有 d 个参数的 d 维参数向量。带通用正则化项的优化目标可以表示为

$$\min_{w} \sum_{i=1}^{n} L(z(\boldsymbol{x}_i, \boldsymbol{\omega}), y_i) + \lambda \cdot \Omega(\boldsymbol{\omega}) \tag{4.27}$$

其中第一项 $\sum_{i=1}^{n} L(z(\boldsymbol{x}_i,\ \boldsymbol{\omega}),\ y_i)$ 是指数据拟合的经验损失，而第二项是正则化的一般形式。参数 $\lambda>0$ 控制经验损失和正则化损失之间的平衡。在没有给出任何明确信息（例如其他数据集）的情况下，可以轻松地使用参数向量 $\boldsymbol{\omega}$ 的 L0/L1/L2 范数作为正则化来解决网络的一致性问题。

正则化迁移学习　给定一个基于超大数据集的参数 ω^* 预训练网络作为源，可以通过迁移学习范式来估计目标网络的参数。通过知识迁移加速目标网络的训练，使用 ω^* 作为初始化来解决式（4.27）中的问题。然而，目标网络的准确性在这种设置中会遇到瓶颈。为了进一步改进迁移学习，人们提出限制目标和源网络之间差异的新型正则化迁移学习范式，例如：

$$\min_{w}\sum_{i=1}^{n} L(z(\boldsymbol{x}_i,\boldsymbol{\omega}),y_i) + \lambda \cdot \Omega(\boldsymbol{\omega},\omega^*) \tag{4.28}$$

式（4.28）中 z 表示特征提取器，λ 表示控制损失函数比重的超参数，$\Omega(\cdot)$ 表示正则化项，ω^* 表示源领域上预训练的模型的参数，$\boldsymbol{\omega}$ 表示目标领域模型的参数，通常会使用 ω^* 作为 $\boldsymbol{\omega}$ 的初始化。通过优化上述目标，使得目标领域模型参数不要偏离预训练参数过远，达到更好的微调效果。然而现有深度迁移学习方法使用的正则化既没有考虑具有特定参数的网络如何处理新数据（图像），也没有利用来自标记数据（图像）的监督信息来提高迁移性能。

基于注意力特征图的深度迁移学习　文献［73］中提出了基于注意力特征图的深度迁移学习的方法，整体框架如图 4.9 所示。该方法抽出卷积神经网络中间的特征图，计算源领域模型和目标领域模型的注意力特征图之间的差异，使用一个权重机制对这个差异进行加权。整个优化目标表示为

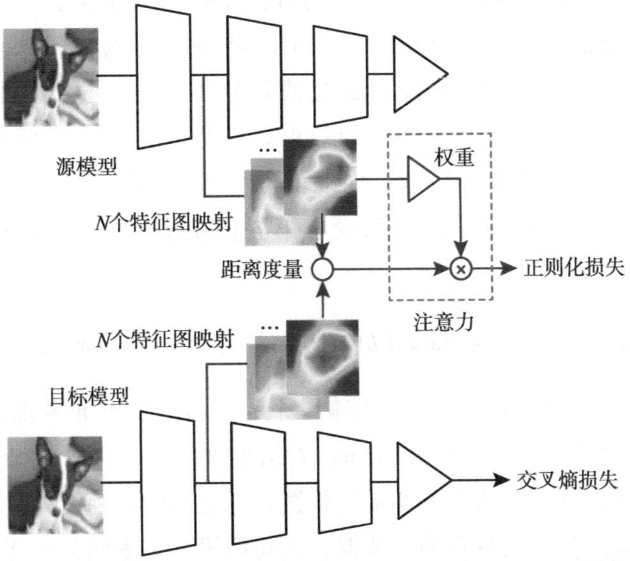

图 4.9　基于注意力特征图的深度迁移学习[73]

$$\min_{w} \sum_{i=1}^{n} L(z(\boldsymbol{x}_i,\boldsymbol{\omega}),y_i) + \sum_{i=1}^{n} \Omega(\boldsymbol{\omega},\omega^*,\boldsymbol{x}_i,y_i,z) \tag{4.29}$$

式（4.29）中的第二项，正则化项包含两个部分：

$$\Omega(\boldsymbol{\omega},\omega^*,\boldsymbol{x},y,z) = \alpha \cdot \Omega'(\boldsymbol{\omega},\omega^*,\boldsymbol{x},y,z) + \beta \cdot \Omega''(\boldsymbol{\omega}\backslash\omega^*) \tag{4.30}$$

α，β 表示超参数，控制两个损失的比重。第一部分表示行为正则化器的正则化项，第二部分表示目标领域特有参数的 L2 正则化约束。

为了规范网络的行为，DELTA 考虑两个网络的外层输出之间的距离。图 4.9 说明了所提出的方法的思想。具体来说，网络的外层由大量卷积滤波器组成。给定输入 $\boldsymbol{x}_i$（对于训练集中的 $\forall 1 \leqslant i \leqslant n$），每个滤波器生成一个特征图。因此，DELTA 基于输入 $\boldsymbol{x}_i$ 和参数 $\boldsymbol{\omega}$ 使用一组特征映射来表征网络模型 z 的外层输出，例如网络中的 N 个滤波器的 FM_j（z，$\boldsymbol{\omega}$，$\boldsymbol{x}_i$）和 $1 \leqslant j \leqslant N$。行为正则化器定义为

$$\Omega'(\boldsymbol{\omega},\omega^*,\boldsymbol{x}_i,y_i,z) = \sum_{j=1}^{N} (\boldsymbol{W}_j(z,\omega^*,\boldsymbol{x}_i,y_i) \cdot \| \mathrm{FM}_j(z,\boldsymbol{\omega},\boldsymbol{x}_i) - \mathrm{FM}_j(z,\omega^*,\boldsymbol{x}_i)) \|_2^2 \tag{4.31}$$

FM_j（z，ω^*，$\boldsymbol{x}_i$）和 FM_j（z，$\boldsymbol{\omega}$，$\boldsymbol{x}_i$）分别表示源领域和目标领域模型第 j 个滤波器提取到的注意力特征图。

在 DELTA 中，提出的正则化器使用非负权重聚合距离测量两个网络生成的特征图之间的距离。目标是通过监督学习更多地关注那些具有更大区分能力的特征。为了获得这样的特征图权重，Li 等人提出一种从后向变量选择派生的监督注意方法，其中特征的权重以从网络中删除这些特征时的潜在性能损失为参考。

具体来说，当滤波器在网络中被禁用时，将滤波器的权重评估为性能下降的值。直观上，移除具有更大识别能力的过滤器通常会导致更高的性能损失。通过这种方式，此类通道应该受到更严格的约束，因为源任务已经学习了目标任务的有用表示。给定预训练参数 ω^* 和输入图像 x_i，DELTA 设置第 j 个通道的权重为使用标记样本(x_i，y_i) 在有第 j 个通道和没有第 j 个通道上网络的经验损失之间的差距如下所示：

$$\boldsymbol{W}_j(z,\omega^*,\boldsymbol{x}_i,y_i) = \mathrm{softmax}(L(z(\boldsymbol{x}_i,\omega^{*j}),y_i) - L(z(\boldsymbol{x}_i,\omega^*),y_i)) \tag{4.32}$$

其中 ω^{*j} 是指对原始参数 ω^* 的修改，即第 j 个滤波器的所有元素都设置为零（从网络中移除第 j 个滤波器）。这里使用 softmax 对结果进行归一化以确保所有权重都是非负的。当且仅当预训练源网络中的相应特征图具有更高的辨别能力时，上述监督注意机制会为特定图像产生更高权重的过滤器，换句话说，更多地关注此类图像上的过滤器可能会带来更高性能增益。

4.8　本章小结

本章对基于传统深度学习的迁移学习方法进行了介绍，这些方法主要通过领域适配进行知识的迁移，并考虑在哪里迁移和怎么迁移两个问题，具体而言，既可以在不同层级的特征以及分类器输出进行迁移，也可以采用不同的适配方法进行迁移，比如 KL 散度、MMD、LMMD 等。从本章读者可以了解到，通过特征适配拉近源领域和目标领域的分布是一种高效的迁移学习手段。

第 5 章

基于对抗深度学习的迁移学习方法

生成对抗网络（Generative Adversarial Network，GAN）[74] 是由蒙特利尔大学 Ian Goodfellow 在 2014 年提出的一种新的深度学习架构。近几年，生成对抗网络吸引了大量研究人员的注意，并且具有广泛的应用，例如图像生成[75]、图像到图像转换(Image2image)[76]、风格生成[77] 等。

生成对抗网络[74] 最早提出用于图像生成，包含一个生成器（Generator）和一个判别器（Discriminator），如图 5.1 所示。生成对抗网络采用了博弈的思想，生成器旨在生成能够以假乱真的假样本，而判别器旨在能够区分开真实的样本和生成的假样本。

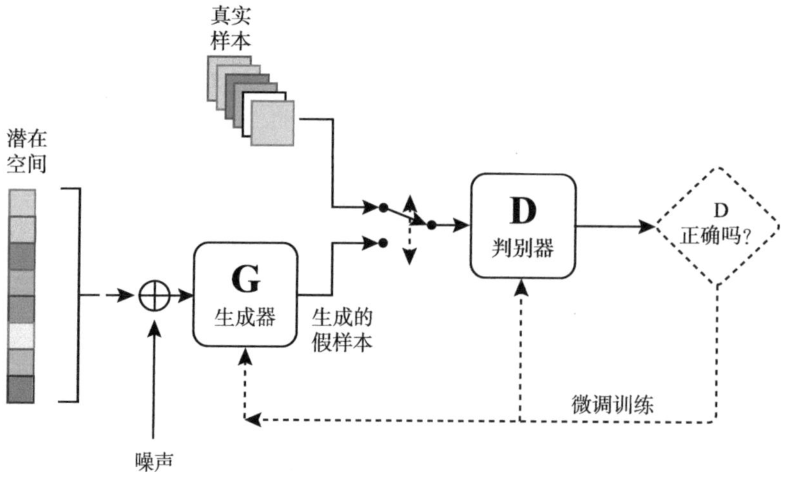

图 5.1　生成对抗网络[74]

生成器的输入是一些随机噪声 z，输出是生成的假样本 $G(z)$。判别器的输入是真实样本 $\boldsymbol{x}$，或者生成器输出的假样本 $G(z)$，判别器的输出表示该输入样本是否为真实样本。生成器希望能够骗过判别器，而判别器希望能够分辨出样本是否是来自生成器的假样本，因此整个训练过程通过以下对抗损失函数进行优化。

$$\min_G \max_D V(D, G) = \mathbb{E}_{\boldsymbol{x} \sim p_{\text{data}}}(x)[\log D(\boldsymbol{x})] + \mathbb{E}_{z \sim p_z(z)}[\log(1 - D(G(z)))] \tag{5.1}$$

其中 p_{data} 表示真实样本的分布，而 $p_z(z)$ 表示输入噪声的分布。

生成对抗网络实验如图 5.2 所示，四张图中最右侧一列表示和生成数据最接近的原始数据，其余列表示生成的数据，图 5.2a 是在 MNIST 手写体数字数据集[78] 上的结果，图 5.2b 是在 TFD 人脸数据集[79] 上的结果，图 5.2c 是在 cifar10 数据集[80] 上用全连接神经网络的结果，图 5.2d 是在 cifar10 数据集上使用卷积神经网络的结果。可以看到使用生成对抗网络生成的图像质量还是不错的，后续又有很多 GAN 的改进版大幅度提升图像生成的质量[75,81]。

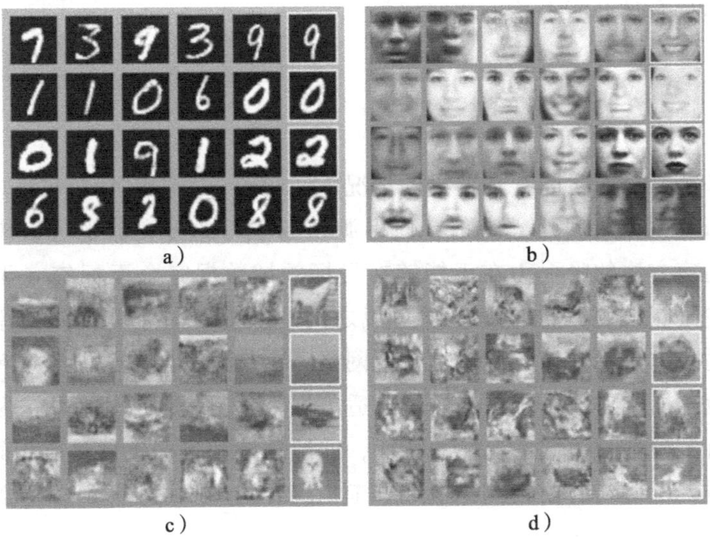

图 5.2　生成对抗网络实验——生成的图像对比原始数据[74]

在深度迁移学习中，有一大类方法依靠学习如何抽取领域不变的特征来达到知识迁移的效果。而生成对抗网络中对抗的思想，对于学习如何抽取领域不变的特征有着很大的启发，本章介绍基于对抗深度学习的迁移学习的基本思想以及经典方法。

本章内容组织如下：5.1 节介绍问题定义；5.2 节介绍领域对抗神经网络；5.3 节介绍同时迁移领域和任务的迁移学习方法；5.4 节介绍基于生成对抗网络的像素级领域自适应方法；5.5 节介绍最大化分类器一致性的无监督领域自适应的方法；5.6 节介绍循环一致对抗领域自适应方法；5.7 节为本章小结。

5.1 问题定义

基于对抗深度学习的迁移学习方法大多是在无监督领域自适应这个问题设定下进行实验，因此这里主要介绍无监督领域自适应这个问题的定义。

无监督领域自适应通常包含一个源领域$\mathcal{D}_s=\{(\boldsymbol{x}_i^s, \boldsymbol{y}_i^s)\}_{i=1}^{n_s}$，源领域中包含 n_s 个带标签的样本。$\boldsymbol{y}_i^s \in \mathbf{R}^C$ 是独热向量，表示样本 $\boldsymbol{x}_i^s$ 的类别标签，C 表示类别数量，$y_{ij}^s=1$ 表示该样本属于第 j 类。另外给定一个目标领域$\mathcal{D}_t=\{\boldsymbol{x}_j^t\}_{j=1}^{n_t}$，包含 n_t 个无标签的样本。源领域$\mathcal{D}_s$和目标领域$\mathcal{D}_t$分别来自不同的数据分布 p 和 q，换句话说源领域和目标领域存在领域偏移（Domain Shift）。通常假设两个领域共享类别空间。

无监督领域自适应旨在使用带标签的源领域$\mathcal{D}_s$帮助不带标签的目标领域$\mathcal{D}_t$训练得到分类器。通常基于对抗深度学习的迁移学习方法通过对抗学习得到一个特征提取器 $f(\cdot)$，该特征提取器能够提取领域不变的特征表示，因此通过源领域数据学到的分类器在目标领域有着不错的泛化效果。

5.2 领域对抗神经网络

在训练和测试分布之间存在差异的情况下，学习分类器是领域自适应的。现有的方法在源和目标领域之间建立映射，使得源领域学习的分类器也可以应用于目标领域。领域自适应方法的吸引力在于能够在目标领域数据完全无标签（无监督）或带标签样本很少（半监督）的情况下学习域之间的映射。与之前许多使用固定特征表示的领域自适应方法不同，领域对抗神经网络[64] 专注于在一个训练过程中结合领域自适应和深度表征学习，目标是将领域自适应嵌入学习表示的过程中，从而使最终的分类决策具有区分性和领域不变性的特征，即源领域和目标领域具有相同或非常相似的分布。这样，所得到的前馈网络就可以适用于目标领域，而不会受到领域偏移的阻碍。

领域对抗神经网络[64] 是结合区分性和领域不变性的表征学习网络。这是通过两个判别分类器来联合优化特征实现的：1）类别分类器，用于训练和测试阶段预测类标签；2）领域分类器，训练期间判断样本来自源领域或目标领域。通过最小化这两个分类损失来优化两个分类器的参数，通过最小化类别分类器以及最大化领域分类器来优化底部深度神经网络的参数。后者的更新和领域分类器的更新是对抗的，这样可以使得深度神经网络提取到领域不变的特征。

Ganin 等人[64] 提出的领域对抗神经网络（DANN）使用标准网络结构和损失函数，并且可以使用基于随机梯度下降的反向传播方法进行训练。该方法是一种通用框架，可以将 DANN 用于任何现有的前馈架构中。在实践中，对抗神经网络采用梯度反转层来取代对抗训练的最大化和最小化操作，在前向传播期间保持输入不变，并在反向传播期间通过将其乘以 -1 来反转梯度。领域对抗神经网络[64] 也叫作梯度反转神经网络[82]，梯度反转神经络是发表在 ICML2015 的版本，而领域对抗神经网络是发表在 JMLR 上的扩展版本。

具体来讲，领域对抗神经网络将整个网络结构分为三个模块，如图 5.3 所示：

- 特征提取器 G_f 旨在提取到领域不变的数据表征，这里的领域不变的表征也就是领域分类器无法分辨到底该样本来自源领域还是目标领域。
- 领域分类器 G_d 则希望能够判断清楚一个样本是来自源领域还是目标领域。
- 类别分类器 G_y 对输入的特征进行分类预测。

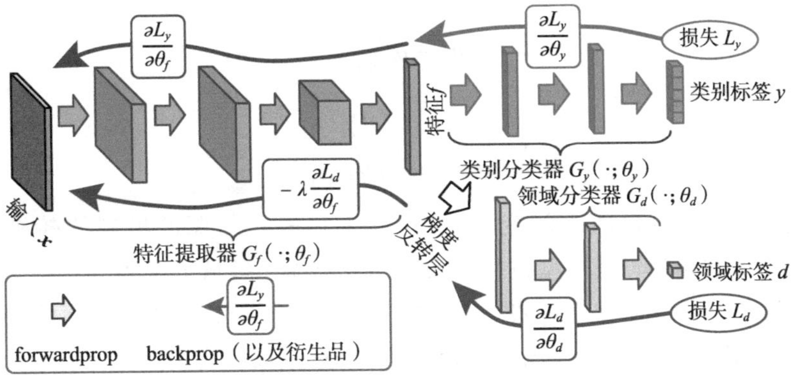

图 5.3　领域对抗神经网络[64]

训练阶段的目标是最小化源领域上的标签预测损失，从而优化特征提取器和类别分类器的参数以最小化源领域样本的经验损失。这确保特征提取器 G_f 提取的特征的判别性以及特征提取器和类别分类器在源领域上的整体良好预测性能。在训练时，为了获得领域不变的特征，希望特征提取器 G_f 提取到的特征能最大化领域分类器的损失（通过使两个特征分布尽可能相似），而同时寻找使领域分类器 G_d 的损失最小的领域分类器的参数。可以看到特征提取器 G_f 和领域分类器 G_d 有着和生成对抗网络相似的博弈思想。因此，整个方法的损失函数可以表示为两个部分，即分类损失和领域判别损失：

$$\begin{aligned}E(\theta_f,\theta_y,\theta_d) &= \sum_{i=1,\cdots,N} L_y(G_y(G_f(\boldsymbol{x}_i;\theta_f);\theta_y),y_i^c) - \lambda\sum_{i=1,\cdots,N} L_d(G_d(G_f(\boldsymbol{x}_i;\theta_f);\theta_d),y_i^d)\\ &= \sum_{i=1,\cdots,N} L_y^i(\theta_f,\theta_y) - \lambda\sum_{i=1,\cdots,N} L_d^i(\theta_f,\theta_d)\end{aligned} \tag{5.2}$$

其中 θ_f，θ_y，θ_d 分别表示特征提取器、类别分类器和领域分类器的参数。y_i^c 表示该样本的类别标签，而 y_i^d 表示该样本的领域标签，表明样本来自哪个领域。具体三个模块的优化目标可以表示为

$$(\hat{\theta}_f,\hat{\theta}_y) = \arg\min_{\theta_f,\theta_y} E(\theta_f,\theta_y,\hat{\theta}_d)$$

$$\hat{\theta}_d = \arg\max_{\theta_d} E(\hat{\theta}_f, \hat{\theta}_y, \theta_d) \tag{5.3}$$

该函数通过最小化领域分类损失来优化领域分类器 θ_d 的参数，而通过最小化类别标签预测损失来优化类别分类器的参数 θ_y。特征映射参数 θ_f 最小化标签预测损失（即特征是有区别的），同时最大化领域分类损失（即特征具有领域不变性质）。参数 λ 控制在学习期间两个目标之间的权衡。

将上述损失函数针对各个参数求导，可以表示为

$$\begin{aligned}
\theta_f &\leftarrow \theta_f - \mu\left(\frac{\partial L_y^i}{\partial \theta_f} - \lambda \frac{\partial L_d^i}{\partial \theta_f}\right) \\
\theta_y &\leftarrow \theta_y - \mu \frac{\partial L_y^i}{\partial \theta_y} \\
\theta_d &\leftarrow \theta_d - \mu \frac{\partial L_d^i}{\partial \theta_d}
\end{aligned} \tag{5.4}$$

其中 μ 是学习率（可以随时间变化）。更新上述式子与深度模型的随机梯度下降（SGD）更新非常相似，该模型包括输入类别分类器、领域分类器和特征提取器，区别在于 $-\lambda$ 因子（该因子非常重要，因为没有这样的因子，随机梯度下降会尝试使跨域的特征不相似，以最小化领域分类损失）。虽然直接实现上式为 SGD 是不可能的，但还是希望将其变换为某种形式的 SGD，因为 SGD（及其变体）是主要的学习方法，并在大多数深度学习包中提供实现。

这种差异可以通过引入一个特殊的梯度反转层（GRL）来实现，梯度反转层没有与之相关的参数（除了超参数 λ，它不通过反向传播更新）。在前向传播期间，GRL 不做操作，将特征正常送入后续网络。然而，在反向传播期间，GRL 从后续层获取梯度，将其乘以 $-\lambda$ 并传递到前一层。因为定义正向传播（恒等变换）、反向传播（乘以常数）和参数更新（无）的过程很简单，使用现有的面向对象的深度学习包实现这样的层很简单。因此，Ganin 等人[64] 提出一种梯度反转层来回避对抗训练中的最大最小化损失函数的操作。梯度反转层的定义如下：

$$\begin{aligned}
R_\lambda(\boldsymbol{x}) &= \boldsymbol{x} \\
\frac{\mathrm{d}R_\lambda}{\mathrm{d}\boldsymbol{x}} &= -\lambda \boldsymbol{I}
\end{aligned} \tag{5.5}$$

其中 $\boldsymbol{I}$ 表示单位矩阵。实际上，上面的公式表示前向传播时，正常传播，而反向传播时，在回传的梯度上乘上 $-\lambda$。通过在特征提取器和领域分类器之间加上这个梯度反转层，可以免除同时进行最大化和最小化的优化问题。整个损失函数表示为

$$\tilde{E}(\theta_f, \theta_y, \theta_d) = \sum_{\substack{i=1,\cdots,N \\ d_i=0}} L_y(G_y(G_f(\boldsymbol{x}_i;\theta_f);\theta_y), y_i) + \sum_{i=1,\cdots,N} L_d(G_d(R_\lambda(G_f(\boldsymbol{x}_i;\theta_f));\theta_d), y_i) \tag{5.6}$$

直接最小化上述损失函数即可到达原先的最大最小化优化的效果。文献［64］对特征进行了可视化，如图5.4所示，蓝色表示源领域，红色表示目标领域。可以看到在经过领域对抗神经网络特征适配后，两个领域的特征分布相比于不进行特征适配更相似。

图5.4 领域对抗神经网络可视化结果[64]（见彩插）

5.3 同时迁移领域和任务的迁移学习方法

Tzeng等人[83] 提出一种新的迁移方法，该方法通过利用在新环境中收集的未标记数据的通用统计数据以及一些人工标记样本，有效地适应训练（源领域）和测试（目标领域）环境。该方法可以执行跨领域和跨任务迁移学习任务（参见图5.5）。直观上，领域迁移通过使源领域和目标领域的边缘特征分布尽可能相似来实现。任务迁移通过将在源领域上学习到的经验类别相关性迁移到目标领域来实现，这有助于保持类别之间的关系，例如，瓶子类似于杯子，但不同于键盘。

为了实现领域迁移，可以使用未标记的目标数据来计算新环境上的边缘分布估计，并显式地优化特征提取器，以最小化源领域和目标领域特征分布之间的距离。优化领域不变性可以被认为等同于学习预测类标签的任务，同时找到使领域看起来尽可能相似的表示。这一原则构成了这个方法的领域迁移部分。通过优化损失来学习深度表示，该损失包括标记数据上的分类损失以及试图使领域无法区分的领域混淆损失。

然而，虽然最大化领域混淆将领域的边缘分布拉到一起，但它不一定将目标领域中的类与源领域中的类对齐。因此，要明确地将类别之间的相似性结构从源领域迁移到目标领域，并进一步优化特征表示，从而使用少数目标标记样本作为参考点在目标领域中产生相同的结构。首先计算每个类别中源训练样本的平均输出概率分布或“软标签”。然后，对于每个目标带标签样本，直接优化模型以将类的分布与软标签相匹配，通过这种方式将信息迁移到目标领域中没有明确标签的类别来实现任务适应。

同时迁移领域和任务的迁移学习方法[83] 发表在ICCV2015上，该方法假定目标领域也存在一部分带标签的样本，因此目标领域表示为$\mathcal{D}_t=\{(\boldsymbol{x}_i^t, \boldsymbol{y}_i^t)\}_{i=1}^{n_t}$。这篇文章提出了同时迁移领域和任务，针对领域迁移提出一种新的对抗训练方式——领域混淆，针对任务迁移提出一种对齐源领域和目标领域类别软标签的方法。整个框架如图5.6所示。

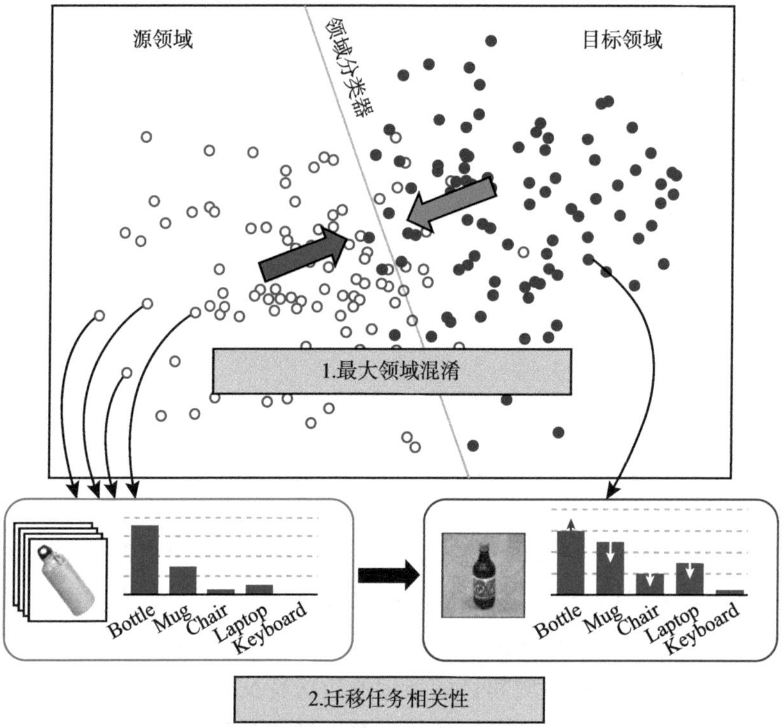

图5.5 通过两种方法将区分类别信息从源领域迁移到目标领域。首先，通过使两个领域的边缘分布尽可能相似来最大化领域混淆。其次，将在源领域样本上学习到的类之间的相关性直接迁移到目标领域样本中，从而保留类之间的关系[83]

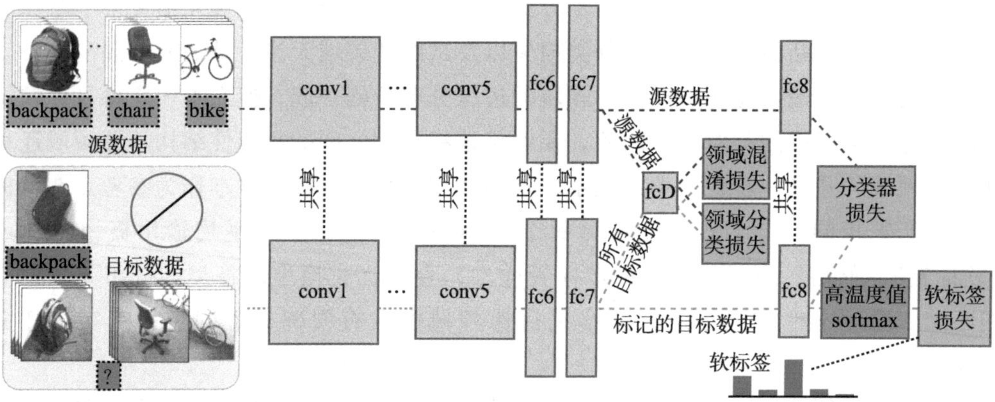

图5.6 同时迁移领域和任务的方法[83]

第一个目标是学习一个类别分类器 θ_C，用经过 θ_{repr} 参数化的图像特征表示 f（x；θ_{repr}）进行表示，并且可以在测试时正确分类目标示例。对于具有 K 个类别的分类问题，将期望的分类目标定义为标准 softmax 损失：

$$\mathcal{L}_C(x, y;\theta_{\text{repr}},\theta_C) = -\sum_k \mathbb{1}[y=k] \log p_k \tag{5.7}$$

p_k 表示分类器输出的概率 $p=\text{softmax}(\theta_C^T f(x;\theta_{\text{repr}}))$。$\mathbb{1}[y=k]$ 表示当 $y=k$ 时，值为 1，其他情况下值为 0。

上面的工作引入领域混淆损失来学习领域不变的表示，从而使目标领域能够更好地利用带标签的源领域数据训练得到的分类器。如果领域分类器无法区分来自两个领域的样本，则认为该表示是领域不变的。领域分类器在图 5.6 中表示为 fcD，参数为 θ_D。领域分类器简单地使用与图像对应的域作为标签来做二分类。对于特定的特征表示，通过领域分类器来评估它的领域不变性。这可以通过优化以下目标来学习，其中 y_D 表示样本所来自的领域：

$$\mathcal{L}_D(x_S, x_T, \theta_{\text{repr}};\theta_D) = -\sum_d \mathbb{1}[y_D=d] \log q_d \tag{5.8}$$

其中 d 表示领域标签，q_d 表示领域分类器输出的概率。

另外，深度迁移学习希望学习到领域不变的表示，换句话说，特征提取器希望领域分类器无法很好地分辨样本来自哪个领域。加入领域分类器对于来自每个领域的样本输出的概率都是 0.5，也就表示领域分类器无法很好地判断该样本来自哪个领域，达到了领域混淆的效果。对于特定的域分类器 θ_D，它旨在通过计算输出预测域标签之间的交叉熵和域标签上的均匀分布来“最大程度地混淆”两个域：

$$\mathcal{L}_{\text{conf}}(x_S, x_T, \theta_D;\theta_{\text{repr}}) = -\sum_d \frac{1}{D} \log q_d \tag{5.9}$$

上式中 D 表示领域的数量。这种领域混淆损失旨在通过找到最佳领域分类器表现不佳的表示来学习领域不变性。

该方法希望同时最小化上述两个损失函数来优化特征提取器的参数和领域分类器参数。然而，这两种损失是直接对立的：学习一个完全领域不变的表示意味着领域分类器必须做得很差，而学习一个有效的域分类器意味着表示不是领域不变的。这里不是全局优化 θ_D 和 θ_{repr}，而是在给定上一次迭代的固定参数的情况下对以下两个目标执行迭代更新：

$$\begin{gathered}\min_{\theta_D} \mathcal{L}_D(x_S, x_T, \theta_{\text{repr}};\theta_D) \\ \min_{\theta_{\text{repr}}} \mathcal{L}_{\text{conf}}(x_S, x_T, \theta_D;\theta_{\text{repr}})\end{gathered} \tag{5.10}$$

虽然训练网络以混淆领域的方法是为了对齐它们的边缘分布，但不能保证每个领域之间类的对齐。为了确保在源领域和目标领域之间保留类之间的关系，可针对

“软标签”而不是图像类别硬标签对网络进行微调。

为了达到迁移任务的目的，这里提出对齐源领域和目标领域软标签的方法。将类别 k 的软标签定义为类别 k 中源领域样本的所有激活的 softmax 的平均值，并将该平均值表示为 l（k）。由于源网络的训练纯粹是为了优化分类目标，因此每个 z_S^i 上的简单 softmax 将通过产生非常陡峭的分布来隐藏许多有用信息。相反，使用具有高温 τ 的 softmax，以便相关类有足够的概率在微调期间产生影响。基于计算得到的每个类别的软标签，定义软标签损失如下：

$$\mathcal{L}_{\text{soft}}(x_T, y_T; \theta_{\text{repr}}, \theta_C) = -\sum_i l_i^{(y_T)} \log p_i \tag{5.11}$$

其中 p 表示目标图像的软激活，$p=\text{softmax}(\theta_C^T f(x_T;\ \theta_{\text{repr}})\ /\ \tau)$。上面的损失对应于特定目标图像的软激活与该图像类别对应的软标签之间的交叉熵损失。

要了解为什么这样做会有所帮助，以特定类别的软标签为例，例如瓶子。软标签 l（bottle）是一个 K 维向量，其中每个维度表示瓶子与 K 个类别中每类的相似度。在这个示例中，瓶子软标签在杯子上的权重要高于在键盘上的权重，因为瓶子和杯子在视觉上更相似。因此，使用这个训练方式直接强化了瓶子和杯子在特征空间中应该比瓶子和键盘更接近的关系。综上，这篇文章采用优化以下目标来优化整个网络：

$$\begin{aligned}\min_{\theta_{\text{repr}},\theta_C} \mathcal{L}(x_S, y_S, x_T, y_T, \theta_D; \theta_{\text{repr}}, \theta_C) = {} & \mathcal{L}_C(x_S, y_S, x_T, y_T; \theta_{\text{repr}}, \theta_C) + \lambda\, \mathcal{L}_{\text{conf}}(x_S, x_T, \theta_D; \theta_{\text{repr}}) \\ & + \nu\, \mathcal{L}_{\text{soft}}(x_T, y_T; \theta_{\text{repr}}, \theta_C) \\ & \min_{\theta_D} \mathcal{L}_D(x_S, x_T, \theta_{\text{repr}}; \theta_D)\end{aligned} \tag{5.12}$$

5.4 基于生成对抗网络的像素级领域自适应方法

在无监督领域自适应问题下，我们希望将从源领域学习到的知识（有标签数据）迁移到没有标签的目标领域。以前的工作要么试图找到从源领域的表示到目标领域的表示的映射，要么试图找到在两个域之间共享的领域不变表示。尽管这些方法取得了不错的进展，但它们仍然无法与仅在目标领域上训练的有监督方法相提并论。

基于生成对抗网络的方法通过训练一个模型来更改源领域中的图像，使其看起来好像是从目标领域中采样的，同时保持其原始语义内容。Bousmalis 等人[84] 提出一种新颖的基于生成对抗网络的架构，该架构能够以无监督的方式学习这种图像转换，即不使用来自两个域的平行对。如图 5.7 所示，基于生成对抗网络的像素级领域自适应方法（PixelDA）与现有方法相比具有许多优势：

- 与任务特定架构解耦：在大多数领域自适应方法中，领域适应过程和用于推理的任务特定架构紧密耦合。不重新训练整个领域适应过程，就无法切换模型的特定任务组件。相比之下，由于 PixelDA 模型在像素级别将一张图像映射到另一张图像，可以更改特定于任务的架构，而无须重新训练领域适应组件。

- 跨标签空间的泛化：由于以前的模型将领域适应与特定任务相结合，源领域和目标领域中的标签空间需要严格匹配。相比之下，PixelDA 模型能够处理测试阶段的目标标签空间与训练阶段的标签空间不同的情况。
- 训练稳定性：以前的基于对抗训练的领域适应方法对随机初始化很敏感。为了解决这个问题，PixelDA 结合了在源领域图像和生成图像上训练的特定任务损失和像素相似性正则化，使模型能够避免模式崩溃并稳定训练。通过使用这些方式，PixelDA 能够在模型的不同随机初始化中减少相同超参数的性能差异。
- 数据增强：传统的领域适应方法仅限于从有限的源领域和目标领域数据集中学习。然而，通过调节源领域图像和随机噪声向量，PixelDA 可用于创建几乎无限的随机样本，这些样本看起来与来自目标领域的图像相似。
- 可解释性：PixelDA 的输出是一个适应目标领域的图像，比适应目标领域的特征向量更容易解释。

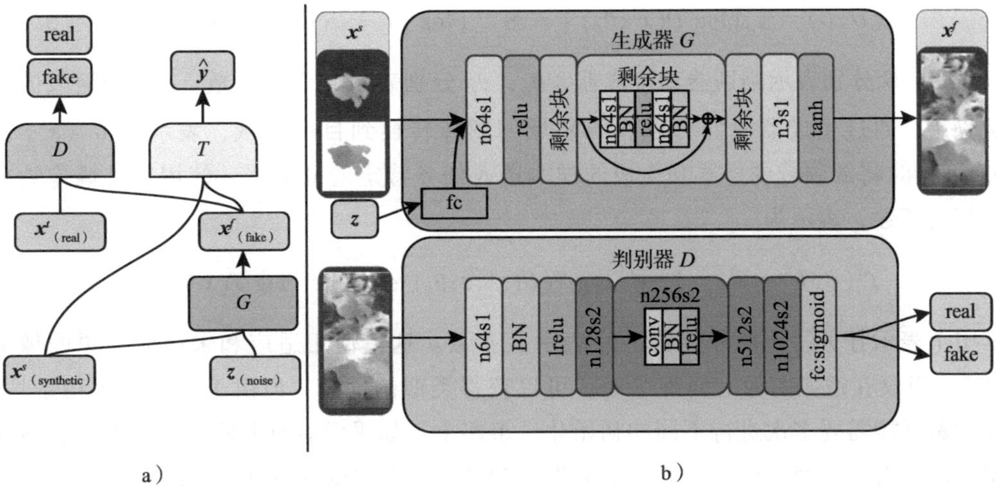

图 5.7　基于生成对抗网络的像素级别领域自适应[84]

首先在图像分类的背景下解释基于生成对抗网络的 PixelDA 模型，事实上 PixelDA 方法并不局限于图像分类这个特定任务。给定源领域中的标签数据集和目标领域中的无标签数据集，目标是基于源领域的数据训练分类器，使其能泛化到目标领域。以前的工作使用一个网络同时进行领域适应和图像分类任务，使领域适应过程特定于分类器架构。PixelDA 模型将领域适应过程与特定任务分类过程分离，因为它的主要功能是适配源领域中的图像，使它们看起来好像是从目标领域中采样的。一旦适配，可以训练任何现成的分类器来执行任务，就好像不需要领域适应一样。这里假设领域之间的差异主要是低层次的（由于噪声、分辨率、照明、颜色）而不是高层次的（对象类型、几何变化等）。

为了训练 PixelDA 模型，可以采用生成对抗目标来鼓励生成器 G 生成与目标领域图像相似的图像。在训练期间，生成器 $G(\boldsymbol{x}^s, z; \theta_G) \rightarrow \boldsymbol{x}^f$ 将源图像 $\boldsymbol{x}^s$ 和噪声向量 z 映射到适配的图像 $\boldsymbol{x}^f$。此外，该模型通过判别函数 $D(\boldsymbol{x}; \theta_D)$ 进行增强。判别器试图区分生成器生成的“假”图像 $\boldsymbol{x}^f$ 和来自目标领域 $\boldsymbol{X}^t$ 的“真实”图像。与生成器仅以噪声向量为条件的标准 GAN 公式相比，PixelDA 模型的生成器以噪声向量和源领域中的图像为条件。除了判别器之外，该模型还增加了一个分类器 $T(\boldsymbol{x}; \theta_T) \rightarrow \hat{y}$，它将任务特定的标签 $\hat{y}$ 分配给图像 $\boldsymbol{x} \in \{\boldsymbol{X}^f, \boldsymbol{X}^t\}$。

整个 PixelDA 框架如图 5.7a 所示，包含一个生成器（Generator），一个判别器（Discriminator），以及一个任务特定的分类器（Task-specific Classifier）。图 5.7b 展示了生成器和判别器的具体结构。

生成器希望将源领域的图像转换到目标领域，而判别器希望区分图像是来自源领域还是目标领域。换句话说，生成器希望最大化领域分类损失，而判别器希望最小化领域分类损失。领域分类损失可以表示为

$$\mathcal{L}_d(D,G) = \mathbb{E}_{\boldsymbol{x}^t}[\log D(\boldsymbol{x}^t;\theta_D)] + \mathbb{E}_{\boldsymbol{x}^s,z}[\log(1 - D(G(\boldsymbol{x}^s,z;\theta_G);\theta_D))] \tag{5.13}$$

其中 D，G 分别表示判别器和生成器，θ_D，θ_G 分别表示它们的参数。z 表示输入的随机噪声。通过生成器我们可以将源领域的图像转换到目标领域，表示为 $G(\boldsymbol{x}^s, z; \theta_G)$。同时将源领域的样本和生成的样本送入任务特定的分类器，使用交叉熵作为分类损失函数，表示为

$$\mathcal{L}_t(G,T) = \mathbb{E}_{\boldsymbol{x}^s,\boldsymbol{y}^s,z}[-\boldsymbol{y}^{s\top}\log T(G(\boldsymbol{x}^s,z;\theta_G);\theta_T) - \boldsymbol{y}^{s\top}\log T(\boldsymbol{x}^s);\theta_T] \tag{5.14}$$

其中 T 表示任务特定的分类器，θ_T 表示其参数。这里使用适应和未适应的源图像训练 T。当仅在适应图像上训练 T 时，可以获得类似的性能，但由于模型的不稳定性，这样做可能需要多次进行不同的初始化。事实上，如果没有对源领域进行训练，该模型可以自由地改变类分配（例如，1 类变为 2 类，2 类变为 3 类等），同时仍然成功地优化了训练目标。在源图像和改编图像上训练分类器 T 可以避免这种情况并极大地稳定训练。整个网络结构的优化流程可以表示为

$$\min_{\theta_G,\theta_T}\max_{\theta_D} \alpha\,\mathcal{L}_d(D, G) + \beta\,\mathcal{L}_t(G,T) \tag{5.15}$$

其中 α，β 表示损失函数的平衡参数。

在某些情况下会有关于低级图像适应过程的先验知识，例如，可能期望源图像和转换后的图像的色调相同。在例子中，在黑色背景上渲染单个对象，因此期望从这些渲染中调整的图像具有与等效源图像相似的前景和不同的背景。渲染器通常提供对 z 缓冲区掩码的访问，使得能够区分前景像素和背景像素。这种先验知识可以通过使用额外的损失来形式化，该损失仅对前景像素的源图像和生成图像之间的巨大差异进行惩罚。这种相似性损失将生成过程建立在原始图像的基础上，并有助于稳定极小极大

优化。基于成对均方误差（Pairwise Mean Squared Error，PMSE[85]），人们提出一种内容相似损失函数来控制学习过程不改变前景：

$$\mathcal{L}_c(G)=\mathbb{E}_{\boldsymbol{x}^s,z}\left[\frac{1}{k}\|(\boldsymbol{x}^s-G(\boldsymbol{x}^s,z;\theta_G))\circ\boldsymbol{m}\|_2^2-\frac{1}{k^2}\left((\boldsymbol{x}^s-G(\boldsymbol{x}^s,z;\theta_G))^{\mathrm{T}}\boldsymbol{m}\right)^2\right] \tag{5.16}$$

其中 k 表示 $\boldsymbol{x}$ 中的像素个数，而 $\boldsymbol{m}\in\mathbf{R}^k$ 表示 mask，遮盖背景，突出前景，$\circ$ 表示哈达玛积，$\|\cdot\|_2$ 表示 L2 范式。这种损失允许模型学习重现被建模对象的整体形状，而不会在输入的绝对颜色或强度上浪费建模能力，同时允许对抗训练以一致的方式改变对象。请注意，损失不会阻碍前景的变化，而是鼓励前景以一致的方式发生变化。在这项工作中，由于数据的性质，此处对单个前景对象应用了掩码 PMSE 损失，但可以轻松地将其扩展到多个前景对象。最终的优化目标表示为

$$\min_{\theta_G,\theta_T}\max_{\theta_D}\alpha\,\mathcal{L}_d(D,G)+\beta\,\mathcal{L}_t(T,G)+\gamma\,\mathcal{L}_c(G) \tag{5.17}$$

其中 γ 也表示平衡参数。

在图 5.8 中，可视化源领域样本、生成的目标领域样本、最接近的目标领域样本，可以看到生成的样本和源领域有着相似的前景，和目标领域有着相似的背景，达到从源领域转换到目标领域图像的效果。

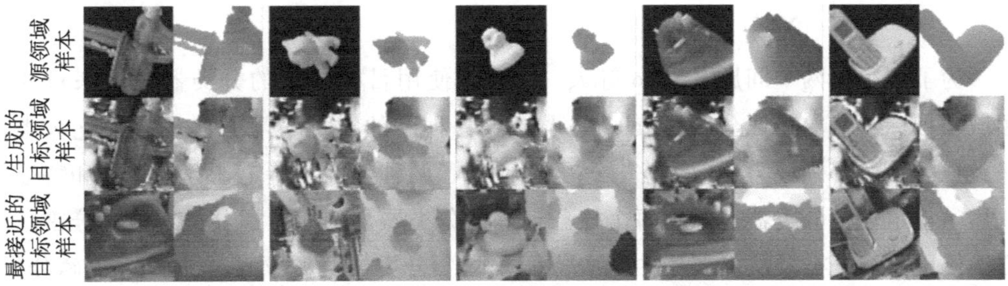

图 5.8 可视化生成的样本和源领域、目标领域样本[84]

5.5 最大化分类器一致性的无监督领域自适应方法

许多无监督领域自适应的方法，尤其是那些用于训练神经网络的方法，在不考虑样本类别的情况下将源领域特征的分布与目标领域特征的分布相匹配。其中基于领域分类器的自适应方法已应用于许多任务。这些方法利用对抗的方式对齐分布，一般包括两个部分：领域分类器和特征提取器。源领域样本和目标领域样本被输入到同一个特征提取器。来自特征提取器的特征由领域分类器和特定任务分类器共享。领域分类器用于区分特征提取器提取的特征的领域标签，而特征提取器需要提取特征来欺骗领域分类器。这些方法假设这些目标领域样本的特征被用来训练特定任务分类器，且分

类器可以正确分类源领域样本，因为它们与源领域样本分布匹配。

然而，这些方法无法提取判别特征，因为在对齐分布时没有考虑目标样本与特定任务决策边界之间的关系。如图 5.9a 所示，特征提取器可以在边界附近生成模棱两可的特征，因为它只是试图使两个分布相似而不考虑判别性。

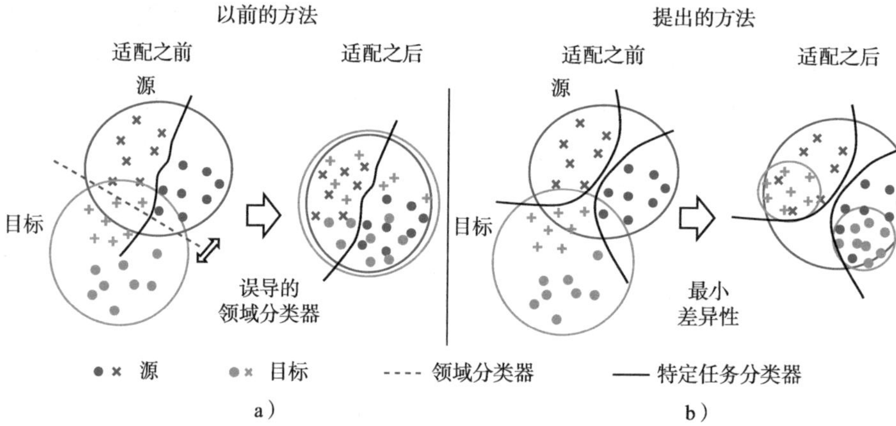

图 5.9　考虑边界与不考虑边界的示例。图 5.9a 表示以前的方法在对抗训练的过程中只考虑两个领域适配整体分布，没有考虑决策边界，图 5.9b 表示在适配分布的过程中，同时考虑决策边界[86]

为了解决这两个问题，Saito 等人[86] 尝试使用目标样本的分类器输出来对齐源领域和目标领域的特征分布。Saito 等人提出一种新的对抗学习方法来最大化分类器一致性的无监督领域自适应方法，该方法使用了两种部件：特定任务分类器和特征提取器。特定任务分类器表示为每个任务训练的分类器，例如目标分类或语义分割。该方法使用两个分类器从提取器中获取特征。两个分类器对源领域样本进行正确分类，同时训练它们检测远离源领域支持的目标样本。远离源领域支持的样本不具备判别性，因为它们没有明确分类到某些类别中。因此，该方法利用特定于任务的分类器作为领域判别器，而特征提取器试图欺骗分类器。该方法考虑了决策边界和目标样本之间的关系，允许特征提取器为目标领域样本生成判别特征。这种训练是以对抗的方式实现的。相比于以前的方法，该方法不使用领域标签。

最大化分类器一致性的无监督领域自适应方法的目标是通过利用特定于任务的分类器作为判别器来对齐源领域和目标领域特征，从而考虑类边界和目标样本之间的关系。为此，必须检测远离源支持的目标样本。问题是如何检测远离源领域支持的目标样本？因为这些目标样本靠近类边界，很可能被从源样本中学习到的分类器错误分类。为了检测这些目标样本，该方法利用两个分类器在目标样本预测上的分歧。如图 5.10 所示，最左侧具有不同特征的两个分类器（F_1 和 F_2）。假设这两个分类器可以正确分类源领域样本，这个假设是合理的，因为我们可以在无监督领域自适应的设定下使用标记的源样本。此外，需要注意 F_1 和 F_2 的初始化不同，以便从训练开始时获得不同的分类器。直觉上，在源支持之外的目标样本很可能被两个不同的分类器进行不同的分类，该区域由图 5.10（差异区域）最左侧的黑线表示。相反，如果可以衡量两个分类器之间的分歧并训练特征提取器以最小化分歧，那么提取器将避免在源支持之外生成目标特征。使用以下式子度量目标样本的差异：$d(p_1(\boldsymbol{y}, \boldsymbol{x}_t), p_2(\boldsymbol{y}, \boldsymbol{x}_t))$，其中 d 表示两个概率输出之间差异的函数，目标是获得一个可以最小化目标样本差异的特征生成器。

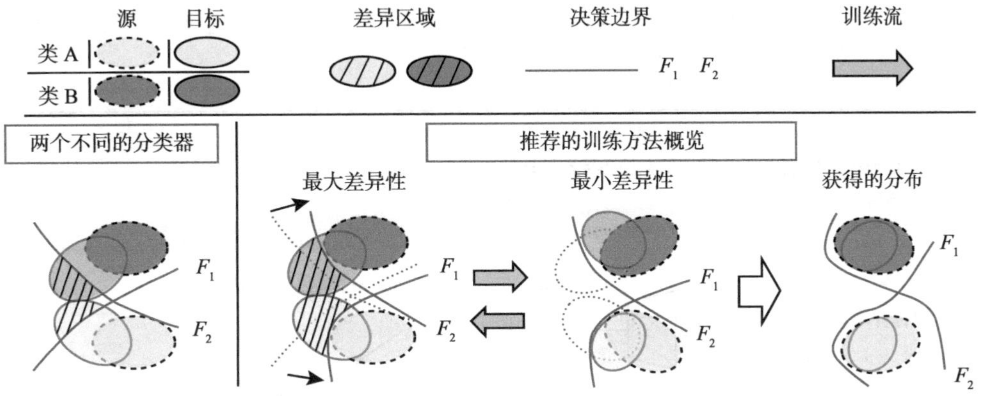

图 5.10　两个分类器的示例以及所提出方法的概述。差异是指两个分类器的预测之间的分歧。首先，我们可以看到源支持之外的目标样本可以被两个不同的分类器（两个不同的分类器）衡量。其次，关于训练过程，我们解决了一个极小极大博弈问题，在这个问题中，找到了两个分类器，使目标样本的差异最大化，然后生成最小化这种差异的特征[86]

为了有效地检测源支持之外的目标样本，该方法训练两个判别器（F_1 和 F_2）来最大化给定目标特征的差异（图 5.10 中的最大化差异）。如果没有这个操作，那么两个分类器可能非常相似，并且无法检测到源支持之外的目标样本。然后训练特征提取器来欺骗判别器，通过图 5.10 中的最小化差异模块实现，目标是获得特征，其中目标的支持包含在源的支持中（图 5.10 中的已获得分布）。

具体而言，最大化两个分类器的输出来检测远离源领域边界的目标样本，再最小化这个差异来引导特征提取器生成靠近边界的样本。整体框架如图 5.11 所示，其中包含一个特征生成器（G）用于提取特征，以及两个分类器（F_1 和 F_2）用于判别特征属于哪个类。

首先定义两个分类器的输出差异，这里使用 L1 范式衡量输出的概率的差异：

$$d(p_1, p_2) = \frac{1}{C}\sum_{c=1}^{C} |p_{1c} - p_{2c}| \tag{5.18}$$

其中 c 表示第 c 个类，C 表示总的类别数。p_{1c}，p_{2c} 分别表示两个分类器的概率输出。

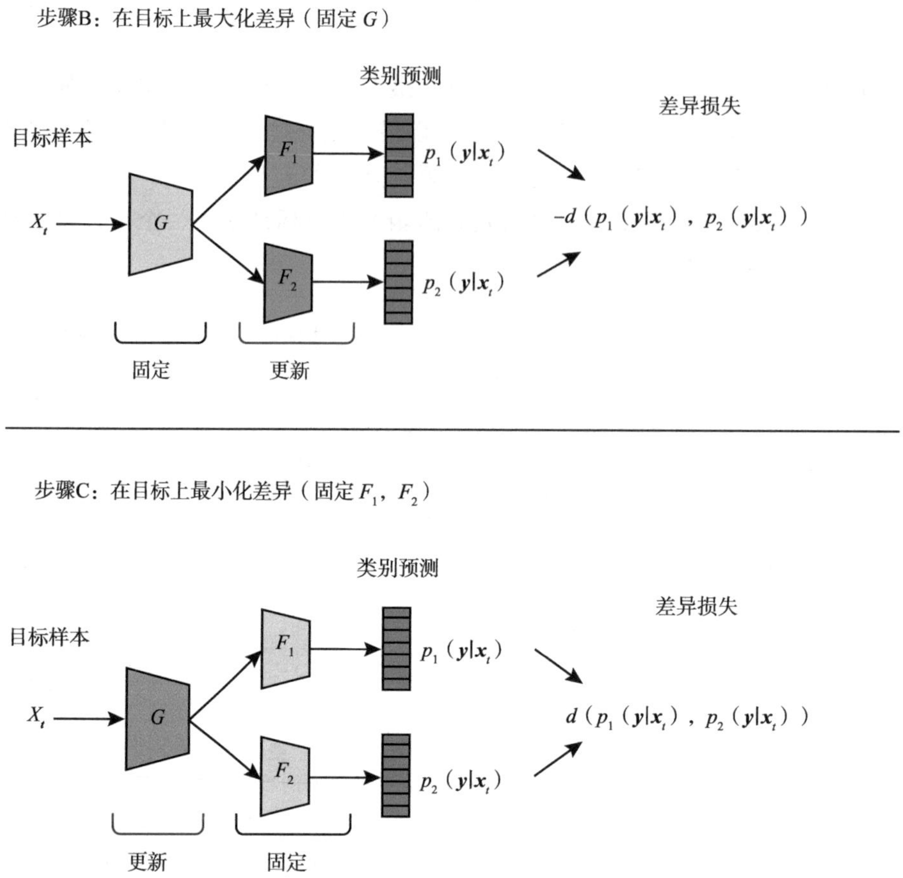

图 5.11　最大化分类器一致性的无监督领域自适应的方法步骤 B 及 C[86]

整个训练流程分为三个步骤，三个步骤循环交替进行。步骤 A 即训练分类器和提取器以正确分类源样本，图 5.11 中未显示。要使分类器和提取器获得特定于任务的判别特征，这一步至关重要。步骤 A 采用交叉熵作为分类损失：

$$\min_{G,F_1,F_2} \mathcal{L}(X_s, Y_s)$$

$$\mathcal{L}(X_s, Y_s) = -\mathbb{E}_{(\boldsymbol{x}_s, y_s)\sim(X_s, Y_s)} \sum_{c=1}^{C} \mathbb{1}_{[c=y_s]} \log p(\boldsymbol{y} \mid \boldsymbol{x}_s) \tag{5.19}$$

在这一步中，训练分类器（F_1，F_2）作为固定提取器（G）的判别器。通过训练分类器来增加差异，它们可以检测到被源支持排除的目标样本。此步骤对应于图 5.11 中的步骤 B，固定生成器，训练更新分类器。我们在源样本上添加分类损失，如果没有这种损失，通过实验会发现该方法的性能显著下降。这里使用相同数量的源样本和目标样本来更新模型。目标如下：

$$\min_{F_1,F_2}\mathcal{L}(X_s, Y_s) - \mathcal{L}_{\mathrm{adv}}(X_t)$$

$$\mathcal{L}_{\mathrm{adv}}(X_t) = \mathbb{E}_{\boldsymbol{x}_t \sim X_t}[d(p_1(\boldsymbol{y} \mid \boldsymbol{x}_t), p_2(\boldsymbol{y} \mid \boldsymbol{x}_t))] \tag{5.20}$$

步骤 C 训练生成器以最小化固定分类器的差异。此步骤对应于图 5.11 中的步骤 C。超参数 n 表示我们对同一 mini-batch 重复此操作的次数。这一项表示生成器和分类器之间的权衡，目标如下：

$$\min_{G}\mathcal{L}_{\mathrm{adv}}(X_t) \tag{5.21}$$

以上三个训练步骤重复交替进行，具体的步骤顺序对结果影响不大。

5.6　循环一致对抗领域自适应方法

特征级无监督领域自适应方法通过在源（例如合成）和目标（例如真实）领域中对齐从网络中提取的特征来解决这个问题，而不需要任何标记的目标样本。特征适配通常涉及最小化源领域和目标领域特征分布之间的距离度量，例如 MMD、Coral 等。这类技术有两个主要限制：第一，对齐边缘分布不会实现语义一致性，例如目标领域汽车的特征可以映射到源领域自行车的特征；第二，深层表征的更高层次的分布对齐可能无法建模低层次差异的各个方面，然而这对最终视觉任务至关重要。

基于生成的像素级领域适应模型不在特征空间中而是在原始像素空间中进行类似的分布对齐，将源领域数据转换为目标领域的“风格”。最近的一些方法可以学习仅在给定两个领域的无监督数据的情况下转换图像，但这种图像空间模型仅被证明适用于小图像尺寸和有限的领域偏移。Bousmalis 等人[87] 提出一种新的方法应用于更大的图像，可以用于机器人的视觉控制图像。然而，这些方法不一定会保留图像内容信息，虽然转换后的图像可能“看起来”像是来自正确的域，但关键的语义信息可能会丢失。

如何鼓励模型在分布对齐过程中保留语义信息？该工作探索了一个简单而强大的想法：为模型提供一个额外的目标，以从已变换版本中重建原始数据。最近跨域图像生成模型 CycleGAN[76] 中提出循环一致性，该模型显示了图像到图像生成的变革性结果，但不局限于任何特定任务。

Hoffman 等人[88] 提出了循环一致对抗领域自适应的方法（Cycle-Consistent Adversarial Domain Adaptation，CyCADA），它在像素层和特征层适配表示，同时通过像素循环一致性和语义损失来强制局部和全局结构的一致性。CyCADA 将先前的特征级别和图像级别对抗领域自适应方法统一在一起，使用循环一致的图像到图像转换技术[76]。它适用于一系列深度架构，并且与现有的无监督领域自适应方法相比具有几个优势。使用重构（循环一致性）损失来鼓励跨领域转换以保留局部结构信息，并使用语义损失来强制语义一致性。

CyCADA 同时在像素级别和特征级别适配特征，整个网络结构如图 5.12 所示。首先，需要学习一个针对源领域数据的任务的源模型 f_S。针对 K 分类任务，交叉熵损失表示为

$$\mathcal{L}_{\text{task}}(f_S, X_S, Y_S) = -\mathbb{E}_{(x_s, y_s)\sim(X_S, Y_S)} \sum_{c=1}^{C} \mathbb{1}_{[c=y_s]} \log\left(\sigma\left(f_S^{(c)}(x_s)\right)\right) \quad (5.22)$$

其中 C 表示总的类别数量，f_S 表示源领域的特征提取器，σ 表示 softmax 函数。然而，虽然模型 f_S 在源数据上表现良好，但在评估目标数据时，源领域和目标领域之间的领域偏移通常会导致性能下降。为了减轻领域偏移的影响，该方法遵循以前的基于对抗的领域适应方法并学习跨领域映射样本，使得领域判别器无法区分域。通过将样本映射到公共空间，模型能够在源领域数据上学习，同时仍然可以泛化到目标数据。

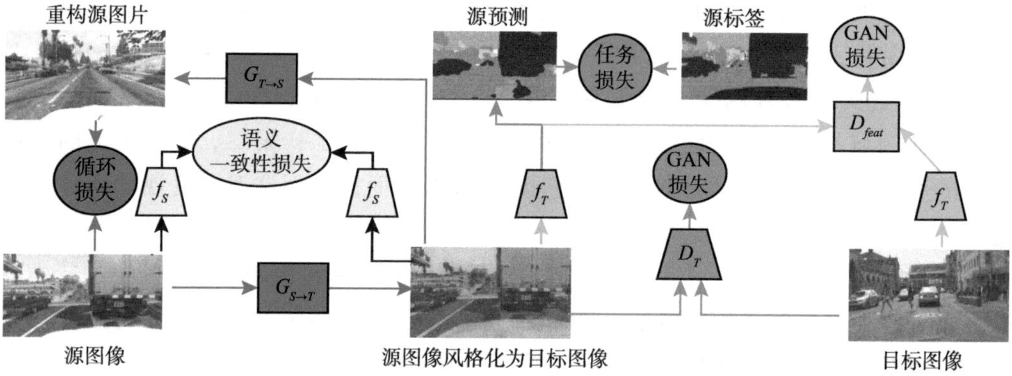

图 5.12 循环一致对抗领域自适应的方法[88]

此外，我们还希望能将源领域的图像转换为目标领域的图像。为了实现像素级别的分布适配，这里采用了和 PixelDA 类似的损失函数：

$$\mathcal{L}_{\text{GAN}}(G_{S\to T}, D_T, X_T, X_S) = \mathbb{E}_{x_t\sim X_T}[\log D_T(x_t)] + \mathbb{E}_{x_s\sim X_S}[\log(1 - D_T(G_{S\to T}(x_s)))] \quad (5.23)$$

其中 $G_{S\to T}$ 表示从源领域到目标领域的变换，D_T 为目标领域特征提取器。这个损失函数表示我们希望图像从源领域转换到目标领域，再用目标领域特征提取器提取领域不变的特征。

虽然以前优化类似目标的方法已经有了不错的结果，但在实践中它们往往不稳定并且容易失败。尽管上式中的 GAN 损失确保某些变换后的样本 $G_{S\to T}(x_s)$ 类似于 X_T 中的数据，但无法保证保留原始样本 x_s 的结构或内容。

为了保证源领域的结构或内容能在变换过程中保留下来，这篇文章提出了循环一

致性约束，希望源领域的图像转换到目标领域后，还能再转换回源领域。同样，目标领域图像转换到源领域后也还能转换回目标领域。循环一致损失定义为

$$\mathcal{L}_{\text{cyc}}(G_{S\to T}, G_{T\to S}, X_S, X_T) = \mathbb{E}_{x_s\sim X_S}[\|G_{T\to S}(G_{S\to T}(x_s)) - x_s\|_1] + \mathbb{E}_{x_t\sim X_T}[\|G_{S\to T}(G_{T\to S}(x_t)) - x_t\|_1] \tag{5.24}$$

其中 $G_{S\to T}$ 和 $G_{T\to S}$ 分别表示源领域到目标领域以及目标领域到源领域的变换，$\|\cdot\|_1$ 表示 L1 范式。

为了实现更高的语义一致性，文献 [88] 在源领域上预训练了一个模型，然后使用这个模型作为一个噪声的标签器，力求使一个图像在转换后与转换前能有相同的分类结果：

$$\mathcal{L}_{\text{sem}}(G_{S\to T}, G_{T\to S}, X_S, X_T, f_S) = \mathcal{L}_{\text{task}}(f_S, G_{T\to S}(X_T), p(f_S, X_T)) + \mathcal{L}_{\text{task}}(f_S, G_{S\to T}(X_S), p(f_S, X_S)) \tag{5.25}$$

除了上述像素级别的对抗，这篇文章也考虑了特征级别的对抗。首先使用一个特征提取器 D_{feat} 来编码从源领域转换到目标领域的图像以及目标领域的图像，然后使用对抗的方式使得该提取器能够提取到领域不变的特征：

$$\mathcal{L}_{\text{GAN}}(f_T, D_{\text{feat}}, f_S(G_{S\to T}(X_S)), X_T) \tag{5.26}$$

最后总的优化目标为以上损失函数的和：

$$\begin{aligned}&\mathcal{L}_{\text{CyCADA}}(f_T, X_S, X_T, Y_S, G_{S\to T}, G_{T\to S}, D_S, D_T)\\&= \mathcal{L}_{\text{task}}(f_T, G_{S\to T}(X_S), Y_S)\\&+ \mathcal{L}_{\text{GAN}}(G_{S\to T}, D_T, X_T, X_S) + \mathcal{L}_{\text{GAN}}(G_{T\to S}, D_S, X_S, X_T)\\&+ \mathcal{L}_{\text{GAN}}(f_T, D_{\text{feat}}, f_S(G_{S\to T}(X_S)), X_T)\\&+ \mathcal{L}_{\text{cyc}}(G_{S\to T}, G_{T\to S}, X_S, X_T) + \mathcal{L}_{\text{sem}}(G_{S\to T}, G_{T\to S}, X_S, X_T, f_S)\end{aligned} \tag{5.27}$$

该优化问题可以表示为

$$f_T^* = \arg_{f_T} \min_{\substack{G_{S\to T}\\G_{T\to S}}} \min_{\max_{D_S, D_T}} \mathcal{L}_{\text{CyCADA}}(f_T, X_S, X_T, Y_S, G_{S\to T}, G_{T\to S}, D_S, D_T) \tag{5.28}$$

5.7 本章小结

本章对基于对抗深度学习的迁移学习方法进行了介绍。首先介绍生成对抗网络的基本原理，紧接着介绍最早将对抗的思想引入迁移学习的方法。随后介绍领域对抗神经网络的不同改进版本，同时迁移领域和任务的方法、像素级别的对抗训练方法、约束两个分类器预测一致性的对抗训练方法、循环一致性的迁移方法。总结来说，对抗训练是一种高效的学习领域不变特征表示或者将图像转换领域的迁移学习方法。

第6章

基于模型融合的迁移学习算法

模型融合通常也被称为集成学习（Ensemble Learning），其基本思想是利用多种机器学习算法或者弱学习器产生弱预测结果，并将结果与各种投票机制融合来生成一个集成分类器，从而获得比使用任何单独算法更好的性能。著名谚语“三个臭皮匠，赛过诸葛亮”所表达的就是集成学习的思想，而基于模型融合的迁移学习技术可以看作集成学习在迁移学习领域的应用和扩展。

集成学习属于机器学习的分支，国内外对集成学习的研究最早可以追溯到20世纪，如Dasarathy等人[89] 利用不同类别的数据单独训练多个分类器来组成一个复合分类系统，并提出一个顺序权重因子增加技术（Sequential Weight Increasing Factor Technique）来分配分类器权重，进而提升模型识别的性能。随着研究的深入，目前被广泛使用的集成学习方法包括Bagging [90]、AdaBoost [91]、随机森林（Random Forest）[92]和随机子空间（Random Subspace）[93]等。具体地，Bagging算法又称装袋算法，给定一个大小为n的训练集合D，Bagging算法会从中均匀地、有放回地选出m个大小为n'的子集D_i作为新的训练集，然后在这m个训练集上训练m个预测模型，最后通过取平均值（回归任务）、取多数票（分类任务）等方法来得到Bagging的结果。AdaBoost是Adaptive Boosting（自适应增强）的缩写，它会迭代地采样前一个分类器分错的样本用来训练下一个分类器。首先，我们需要初始化设置一个最大训练次数T_{max}和样本采样权重$W_T(i)$，其中i代表D中第i个样本。在每一步训练中，我们会根据$W_T(i)$构建一个训练集来训练一个弱分类器，并根据弱分类器结果来计算权重矩阵α_T，进而更新下一步训练时的样本采样权重。若某个样本点在上一步已经被准确地分类，那么它被选中的概率就被降低；相反，它的权重会得到提高。通过这样的方式，AdaBoost能聚焦于那些“困难”样本上。最终，AdaBoost会得到T_{max}

个弱分类器和 T_{max} 个权重矩阵。通过上述流程我们可以发现，AdaBoost 相较于 Bagging 的优势在于用加权的投票机制取代了平均投票机制，并让训练的焦点集中在比较难分的训练样本上。随机森林算法则是将 Bagging 算法用到了树学习上，它会在训练集合 D 上的不同子集中训练多个独立的决策树来构成森林。当新的输入样本进入时，森林中的每一棵决策树分别进行决策，随机森林算法把所有决策树平均后的结果当作最终的结果。随机子空间算法则是从数据特征上进行考虑，它通过使用随机的部分特征而不是所有的特征来构造一组特征子空间，降低每个特征子空间之间的相关性，然后在这些子空间中训练基本分类器生成多个结果，进而融合成最终结果。从上述描述中我们可以发现，一个典型的集成学习模型主要包括如图 6.1 所示的以下两个步骤：1）使用多个弱分类器生成分类或回归结果；2）将多个结果整合到一个一致性函数中，即通过投票或加权平均等方案得到最终结果。

在迁移学习中，因为有标签的源领域数据的分布与无标签的目标领域数据的分布是不一样的，因此那些有标签的样本数据并不一定全部有用，如何最大化从源领域数据中选择那些对目标领域有利的训练样本或特征便是基于模型融合的迁移学习算法要解决的问题。简单而言，用于迁移学习任务中的源领域数据与目标领域数据虽然分布不同，但应该是相关的。理想情况下，我们应该通过一个度量函数来计算有标签的训练样本与无标签的测试样本之间的相似度来重新分配源领域中样本的采样权重。相似度大的，即对训练目标模型有利的训练样本会被加大权重，否则权重被削弱，这与集成学习的概念不谋而合。因此，如何引入集成学习来更加深入地挖掘、开发各个源领域数据的内部结构或者数据分布，如何联合利用监督学习模型和无监督学习模型，以及寻找源领域中的监督信息与目标领域的本质结构之间的最大一致性，是本章要介绍的重点。

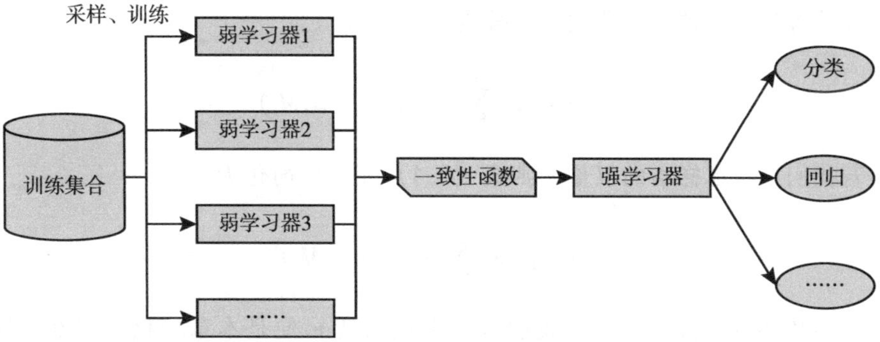

图 6.1　集成学习示意

本章内容组织如下：6.1 节介绍问题定义；6.2~6.5 节介绍有代表性的基于模型融合的迁移学习工作，其中 6.2 节介绍基于 Boosting 的模型融合方法，6.3 节介绍基于决策过程融合的迁移学习方法，6.4 节介绍基于优化目标正则化的方法，6.5 节介绍基于 Anchor 的集成学习方法；最后我们在 6.6 节对本章进行总结。

6.1 问题定义

我们以分类任务为例对迁移学习背景下如何开展集成学习这一问题进行定义。对于源领域数据 D_S 和目标领域数据 D_T，如式（6.1）所示，我们需要从 D_S 中训练 K 个模型来动态计算 D_T 中样本 x 属于真实类别标签 $y \in Y$ 的后验分布。

$$P(y \mid x) = \sum_{i=1}^{k} P(y \mid x, D_S, M_i) P(M_i \mid D_S) \tag{6.1}$$

其中，$P(y \mid x, D_S, M_i) = P(y \mid x, M_i)$，是模型 M_i 的预测结果，$P(M_i \mid D_S)$ 代表模型权重，$D_S = \{D_{S(1)}, D_{S(2)}, \cdots, D_{S(m)}\}$，$m$ 为源领域数量。进一步地，考虑到源领域与目标领域数据分布的不一致导致模型对最终预测结果的帮助也大相径庭，我们希望使用模型在目标领域上 D_T 的权重来计算 $P(y \mid x)$，即

$$P(y \mid x) = \sum_{i=1}^{k} P(y \mid x, M_i) P(M_i \mid D_T) \tag{6.2}$$

在分类任务中，对 x 的预测与其他测试样本是无关的。因此当计算 $P(y \mid x)$ 时，模型权重 $P(M_i \mid D_T)$ 事实上便是 $P(M_i \mid x)$，从而我们可以得到：

$$P(y \mid x) = \sum_{i=1}^{k} w_{M_i,x} P(y \mid x, M_i) \tag{6.3}$$

其中，$w_{M_i,x} = P(M_i \mid x)$，代表模型 M_i 对 x 进行局部调整的权重，表示 M_i 在测试域中的有效性。最终，模型通过式（6.3）来输出样本 x 的预测标签，进而通过 0-1 损失、交叉熵等目标函数最小化模型的分类误差。

$$\hat{y} = \underset{c_j \in Y}{\operatorname{argmax}} \sum_{i=1}^{k} w_{M_i,x} P(c_j \mid x, M_i) \tag{6.4}$$

此外，若我们不考虑样本的权重，则式（6.4）还可以简化为

$$\hat{y} = \underset{c_j \in Y}{\operatorname{argmax}} \sum_{i=1}^{k} w_{M_i} P(c_j \mid M_i) \tag{6.5}$$

其中，$w_{M_i} = P(M_i \mid D_T)$。综上，我们可以发现求解 w 便是本章的核心所在，回归任务的问题描述与分类任务类似，此处不再赘述。

6.2 基于 Boosting 的模型融合

TrAdaBoost 算法[94] 的目标是从辅助的源领域数据中找出那些适合测试数据的样本，并把这些样本迁移到目标领域中少量有标签样本的学习中去。该算法的关键思想

是利用 Boosting 技术过滤掉源领域数据中那些与目标领域中少量有标签样本最不像的样本数据，一个直观的 TrAdaBoost 的例子如图 6.2 所示。

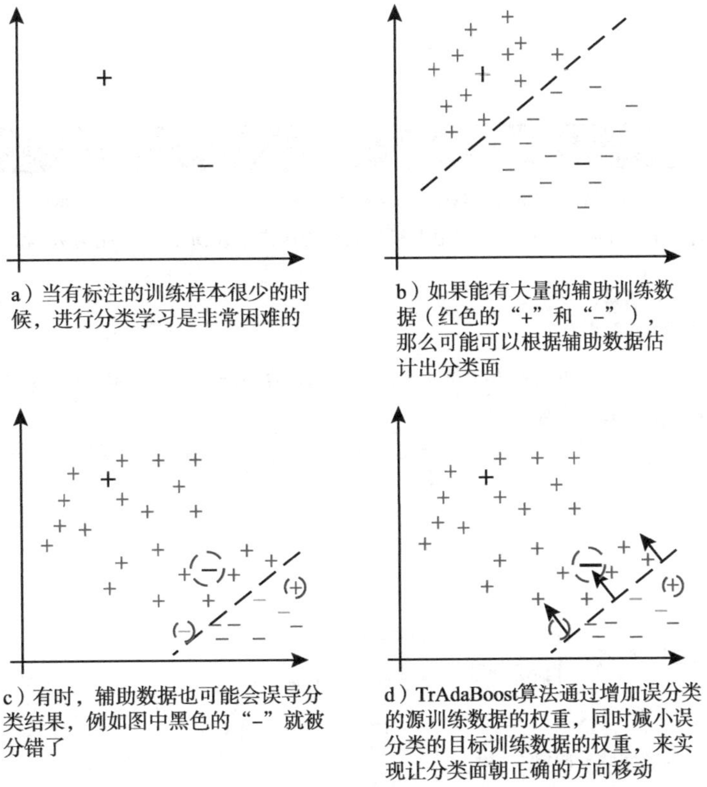

a）当有标注的训练样本很少的时候，进行分类学习是非常困难的

b）如果能有大量的辅助训练数据（红色的“+”和“–”），那么可能可以根据辅助数据估计出分类面

c）有时，辅助数据也可能会误导分类结果，例如图中黑色的“–”就被分错了

d）TrAdaBoost算法通过增加误分类的源训练数据的权重，同时减小误分类的目标训练数据的权重，来实现让分类面朝正确的方向移动

图 6.2　关于 TrAdaBoost 算法思想的一个直观示例（见彩插）

一般 Boosting 的方法会增大误分类样本的权重以增强分类器性能，而 TrAdaBoost 则恰好与之相反，因为源领域与目标领域的分布不同，它认为误分类样本可能是那些与目标领域数据最不相似的样本，即导致领域分布不一致的样本，因此 TrAdaBoost 会减少误分类样本的权重，其形式化描述如算法 6.1 所示。在算法 6.1 中，我们可以自定义权重向量 $\boldsymbol{W}^1$ 的初始值，而 **Learner** 是一些基础的分类或回归算法。值得指出的是，TrAdaBoost 是对 AdaBoost 的拓展，当面对同分布数据，即 $1\leqslant i\leqslant n$ 时，TrAdaBoost 与 AdaBoost 无异。而当 $n+1\leqslant i\leqslant n+m$ 时，如果 h_t 错误预测了一个训练样本，则表明该样本可能与相同分布的训练数据发生冲突。然后，我们以降低权重的方式将它的权重乘以 $\beta^{|h_t(x_i)-c(x_i)|}\in(0,1]$ 来削弱其效果。因此，在下一轮中，不同于相同分布的差异分布训练样本的错误分类对学习过程的影响会小于当前一轮。经过多次迭代后，适应相同分布的差异分布训练样本具有更大的训练权重，而不同于相同分布的差异分布训练样本具有更小的训练权重。最终，具有较大训练权重的样本将帮助学习算法训练出更好的分类器。我们设 $l_i^t=|h_t(x_i)-c(x_i)|$（$i=1,\cdots,n$ 和 $t=1,\cdots,$

N）是 h_t 对训练样本 x_i 的损失，v^t 是源领域数据 D_S 在第 t 次迭代训练时的权重向量，其中 $v_i^t = w_i^t / (\sum_{j=1}^{n} w_j^t)(i=1, \cdots, n)$。在 N 次迭代训练完成后，我们可以计算得到 D_S 的总损失 $L_d = \sum_{t=1}^{N}\sum_{i=1}^{n} v_i^t l_i^t$，单个样本 x_i 的总损失为 $L(x_i) = \sum_{t=1}^{N} l_i^t$。

算法 6.1 TrAdaBoost

输入： 源领域标注数据 D_S，目标领域标注数据 D_T，无标签数据集 S，基础学习算法 **Learner**，最大迭代次数 N。

初始化： 权重向量 $W^1 = (w_1^1, \cdots, w_{n+m}^1)$，其中上标代表当前迭代次数，$n$ 和 m 分别为 D_S 和 D_T 的大小。

1. **For** $t=1, \cdots, N$
2. 设 $p^t = w^t / (\sum_{i=1}^{n+m} w_i^t)$
3. 调用 **Learner**，为它输入在 D 上按 p_t 进行采样的组合训练集 D 以及未标记的数据集 S。**Learner** 学习到一个映射函数 $h_t: X->Y$
4. 计算 h_t 在 D_T 上的误差率：$\varepsilon_t = \sum_{i=n+1}^{n+m} \frac{w_i^t \mid h_t(x_i) - c(x_i) \mid}{\sum_{i=n+1}^{n+m} w_i^t}$
5. 设 $\beta_t = \varepsilon_t / (1-\varepsilon_t)$，$\beta = 1/(1+\sqrt{\frac{2\ln n}{N}})$
6. 更新权重向量 $w_i^{t+1} = \begin{cases} w_i^t \beta^{\mid h_t(x_i)-c(x_i)\mid}, & 1 \leqslant i \leqslant n \\ w_i^t \beta^{-\mid h_t(x_i)-c(x_i)\mid}, & n+1 \leqslant i \leqslant n+m \end{cases}$
7. 集成得到最终的映射函数 $h_f(x) = \begin{cases} 1, & \prod_{t=\lceil N/2 \rceil}^{N} \beta_t^{-h_t(x)} \geqslant \prod_{t=\lceil N/2 \rceil}^{N} \beta_t^{-\frac{1}{2}} \\ 0, & 其他 \end{cases}$

接下来，我们从理论的角度去分析 TrAdaBoost 的收敛性质并展示为什么在域分布不同的情况下，TrAdaBoost 仍可以学习到知识。设 $l_i^t = \mid h_t(x_i) - c(x_i) \mid$（$i=1, \cdots, n$ 和 $t=1, \cdots, N$）是 h_t 对训练样本 x_i 的损失，v^t 是源领域数据 D_S 在第 t 次迭代训练时的权重向量，其中 $v_i^t = w_i^t / (\sum_{j=1}^{n} w_j^t)(i=1, \cdots, n)$。在 N 次迭代训练完成后，我们可以计算得到 D_S 的总损失 $L_d = \sum_{t=1}^{N}\sum_{i=1}^{n} v_i^t l_i^t$，单个样本 x_i 的总损失为 $L(x_i) = \sum_{t=1}^{N} l_i^t$。基于此，我们可以得到

$$\frac{L_d}{N} \leqslant \min_{1 \leqslant i \leqslant N} \frac{L(x_i)}{N} + \sqrt{\frac{2\ln n}{N}} + \frac{\ln n}{N} \tag{6.6}$$

式（6.6）表明 TrAdaBoost 在 D_S 上迭代 N 次的平均训练损失 L_d/N 最多比其样本的最小损失大 $\sqrt{\frac{2\ln n}{N}} + \frac{\ln n}{N}$，当 N 充分大的时候，其在训练数据上的收敛速度在最坏情况下

为 $O\left(\sqrt{\frac{\ln n}{N}}\right)$。有关式（6.6）的推理可见文献［95］。进一步地，从式（6.6）中我们可以推导得到：

$$\lim_{N\to\infty}\frac{\sum_{t=\lceil N/2\rceil}^{N}\sum_{i=1}^{n}p_i^t l_i^t}{N-\lceil N/2\rceil}=0 \tag{6.7}$$

式（6.7）表明，TrAdaBoost 对训练数据从 $N/2$ 迭代到第 N 次的平均加权训练损失收敛为零。这就是为什么在算法描述中，最终的输出结果由 h_t 从第 $N/2$ 次迭代投票到第 N 次。因此，TrAdaBoost 能够减少差异分布数据上的平均加权训练损失。

基于局部结构映射到多模型迁移　以前工作的实验表明，在源领域数据和辅助数据具有很多相似性的时候，TrAdaBoost 可以取得很好的效果。但另一方面，TrAdaBoost 要求多个弱分类器是同构的。可有些时候，源领域和目标领域，以及多个源领域之间的数据类型可能是不同的，这限制了算法的通用性。例如，如图 6.3 所示，我们可以从多个相关领域训练或在同一领域使用不同的学习算法构建分类器。但由于特定学习算法的归纳偏差以及源领域之间的分布差异，不同的模型通常包含不同的知识，因此具有不同的优势。不同的模型可能在测试领域中的不同区域或结构上都有效，并且没有一个模型可以在所有区域都表现良好。因此，下面将介绍可以实现异构模型之间知识迁移的 MMLSM（Multi Model Local Structure Mapping）算法[96]。

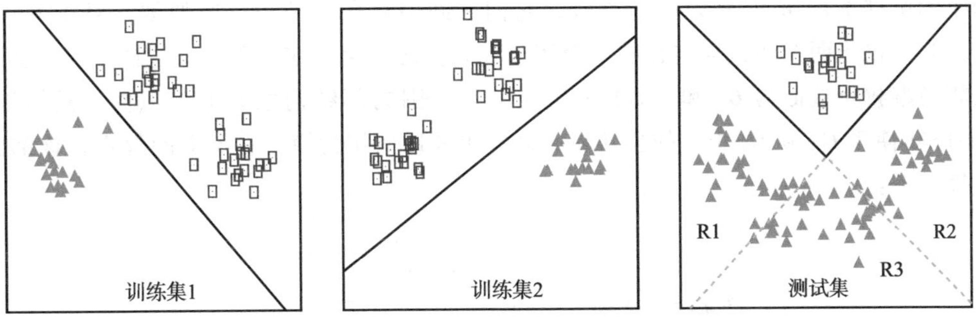

图 6.3　如果我们简单地合并两个数据集并训练一个分类器，或者分别从训练集 1 和训练集 2 训练两个分类器，那么测试集中 R1 和 R2 区域的负样本将很难预测[96]

总体上，MMLSM 是一种多模型局部结构映射方案，它会对不同源领域训练得到的模型赋予不同的投票权重，而该权重是由预测样本本身的局部分布结构决定的。设样本的标签空间 $Y=\{1, \cdots, c\}$，c 代表分类数量，我们可以用一个 $c\times1$ 的纵向向量 $\boldsymbol{f}$ 来表示目标领域样本 x 的真实条件概率分布，其中 $f_i=P(y=i \mid x)$。在监督学习中，模型会预测一个 $c\times1$ 的向量 $\boldsymbol{h}$ 来拟合 $\boldsymbol{f}$。为了动态结合不同模型的权重，我们设 w_i 为模型 $M_i\in\{M_1, \cdots, M_k\}$ 关于 x 的权重，即 $\boldsymbol{w}=\{w_1, \cdots, w_k\}$ 是一个 $k\times1$ 的权重向量。h^i 代表模型 M_i 对 x 的预测结果，其也是一个 $c\times1$ 的向量，即 $h_j^i=P(y=j \mid x,$

M_i）。这样，我们可以用一个矩阵 $\boldsymbol{H}\in\mathbf{R}^{c\times k}$ 来表示所有模型的预测结果，其中 h_j^i 表示第 i 个模型预测 $y=j$ 的概率大小。MMLSM 根据权重矩阵 $\boldsymbol{w}$ 和模型的预测结果 $\boldsymbol{H}$ 来加权计算 x 最终的概率向量 $\boldsymbol{h}^e=\boldsymbol{H}\boldsymbol{w}$（$\boldsymbol{h}^e\in\mathbf{R}^{c\times 1}$）。MMLSM 希望找到一个合适的权重 w^* 来最小化 $\boldsymbol{f}$ 和 $\boldsymbol{h}^e$ 之间的距离。在平方误差损失下，我们通过最小化以下目标函数以求解 w^*：

$$w^*=\operatorname{argmin}(\boldsymbol{f}-\boldsymbol{H}\boldsymbol{w})^{\top}(\boldsymbol{f}-\boldsymbol{H}\boldsymbol{w})+\lambda(\boldsymbol{w}^{\top}\boldsymbol{I}-1) \tag{6.8}$$

其中，$\boldsymbol{I}$ 是单位向量，λ 为正则化项。式（6.8）可通过最小二乘法进行优化，感兴趣的读者可以尝试进行推导。

对于 MMLSM 而言，比较理想的情况是给予预测正确的模型更大的权重，给予预测错误的模型更小的权重。可遗憾的是，真实的目标函数是不可知的。因此，MMLSM 采用了半监督学习中常用的“聚类流形（Clustering-manifold）”假设来近似估计权重，该假设认为当边缘分布 $P(x)$ 很高时，条件概率 $P(y\mid x)$ 不会发生太大的变化。也就是说，模型的决策边界应该落在 $P(x)$ 较低的区域。因此，MMLSM 会对无标签的测试集数据进行聚类，并假设簇与簇之间的聚类边界为模型的决策边界。如果聚类边界与 M 的分类边界一致，那么我们就认为 $P(y\mid x, M)$ 与真实的 $P(y\mid x)$ 相似，模型的权重应该相对较高。下面，我们给出权重计算的过程。

对于一个测试集样本 x 和一个基础分类模型 M，我们首先构建两个图：$G_T=(V, E_T)$ 和 $G_M=(V, E_M)$，图中的节点 V 包含了所有测试样本。对于 G_M 而言，当且仅当两个测试样本被 M 划分为同一类时，它们之间会存在一条边。类似地，对于 G_T 而言，当且仅当两个测试样本在同一个簇时，它们之间会存在一条边。这样，我们就可以将模型权重近似为 G_T 和 G_M 中 x 对应节点周围局部结构之间的相似性。具体地，MMLSM 使用 G_M 和 G_T 中 x 的公共邻居百分比来近似作为模型在 x 上的权重，该部分计算如下：

$$w_{M,x}\propto s(G_M,G_T;x)=\frac{\sum_{v_1\in V_M}\sum_{v_2\in V_T}1\{v_1=v_2\}}{|V_M|+|V_T|} \tag{6.9}$$

其中，$s(G_M, G_T; x)$ 反映了模型对测试样本 x 的标注一致性程度，即相似度分数。我们用一个例子来直观地说明 MMLSM 是如何计算相似度的，图 6.4 中显示了由两个监督模型和测试集上的聚类算法构建的有关样本 x 的邻域图。根据式（6.9），模型 1 与聚类算法在 x 处的相似度为 0.75，而模型 2 的相似度为 0.5。因此，对于 x 而言，我们认为模型 1 的帮助更大，其权重将被设置得更高，因为它更符合 x 周围的局部结构。

接下来，我们需要对 $s(G_M, G_T; x)$ 进行归一化操作，将相似度分数转化为模型权重，其计算如下：

$$w_{M_i,x}=\frac{s(G_{M_i},G_T;x)}{\sum_{i=1}^{k}s(G_{M_i},G_T;x)} \tag{6.10}$$

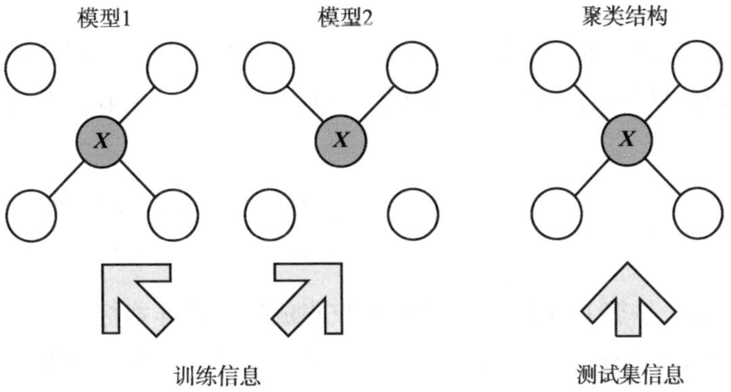

图 6.4　样本 x 的局部邻域图[96]

其中，M_i 是 k 个模型中的一个。综上，对 x 的综合预测结果计算如下：

$$P(y\mid E,x)=\sum_{i=1}^{k}w_{M_i,x}P(y\mid M_i,x) \tag{6.11}$$

其中，$P(y\mid M_i,x)$ 是模型 M_i 的预测结果。值得指出的是，归一化的前提是至少一些基础模型在 x 预测类别上效果较好。比如只有两个基础模型的情况，我们假设它们的相似度分数 $s(G_{M_i},G_T;x)$ 均为 0.01，这说明模型学习到的特征空间与 x 实际的特征空间是冲突的。此时明显不再适合将这两个模型用于对 x 的预测中，但经式（6.10）归一化之后，它们的权重反而变成了 0.5，这明显是不合理的。在这种情况下，MMLSM 会放弃由监督模型传达的标记信息，而只依赖于 x 周围的局部结构。具体地，我们设 $s_{avg}(x)=\frac{1}{k}\sum_{i=1}^{k}s(G_{M_i},G_T;v)$ 为所有模型的平均相似度分数，MMLSM 会设置一个阈值 δ，如果 $s_{avg}(x)\leqslant\delta$，则丢弃所有从训练数据上获得的监督分类器，并基于 x 的邻域构建一个无监督分类器 U，进而根据下列公式对 x 所属的类别进行预测。

$$P(y\mid U,x)=\sum_{C}P(y\mid U,x\in C)P(x\in c\mid X) \tag{6.12}$$

其中，C 代表测试集上由聚类算法生成的一个簇，而 $P(x\in c\mid X)$ 可以近似如下：

$$P(x\in c\mid X)=\begin{cases}1, & x\in C\\ 0, & \text{其他}\end{cases} \tag{6.13}$$

因此，当 x 属于簇 C 时，$P(y\mid U,x)$ 与 $P(y\mid U,x\in C)$ 大致相同。我们可以进一步将概率 $P(y\mid U,x\in C)$ 近似为 $x\in C'$ 时的平均概率 $P(y\mid E,x)$。其中，C' 包含同

时满足 $x \in C$ 和 $s_{avg}(x) \geqslant \delta$ 这两个条件的测试集样本，也就是说只有具有来自加权集成的可靠预测才会在此过程中计数。因此，我们可以得到：

$$P(y \mid U, x \in C) \approx \frac{1}{|C'|} \sum_{x \in C'} P(y \mid E, x) \tag{6.14}$$

其中 $|C'|$ 代表 C'的大小。如果 y 是由 E 预测的 x 的标签时，我们设置 $P(y \mid E, x) = 1$，则上述策略可以简化。即 $P(y \mid U, x \in C)$ 可以通过在 C'中样本的多数投票结果来估计：

$$P(y \mid U, x \in C) \approx \frac{P(y, x \in C' \mid E)}{P(x \in C')} \approx \frac{c(y, C' \mid E)}{|C'|} \tag{6.15}$$

其中 $c(y, C' \mid E)$ 是簇 C'中通过 E 进行加权集成得到的样本标签为 y 的数量。

最终，基于上述描述，我们给出 MMLSM 的总体算法流程，如算法 6.2 所示。

算法 6.2　MMLSM

输入：一个源领域数据集 D 或者多个源领域数据集 $D_1, \cdots, D_k$，k 个分类模型 $M_1, \cdots, M_k (k>1)$，一个目标领域测试集 T，初始化阈值 δ 和聚类簇数量 c'。

初始化：测试集 T 的预测标签集合 Y。

1. 在训练集上执行聚类，如果簇的平均纯度小于 0.5，设 $W_{M_i,x} = \frac{1}{k}$，然后按式(6.11)计算每个样本 $x \in T$ 的后验概率。
   RETURN
2. 将测试样本分组到 c'个集群中，并根据聚类结果和 k 个模型的预测结果构建邻域图，设 $T' = \Phi$
3. **For** each $x \in T$
4. 　**For** each M_i，根据式(6.9)计算模型的权重 $w_{M_i,x}$
5. 　**IF** $s_{avg}(x) \geqslant \delta$，根据式(6.11)来动态结合各模型对 x 的标签进行预测
6. **ELSE** 将 x 放置到集合 T'
7. **FOR** each $x \in T'$，利用无监督分类器 U 来预测 x 的标签，即利用根据式(6.14)或者式(6.15)来计算 $P(y \mid U, x)$
   RETURN

6.3 有监督与无监督的融合

在多源迁移学习中，有时有些源领域中的数据可能是未被标注过的。尽管这些未标注的数据不能使用有监督模型进行训练和预测，但其信息仍可以为分类任务提供有用的约束。因此如何结合多个有监督模型和无监督模型受到了研究者的关注。通过结合有监督模型和无监督模型的输出，有监督与无监督的融合方法旨在充分利用无监督模型提供的约束来提高预测精度。本节将以基于决策传播的共识学习算法（CLSU）和无约束概率嵌入算法（UPE）为例，介绍有监督模型与无监督模型融合的设计细节。

融合有监督与无监督的方法最先由 Gao 等人提出。他们设计了一种基于决策传播和协商的共识学习算法（CLSU）。CLSU 构建了一个信念图（Belief Graph），首先将有监督模型的预测结果传播到无监督模型，然后在模型之间进行协商并达成共识。根据每个模型与其他模型的一致性程度，计算每个模型的权重，从而进一步巩固它们的决策。

问题定义　由 CLSU 定义的无监督与有监督融合问题如下。

给定一个样本集合 $D=\{x_1, \cdots, x_n\}$，样本的标签为 $y\in Y=\{1, \cdots, c\}$，其中 c 为标签类别的数量。假设我们有 r_v 个基于有标签的样本训练得到的分类模型和 r_u 个基于无监督训练得到的聚类模型。设 $r=r_u+r_v$，即我们一共有 r 个模型：$\Lambda=\{\lambda^1, \cdots, \lambda^{r_v}, \lambda^{r_v+1}, \cdots, \lambda^r\}$，其中前 r_v 个为监督模型，其余 r_u 个为无监督模型。每一个有监督模型 λ^a（$1\leqslant a\leqslant r_v$）会将每一个样本映射到一个特定的类别（Category）$\lambda^a(x)\in Y$ 中，而每一个无监督模型会将每一个样本映射到一个类簇（Cluster）中，并且类簇 ID 不携带任何类别信息。CLSU 的目的是使用 λ 中的每个模型在 D 上找到一个“综合”解决方案 λ^*，它将 $x\in D$ 映射到一个类别。值得注意的是，在模型融合的过程中，样本的标签 Y 是未知的，因此这是一个无监督的融合过程。

最终对于样本的类别预测结果是基于“共识是最好的”这一假设得出的。CLSU 将共识最大化作为融合目标。所谓“共识”，指两个模型对 D 的预测的相似性或距离共识。CLSU 定义的“共识距离”如下：

$$d_{x_i,x_t}(\lambda^a,\lambda^b)=\begin{cases}0, & \text{如果 } \lambda^a(x_i)=\lambda^a(x_t) \text{ 且 } \lambda^b(x_i)=\lambda^b(x_t) \\ & \text{或者 } \lambda^a(x_i)\neq\lambda^a(x_t) \text{ 且 } \lambda^b(x_u)\neq\lambda^b(x_t) \\ 1, & \text{其他}\end{cases} \tag{6.16}$$

其中，x_i 和 x_t 为 D 中的两个样本，λ^a 和 λ^b 为 Λ 中的两个模型。若 λ^a 和 λ^b 对样本 x_i 和 x_t 的预测输出结果一致，则它们的“共识距离”为 0，否则为 1。那么 λ^a 和 λ^b 在样本集 D 上的“共识距离”可定义为两个模型预测结果不一致的样本对的数目：

$$d(\lambda^a,\lambda^b)=\sum_{x_i,x_t\in D,i\neq t} d_{x_i,x_t}(\lambda^a,\lambda^b) \tag{6.17}$$

因此，共识最大化可表示为最小化模型间的“共识距离”，即 $\min_\lambda \sum_{a=1}^{r} d(\lambda, \lambda^a)$。此外，合并后的解决方案应与监督模型的预测一致。因此式（6.17）需要加入一个约束项，那么融合后的模型 λ^* 应满足：

$$\lambda^*=\arg\min_\lambda\left(\sum_{a=1}^{r} d(\lambda,\lambda^a)+\rho\sum_{a=1}^{r_v}\sum_{i=1}^{n} L(\lambda(x_i),\lambda^a(x_i))\right) \tag{6.18}$$

其中 $0\leqslant\rho\leqslant\infty$，它是一个调整两部分权重的参数，$L(\lambda(x_i), \lambda^a(x_i))$ 指模型 λ 和 λ^a 对样本 x_i 预测结果的差异。

模型设计 在 CLSU 中，通过以下两个步骤进行模型融合。

1）根据模型 λ^a 估计样本 x 属于类别 y 的概率，即 $P(y \mid x, \lambda^a)$（$1 \leqslant a \leqslant r$）。

2）求模型 λ^a 对于样本 x 的局部权重 $P(\lambda_a \mid x)$，它与 λ^a 在 x 上的预测精度成正比。基于上述两个步骤（记作 E），我们可以计算融合后的模型对于样本 x 的标签：

$$P(y \mid x, E) = \sum_{a=1}^{r} P(y \mid x, \lambda^a) P(\lambda^a \mid x) \tag{6.19}$$

组与组向量 每个模型 λ^a 将 T 划分为 c^a 组。如果样本 x 属于组 g_h^a，则 $P(g_h^a \mid x, \lambda^a) = 1$。若样本 x 为属于 λ^a 中的其他组，则 $P(g_h^a \mid x, \lambda^a) = 0$。因此可以得到：

$$P(y \mid x, \lambda^a) = \sum_{l=1}^{c^a} P(y \mid x, g_h^a, \lambda^a) P(g_h^a \mid x, \lambda^a) = P(y \mid x, g_h^a) \tag{6.20}$$

初始化时，g_h^a（$1 \leqslant h \leqslant c^a$）、分类器 λ^a（$1 \leqslant a \leqslant r_v$）和类别标签 $y \in Y$ 三者之间存在一对一的映射关系。即，如果 λ^a 预测组 g_h^a 内的样本都属于类别 y，那么 $P(y \mid x, g_h^a) = 1$。我们将监督模型中组的标签信息作为初始标签，并估计来自所有模型中所有组的 $P(y \mid x, g_h^a)$（$1 \leqslant a \leqslant r$，$1 \leqslant h \leqslant c^a$）。总的来说，$r$ 个模型可以将样本集合 T 分为 $s = \sum_{a=1}^{r} c^a$ 个组：$\{g_1, \cdots, g_s\}$。每个组 g 可以用一个长度为 n 的二进制向量表示：$\{v_i\}_{i=1}^n$，其中 n 为样本的数量，如果 $x_i \in g$，则 $v_i = 1$，否则为 0。

接下来我们将以一个学者领域分类的问题为例，介绍 CLSU 的设计细节。如图 6.5 所示，其中有 r_v 个监督分类模型和 r_u 个无监督模型预测来自信息管理领域的 7 位作者的类标，类标集合为 {数据库（DB），数据挖掘（DM），信息检索（IR)}。这里假设有 2 个分类模型和 2 个聚类模型，即 $r_v = 2$，$r_u = 2$，类别标签 {数据库，数据挖掘，信息检索} 被映射为 {1，2，3}。那么，模型对样本的预测结果及各组的组向量表示如表 6.1 所示。例如，λ_1 中的第 2 组 g_2 包含两个样本 x_4 和 x_7，所以它们在 g_2 中对应的元素是 1。基于组向量，CLSU 中用杰卡德系数（Jaccard Coefficient）来用衡量任意两个组（g_k，g_j）之间的相似性：

$$J(g_k \cdot g_j) = \frac{n_{k,j}}{n_k + n_j - n_{k,j}} \tag{6.21}$$

其中 n_k 和 n_j 为 g_k 和 g_j 中样本的数量，$n_{k,j}$ 为 g_k 和 g_j 中共有的样本数量。例如在表 6.1 中，$J(g_4, g_8) = 2/3$，$J(g_4, g_9) = 1/5$。显然 g_4 与 g_8 相似度更高。

标签传播图 CLSU 使用图 $G = (V, E)$ 来表示组间的相似关系。V 中的每个节点都是一个来自 λ^a 模型的组 g_k。E 中连接两个节点 g_k 和 g_j 的每条边都以这两组间的相似度作为权重。如果一个组 g 来自一个分类模型 λ^a（$1 \leqslant a \leqslant r_v$），那么 g 的初始类别标签为分类模型 λ^a 的预测结果，而来自聚类模型 λ^a（$r_v + 1 \leqslant a \leqslant r$）的组没有初始化类别标签。基于表 6.1 所构建的标签传播图如图 6.6 所示。为了便于观察，图 6.6 省略了一些边。λ^1 和 λ^2 的 6 个组都有其初始化标签（黑节点）。例如，g_1 被映射到类别 1，因为 g_1 中的样本都被预测在类别 1 中。所以 $P(y=1 \mid x, g_1)=1$，而 $P(y=2 \mid x, g_1)=P(y=3 \mid x, g_1)=0$。另外，来自聚类模型 λ^3 和 λ^4 的组是无标记的（白节点），CLSU 首先将它们的类别标签分别设为 [0 0 0]。通过该标签传播图，来自 λ^1 和 λ^2 中的组的标签概率信息可以传播到 λ^3 和 λ^4 的组中。当标签传播收敛时，具有相似成员的组将拥有相似的预测结果 $P(y \mid x)$。

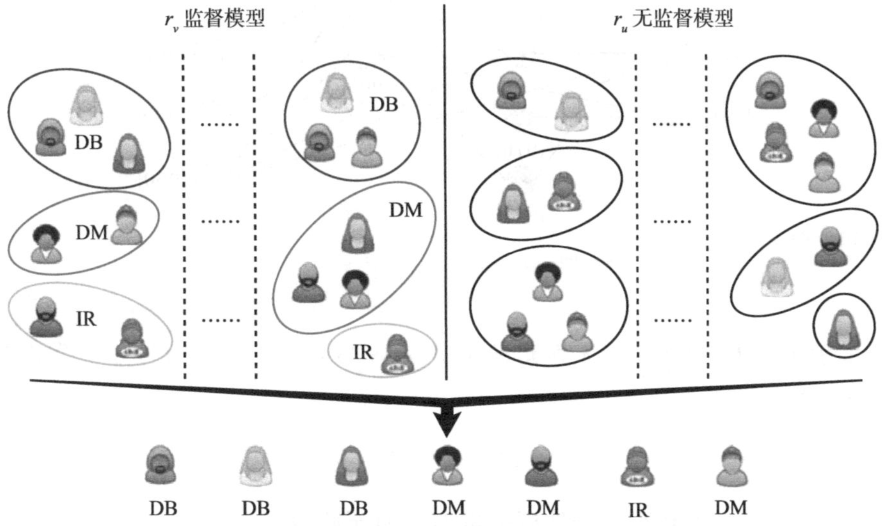

图 6.5　CLSU 用于学者领域分类[97]

表 6.1　CLSU 组向量示例

样本	类别/类簇 ID				组向量											
					λ^1			λ^2			λ^3			λ^4		
	λ^1	λ^2	λ^3	λ^4	g_1	g_2	g_3	g_4	g_5	g_6	g_7	g_8	g_9	g_{10}	g_{11}	g_{12}
x_1	1	1	2	1	1	0	0	1	0	0	0	1	0	1	0	0
x_2	1	1	2	2	1	0	0	1	0	0	0	1	0	0	1	0
x_3	1	2	1	3	1	0	0	0	1	0	0	0	1	1	0	0
x_4	1	2	1	3	1	0	0	0	1	0	0	0	1	1	0	0
x_5	3	2	3	2	0	0	1	0	1	0	0	0	1	0	1	0
x_6	3	3	1	1	0	0	1	0	0	1	1	0	0	1	0	0
x_7	2	1	3	1	0	1	0	1	0	0	0	0	1	1	0	0

标签传播算法　首先设置如下变量并初始化。

- 条件概率矩阵 $Q_{s\times c}$，其中每个元素 $Q_{kz}=P(y=z \mid x, g_k)$，将其中的元素全部初始化为 0。
- 矩阵 $F_{s\times c}$，其内部元素由有监督的分类模型初始化。具体来说，如果 $P(y=z \mid$

x，g_k）$=1$，则 $\boldsymbol{F}$ 中的元素 $F_{kz}=1$，反之则为 0。而无监督模型在 $\boldsymbol{F}$ 矩阵中对应的元素全部初始化为 0。

- 相似矩阵 $\boldsymbol{W}_{s\times s}$ 由式（6.21）初始化得到，其中元素 $W_{kj}=J(g_k, g_j)$ 表示两个组之间的相似度。

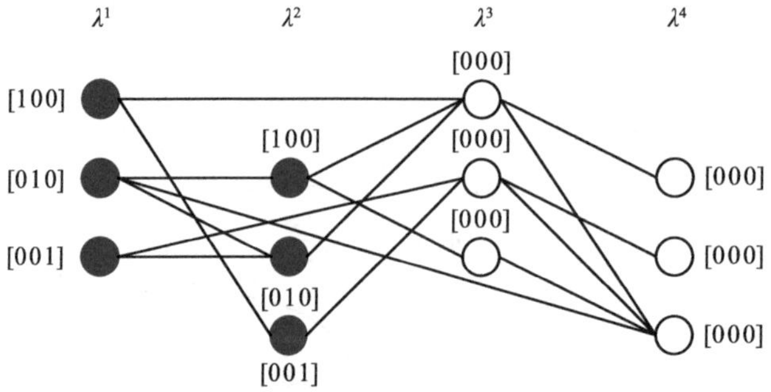

图 6.6　CLSU 标签传播[97]

- 对角矩阵 $\boldsymbol{D}$，其第 k 行 k 列元素为 $\boldsymbol{W}$ 矩阵第 K 行之和。通过如下公式对相似矩阵 $\boldsymbol{W}$ 正则化：

$$\boldsymbol{H}=\boldsymbol{D}^{-1/2}\boldsymbol{W}\boldsymbol{D}-1/2 \tag{6.22}$$

接着，通过如下公式迭代更新条件概率矩阵 $\boldsymbol{Q}$ 直至收敛：

$$\boldsymbol{Q}=\alpha\boldsymbol{H}\boldsymbol{Q}+(1-\alpha)\boldsymbol{F} \tag{6.23}$$

其中 α 为控制初始化标签重要性的参数。

最后，对 $\boldsymbol{Q}$ 做正则化操作，使得其每一行之和为 1，那么 $\boldsymbol{Q}$ 即包含了经过标签传播得到的每个组的类别标签信息，它是所有模型自协商的结果。

标签传播可以使得较高相似性的组对的类别概率分布也可以尽可能相似。在上述传播过程中，对于监督模型的每一组 g 的条件概率（标签分布概率）是其邻接组的概率估计和其初始标签的平均值。例如，第三组 g_3 的初始条件概率［0 0 1］被平滑为［0 0.06 0.94］，这是因为它受到了条件概率为［0 1 0］的邻接组的影响。另外，由于无监督模型组的初始标签分配为［0 0 0］，因此其来自无监督模型组的条件概率仅为其邻接组的条件概率的加权平均。

模型局部权重　模型的局部权重 $P(\boldsymbol{\lambda}^a \mid x)$ 反映了模型 $\boldsymbol{\lambda}^a$ 对于样本 x 的预测能力。模型 $\boldsymbol{\lambda}^a$ 的预测结果越接近 x 的真实标签 $P(y \mid x)$，$P(\boldsymbol{\lambda}^a \mid x)$ 越大。在 CLSU 模型中，$P(\boldsymbol{\lambda}^a \mid x)$ 用于调整标签传播后的预测，从而得到最终融合后的模型预测结果。但是 $P(y \mid x)$ 对于模型来说是未知的，所以 $P(\boldsymbol{\lambda}^a \mid x)$ 不能直接计算得到。基于“共识是最好的”这一假设，可以推断若一个模型 $\boldsymbol{\lambda}^a$ 对于样本 x 的预测结果与其他模型一致，那么模型 $\boldsymbol{\lambda}^a$ 对 x 的预测结果往往更加准确。因此，在 CLSU 中，通过

计算模型间对样本的预测一致性来近似估计模型的权重：

$$P(\lambda^a \mid x) \propto \frac{1}{r}\sum_{b=1,b\neq a}^{r} S(\lambda^a,\lambda^b \mid x) \tag{6.24}$$

其中 $S(\lambda^a, \lambda^b \mid x)$ 为 λ^a 和 λ^b 对样本 x 预测结果的相似度，即两个模型的共识程度。从另一个角度解释，$\frac{1}{r}\sum_{b=1, b\neq a}^{r} S(\lambda^a, \lambda^b \mid x)$ 可视为在分别假设模型 λ^1，…，λ^{a-1}，λ^{a+1}，…，λ^r 的预测结果完全正确的情况下，模型 λ^a 的平均准确率。对于 $S(\lambda^a, \lambda^b \mid x)$ 的计算，CLSU 依赖于模型 λ^a 和 λ^b 预测结果中 x 的局部邻居相似性。这里假设在模型 λ^a 和 λ^b 的预测结果中与 x 同组的样本集分别是 X^a 和 X^b。如果在 X^a 和 X^b 中有许多共同的样本，则很可能 λ^a 和 λ^b 对 x 的预测结果是一致的。因此，对于一对模型的局部一致性度量可定义为

$$S(\lambda^a,\lambda^b \mid x) \propto \frac{|X^a \cap X^b|}{|X^a \cup X^b|} \tag{6.25}$$

上述对模型权重的计算过程同时适用于有监督与无监督模型。以表 6.1 中数据为例：由于 x 在 λ^1，λ^2 和 λ^4 的预测结果中，邻居集合分别为 $\{x_2,x_3\}$，$\{x_2,x_7\}$ 和 $\{x_4,x_6,x_7\}$，故 $S(\lambda^1,\lambda^2 \mid x) \propto 1/3$，$S(\lambda^1,\lambda^4 \mid x) \propto 0/5$。这表明 λ^1 与 λ^2 在样本 x 上的一致性更强。根据式（6.24），通过计算 λ^1 与其他三个模型对样本 x 预测的相似性的平均值即可得到 $P(\lambda^1 \mid x)$。

然而，有时做出最好的局部最优选择并不一定会得到全局共识，即最准确的标签预测可能来自少数模型的预测。因此，CLSU 在模型权重定义中增加一个平滑项：

$$P(\lambda^a \mid x) \propto (1-\beta)\frac{1}{r}\sum_{b=1,b\neq a}^{r} S(\lambda^a,\lambda^b \mid x) + \beta\frac{1}{r} \tag{6.26}$$

从式（6.26）中可以看出，CLSU 中的模型权重 $P(\lambda^a \mid x)$ 由两部分混合而成，其中第一部分重视模型之间的局部共识，而第二部分为不偏爱任何模型随机选择，因此多数预测和少数预测具有同等的机会。β 为随机选择的权重。最后，由式（6.26）和约束条件 $\sum_{a=1}^{r} P(\lambda^a \mid x) = 1$，可以计算出各模型对 x 的预测能力的局部权重。

接下来介绍无约束概率嵌入算法（UPE）[98]。该算法将多模型的融合问题用一张有权二分图表示。假设我们在一个数据集 C 上运用 M 种模型得到 M 个输出结果，其中 r 个是分类模型，剩下的 $M-r$ 个是聚类模型，数据集中的每一个样本都被每一个模型分配到了一个类或聚类。

例如，考虑一个含有 6 个样本的数据集，其中 $M=4$，$r=2$。四个模型的输出分别为 $M_1=\{1, 2, 1, 1, 2, 2\}$，$M_2=\{1, 1, 2, 1, 2, 2\}$，$M_3=\{2, 2, 1, 1, 3, 3\}$，$M_4=\{2, 2, 2, 2, 1, 1\}$，其中 M_1 和 M_2 是分类模型，它们给每一个样本分配了一个对应的类别。而 M_3 和 M_4 是聚类算法，它们将数据分成相应的几个聚类，并分配

了一个聚类 ID。在分类问题中，为每个样本所分配的类别的含义是确定的，也就是说，不同的分类算法应用于同一组数据集，得到的类标含义是一样的。基于此，我们可以把分类模型的组合并。在本例中，样本有两个类别，因此形成的组的个数为 $G=2+3+2=7$。如图 6.7 所示，M_1 和 M_2 共同形成了 g_1 和 g_2。因此，我们将多模型合并问题表示成带权二分图的形式，如图 6.8 所示。

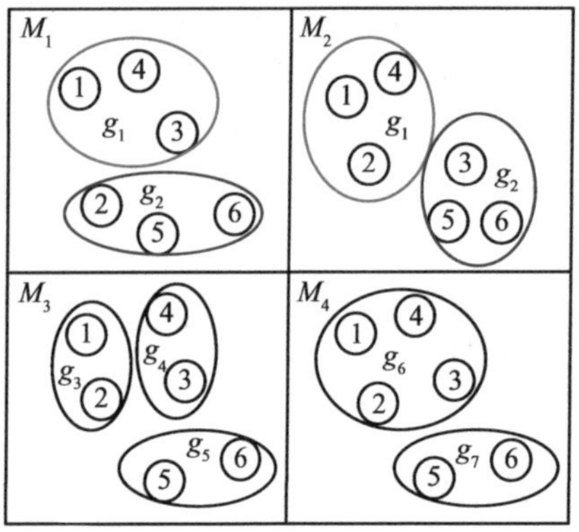

图 6.7　多模型问题的示例[98]

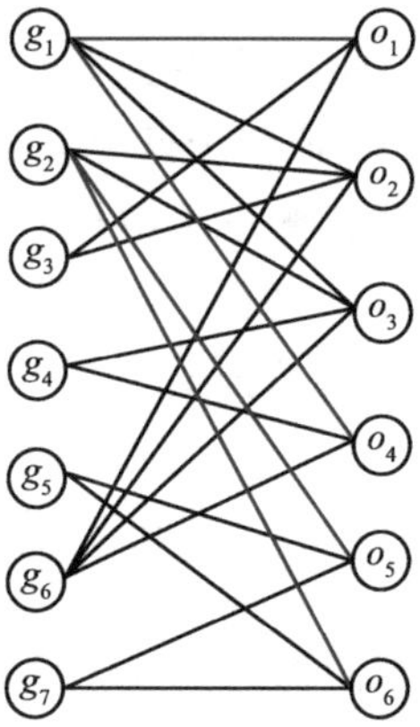

图 6.8　多模型问题的带权二分图表示[98]

图 6.8 中，左边的节点代表组，右边的节点代表样本。在多模型问题的带权二分图表示中，我们令一个样本节点 o_i 和一个组节点 g_j 之间的边的权重为样本 o_i 在 M 个模型中被分配到 g_j 的次数。很明显，由聚类模型产生的组所连的边权重只能为 1 或 0，因为不同的聚类算法所生成的聚类的含义并不一样，因而产生的组也不一样，这样每个组只能由一个唯一的聚类算法生成，因而如果有样本被分配到这样的组，其权重只能为 1。同理，由分类模型产生的组，其所连边的权重最高可以为分类模型的个数 r。在本例中即为 2，在图 6.8 中，仅画出了权重大于 0 的边，其中粗线代表权重为 2，细线代表权重为 1。

组频矩阵类似于主题建模（Topic Model）问题中的词频矩阵。我们还可以将图 6.8 中的带权二分图以组频矩阵 $\mathcal{M}$ 的形式表示。该矩阵的每一行 i 代表一个样本 o_i，每一列 j 代表每一个组 g_j。第 i 行第 j 列的取值代表样本 o_i 被分配到组 g_j 中的次数，也就是带权二分图中连接 o_i 节点和 g_j 节点之间的边的权重。以图 6.7 中的数据为例，其对应的组频矩阵如表 6.2 所示，UPE 算法将多模型合并问题转化成一个无约束的概率嵌入问题，它将每一个样本和每一个组映射到一个 D 维的空间中，并且对这个空间没有任何约束，它可以是任意维度的。样本和组也可以映射到空间中的任意点，我们将这个映射到的空间称为“嵌入空间”。每一个样本和组在这个 D 维的嵌入空间中都有一个对应的映射点，因此每一个样本和组都拥有了一个 D 维的坐标属性。我们记样本在嵌入空间中的坐标为 $\boldsymbol{X}=\{\boldsymbol{x}_n\}_{n=1}^{N}$，其中 $\boldsymbol{x}_n=(x_{n_1},\cdots,x_{n_D})$ 为样本 n 的

D 维坐标。同样地，所有的组在嵌入空间的坐标为 $\boldsymbol{\Phi}=\{\phi_g\}_{g=1}^{G}$，其中组 g 的坐标为 $\phi_g=(\phi_{g_1},\ \cdots,\ \phi_{g_D})$。

表 6.2　组频矩阵示例

样本组	g_1	g_2	g_3	g_4	g_5	g_6	g_7
o_1	2	0	1	0	0	1	0
o_2	1	1	1	0	0	1	0
o_3	1	1	0	1	0	1	0
o_4	2	0	0	1	0	1	0
o_5	0	2	0	0	1	0	1
o_6	0	2	0	0	1	0	1

我们给定一个样本 n，将其分配给组 g 的概率由样本 n 和组 g 在嵌入空间中的欧几里得距离决定，具体地，我们将其定义为

$$P(g\mid \boldsymbol{x}_n,\boldsymbol{\Phi})=\frac{\exp\left(-\frac{1}{2}\|\boldsymbol{x}_n-\phi_g\|^2\right)}{\sum_{g'=1}^{G}\exp\left(-\frac{1}{2}\|\boldsymbol{x}_n-\phi_{g'}\|^2\right)} \tag{6.27}$$

其中‖·‖表示嵌入空间中的欧几里得范式。我们看到这个公式有一个归一化操作，因而有 $\sum_{g=1}^{G}P(g\mid \boldsymbol{x}_n,\ \boldsymbol{\Phi})=1$。由式（6.27）我们可以得知，当样本 n 和组 g 之间的欧式距离越小时，概率 $P(g\mid \boldsymbol{x}_n,\ \boldsymbol{\Phi})$ 越大，这和我们的直觉相符，在一个空间中的两个点越接近，它们的相似度就越高。

在 UPE 算法中，将样本和组在嵌入空间中的坐标到组频矩阵 $\mathcal{M}$ 的映射通过一个概率生成模型来表示，如算法 6.3 所示。首先，通过期望为 0 的球形高斯分布生成样本和组的坐标 $\boldsymbol{x}_n$ 和 ϕ_g。然后对于每一个样本，通过多项式分布 Mult（P（$g\mid \boldsymbol{x}_n$，$\boldsymbol{\Phi})_{g=1}^{G}$）进行 M 次采样，得到 M 个组的 id，如果对于样本 n 采样得到 g'，就让 $\mathcal{M}$ 加 1，其中，多项式分布的参数 $P(g\mid \boldsymbol{x}_n,\ \boldsymbol{\Phi})_{g=1}^{G}$ 由式（6.27）计算。图 6.9 给出了 UPE 算法的图模型表示，其中观察值变量和隐含变量分别通过加阴影的节点和没加阴影的节点来区分。

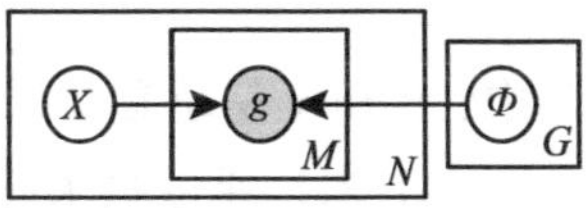

图 6.9　UPE 算法的图模型表示[98]

UPE 模型中的未知参数包括样本的坐标 $\boldsymbol{\Phi}$ 和组的坐标 $\boldsymbol{\Phi}$，我们通过最大后验估计来求解参数，其后验概率为

$$p(\boldsymbol{X},\boldsymbol{\Phi}\mid \mathcal{M})=\frac{p(\mathcal{M}\mid \boldsymbol{X},\boldsymbol{\Phi})p(\boldsymbol{X})p(\boldsymbol{\Phi})}{p(\mathcal{M})} \tag{6.28}$$

算法 6.3 组频矩阵在 UPE 算法中的概率生成模型

1. 初始化组频矩阵：$\mathcal{M}_{n,g}=0$。其中，$n=1,\cdots,N;g=1,\cdots,G$。
2. 对于每一个组 $g=1,\cdots,G$：
3. a. 采样组坐标：$\phi_g\sim\text{Normal}(\mathbf{0},\beta^{-1}\boldsymbol{I})$
4. 对于每一个样本 $n=1,\cdots,N$：
5. a. 采样样本坐标：$\boldsymbol{x}_n\sim\text{Normal}(\mathbf{0},\gamma^{-1}\boldsymbol{I})$
6. b. 对每一个模型 $m=1,\cdots,M$：
7. i. 选取组 id：$g'\sim\text{Mult}(P(g|\boldsymbol{x}_n,\boldsymbol{\Phi})_{g=1}^{G})$
8. ii. 对应的词频矩阵加 1：$\mathcal{M}_{n,g'}$++

其中：

$$P(\mathcal{M}\mid \boldsymbol{x},\boldsymbol{\Phi})=\prod_{n=1}^{N}\prod_{g=1}^{G}P(g\mid \boldsymbol{x}_n,\boldsymbol{\Phi})^{\mathcal{M}_{n,g}} \tag{6.29}$$

$$p(\boldsymbol{X})=\prod_{n=1}^{N}p(\boldsymbol{x}_n) \tag{6.30}$$

$$p(\boldsymbol{\Phi})=\prod_{g=1}^{G}p(\phi_g) \tag{6.31}$$

如算法 6.3 所述，在概率生成模型中，我们采用期望为 0，具有球形协方差的高斯分布作为样本坐标和组坐标采样的先验，所以有

$$p(\phi_g)=\left(\frac{\beta}{2\pi}\right)^{\frac{D}{2}}\exp\left(-\frac{\beta}{2}\|\phi_g\|^2\right) \tag{6.32}$$

$$p(\boldsymbol{x}_n)=\left(\frac{\gamma}{2\pi}\right)^{\frac{D}{2}}\exp\left(-\frac{\gamma}{2}\|\boldsymbol{x}_n\|^2\right) \tag{6.33}$$

其中，β 和 γ 是超参数，取 $\beta=\lambda N$，$\gamma=\lambda G$，这里 λ（$0\leqslant\lambda\leqslant1$）是一个系数。

接下来，通过最大化式（6.28）中的后验概率 p（$\boldsymbol{X}$，$\boldsymbol{\Phi}\mid\mathcal{M}$）来估计参数 $\boldsymbol{X}$，$\boldsymbol{\Phi}$。对式（6.28）两边同时取 log，问题转化为如下最优化问题：

$$\boldsymbol{X},\boldsymbol{\Phi}=\max_{\boldsymbol{X},\boldsymbol{\Phi}}Q(\boldsymbol{X},\boldsymbol{\Phi}) \tag{6.34}$$

其中：

$$Q(\boldsymbol{X},\boldsymbol{\Phi})=\sum_{n=1}^{N}\sum_{g=1}^{G}\mathcal{M}_{n,g}\log P(g\mid \boldsymbol{x}_n,\boldsymbol{\Phi})+\sum_{n=1}^{N}\log p(\boldsymbol{x}_n)+\sum_{g=1}^{G}\log p(\phi_g) \tag{6.35}$$

采用拟牛顿法来求解这个最优化问题。Q（$\boldsymbol{X}$，$\boldsymbol{\Phi}$）相对于 $\boldsymbol{x}_n$ 和 ϕ_g 的偏导数分别如下：

$$\frac{\partial Q}{\partial \boldsymbol{x}_n}=\sum_{g=1}^{G}(MP(g\mid \boldsymbol{x}_n,\boldsymbol{\Phi})-\mathcal{M}_{n,g})(\boldsymbol{x}_n-\phi_g)-\gamma\boldsymbol{x}_n \tag{6.36}$$

$$\frac{\partial Q}{\partial \phi_g} = \sum_{n=1}^{N} (MP(g \mid \boldsymbol{x}_n, \boldsymbol{\Phi}) - \mathcal{M}_{n,g})(\phi_g - \boldsymbol{x}_n) - \beta \boldsymbol{phi}_g \tag{6.37}$$

当拟牛顿法收敛之后，将会得到 $\boldsymbol{X}$，$\boldsymbol{\Phi}$ 的一个局部最优解，即样本与组在嵌入空间中的坐标，这样，我们就可以对样本 n 的类别进行如下预测：

$$y_n = \max_{1 \leqslant g \leqslant c} P(g \mid \boldsymbol{x}_n, \boldsymbol{\Phi}) \tag{6.38}$$

其中 $1 \leqslant g \leqslant c$ 保证了将样本分配到由分类产生的组，而通过前面的说明，可知前 c 个由分类产生的组和分类模型最终的类别是一一对应的。另外，基于式（6.27）和前面的分析，我们得到和式（6.38）等价的另一种表示形式：

$$y_n = \min_{1 \leqslant g \leqslant c} \|\boldsymbol{x}_n - \boldsymbol{\Phi}\|^2 \tag{6.39}$$

UPE 算法的完整描述如算法 6.4 所示，在算法 6.4 中，定义 $f(\boldsymbol{X}, \boldsymbol{\Phi}) = -Q(\boldsymbol{X}, \boldsymbol{\Phi})$ 来将最大化问题转化为最小化问题。

算法 6.4　多模型合并问题的无约束概率嵌入算法

输入： M 个模型应用于数据集 C 上产生的 M 个标记结果 $C_1, \cdots, C_M$，其中，前 r 个是分类模型给出样本的类别，其余是聚类模型的标记结果，给出一个 cluster 的 ID。最大迭代次数 maxIteration。

输出： 一个标记结果 C_{out}，给出每一个样本对应的类别，即为最终的分类结果

1. 根据 $C_1, \cdots, C_M$ 计算组频矩阵 $\mathcal{M}$。
2. 采样初始组坐标。**For** $g=1, \cdots, G$:
3. 　$\phi_g^0 = \sim \text{Normal}(\boldsymbol{0}, \beta^{-1}, \boldsymbol{I})$
4. 采样初始样本坐标。**For** $n=1, \cdots, N$:
5. 　$\boldsymbol{x}_n^0 = \sim \text{Normal}(\boldsymbol{0}, \gamma^{-1}, \boldsymbol{I})$
6. 令 $\boldsymbol{x}^0 = [\boldsymbol{x}_1^0, \cdots, \boldsymbol{x}_N^0]^{\mathrm{T}}, \phi^0 = [\phi_1{}^0, \cdots, \phi_G{}^0]^{\mathrm{T}}$
7. 令 $f(\boldsymbol{X}, \boldsymbol{\Phi}) = -Q(\boldsymbol{X}, \boldsymbol{\Phi})$，参见式(6.35)
8. 如果 $|[\nabla f(\boldsymbol{x}^k), \nabla f(\phi^k)]^{\mathrm{T}}| \leqslant \varepsilon$，则转到第 15 步
9. 通过方程 $\boldsymbol{B}_k \boldsymbol{P}_k = [-\nabla f(\boldsymbol{x}^k), -\nabla f(\phi^k)]^{\mathrm{T}}$ 得到一个方向向量 P_k
10. 在上一步求出的方向上进行线性搜索（Line Search），得到一个可接受的步长 α_k，更新参数 $[\boldsymbol{x}^{k+1}, \phi^{k+1}]^{\mathrm{T}} = [\boldsymbol{x}^k, \phi^k]^{\mathrm{T}} + \alpha_k \boldsymbol{P}_k$
11. 令 $\boldsymbol{s}_k = \alpha_k \boldsymbol{P}_k$
12. 令 $z_k = [\nabla f(\boldsymbol{x}^{k+1}) - \nabla f(\boldsymbol{x}^k), \nabla f(\phi^{k+1}) - \nabla f(\phi^k)]^{\mathrm{T}}$，偏导公式参见式(6.36)和式(6.37)
13. 更新：$\boldsymbol{B}_{k+1} = \boldsymbol{B}_k + \frac{z_k z_k^{\mathrm{T}}}{z_k^{\mathrm{T}} s_k} - \frac{\boldsymbol{B} s_k \boldsymbol{B}_k s_k^{\mathrm{T}}}{s_k^{\mathrm{T}} \boldsymbol{B}_k s_k}$
14. $k=k+1$，如果 $k \leqslant$ maxIteration，则转到第 8 步
15. 从 $\boldsymbol{x}^k$ 和 ϕ^k 获得我们需要的参数 $\boldsymbol{X}, \boldsymbol{\Phi}$
16. 对于每个样本 $n=1, \cdots, N$，通过式(6.39)计算其类标签 y_n
17. 输出 $C_{out} = [y_1, \cdots, y_N]$

6.4 基于优化目标正则化的方法

模型正则化类的迁移学习方法直接在源领域模型的目标函数中添加正则化项。通过正则化项的约束，使得基于源领域的模型在目标领域上具有更好的泛化能力。例如，文献［99］中提出了一个用于多源域迁移学习的一致性正则化框架（Consensus Regularization Framework）。该框架通过引入基于信息熵的一致性约束，实现使基于不同源领域的分类器在目标领域上的预测结果尽可能保持一致。

方法　在一致性正则化框架中，假设拥有 m^S 个源领域和一个目标领域，它们一共有 D 种类别的样本。在每一个源领域上都可以训练一个分类器，记在源领域 k 上训练得到的分类器为 f_k^S。每一个分类器对目标领域中的样本 i 的预测结果都可以表示为一个概率分布的向量 $\boldsymbol{p}^i \in \mathbf{R}_+^d$，其中 $\boldsymbol{p}^i$ 中的元素分别代表样本 i 属于某一个类别的概率。将所有的分类器对样本 i 的预测输出向量取平均后，可以得到：

$$\overline{p_i} = \frac{\sum_{k=1}^{m^S} p_i^k}{m^S} \tag{6.40}$$

那么可以计算 $\overline{p_i}$ 的信息熵为

$$E(\overline{p_i}) = \sum_{i=1}^{D} \overline{p_i}(d) \log \frac{1}{\overline{p_i}(d)} \tag{6.41}$$

这里使用信息熵用来度量预测结果的一致性，即 E（$\overline{p_i}$）越大，表示多个分类器对样本 i 的预测结果的不一致性越大。我们以一个例子来说明：对于一个有 3 个分类器和 3 个类别的分类问题，我们给出如表 6.3 所示的三个分类器 h^1，h^2，h^3 对样本 x_1，x_2，x_3 的预测向量 p^1，p^2，p^3。从表 6.3 可以看到，这些分类器对于样本 x_1的预测一致性最高，达到了一致，预测为类别 1 的概率都为 1。因此当它们的一致性程度达到最大的时候，这些预测结果的平均概率分布向量的熵达到最小。另外，对于第三个样本 x_3，三个分类器预测的结果分别是以 1 的概率属于第 1，2，3 类，这些结果相互之间都不相同，一致性程度达到最小，即平均概率分布向量的熵达到最大。基于此，可以利用熵取负值作为分类器对样本预测结果一致性程度的度量值。

表 6.3　熵和概率分布向量的一致性度量

实例	p^1 by h^1	p^2 by h^2	p^3 by h^3	$\bar{p}$	信息熵	一致性
x_1	(1,0,0)	(1,0,0)	(1,0,0)	(1,0,0)	0	0
x_2	(0.75,0.25,0.05)	(0.8,0.1,0.1)	(0.6,0.25,0.15)	(0.7,0.2,0.1)	1.16	−1.16
x_3	(1,0,0)	(0,1,0)	(0,0,1)	(0.33,0.33,0.33)	1.59	−1.59

给出 m 个预测概率分布向量 $\{p^1, p^2, \cdots, p^m\}$，这些向量的一致性程度的度量定义如下：

$$C_e(p^1, p^2, \cdots, p^m) = -E(\bar{p}) \tag{6.42}$$

其中 E 是式（6.42）定义的 shannon 熵，$\bar{p}$ 是平均预测概率分布向量。由于只考虑两个一致性度量值的大小，因此允许它们的值是负数。在上面的定义下，很容易得到分类器对样本的预测结果的一致性程度度量值为$-E$（0.7，0.2，0.1）。

由于熵计算的复杂性，对于两类情况，即二分类问题下的概率分布向量，一致性度量可以简化为如下式子：

$$C_s(p^1, p^2, \cdots, p^m) = (\overline{p_1} - \overline{p_2})^2 = (\overline{p_1} - (1 - \overline{p_1}))^2 = (2\overline{p_1} - 1)^2 \tag{6.43}$$

我们认为仅仅比较两个度量值的大小，且在两类情况下，C_e 与 C_s 对一致性程度的度量是等价的。将不一致性度量作为约束项加入模型的目标函数，即得到：

$$\begin{aligned} \min_{f_k^S} & - \sum_{i=1}^{n_k^S} \log P\left(y_i^{S_k} \mid x_i^{S_k}; f_k^S\right) + \lambda_2 \omega\left(f_k^S\right) \\ & + \lambda_1 \sum_{i=1}^{n^{T,U}} \sum_{y_i \in Y} S\left(\frac{1}{m^S} \sum_{k_0=1}^{m^S} P(y_i \mid x_i^{T,U}; f_{k_0}^S)\right) \end{aligned} \tag{6.44}$$

其中，n_k^S 表示第 k 个源领域的样本数量，$n^{T,U}$ 表示目标领域 T 中 U 样本的数量，$y_i^{S_k}$ 表示第 k 个源领域中第 i 个样本的标签，y_i 表示目标领域中第 i 个样本的标签，$S(x) = -x\log x$。式（6.44）中的第一项用来量化第 k 个分类器在第 k 个源领域上的分类损失，而第二项以熵的形式约束不同模型在目标领域上预测结果的一致性。

模型推理　我们将从理论上说明，最大化任意两个分类器之间的一致性可以提高单个分类器的性能。为了简化分析，我们在这里以分析包含 1 和-1 两种标签的二分类问题为例，但此分析可以推广到任何多分类问题。我们可以在 m^S 个源领域上分别训练 m^S 个二分类模型，在此记作 f^1，…，f^{m^S}。此外，将目标标签记为 Y。将两个分类器分类结果不一致的情况称为分类“异议”，分类异议概率记为 $P(f^i \neq f^j)$。于是，我们可以有如下三个定义。

定义 1　非平凡分类器

如果一个分类器满足如下条件：

$$P(f = u \mid Y = u) > P(f = \bar{u} \mid Y = u) \tag{6.45}$$

其中 $u \in \{-1, 1\}$，而 $\bar{u}$ 是 u 的补集，那么我们可以称分类器 f 为非平凡分类器。换句话说，我们也可以用如下形式定义：

$$P(f = u \mid Y = u) > 1/2 \text{ 或 } P(f \neq u \mid Y = u) \leqslant 1/2 \tag{6.46}$$

定义 2　不完美分类器

如果一个分类器在目标领域上的准确率低于 100%，那么我们可将其称为不完美分类器。

定义 3　条件独立分类器

条件独立的分类器满足以下形式的定义。

$$P(f^i=u \mid f^j=v, Y=y)=P(f^i=u \mid Y=y) \tag{6.47}$$

其中 u，v，$y\in\{-1,1\}$，i，$j\in\{1,\cdots,m^S\}$ 并且 $i\neq j$。

根据上述定义，我们可以得出如下定理：

定理 1：如果满足条件独立，那么非平凡和非完美分类器间分类“异议”的概率是其分类错误概率的严格上界。

证明：分类器 f_i 分类错误的概率可表示为

$$\begin{aligned}P(f^i\neq Y)&=P(f^i=1,Y=-1)+P(f^i=-1,Y=1)\\&=P(f^i=1,f^j=-1,Y=-1)\\&\quad+P(f^i=1,f^j=1,Y=-1)\\&\quad+P(f^i=-1,f^j=-1,Y=1)\\&\quad+P(f^i=-1,f^j=1,Y=1)\end{aligned} \tag{6.48}$$

而分类器 f^i 和 f^j 间分类“异议”的概率可表示为

$$\begin{aligned}P(f^i\neq f^j)&=P(f^i=1,f^j=-1)+P(f^i=-1,f^j=1)\\&=P(f^i=1,f^j=-1,Y=-1)\\&\quad+P(f^i=1,f^j=-1,Y=1)\\&\quad+P(f^i=-1,f^j=1,Y=-1)\\&\quad+P(f^i=-1,f^j=1,Y=1)\end{aligned} \tag{6.49}$$

其中 i，$j\in 1$，$\cdots$，m^S，$i\neq j$。

因此为了证明 $P(f^i\neq Y)<P(f^i\neq f^j)$，我们只需要证明如下不等式：

$$\begin{aligned}&P(f^i=1,f^j=1,Y=-1)+P(f^i=-1,f^j=-1,Y=1)\\&<P(f^i=1,f^j=-1,Y=1)+P(f^i=-1,f^j=1,Y=-1)\end{aligned} \tag{6.50}$$

结合式（6.47）和贝叶斯原理，式（6.50）可以表示为

$$\begin{aligned}&P(f^i=1 \mid Y=-1)P(f^j=1,Y=-1)+P(f^i=-1 \mid Y=1)P(f^j=-1,Y=1)\\&<P(f^i=1 \mid Y=1)P(f^j=-1,Y=1)+P(f^i=-1 \mid Y=-1)P(f^j=1,Y=-1)\end{aligned} \tag{6.51}$$

根据定义 1 和定义 2，以下等式成立：

$$P(h^i = 1 \mid Y = -1) < P(f^i = -1 \mid Y = -1) \tag{6.52}$$

$$P(h^i = -1 \mid Y = 1) < P(f^i = 1 \mid Y = 1) \tag{6.53}$$

$$P(h^i = -1, Y = 1) > 0 \tag{6.54}$$

$$P(h^i = 1, Y = -1) > 0 \tag{6.55}$$

因此，式（6.51）成立，定理 1 得以证明，且可表示为

$$P(f^i \neq Y) < P(f^i \neq f^j) \tag{6.56}$$

那么：

$$1 - P(f^i = Y) < 1 - P(f^i = f^j) \tag{6.57}$$

$$Pr(f^i = Y) > Pr(f^i = f^j) \tag{6.58}$$

因此，我们可以通过最小化多个来自不同源领域的分类器在目标领域上的分类“异议”来提高分类的准确性，这一原理也体现在了式（6.44）中的第三项。

6.5 基于锚点的集成学习

通常来讲，在迁移学习中源领域和目标领域在整体上拥有不同的分布。然而，如果训练只在源领域和目标领域中一部分相似的区域内进行训练，那么模型则可能拥有较好的迁移性能。正如图 6.10 所示，图 6.10a 中绘制了源领域和目标领域的数据分布，其中红色的“*”和“△”代表正例，蓝色的“◦”和“□”代表负例。可以观察到，源领域和目标领域有着不同的数据分布，并且基于源领域的分类器对目标领域的样本做预测时不能取得良好的表现。如果仅从源领域和目标领域中相似的局部区域选择一些数据点用于训练，那么分类的性能或许可以更好。例如，图 6.10b 展示了给定一个红色实心锚点“•”的情况，其中锚点以外的其他样本点均计算了与锚点的余弦相似度。红色表示与锚点相似的样本，而黑色表示与锚点不相似的样本。可以看出，若选择位于源领域和目标领域中局部相似区域的数据点做分类，那么分类的性能相较于使用全部的样本会更好。

受上述现象的启发，文献［100］中提出了一种基于锚点（Anchor）适配的迁移学习框架（ENCHOR）。不同于 TrAdaBoost 等方法通过调整样本的权重来训练产生新的弱学习模型，ENCHOR 基于不同锚点的表征训练而得到一组弱分类器。具体来说，ENCHOR 按照一定策略选取源领域和目标领域中一组特定样本作为锚点。然后基于不同锚点，该模型将数据转换为多组不同的适配表征。其中与锚点越相似的样本，其转换后的适配表征与其原始特征将更加相似，反之则更加不相似。通过基于锚点的特征转换，源领域和目标领域的样本在锚点相邻的局部区域将拥有更相

似的分布。因此，在转换后的表征上训练得到的模型理论上可以在相应的局部样本中取得更好的性能表现。最终，ENCHOR 框架将基于多个锚点的弱分类器预测结果进行集成，得到最终的集成模型输出。接下来我们将具体介绍 ENCHOR 框架的设计细节。

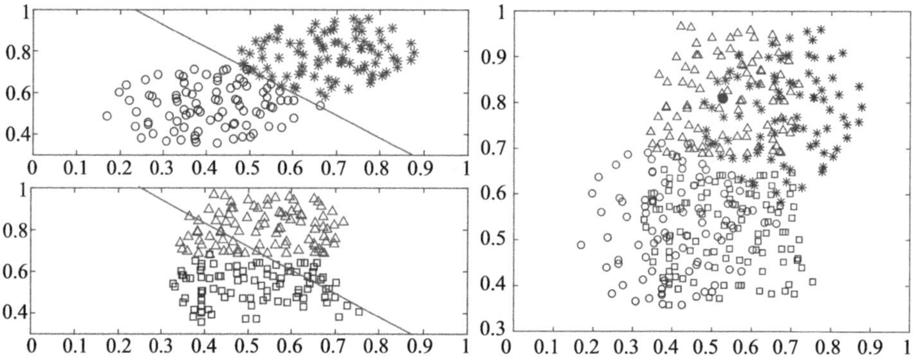

a）源领域和目标领域　　b）给定锚点及其相似的样本

图 6.10　基于锚点的集成学习示意图[100]（见彩插）

基于锚点的特征转换　给定带有标签的源领域数据 $D_S=\{\boldsymbol{x}_i^{(s)},\boldsymbol{y}_i^{(s)}\}|_{i=1}^{n_s}$，无标签的目标领域数据 $D_T=\{\boldsymbol{x}_i^{(t)}\}|_{i=1}^{n_t}$ 和它们的特征矩阵 $\boldsymbol{X}_S\in\mathbf{R}_+^{m\times n_s}$，$\boldsymbol{X}_T\in\mathbf{R}_+^{m\times n_t}$，其中 m 为特征的维度，n_s 和 n_t 分别代表源领域和目标领域的样本数量。首先我们从源领域和目标领域中选取 q 个样本作为锚点 $(\boldsymbol{a}_1,\boldsymbol{a}_2,\cdots,\boldsymbol{a}_q)$，然后计算每个锚点与源领域和目标领域中其他样本的相似度。相似度的计算可以选择高斯距离、余弦相似度或欧氏距离等。这里我们以余弦距离 $\cos(\boldsymbol{a},\boldsymbol{x})=\dfrac{\boldsymbol{a}^\top\boldsymbol{x}}{\sqrt{\boldsymbol{a}^\top\boldsymbol{a}}\sqrt{\boldsymbol{x}^\top\boldsymbol{x}}}$ 为例。基于每个锚点样本 $\boldsymbol{a}_\tau$，我们可以通过式（6.59）计算源领域和目标领域中样本的适配表征 $\hat{X}_S^\tau$ 和 $\hat{X}_T^\tau$。

$$
\begin{aligned}
\hat{X}_S^\tau &= \left(\cos\left(\boldsymbol{a}_\tau,\boldsymbol{x}_1^{(s)}\right)\cdot\boldsymbol{x}_1^{(s)},\cdots,\cos\left(\boldsymbol{a}_\tau,\boldsymbol{x}_{n_s}^{(s)}\right)\cdot\boldsymbol{x}_{n_s}^{(s)}\right)\\
\hat{X}_T^\tau &= \left(\cos\left(\boldsymbol{a}_\tau,\boldsymbol{x}_1^{(t)}\right)\cdot\boldsymbol{x}_1^{(t)},\cdots,\cos\left(\boldsymbol{a}_\tau,\boldsymbol{x}_{n_s}^{(t)}\right)\cdot\boldsymbol{x}_{n_s}^{(t)}\right)
\end{aligned}
\tag{6.59}
$$

通过基于锚点的特征转换，源领域和目标领域中与锚点相似度高的样本被保留，而与锚点相似度较低的样本的重要性被减弱。

集成多个弱分类器　给定 q 个样本作为锚点 $(\boldsymbol{a}_1,\boldsymbol{a}_2,\cdots,\boldsymbol{a}_q)$，通过特征转换我们可以得到 q 对新的源领域和目标领域特征（$(\hat{X}_S^1,\hat{X}_T^1)$，…，$(\hat{X}_S^q,\hat{X}_T^q)$）。基于每一对源领域和目标领域的特征矩阵，我们可以应用任何迁移学习的算法训练弱分类器并得到对目标领域的标签预测结果。那么对于 q 个给定的锚点，我们可以得到 q 个对目标领域的预测结果，表示为（$\hat{G}_T^{(1)}$，$\hat{G}_T^{(2)}$，…，$\hat{G}_T^{(q)}$），其中 $\hat{G}_T^{(\tau)}\in\mathbf{R}_+^{n_t\times c}$，（$\tau\in1$，…，

q)，而 c 为样本的类别数。矩阵 $\hat{\boldsymbol{G}}_T^{(\tau)}$ 中的每一行都代表着一个样本的类别预测结果，其服从于 $\sum_j^c \hat{G}_t(i,j)=1$，而 $\hat{G}_t(i,j)$ 为样本 $\boldsymbol{x}_i^{(t)}$ 属于类别 j 的概率。最终，ENCHOR 框架的预测结果为 q 个弱分类器预测结果的加权求和或简单的平均：

$$\bar{G}_T^w(i,\cdot)=\frac{\sum_{\tau=1}^{q}\cos(\boldsymbol{a}_\tau,\boldsymbol{x}_i^{(t)})\cdot\hat{G}_T^{(\tau)}(i,\cdot)}{\sum_{\tau'=1}^{q}\cos(\boldsymbol{a}_{\tau'},\boldsymbol{x}_i^{(t)})}$$

$$\bar{G}_T^a(i,\cdot)=\frac{\sum_{\tau=1}^{q}\hat{G}_T^{(\tau)}(i,\cdot)}{q} \tag{6.60}$$

ENCHOR 原论文中表示，平均和加权求和这两种方法在实验中性能表现得非常相似。

锚点选择策略 锚点的选择策略会影响集成框架的最终性能。例如，当选择异常值或位于低密度区域的样本作为锚点时，模型最终集成的分类性能很可能不理想。在 ENCHOR 框架中，作者设计了两个基于信息熵的锚点样本选择标准——**分类置信度**和**类别占比**。

以二元分类问题为例，如果一个样本 $\boldsymbol{x}$ 属于第一个类，那么我们认为预测向量（1，0）比（0.6，0.4）更好，因为（1，0）表明分类器以 100%的置信度将 $\boldsymbol{x}$ 分为了第一个类，而向量（0.6，0.4）的置信度为 60%。于是，可以定义弱分类器对于样本 i 的**分类置信度**如下：

$$\boldsymbol{E}_{c(i)}=\sum_{j=1}^{c}\hat{G}_t(i,j)\log_c\hat{G}_t(i,j)+1 \tag{6.61}$$

其中 $\log_c$ 是以 c 为底的对数函数，且 $\boldsymbol{E}_{c(i)}\in[0,1]$。较大的 $\boldsymbol{E}_{c(i)}$ 即表明分类器能够以较高置信度将样本 i 预测到某一类别。那么对于目标领域 $\boldsymbol{D}_T$ 中的全部样本，分类置信度可以表示为

$$\boldsymbol{E}_c=\frac{1}{n_t}\sum_{i=1}^{n_t}\boldsymbol{E}_{c(i)},\boldsymbol{E}_c\in[0,1] \tag{6.62}$$

显然，当分类器以 100%的置信度预测目标领域中的所有样本时，$\boldsymbol{E}_c$ 达到最大值 1。

ENCHOR 假设当分类器对目标领域的预测结果中各个类别的占比与目标领域的真实标签中各个类别的占比一致时，分类器会取得更好的性能。基于上述假设，**类别占比**这一指标被提出。这里，定义目标领域中真实的类别分布为 $\boldsymbol{p}=(p_1, p_2, \cdots, p_c)$，$\sum_i^c p_i=1$，而分类器预测的类别分布为 $\hat{\boldsymbol{p}}=(\hat{p}_1, \hat{p}_2, \cdots, \hat{p}_c)$，$\sum_i^c \hat{p}_i=1$。那么**类别占比**指标定义如下：

$$\boldsymbol{E}_r = \sum_{j=1}^{c} \frac{\hat{p}_i}{p_i \cdot N} \log_c \frac{p_i \cdot N}{\hat{p}_i}, \boldsymbol{E}_r \in [0,1] \tag{6.63}$$

其中，$N = \sum_{j=1}^{c} \frac{\hat{p}_i}{p_i}$，为归一化因子。当预测的类别分布与真实的类别分布相同时，即 $\hat{p}_c = p_c$，$\boldsymbol{E}_r$ 得到最大值 1。

基于**分类置信度**和**类别占比**这两种锚点选择标准，ENCHOR 定义如下高质量锚点选择指标：

$$\boldsymbol{E}_{cr} = \boldsymbol{E}_c \times \boldsymbol{E}_r, \boldsymbol{E}_{cr} \in [0,1] \tag{6.64}$$

通过定义公式（6.64）作为锚点选择策略，ENCHOR 使得分类器不仅能够以高置信度预测样本，而且预测的类别分布可以与真实类别分布相同。若在实际应用中，目标领域的真实类分布未知，则在计算 $\boldsymbol{E}_r$ 时取 $\boldsymbol{p} = \left(\frac{1}{c}, \frac{1}{c}, \cdots, \frac{1}{c}\right)$。

6.6 本章小结

本章对基于模型融合的迁移学习算法进行了介绍。首先介绍了集成学习的基本思想和原理，并介绍了基于 Boosting 的迁移学习算法，此类方法通过赋予源领域中与目标领域相似样本的权重以提升模型在目标领域中的性能。然后介绍融合有监督模型与无监督模型的迁移学习方法，比如 CLSU 和 UPE。最后介绍了基于优化目标正则化迁移学习方法和基于锚点的迁移学习方法。总结来说，基于模型融合的迁移学习方法可以有效地利用基于不同源领域、多类模型的知识，并在目标领域上取得良好的泛化性能。

第 7 章

基于图神经网络的迁移学习算法

真实世界的数据大多与图结构相关，如社交网络、引文网络和万维网。图神经网络（GNN）作为图数据的一种深度学习表示方法，在网络分析方面表现出了优异的性能，引起了人们极大的研究兴趣。它根据图结构和节点特征来学习节点或整个图的表示向量。GNN 遵循邻域聚合策略，通过聚合节点邻居的表示来迭代地更新节点的表示。在 k 次聚合迭代之后，节点的表示捕获其 k 跳网络邻域内的结构信息。从形式上讲，GNN 的第 k 层表示如下：

$$\boldsymbol{a}_v^{(k)} = \mathrm{AGGREGATE}^{(k)}\left(\left\{\boldsymbol{h}_u^{(k-1)}:u \in \mathcal{N}(v)\right\}\right), \boldsymbol{h}_v^{(k)} = \mathrm{COMBINE}^{(k)}\left((\boldsymbol{h}_v^{(k-1)}, \boldsymbol{a}_v^{(k)}\right) \tag{7.1}$$

其中 $\boldsymbol{h}_v^{(k)}$ 是第 k 次迭代的节点 v 的特征向量。初始化 $\boldsymbol{h}_v^{(0)}=\boldsymbol{X}_v$，$\mathcal{N}(v)$ 是与 v 相邻的一组节点。

当图中仅包含相同类型的节点和边时，称为同质图。同质图建模方法往往只抽取了实际交互系统中的部分信息，没有区分节点及其之间关系的异质性。异质图又称异质信息网络（HIN），它包含了多种不同类型节点之间的结构关系（边）以及与每个节点相关联的非结构化内容的丰富信息。近年来，图神经网络在同质图和异质图方面都取得了极大进展。然而大多数 GNN 只适用于单个域（图）中，不能将知识从某些域（图）迁移到其他域（图）。本章针对图结构数据的迁移学习算法进行介绍，具体内容组织如下：7.1 节将对图神经网络的迁移学习进行问题定义；7.2 节将介绍几种同质图神经网络的迁移学习算法，包括 DANE[101]、UDA-GCN[102]、ACDNE[103]；7.3 节将介绍几种异质图神经网络的迁移学习算法，如 MuSDAC[104]、HGA[105]；7.4 节将对本章进行总结。

7.1 问题定义

目前基于图神经网络的迁移学习研究大多采用领域自适应的方法。图 7.1 显示了图领域自适应的一个示例。给定一个节点完全具有标签信息的源网络和一个节点完全没有标签信息的目标网络，图神经网络的迁移学习算法旨在利用来自源网络中丰富的标签信息为目标网络构建准确的节点分类器。

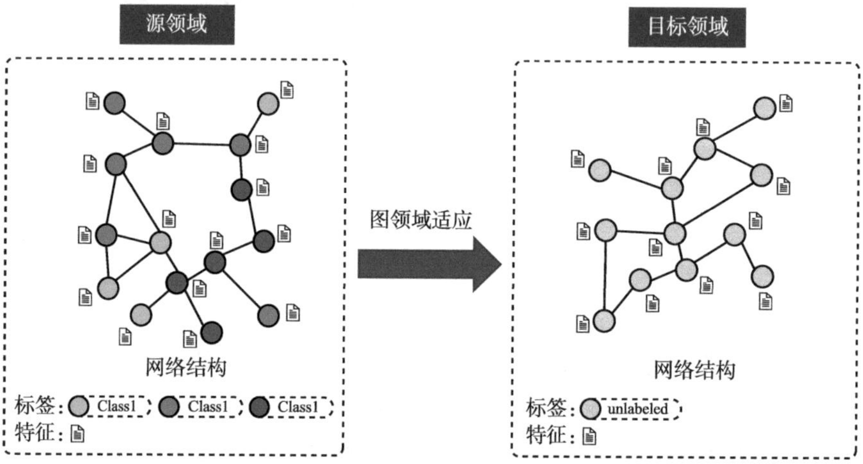

图 7.1 图领域自适应的一个例子。在给定目标领域图中所有节点都没有标签的情况下，域自适应的目的是从具有标签节点的源领域图中传递知识，从而对目标领域中的节点进行分类[102]

7.2 同质图神经网络的迁移学习算法

7.2.1 领域自适应网络嵌入

网络嵌入旨在将网络节点表示为低维向量，保留网络拓扑结构和节点内容信息，从而可以使用简单的现成机器学习算法（例如，用于分类的支持向量机）容易地执行后续的图分析任务。GNN 可以通过图自编码器框架来解决网络嵌入问题，而网络嵌入包含其他非深度学习方法，如矩阵分解和随机游走。

基于网络的域自适应需要满足以下两个约束。

1. 嵌入空间对齐

嵌入空间对齐的目的是将源网络 G_{src} 和目标网络 G_{tgt} 的节点映射到一个共享的嵌入空间 Z 中，其中结构相似的节点即使来自不同的网络也有相似的表示向量，这样

模型就可以在 G_{src} 和 G_{tgt} 上传递。

2. 分布对齐

分布对齐旨在约束源领域和目标领域的概率密度函数在嵌入空间中几乎处处接近，以便源网络和目标网络的嵌入向量可以具有相似的分布。

领域自适应网络嵌入模型（DANE[101]）利用共享权重图卷积网络（GCN[106]）来实现嵌入空间对齐，并应用对抗学习正则化来实现分布对齐。模型概述如图 7.2 所示。DANE 由两个主要部分组成：共享权重图卷积网络（SWGCN）将两个网络中的节点映射到一个共享嵌入空间中；对抗学习正则化，判别器被训练用来区分表示向量来自源网络还是目标网络，SWGCN 产生混淆判别器的表示向量。[101]

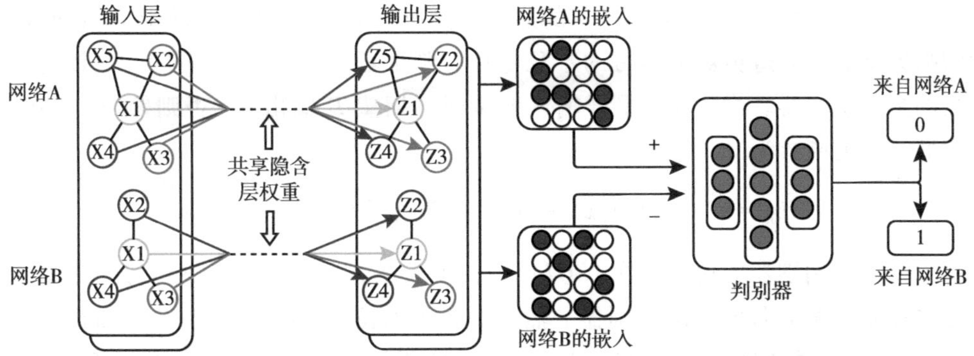

图 7.2　DANE 的结构

共享权重图卷积网络　如果节点对的局部结构（由节点本身和节点的 k 跳邻居组成的子图）相似，那么图卷积运算可以保持节点对的相似性。为了能够跨网络学习保持结构相似性的节点嵌入，在通过 GCN 将两个网络的节点编码为向量时，使用共享的可学习参数。共享权重图卷积网络可以将源网络 G_{src} 和目标网络 G_{tgt} 的节点映射到共享嵌入空间 Z，在该空间中结构相似的节点具有相似的表示向量。

GCN 基于节点特征矩阵 $\boldsymbol{X}$ 和邻接矩阵 $\boldsymbol{A}$ 将图中的每个顶点表示为嵌入向量。在 GCN 中，每一层可以表示如下：

$$\boldsymbol{H}^{(l+1)} = \sigma(\hat{\boldsymbol{D}}^{-\frac{1}{2}}\hat{\boldsymbol{A}}\hat{\boldsymbol{D}}^{-\frac{1}{2}}\boldsymbol{H}^{(l)}\boldsymbol{W}_l) \tag{7.2}$$

其中，$\hat{\boldsymbol{A}}=\boldsymbol{A}+\boldsymbol{I}_n$，$\hat{\boldsymbol{D}}_{i,i}=\sum_j \hat{A}_{i,j}$，$\boldsymbol{H}^{(l)}$ 是第 l 层的输出，$\boldsymbol{H}^{(0)}=\boldsymbol{X}$，$\sigma$ 是激活函数，$\boldsymbol{W}_l$ 是第 l 层的可学习参数。为了学习 G_{src} 和 G_{tgt} 的共享参数，同时在两个网络上应用多任务损失函数：

$$L_{gcn} = L_{G_{src}} + L_{G_{tgt}} \tag{7.3}$$

其中 $L_{G_{src}}$ 表示源图上的损失函数，$L_{G_{tgt}}$ 表示在目标图上计算的相同损失函数。为了判断图中节点之间的相似性，此处应用 LINE[107] 提出的一阶损失函数：

$$L_G = -\sum_{(i,j)\in E} \log \sigma(v_j \cdot v_i) - Q \cdot \mathbb{E}_{k \sim P_{neg}(N)} \log \sigma(-v_i \cdot v_k) \tag{7.4}$$

其中 E 是边的集合，Q 是负样本的数量，P_{neg} 是绘制负样本的噪声分布，σ 是 Sigmoid 函数。

对抗学习正则化 为了对齐 V_{src} 和 V_{tgt} 在嵌入空间 Z 中的分布，在模型中加入了对抗学习正则化。训练判别器用来区分嵌入向量来自哪个网络，并像 GAN 那样训练共享参数图卷积网络来混淆判别器。这种训练方法将迫使 $P(v \in V_{src} \mid v=z)$ 和 $P(v \in V_{tgt} \mid v=z)$ 在嵌入空间 Z 中几乎处处保持接近，这相当于分布对齐。

在这项工作中，受 LSGAN[108] 的启发，文献［10］中设计了基于 Pearson χ^2 散度的损失函数，以避免对抗学习的不稳定性。判别器 D 是一个在最后一层没有激活函数的多层感知器。当从 V_{src} 采样输入向量时，期望 D 输出 0，否则输出 1。因此，判别器的损失函数为

$$L_D = \mathbb{E}_{x \in V_{src}}[(D(x)-0)^2] + \mathbb{E}_{x \in V_{tgt}}[(D(x)-1)^2] \tag{7.5}$$

其中 $D(x)$ 是判别器的输出。在 LSGAN 中，生成器通过强制假样本的分布近似于真实样本的分布来单向地混淆判别器。然而，为了保持 DANE 的体系结构和损失函数的对称性，使其能够处理双向领域自适应，人们设计了以下对抗训练损失函数：

$$L_{adv} = \mathbb{E}_{x \in V_{src}}[(D(x)-1)^2] + \mathbb{E}_{x \in V_{tgt}}[(D(x)-0)^2] \tag{7.6}$$

将共享权重图卷积网络和对抗学习正则化的训练结合在一起，定义 DANE 的总体损失函数如下：

$$L = L_{gcn} + \lambda L_{adv} \tag{7.7}$$

其中 λ 是控制正则化权重的超参数。

7.2.2 无监督领域自适应图卷积网络

如图 7.3 所示，为了利用跨领域图分类器进行节点分类，无监督领域自适应图卷积网络（UDA-GCN[102]）总共有 3 个组成部分。

节点表示学习 为了对每个节点的语义信息进行编码（捕捉图的局部和全局信息），节点表示学习过程由两个图神经网络组成。对于局部一致性，引入了利用图邻接矩阵 $\boldsymbol{A}$ 的卷积方法。对于全局一致性，采用了另一种基于随机游走的卷积方法。

1. 局部一致性网络（Conv_A）

直接利用文献[109] 提出的 GCN 方法，将 Conv_A 表示为一种前馈神经网络。给

定输入特征矩阵 $\boldsymbol{X}$ 和邻接矩阵 $\boldsymbol{A}$，网络的第 i 个隐含层的输出 Z 被定义为

$$\text{Conv}_A^{(i)}(\boldsymbol{X})=\boldsymbol{Z}^{(i)}=\sigma\left(\hat{\boldsymbol{D}}^{-\frac{1}{2}}\hat{\boldsymbol{A}}\hat{\boldsymbol{D}}^{\frac{1}{2}}\boldsymbol{Z}^{(i-1)}\boldsymbol{W}^{(i)}\right) \tag{7.8}$$

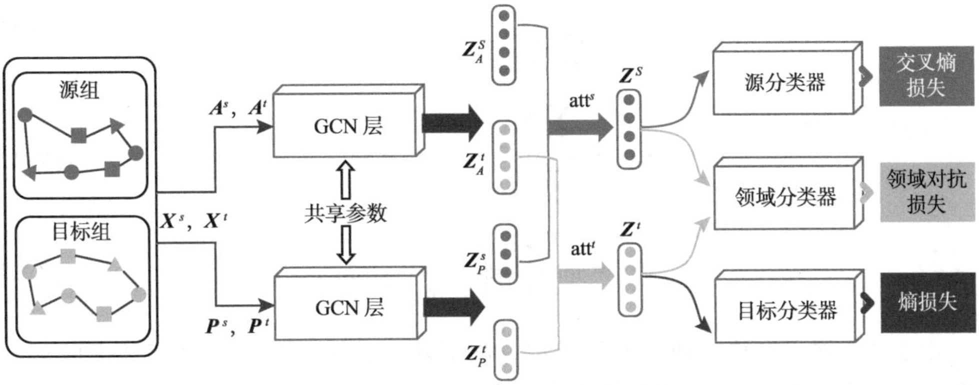

图 7.3　UDA-GCN 的结构。输入由来自源领域和目标领域的图组成。总体模型由三个部分组成：首先，使用对偶图卷积网络来捕捉每个图的局部和全局一致性关系；然后，提出一种基于图间的注意力机制来组合不同卷积网络的输出；最后，引入源分类器、领域分类器和目标分类器共同学习领域不变表示和语义表示[102]

其中 $\hat{\boldsymbol{A}}=\boldsymbol{A}+\boldsymbol{I}_n$ 是有自环的邻接矩阵（$\boldsymbol{I}_n\in\mathbf{R}^{n\times n}$ 是单位矩阵），$\hat{D}_{i,i}=\sum_j\hat{A}_{i,j}$。因此，$\hat{\boldsymbol{D}}^{-\frac{1}{2}}\hat{\boldsymbol{A}}\hat{\boldsymbol{D}}^{\frac{1}{2}}$ 是规范化的邻接矩阵。$\boldsymbol{Z}^{(i-1)}$ 是第 $i-1$ 层的输出，$\boldsymbol{Z}^{(0)}=\boldsymbol{X}$，$\boldsymbol{W}^{(i)}$ 是网络的可训练参数，$\sigma(\cdot)$ 表示激活函数。

2. 全局一致性网络（Conv_P）

除了由邻接矩阵 $\boldsymbol{A}$ 定义的 Conv_A 外，还引入了一种基于逐点互信息矩阵（PPMI）的卷积方法来编码全局信息，记为矩阵 $\boldsymbol{P}\in\mathbf{R}^{N\times N}$。

在获得矩阵 $\boldsymbol{P}$ 之前，首先使用随机游走来计算频率矩阵 $\boldsymbol{F}$。

（a）频率矩阵 $\boldsymbol{F}$

描述随机游走者访问的节点序列可以看作马尔可夫链的一种特例。如果随机游走者在时间 t 时处于节点 x_i 上，将状态定义为 $s(t)=x_i$。从当前节点 x_i 跳到其邻居 x_j 的转移概率表示为 $p(s(t+1)=x_j\mid s(t)=x_i)$。给定邻接矩阵 $\boldsymbol{A}$，指定转移概率矩阵为

$$p(s(t+1)=x_j\mid s(t)=x_i)=\boldsymbol{A}_{i,j}/\sum_j\boldsymbol{A}_{i,j} \tag{7.9}$$

（b）逐点互信息矩阵 $\boldsymbol{P}$

在计算频率矩阵 $\boldsymbol{F}$ 之后，$\boldsymbol{F}$ 中的第 i 行是行向量 $\boldsymbol{F}_{i,:}$，并且 $\boldsymbol{F}$ 中的第 j 列是列向量 $\boldsymbol{F}_{:,j}$。$\boldsymbol{F}_{i,:}$ 对应于节点 x_i，而 $\boldsymbol{F}_{:,j}$ 对应于上下文 $\boldsymbol{C}_j$。上下文被定义为 $\boldsymbol{X}$ 中的所有节点。$\boldsymbol{F}_{i,j}$ 的值是 $\boldsymbol{X}_i$ 在上下文 $\boldsymbol{C}_j$ 中出现的次数。基于 $\boldsymbol{F}$，计算 PPMI 矩阵 $\boldsymbol{P}\in\mathbf{R}^{N\times N}$ 为

$$p_{i,j} = \frac{F_{i,j}}{\sum_{i,j} F_{i,j}} \tag{7.10}$$

$$p_{i,*} = \frac{\sum_{j} F_{i,j}}{\sum_{i,j} F_{i,j}} \tag{7.11}$$

$$p_{*,j} = \frac{\sum_{i} F_{i,j}}{\sum_{i,j} F_{i,j}} \tag{7.12}$$

$$P_{i,j} = \max\left\{\log\left(\frac{p_{i,j}}{p_{i,*}p_{*,j}}\right),0\right\} \tag{7.13}$$

由于节点嵌入模块由两个网络组成，除了基于邻接矩阵 $\boldsymbol{A}$ 定义相似度的 $\mathrm{Conv}_{\boldsymbol{A}}$ 之外，另一个网络 $\mathrm{Conv}_{\boldsymbol{P}}$ 由 PPMI 矩阵 $\boldsymbol{P}$ 定义的相似度导出。该神经网络由以下表达式给出：

$$\mathrm{Conv}_{\boldsymbol{P}}^{(i)}(\boldsymbol{X}) = \boldsymbol{Z}^{(i)} = \sigma\left(\hat{\boldsymbol{D}}^{-\frac{1}{2}}\tilde{\boldsymbol{P}}\tilde{\boldsymbol{D}}^{\frac{1}{2}}\boldsymbol{Z}^{(i-1)}\boldsymbol{W}^{(i)}\right) \tag{7.14}$$

其中 $\boldsymbol{P}$ 是 PPMI 矩阵，$D_{i,i} = \sum_{j} P_{i,j}$ 用于归一化。此外，通过使用与 $\mathrm{Conv}_{\boldsymbol{A}}$ 相同的神经网络结构，两者可以非常简洁地结合在一起。因此，源图和目标图被输入到参数共享节点嵌入模块来学习节点的表示。

图间注意机制 在对源图和目标图进行节点嵌入后，得到了源图的 $\boldsymbol{Z}_{\boldsymbol{A}}^{s}$ 和 $\boldsymbol{Z}_{\boldsymbol{P}}^{s}$ 以及目标图的 $\boldsymbol{Z}_{\boldsymbol{A}}^{t}$ 和 $\boldsymbol{Z}_{\boldsymbol{P}}^{t}$ 四种嵌入方式，需要聚合来自不同图的嵌入以产生统一的表示。对于每个域，由于来自局部一致性网络和全局一致性网络的嵌入对学习节点表示的贡献不同，因此采用图间注意机制捕捉来自每个域的每个嵌入的重要性。

$$\mathrm{att}_{\boldsymbol{A}}^{k} = f(\boldsymbol{Z}_{\boldsymbol{A}}^{k}, \boldsymbol{J}\boldsymbol{X}^{k}) \tag{7.15}$$

$$\mathrm{att}_{\boldsymbol{P}}^{k} = f(\boldsymbol{Z}_{\boldsymbol{P}}^{k}, \boldsymbol{J}\boldsymbol{X}^{k}) \tag{7.16}$$

其中 k 表示是来自源领域 s 还是目标领域 t，$\boldsymbol{J}$ 是使输入 $\boldsymbol{X}^{k}$ 与输出 $\boldsymbol{Z}_{\boldsymbol{A}}^{k}$ 和 $\boldsymbol{Z}_{\boldsymbol{P}}^{k}$ 具有相同维度的共享权重矩阵。然后利用 softmax 层进一步归一化权重 att^{k}。

$$\mathrm{att}_{\boldsymbol{A}}^{k} = \frac{\exp(\mathrm{att}_{\boldsymbol{A}}^{k})}{\exp(\mathrm{att}_{\boldsymbol{A}}^{k} + \mathrm{att}_{\boldsymbol{P}}^{k})} \tag{7.17}$$

$$\mathrm{att}_{\boldsymbol{P}}^{k} = \frac{\exp(\mathrm{att}_{\boldsymbol{P}}^{k})}{\exp(\mathrm{att}_{\boldsymbol{A}}^{k} + \mathrm{att}_{\boldsymbol{P}}^{k})} \tag{7.18}$$

实施注意机制后得到最终的输出 $\boldsymbol{Z}^{s}$ 和 $\boldsymbol{Z}^{t}$：

$$\boldsymbol{Z}^{s} = \mathrm{att}_{\boldsymbol{A}}^{s}\boldsymbol{Z}_{\boldsymbol{A}}^{s} + \mathrm{att}_{\boldsymbol{P}}^{s}\boldsymbol{Z}_{\boldsymbol{P}}^{s} \tag{7.19}$$

$$Z^t = \mathrm{att}_A^t Z_A^t + \mathrm{att}_P^t Z_P^t \tag{7.20}$$

跨域节点分类的领域自适应学习　为了便于图之间传递知识，人们提出了一个领域自适应学习模块，将源分类器损失、领域分类器损失和目标分类器损失这三个不同的损失函数作为一个整体进行优化，从而可以区分源领域中的类别标签、不同领域的样本和目标领域的类别标签。总体目标如下：

$$\mathcal{L}(Z^s, Y^s, Z^t) = \mathcal{L}_S(Z^s, Y^s) + \gamma_1 \mathcal{L}_{DA}(Z^s, Z^t) + \gamma_2 \mathcal{L}_T(Z^t) \tag{7.21}$$

其中，γ_1 和 γ_2 是平衡参数。$\mathcal{L}_S$、$\mathcal{L}_{DA}$和$\mathcal{L}_T$分别表示源分类器损失、域分类器损失和目标分类器损失。

7.2.3　用于跨网络节点分类的对抗深度网络嵌入算法

学习适当的节点表示，以成功地利用来自源网络中丰富的标签信息来预测目标网络的节点标签。对抗跨网络深度网络嵌入（ACDNE）模型[103] 将深度网络嵌入与对抗领域自适应相结合。图 7.4 所示为 ACDNE 模型的体系结构，它包括三个主要组成部分，即深度网络嵌入、节点分类器和域判别器，其中上标 s 和 t 分别表示来自源网络和来自目标网络的节点。

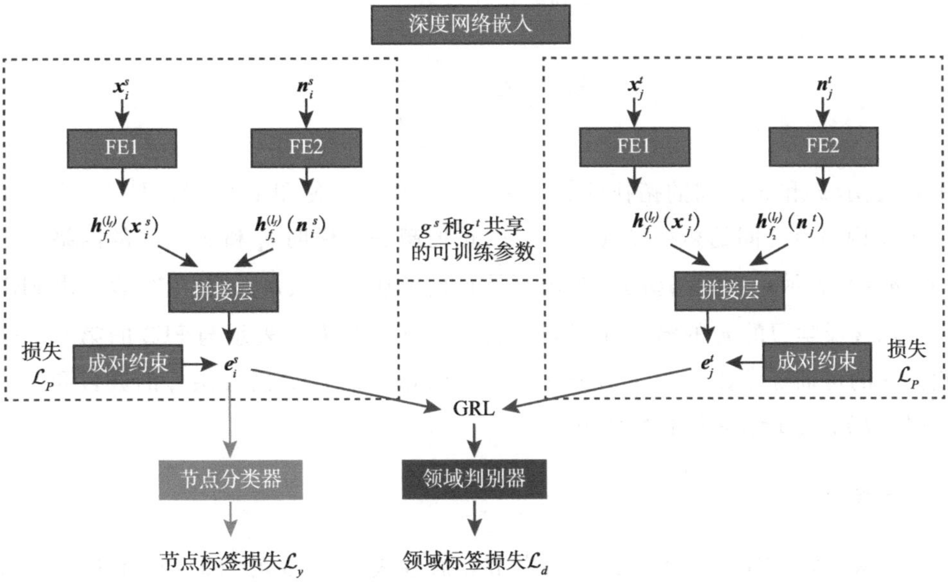

图 7.4　ACDNE 的模型体系结构[103]

深度网络嵌入　深度网络嵌入模块包含两个特征提取器、一个拼接层和一个成对约束。

1. 特征提取器

首先，给定每个节点的属性作为输入，构造具有 l_f 个隐含层的第一个特征提取器（FE1）：

$$\boldsymbol{h}_{f_1}^{(k)}(\boldsymbol{x}_i) = \mathrm{ReLU}\left(\boldsymbol{h}_{f_1}^{(k-1)}(\boldsymbol{x}_i)\boldsymbol{W}_{f_1}^{(k)} + \boldsymbol{b}_{f_1}^{(k)}\right), 1 \leqslant k \leqslant l_f \tag{7.22}$$

其中 $\boldsymbol{h}_{f_1}^{(0)}(\boldsymbol{x}_i)=\boldsymbol{x}_i \in \mathbf{R}^{1\times w}$ 表示 v_i 的输入属性向量。x_{ik} 是 v_i 的第 k 个属性值，$x_{ik}=0$ 表示 v_i 与第 k 个属性不关联。$\boldsymbol{h}_{f_1}^{(k)}(\boldsymbol{x}_i)\in\mathbf{R}^{1\times f(k)}$，$1\leqslant k\leqslant l_f$，表示由 FE1 的第 k 个隐含层学习到的 v_i 的潜在节点属性表示，$f(k)$ 为 FE1 的第 k 个隐含层的维数。$\boldsymbol{W}_{f_1}^{(k)}$ 和 $\boldsymbol{b}_{f_1}^{(k)}$ 表示与 FE1 的第 k 个隐含层相关联的可训练权重和偏差参数。ReLU（·）是代表 $\mathrm{ReLU}(x)=\max(0, x)$ 的非线性激活函数。

其次，以邻居属性为输入，构造具有 l_f 隐含层的第二特征提取器（FE2）：

$$\boldsymbol{h}_{f_2}^{(k)}(\boldsymbol{n}_i) = \mathrm{ReLU}\left(\boldsymbol{h}_{f_2}^{(k-1)}(\boldsymbol{n}_i)\boldsymbol{W}_{f_2}^{(k)} + \boldsymbol{b}_{f_2}^{(k)}\right), 1 \leqslant k \leqslant l_f \tag{7.23}$$

其中 $\boldsymbol{h}_{f_2}^{(0)}(\boldsymbol{n}_i)=\boldsymbol{n}_i\in\mathbf{R}^{1\times w}$ 表示 v_i 的输入邻居的属性向量。为了计算 $\boldsymbol{n}_i$，通过将更近的邻居赋予更高的权重（即与 v_i 具有更高的拓扑接近度）来聚合邻居的属性，如下所示：

$$n_{ik} = \sum_{j=1,j\neq i}^{n} \frac{a_{ij}}{\sum_{g=1,g\neq i}^{n} a_{ig}} x_{jk} \tag{7.24}$$

其中 a_{ij} 表示 v_i 和 v_j 之间的拓扑近似。在这项工作中，使用 PPMI 度量[110] 来测量网络中 K 步内节点之间的拓扑接近度。a_{ij} 的正值越高，说明 v_i 和 v_j 之间的网络关系越密切，$a_{ij}=0$ 表示 v_j 在网络 $\mathcal{G}$ 的 K 步内不是 v_i 的邻居。$\boldsymbol{h}_{f_2}^{(k)}(\boldsymbol{n}_i)\in\mathbf{R}^{1\times f(k)}$ 表示由 FE2 的第 k 个隐含层学习的 v_i 的潜在邻居属性表示。$\boldsymbol{W}_{f_2}^{(k)}$ 和 $\boldsymbol{b}_{f_2}^{(k)}$ 表示与 FE2 的第 k 个隐含层相关联的可训练参数。在 ACDNE 中，对于 FE1 和 FE2，隐含层 l_f 的数目和第 k 个隐含层 $f(k)$，$\forall 1\leqslant k\leqslant l_f$ 的维度相同。

2. 拼接层

接下来，将 FE1 学习到的最深潜在节点属性表示（即 $\boldsymbol{h}_{f_1}^{(l_f)}(\boldsymbol{x}_i)$）和 FE2 学习到的最深潜在邻居属性表示（即 $\boldsymbol{h}_{f_2}^{(l_f)}(\boldsymbol{n}_i)$）输入拼接层，如下所示：

$$\boldsymbol{e}_i = \mathrm{ReLU}\left(\left[\boldsymbol{h}_{f_1}^{(l_f)}(\boldsymbol{x}_i), \boldsymbol{h}_{f_2}^{(l_f)}(\boldsymbol{n}_i)\right]\boldsymbol{W}_c + b_c\right) \tag{7.25}$$

其中 $\boldsymbol{e}_i\in\mathbf{R}^{1\times d}$ 表示由 ACDNE 最终学习的 v_i 的节点表示，d 表示嵌入维数。$[\boldsymbol{h}_{f_1}^{(l_f)}(\boldsymbol{x}_i), \boldsymbol{h}_{f_2}^{(l_f)}(\boldsymbol{n}_i)]$ 表示 $\boldsymbol{h}_{f_1}^{(l_f)}(\boldsymbol{x}_i)$ 和 $\boldsymbol{h}_{f_2}^{(l_f)}(\boldsymbol{n}_i)$ 的拼接，$\boldsymbol{W}_c$，b_c 是与拼接层相关联的可训练参

数。一方面，通过利用每个节点自身的属性作为 FE1 的输入，共享相似属性的节点将具有相似的潜在节点属性表示，无论它们是否有网络连接。另一方面，通过在 FE2 中利用邻居的属性作为输入，共享相似邻居或其邻居共享相似属性的节点将具有相似的潜在邻居属性表示。然后，通过整合 FE1 和 FE2 学习的潜在表示来学习拼接层之后的最终节点表示，可以很好地保持节点之间的属性亲和度和拓扑接近度。

3. 成对约束

接下来，在节点表示上加入以下成对约束，以显式地保持每个网络内节点之间的拓扑接近：

$$\mathcal{L}_p=\frac{1}{n^s}\sum_{v_i,v_j\in V^s}a_{ij}\|\boldsymbol{e}_i-\boldsymbol{e}_j\|^2+\frac{1}{n^t}\sum_{v_i,v_j\in V^t}a_{ij}\|\boldsymbol{e}_i-\boldsymbol{e}_j\|^2 \tag{7.26}$$

其中 n^s 和 n^t 分别表示$\mathcal{G}^s$和$\mathcal{G}^t$中的节点数。通过最小化$\mathcal{L}_p$，源网络内或目标网络内的更强连接的节点将具有更相似的节点表示。为简单起见，将与上述深度网络嵌入模块相关联的所有可训练参数表示为 $\theta_e=\{\{\boldsymbol{W}_{f_1}^{(k)},\ \boldsymbol{b}_{f_1}^{(k)},\ \boldsymbol{W}_{f_2}^{(k)},\ \boldsymbol{b}_{f_2}^{(k)}\}_{k=1}^{l_f},\ \boldsymbol{W}_c,\ \boldsymbol{b}_c\}$。

节点分类器　为了使节点表示具有标签区分性，通过在深度网络嵌入模块的顶部添加节点分类器来合并来自源网络的监督信号，如下所示：

$$\hat{\boldsymbol{y}}_i=\phi(\boldsymbol{e}_i\boldsymbol{W}_y+\boldsymbol{b}_y) \tag{7.27}$$

其中 $\hat{\boldsymbol{y}}_i\in\mathbf{R}^{1\times c}$ 表示 c 个标签类别上 v_i 的预测概率。$\phi(\cdot)$ 是分类器的输出函数，可以使用 softmax 函数进行多类分类，也可以使用 Sigmoid 函数进行多标签分类。$\theta_y=\{\boldsymbol{W}_y,\ \boldsymbol{b}_y\}$ 表示与节点分类相关联的可训练参数。通过利用源网络中的所有标记节点进行训练，定义用于多类节点分类的 softmax 交叉熵损失，如下所示：

$$\mathcal{L}_y=-\frac{1}{n^s}\sum_{v_i\in V^s}\sum_{k=1}^{c}y_{ik}\log(\hat{y}_{ik}) \tag{7.28}$$

其中 y_{ik} 表示 v_i 的地面真实标签，如果 v_i 与标签 k 相关联，则 $y_{ik}=1$，否则 $y_{ik}=0$。$\hat{y}_{ik}$ 表示 v_i 被标注为 k 类的预测概率，另外，对于多标签节点分类，一对多 Sigmoid 交叉熵损失定义为

$$\mathcal{L}_y=-\frac{1}{n^s}\sum_{v_i\in V^s}\sum_{k=1}^{c}y_{ik}\log(\hat{y}_{ik})+(1-y_{ik})\log(1-\hat{y}_{ik}) \tag{7.29}$$

对抗领域自适应　接下来，使用对抗领域自适应方法来使 ACDNE 学习的节点表示保持网络不变。首先，可以将深度网络嵌入模块学习到的节点表示反馈给域判别器，以预测节点来自哪个网络，如下所示：

$$\boldsymbol{h}_d^{(k)}(\boldsymbol{e}_i)=\mathrm{ReLU}\left(\boldsymbol{h}_d^{(k-1)}(\boldsymbol{e}_i)\boldsymbol{W}_d^{(k)}+\boldsymbol{b}_d^{(k)}\right),1\leqslant k\leqslant l_d$$

$$\hat{d}_i = \text{softmax}\left(\boldsymbol{h}_d^{(l_d)}(\boldsymbol{e}_i)\boldsymbol{W}_d^{(l_d+1)} + \boldsymbol{b}_d^{(l_d+1)}\right) \tag{7.30}$$

其中 $\boldsymbol{h}_d^{(0)}(\boldsymbol{e}_i)=\boldsymbol{e}_i$，$\boldsymbol{h}_d^{(k)}(\boldsymbol{e}_i)\in\mathbf{R}^{1\times d(k)}$ 表示由域判别器的第 k 个隐含层学习的 v_i 的域表示，$d(k)$ 是第 k 个隐含层的维度，l_d 是域判别器中的隐含层数。$\theta_d=\{\boldsymbol{W}_d^{(k)}, \boldsymbol{b}_d^{(k)}\}_{k=1}^{l_d+1}$ 表示与域判别器相关联的可训练参数。

然后，通过利用来自源网络以及来自目标网络的节点进行训练，域分类损失被定义为

$$\mathcal{L}_d=-\frac{1}{n^s+n^t}\sum_{v_i\in\{V^s\cup V^t\}}(1-d_i)\log(1-\hat{d}_i)+d_i\log(\hat{d}_i) \tag{7.31}$$

其中 d_i 是 v_i 真实的域标签：如果 $v_i\in V^t$，则 $d_i=1$；如果 $v_i\in V^s$，则 $d_i=0$。$\hat{d}_i$ 表示 v_i 来自目标网络的预测概率。为了使节点表示具有网络不变性，域判别器和深度网络嵌入模块以对抗的方式相互竞争。一方面，$\min_{\theta_d}\{\mathcal{L}_d\}$ 使域判别器能够准确地区分源网络和目标网络的节点表示；另一方面，训练深度网络嵌入模块来生成跨网络不可区分的节点表示，从而欺骗域判别器。

联合训练 通过集成深度网络嵌入、节点分类器和对抗领域自适应，ACDNE 的目标是优化以下极大极小目标：

$$\min_{\theta_e,\theta_y}\{\mathcal{L}_y+p\,\mathcal{L}_p+\lambda\max_{\theta_d}\{-\mathcal{L}_d\}\} \tag{7.32}$$

其中 p，λ 是平衡不同项影响的权衡参数。在深度网络嵌入模块和域判别器之间插入梯度反转层（GRL），以便在反向传播过程中同时更新它们。GRL 对域分类损失 $\mathcal{L}_d$ 相对于网络嵌入参数 θ_e 的偏导数求逆，并将其乘以系数 λ。然后，ACDNE 可以通过随机梯度下降（SGD）进行如下优化：

$$\begin{aligned}
\theta_e &\leftarrow \theta_e-\mu\left(\frac{\partial\mathcal{L}_y}{\partial\theta_e}+p\frac{\partial\mathcal{L}_p}{\partial\theta_e}-\lambda\frac{\partial\mathcal{L}_d}{\partial\theta_e}\right)\\
\theta_y &\leftarrow \theta_y-\mu\frac{\partial\mathcal{L}_y}{\partial\theta_y}\\
\theta_d &\leftarrow \theta_d-\mu\frac{\partial\mathcal{L}_d}{\partial\theta_d}
\end{aligned} \tag{7.33}$$

其中 μ 表示学习速率。

7.3 异质图神经网络的迁移学习算法

前面介绍的方法是在同质图之间的域自适应，不能直接应用于异质图。给定两个异质图（$\mathcal{G}_S$，$\mathcal{X}_S$）和（$\mathcal{G}_T$，$\mathcal{X}_T$），其中 $\mathcal{G}_S$，$\mathcal{G}_T$ 共享相同的节点和边类型，$\mathcal{X}$ 表示节点

的特征。异质图上的迁移学习旨在利用两个网络上的结构信息以及源领域中节点$\mathcal{V}_S$上的标签来预测目标领域中节点$\mathcal{V}_T$的标签。

7.3.1　异质信息网络中的领域自适应分类

许多异质信息网络（Heterogeneous Information Network，HIN）上的嵌入模型应用基于元路径的多通道体系结构[111]，其中节点在最终融合到下游任务的单个表示集合之前，通过多个 GNN 通道映射到多个嵌入空间[112]。多空间域自适应分类（MuSDAC[104]）采用多通道共享权重的 GCN 将源领域和目标领域的节点映射到多个嵌入空间，在多个嵌入空间中应用多空间对齐，从而在每个空间内独立地保留 HIN 丰富的语义层次，如图 7.5 所示。

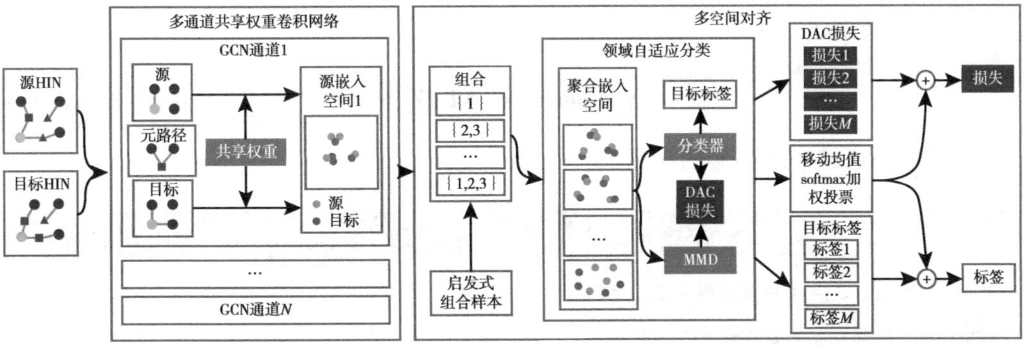

图 7.5　MuSDAC 的结构。MuSDAC 采用多通道共享权重 GCN 处理基于元路径的 HIN，并采用多空间对齐来识别 DA 分类任务的可迁移语义信息[104]

首先给出异质信息网络和多通道网络的定义。

1. 异质网络[113]

异质网络$\mathcal{G}$由具有 n 类节点的节点集$\mathcal{V}=\cup_{i=1}^{n}\mathcal{V}_i$和具有 m 类边的边集$\mathcal{E}=\cup_{i=1}^{m}\mathcal{E}_i$组成。在异质网络中，元路径 $\boldsymbol{\Phi}_i$ 是形式为$\mathcal{V}_{i_1}\xrightarrow{\varepsilon_{i_1}}\mathcal{V}_{i_2}\xrightarrow{\varepsilon_{i_2}}\cdots\xrightarrow{\varepsilon_{i_1}}\mathcal{V}_{i(l+1)}$的路径，它定义了两个节点$\mathcal{V}_{i_1}$、$\mathcal{V}_{i_{(l+1)}}$之间的复合关系。

2. 多通道网络[112]

将 HIN 分解为一个具有元路径集 $\boldsymbol{\Phi}=\{\boldsymbol{\Phi}_1,\ \cdots,\ \boldsymbol{\Phi}_N\}$ 的多通道网络，其中每个通道都是一个同质网络。

下面将介绍 MuSDAC，这是一种基于 HIN 的无监督领域自适应分类模型。

多通道共享权重 GCN　为了处理异质信息，使用元路径集 $\boldsymbol{\Phi}$ 将源 HIN $\mathcal{G}_S$和目标 HIN $\mathcal{G}_T$分解成多通道网络，并通过 N 个独立的 GCN 产生原始通道嵌入集合$\mathcal{C}=\{\boldsymbol{C}_l \mid l=1,\ \cdots,\ N\}$：

$$C_l = \hat{A}_l \sigma(\hat{A}_l \mathcal{X} W_l^{(0)}) W_l^{(1)} \tag{7.34}$$

其中 $\hat{A} = \widetilde{D}^{-\frac{1}{2}} \widetilde{A} \widetilde{D}^{-\frac{1}{2}}$，$\widetilde{A} = A + I_N$，$\widetilde{D}_{i,i} = \sum_j \widetilde{A}_{i,j}$。在通道 l 内，应用共享参数集 $\{W_l^{(0)}, W_l^{(1)}\}$ 将两个网络中的节点映射到相同的嵌入空间。

多空间对齐 为了提取 HIN 中的复杂关系特征，通过一维卷积将$\mathcal{C}$的子集 $\mathcal{C}_Z = \{C_l \mid l \in Z\}$ 与 $Z \subseteq \{1, \cdots, N\}$ 且 $Z \neq \emptyset$ 组合在一起[112]。将 $\mathcal{M}_Z$ 表示为具有组合 Z 的聚合通道的嵌入。利用算法 7.1 生成组合$\mathcal{Z} = \{Z_j \mid j = 1, \cdots, M\}$，其中包含具有可区分性的 $M = \mathcal{O}(N)$ 个组合。然后将节点重新映射到几个新的嵌入空间，得到聚合通道嵌入集 $\mathcal{M} = \{\mathcal{M}_{Z_j} \mid j = 1, \cdots, M\}$，其中 $\mathcal{M}_{Z_j}$ 是单个嵌入矩阵。

在第 j 个聚合通道 Z_j 中，将 $\mathcal{M}_{Z_j,S}$，$\mathcal{M}_{Z_j,T}$ 表示为源实例和目标实例的嵌入，在其上使用分类器进行预测。

$$\hat{\mathcal{Y}}_j = \text{softmax}(\mathcal{M}_{Z_j} W_j^C) \tag{7.35}$$

其中 W_j^C 是 j 通道中分类器的参数。

算法 7.1 启发式组合抽样算法

输入： 预测试集 $\tilde{\mathcal{Z}} := \emptyset$，待测试集合 $\mathcal{Z}_{\text{test}} := \{\{i\} \mid i = 1, \cdots, N\}$

输出： 具有最低 $L_{Z,D}$ 的 $\tilde{\mathcal{Z}}$ 中的 M 个元素

for $w = 1, 2, \cdots, N$ **do**
　对 $\mathcal{Z}_{\text{test}}$ 中的组合进行预测试
　$\tilde{\mathcal{Z}} := \tilde{\mathcal{Z}} \cup \mathcal{Z}_{\text{test}}$，$\tilde{\mathcal{Z}}_{\text{test}} := \emptyset$
　if $w \neq N$ **then**
　　for $Z \in \mathcal{Z}_{\text{test}}$ **do**
　　　for $i \in 1, 2, \cdots, N \wedge i \notin Z$ **do**
　　　　$\tilde{Z} = Z \cup \{i\}$
　　　　预测 $\tilde{L}_{\tilde{Z},D}$
　　　　$\tilde{\mathcal{Z}}_{\text{test}} := \tilde{\mathcal{Z}}_{\text{test}} \cup \{\tilde{Z}\}$
　　$\mathcal{Z}_{\text{test}} :=$ 最低 $\tilde{L}_{\tilde{Z},D}$ 的 $\tilde{\mathcal{Z}} := \emptyset$ 中最多 $N-w$ 个元素

模型学习 通过最小化 $\mathcal{M}_{Z_j,S}$ 上的分类损失以及 $\mathcal{M}_{Z_j,S}$ 和 $\mathcal{M}_{Z_j,T}$ 之间的距离，可以减小第 j 个通道中目标标签上的预测误差：

$$\begin{aligned} L_{Z_j,D} &= \text{CE}(\hat{\mathcal{Y}}_{j,S}, \mathcal{Y}_S) \\ L_{Z_j,T} &= \text{MMD}(\mathcal{M}_{Z_j,S}, \mathcal{M}_{Z_j,T}) \\ L_{Z_j} &= L_{Z_j,D} + \gamma L_{Z_j,T} \end{aligned} \tag{7.36}$$

其中 CE 是交叉熵函数，MMD 是测量分布距离的最大平均偏差，γ 是控制梯度的超参数。

在 $L_{Z_j,D}$ 中，最终预测采用加权向量 $\boldsymbol{\theta}$ 对来自所有分类器的输出进行加权投票。在采用相同权重 $\boldsymbol{\theta}$ 的情况下，总损失也是来自聚合通道的损失的加权和。

$$\hat{\mathcal{Y}} = \sum_j \theta_j \hat{\mathcal{Y}}_j, \quad L = \sum_j \theta_j L_{Z_j} \tag{7.37}$$

启发式组合抽样算法　为了选择具有高分辨率的线性数目的组合，一个朴素的方法是最小化每个组合 Z 的等式（7.36）的值。然而，这样的枚举会带来很高的复杂度（$\mathcal{O}(2^N)$）。因此需要设计一个启发式算法来选择组合 Z，如算法 7.1 所述。在第一次迭代中，预先测试$\mathcal{Z}_{\text{test}}$（$|Z|=1$，$\forall Z\in\mathcal{Z}_{\text{test}}$）中的组合，然后尝试为$\mathcal{Z}_{\text{test}}$中的每个组合添加一个新的通道。最后，具有低 $L_{Z,D}$ 的线性数量的组合将形成新的$\mathcal{Z}_{\text{test}}$，依次类推。

动态平均加权投票　为了获得与每个通道的性能相对应的投票向量 $\boldsymbol{\theta}$，首先根据它们的损失值计算 $\tilde{\boldsymbol{\theta}}$：

$$\beta_j = -\eta L_{Z_j}, \quad \tilde{\boldsymbol{\theta}}_j = \frac{\exp \beta_j}{\sum_j \exp \beta_j} \tag{7.38}$$

其中 η 是超参数。η 越高，$\tilde{\boldsymbol{\theta}}_j$ 之间的差距越大。然而，直接使用 $\boldsymbol{\theta}=\tilde{\boldsymbol{\theta}}$ 可能会导致权重优势，在这种情况下，收敛的组合损失要小得多，就会获得压倒性的投票权，扼杀了其他可能有帮助的组合。为了解决这个问题，这里对投票权 $\boldsymbol{\theta}$ 进行动态平均，以避免 $\boldsymbol{\theta}$ 的突变，从而保证每个组合在早期训练阶段都有足够的梯度。在每次迭代结束时，将 $\boldsymbol{\theta}$ 更新为 $\boldsymbol{\theta}\leftarrow\alpha\boldsymbol{\theta}+(1-\alpha)\tilde{\boldsymbol{\theta}}$。请注意，$0<\alpha<1$ 并且 θ_j 最初设置为 $1/M$。

7.3.2　基于语义的异质图自适应层次化对齐网络

现有的很多异质图神经网络（HGNN）采用节点级（也称为元路径内）和语义级（也称为元路径间）注意力机制来聚集沿着不同元路径的节点嵌入。但是，由于域偏移，这些 HGNN 不能直接应用于多个异质图之间的知识传递。

为了解决这一问题，HGA[105] 提出将领域自适应用到 HGNN 中，目的是学习领域不变表示和类别区分表示。HGA 为源图和目标图设计了一个共享参数 HGNN，通过语义特定特征提取器聚合基于元路径的邻居，然后利用语义特定分类器对不同元路径的嵌入进行分类和融合。此外，在 HGA 中提出了两个正则项（即 MMD 和 L_1）分别在元路径内和元路径间对节点进行分布对齐。具体而言，MMD 对齐每条语义路径下源图和目标图中节点的特征分布，而 L_1 对齐目标图中节点的类别分布。HGA 的总体架构如图 7.6 所示（图中 $\boldsymbol{Z}$、$\boldsymbol{P}$ 表示很多节点的向量组合成的矩阵）。

语义特定特征提取器　给定元路径，类似于典型的 HGNN 架构，节点 i 的嵌入可以从其基于元路径的邻居$\mathcal{N}_i^{\Phi}=\{i\}\cup\{j\mid j$ 通过元路径 Φ 与 i 连接$\}$ 聚合而来：

$$z_i^{\Phi} = \mathrm{att}_{\mathrm{node}}^{\Phi}(h_j, j \in \mathcal{N}_i^{\Phi}) \tag{7.39}$$

其中 z_i^{Φ} 表示基于元路径 Φ 学习到的节点 i 的嵌入，而 $\mathrm{att}_{\mathrm{node}}^{\Phi}$ 是元路径 Φ 的特征提取器，它是聚合邻居的通用组件。

语义特定分类器 给定基于元路径 Φ 的节点 i 的嵌入 z_i^{Φ}，元路径 Φ 中的节点 i 的类分数 $\boldsymbol{p}_i^{\Phi}$ 可以通过分类器 clf^{Φ} 来获得，例如线性分类器或 softmax 分类器：

$$\boldsymbol{p}_i^{\Phi} = \mathrm{clf}^{\Phi}(z_i^{\Phi}) \tag{7.40}$$

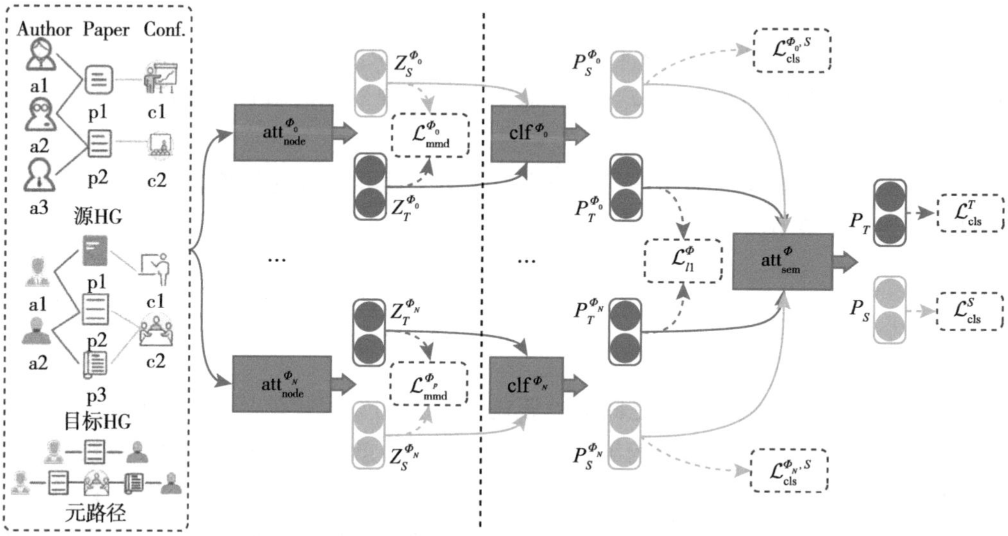

图 7.6 HGA 的架构。HGA 通过在语义特定特征提取器中采用节点级别注意力机制来沿着元路径聚集邻居以学习源图和目标图中节点的嵌入。然而，与已有的 HGNN 不同的是，HGA 中的语义特定分类器首先利用分类器对学习到的多个节点嵌入进行分类，得到类分数，然后对这些分数采用语义级别的注意力机制进行融合，用于源图和目标图中的节点分类[105]

因为一个元路径下节点的语义嵌入只从一个侧面反映节点的特征，而不同元路径下的节点包含了多个方面的语义信息。为了学习更全面的节点嵌入，需要融合多个元路径的多种语义。为了解决异质图中元路径选择和语义融合难题，采用语义注意力机制来自动学习不同元路径的重要性，并将它们融合到特定的任务中。

给定一组元路径 $\{\Phi_0, \Phi_1, \cdots, \Phi_N\}$，把节点 i 的特征输入语义特定特征提取器和语义特定分类器后，它具有 N 个语义特定的节点嵌入 $\{\boldsymbol{p}_i^{\Phi_0}, \boldsymbol{p}_i^{\Phi_1}, \cdots, \boldsymbol{p}_i^{\Phi_N}\}$。为了有效聚合不同的语义嵌入，使用语义融合机制：

$$\boldsymbol{p}_i = \mathrm{att}_{\mathrm{sem}}(\boldsymbol{p}_i^{\Phi_j}) = \sum_{j=1}^{N} \beta_j \cdot \boldsymbol{p}_i^{\Phi_j} \tag{7.41}$$

其中：

$$\beta_j=\frac{\exp\left(\frac{1}{|\mathcal{V}|}\sum_{i\in\mathcal{V}}\boldsymbol{q}^{\top}\cdot\tanh(\boldsymbol{M}\cdot\boldsymbol{p}_i^{\Phi}+\boldsymbol{b})\right)}{\sum_{i=1}^{N}\exp\left(\frac{1}{|\mathcal{V}|}\sum_{i\in\mathcal{V}}\boldsymbol{q}^{\top}\cdot\tanh(\boldsymbol{M}\cdot\boldsymbol{p}_i^{\Phi}+\boldsymbol{b})\right)} \tag{7.42}$$

β_j 被解释为元路径 Φ_j 对特定任务的贡献。$\boldsymbol{q}$ 是语义注意向量；$\boldsymbol{M}$ 和 $\boldsymbol{b}$ 分别表示权重矩阵和偏差；$\boldsymbol{p}_i$ 表示节点 i 的最终嵌入，att_{sem} 表示聚集不同元路径的嵌入的语义聚合器。然后将最终的嵌入应用于特定的任务，并设计不同的损失函数。

为了获得类别可区分的表示，便于图之间传递知识，对三个不同的损失函数进行优化，以减少领域差异，实现有效的领域自适应，从而使模型能够区分源图和目标图中的类别标签。

- 语义特定的源分类器最小化源图中元路径 Φ 的交叉熵损失：

$$\mathcal{L}_{\text{cls}}^{\Phi,S}(\boldsymbol{P}_S^{\Phi},\mathcal{Y}_S)=-\frac{1}{N_S}\sum_{i=1}^{N_S}y_i^S\log(\hat{y}_{\Phi_i}^S) \tag{7.43}$$

- 源分类器将语义融合后的源图的交叉熵损失降到最低：

$$\mathcal{L}_{\text{cls}}^{S}(\boldsymbol{P}_S,\mathcal{Y}_S)=-\frac{1}{N_S}\sum_{i=1}^{N_S}y_i^S\log(\hat{y}_i^S) \tag{7.44}$$

- 目标分类器最小化目标图的熵损失。这里使用共享分类器获得的目标节点的预测标签来计算：

$$\mathcal{L}_{\text{cls}}^{T}(\boldsymbol{P}_T)=-\frac{1}{N_T}\sum_{i=1}^{N_T}\hat{y}_i^T\log(\hat{y}_i^T) \tag{7.45}$$

其中 y_i^S 表示源图中第 i 个节点的标签，$\hat{y}_i^S$ 表示源图中第 i 个节点的分类预测，$\hat{y}_i^T$ 表示目标图中第 i 个节点的分类预测，N_S 表示源图的节点个数，N_T 表示目标图的节点个数。

HGA 的总分类损失可以用以下公式来表示，学习源图和目标图的类别区分嵌入。

$$\mathcal{L}_C(\mathcal{G}_S,\mathcal{G}_T)=\mathcal{L}_{\text{cls}}^{\Phi,S}(\boldsymbol{P}_S^{\Phi},\mathcal{Y}_S)+\mathcal{L}_{\text{cls}}^{S}(\boldsymbol{P}_S,\mathcal{Y}_S)+\mathcal{L}_{\text{cls}}^{T}(\boldsymbol{P}_T) \tag{7.46}$$

层次结构领域对齐　虽然目标图可以与共享参数 HGNN 共享源图中的知识，但上述模型不能解决领域自适应中的域偏移问题。为了学习领域不变表示，人们进一步提出了语义层次对齐机制，包括语义内特征对齐和语义间标签对齐。语义内特征对齐的目的是将源图和目标图之间的每对语义映射到多个不同的特征空间，并对齐语义特定的分布，以学习多个语义不变的表示。由于不同分类器预测的特定语义决策边界附近的目标样本可能会得到不同的标签，因此跨语义标签对齐的目的是为目标节点对齐分类器的输出。

- 语义内特征对齐

  为了学习领域不变表示，需要匹配源图和目标图的分布。使用 MMD 来估计源图和目标图之间的差异：

$$\mathcal{L}_{\mathrm{mmd}}(\mathcal{G}_S,\mathcal{G}_T)=\left\|\frac{1}{N_S}\sum\phi(z_S^{\Phi})-\frac{1}{N_T}\sum\phi(z_T^{\Phi})\right\|_{\mathcal{H}}^2 \tag{7.47}$$

  其中 $\phi(\cdot)$ 表示将原始样本映射到再生核希尔伯特空间特征映射函数。通过最小化 MMD 损失，语义特征提取器可以在元路径 ϕ 下对齐源领域和目标领域之间的域分布。

- 语义间标签对齐

  分类器是基于不同的元路径进行训练的，因此它们在对目标样本的预测上可能存在分歧。直观地说，不同分类器预测的同一目标节点应该得到相同的预测。因此需要最小化目标图中节点在所有分类器之间的分类差异。这里使用 L_1 损失衡量不同元路径下节点分类概率的差异。

$$\mathcal{L}_{l_1}(\mathcal{G}_T)=\frac{2}{N\times(N-1)}\sum_{j=1}^{N-1}\sum_{i=j+1}^{N}\mathrm{E}\left[\,|\boldsymbol{p}_T^{\Phi_i}-\boldsymbol{p}_T^{\Phi_j}|\,\right] \tag{7.48}$$

  其中 N 是元路径的数量。通过最小化 L_1 损失，所有分类器的概率输出趋于相似，这强制了不同语义路径下的领域对齐。

优化目标　对于 HGA，通过最小化总体目标来训练标签预测函数 f：

$$\mathcal{L}(\mathcal{G}_S,\mathcal{G}_T)=\mathcal{L}_C(\mathcal{G}_S,\mathcal{G}_T)+\lambda(\mathcal{L}_{\mathrm{mmd}}(\mathcal{G}_S,\mathcal{G}_T)+\mathcal{L}_{l_1}(\mathcal{G}_T)) \tag{7.49}$$

其中，λ 是平衡参数。$\mathcal{L}_{\mathrm{mmd}}$和$\mathcal{L}_{l_1}$分别表示语义内特征对齐损失和语义间标签对齐损失。

7.4 本章小结

本章对基于图神经网络的迁移学习算法进行了介绍，分为同质图的迁移学习算法以及异质图的迁移学习算法。总结来说是将领域自适应应用于网络结构数据的跨网络节点分类任务。它们的目标是通过结合深度网络嵌入和领域自适应来学习低维节点表示。

第 8 章

多任务学习

多任务学习（Multi-Task Learning，MTL）是机器学习的重要分支，其目标是利用包含在多个任务中的有效知识，提升模型在所有任务上的表现性能。多任务学习来自于这样的启发，人类可以同时学习多个任务，在这个学习过程中，人类可以使用在一项任务中学到的知识为学习另一类知识提供帮助。例如，根据学习打网球和打壁球的经验，我们发现打网球的技巧可以帮助学习打壁球，反之亦然。基于这样的事实启发，人们开始研究多任务学习这一机器学习新范式。多任务学习旨在同时学习多个相关的机器学习任务，通过不同任务之间的知识共享，提升各个任务上的学习效果。

在早期，多任务学习的一个重要动机是缓解每个任务面临的数据稀疏问题，即每个任务的标记数据是有限的。在数据稀疏的情况下，每个任务中标记数据的数量不足以训练一个准确的模型。多任务学习可以聚合所有任务中的标记数据，达到数据增强的效果，从而为每个任务学习更准确的模型。从这个角度来看，多任务学习有助于重用现有的知识并降低人工标注的成本。当“大数据”时代来临后，人们发现在人工智能的某些领域，如计算机视觉和自然语言处理（NLP），深度多任务学习模型往往可以取得比单任务更优的效果。在更多数据的加持下，多任务学习可以为多个任务学习更加鲁棒和通用的表示，得到更加优异的模型。多个任务之间的知识共享，使得每个任务的表现更好，在训练过程中的过拟合风险也更低。这进一步激发了多任务学习的研究热潮。

多任务学习发展至今，经历了传统机器学习和深度学习两个阶段。本章将对这两个阶段的代表性成果进行介绍，其中 8.1 节给出多任务学习的定义，8.2 节介绍传统多任务学习，8.3 节介绍基于深度神经网络的多任务学习，8.4 节为本章小结。

8.1 问题定义

多任务学习与迁移学习有着密切的联系，其设定与迁移学习类似却又有着显著的差异。图 8.1 展示了多任务学习与迁移学习的差异性，其中图 8.1a 是迁移学习的知识共享机制，图 8.1b 是多任务学习的知识共享机制。迁移学习的目标是在源任务的帮助下提升目标任务的性能。因此，迁移学习更侧重于对目标任务的提升。在多任务学习中，各个任务没有源任务和目标任务的区分，而是将各个任务平等对待。多任务学习旨在通过各个任务之间的知识共享，提升所有任务的性能。下面给出多任务学习的形式化定义。

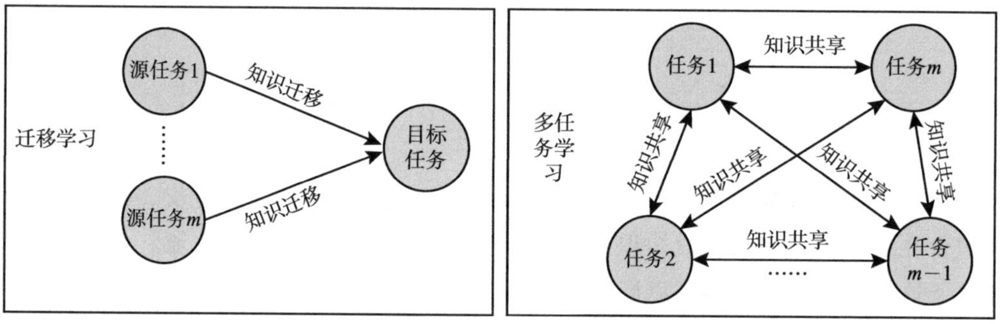

a）　　　　b）

图 8.1　多任务学习与迁移学习的差异性图示[114]

给定 n 个学习任务 $\{T_i\}_{i=1}^{n}$，它们中的部分或全部存在关联。多任务学习的目标是通过任务之间的知识共享，同时学习相关的任务，提升每个任务的学习效果。

由上述定义可知，多任务学习的核心点在于多个任务之间的知识共享。基于知识共享方式的不同，传统多任务学习可分为共享特征、共享样本及共享参数的多任务学习；基于深度神经网络的多任务学习可分为硬共享和软共享的多任务学习。后续小节将结合具体案例对不同的知识共享方式进行介绍。

8.2 传统多任务学习

在传统多任务学习阶段，模型的输入是已处理好的特征向量，模型根据这些向量进行分类或回归的学习。根据各个任务之间“共享什么”的不同，传统多任务学习可以分为三类，分别为基于共享特征的多任务学习[115]、基于共享样本的多任务学习[116] 和基于共享参数的多任务学习[117]。其中，基于共享特征的多任务学习算法旨在学习特征向量中哪些特征可以共享，哪些特征不能共享。通过各个任务之间的特征共享，实现知识的传递，从而提升模型性能。基于共享样本的多任务学习算法通过共享不同任务的训练样本来提升模型性能。基于共享参数的多任务学习则通过共享不同模型之间的参数实现模型间的知识共享，从而提升性能。在 8.2.1~8.2.3 节，我们将对三类多任务学习算法中的代表性方法进行介绍。

8.2.1　基于共享特征的多任务学习

基于共享特征的多任务学习算法通过学习多个任务共享的一组特征来最大化任务之间的相关性信息，从而提升所有任务的性能。例如，文献［115］中提出了一种新的基于共享特征表示的多任务学习方法。该方法的主要思想如图 8.2 所示：由于噪声的影响，现实世界应用中的多个任务可能并不是紧密相关的。换句话说，它们的相互依赖性较弱，模型/超平面在原始特征空间可能存在显著差异。该方法希望学习一个特征映射矩阵 $\boldsymbol{U}$，使多个任务能够共享一个公共超平面 $\boldsymbol{a}_0$。$\boldsymbol{a}_t$ 是第 t 个任务的偏移量，弥补了特征映射矩阵 $\boldsymbol{U}$ 的不足，反映了每个任务自身的独特特征。

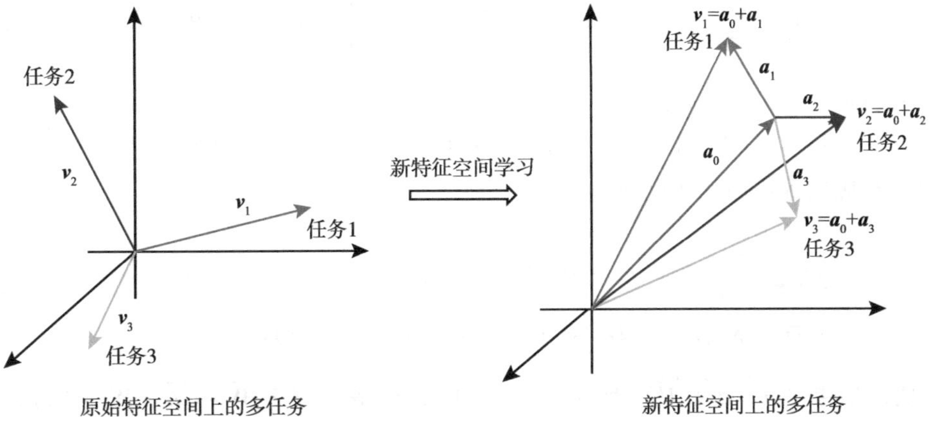

图 8.2　多任务模型和特征联合学习的图示[115]

假设有 T 个不同的学习任务。每个任务 t 与一组数据相关联：

$$\boldsymbol{D}_t = \{(\boldsymbol{x}_{t1},\boldsymbol{y}_{t1}),(\boldsymbol{x}_{t2},\boldsymbol{y}_{t2}),\cdots,(\boldsymbol{x}_{tm_t},\boldsymbol{y}_{tm_t})\} \tag{8.1}$$

其中 $\boldsymbol{x}_{ti}$ 是第 i 个输入样本，$\boldsymbol{y}_{ti}$ 是其对应的输出。$\boldsymbol{x}_{ti}\in\mathbf{R}^d$，$\boldsymbol{y}_{ti}\in\mathbf{R}$，$t\in\{1, 2, \cdots, T\}$，$i\in\{1, 2, \cdots, m_t\}$。该方法的目标是利用上述 T 个数据集 $\{\boldsymbol{D}_1, \boldsymbol{D}_2, \cdots, \boldsymbol{D}_T\}$ 学习 T 个不同的线性函数：$f_t(\boldsymbol{x}_{ti}) = \boldsymbol{v}_t^{\top}\boldsymbol{x}_{ti}\approx\boldsymbol{y}_{ti}$。

单任务学习方法（如线性回归、SVM）使用自己的数据分别学习 T 个不同的线性函数，而多任务学习方法则通过挖掘任务之间的关系来联合学习 T 个不同的函数。该方法的目标是学习一个正交特征映射矩阵 $\boldsymbol{U}$，通过它，所有任务可以共享一个中心超平面 $\boldsymbol{a}_0$，但同时保留它们的独特特征 $\boldsymbol{a}_t$。

$$f_t(\boldsymbol{x}_{ti}) = \langle \boldsymbol{a}_t + \boldsymbol{a}_0, \boldsymbol{U}^{\top}\boldsymbol{x}_{ti}\rangle \tag{8.2}$$

其中，中心超平面 $\boldsymbol{a}_0$ 表示任务间的相互依赖信息，偏移量 $\boldsymbol{a}_t$ 捕获每个任务的独特特征，$\boldsymbol{a}_0$ 和 $\boldsymbol{a}_t$ 都是在新的特征空间中学习的。该方法提出的多任务学习模型定义如下：

$$\min_{V,\boldsymbol{a}_0,U}\sum_{t=1}^{T}\sum_{i=1}^{m_t} l(\boldsymbol{y}_{ti},\langle \boldsymbol{v}_t,\boldsymbol{U}^{\top}\boldsymbol{x}_{ti}\rangle) + \frac{\gamma}{T}\|\boldsymbol{V}-\boldsymbol{a}_0\times 1\|_{2,1}^2 + \beta\|\boldsymbol{a}_0\|_2^2 \tag{8.3}$$

其中 $\boldsymbol{V}=[\boldsymbol{v}_1,\ \boldsymbol{v}_2,\ \cdots,\ \boldsymbol{v}_T]$，1 是一个 $1\times T$ 向量，所有项都为 1。$\|\boldsymbol{a}_0\|_2$ 是向量 $\boldsymbol{a}_0$ 的 2-范数，可以表示为 $\|\boldsymbol{a}_0\|_2=(\sum_{i=1}^{d}|\ \boldsymbol{a}_{0i}\ |^2)^{\frac{1}{2}}$，用于保证中心超平面 $\boldsymbol{a}_0$ 的平滑度。$\|\boldsymbol{V}-\boldsymbol{a}_0\times 1\|_{2,1}$ 是矩阵（$\boldsymbol{V}-\boldsymbol{a}_0\times 1$）的（2，1）-范数，可以表示为 $\|\boldsymbol{V}-\boldsymbol{a}_0\times 1\|_{2,1}=(\sum_{i=1}^{a}\|\boldsymbol{v}^i-\boldsymbol{a}_{0i}\times 1\|_2)$，$\boldsymbol{v}^i$ 是矩阵 $\boldsymbol{V}$ 的第 i 行，（2，1）-范数项确保将在所有任务中选择共同特征，同时期望达到组稀疏，这表明学习到的矩阵（$\boldsymbol{V}-\boldsymbol{a}_0\times 1$）的许多行都为零。

注意 $\boldsymbol{v}_t=\boldsymbol{a}_t+\boldsymbol{a}_0$，式（8.3）可以改写为：

$$\min_{A,\boldsymbol{a}_0,U}\sum_{t=1}^{T}\sum_{i=1}^{m_t} l(\boldsymbol{y}_{ti},\langle \boldsymbol{a}_t+\boldsymbol{a}_0,\boldsymbol{U}^{\top}\boldsymbol{x}_{ti}\rangle) + \frac{\gamma}{T}\|\boldsymbol{A}\|_{2,1}^2 + \beta\|\boldsymbol{a}_0\|_2^2 \tag{8.4}$$

其中 $\boldsymbol{A}=[a_1,\ a_2,\ \cdots,\ a_T]$。

式（8.4）是一个非凸优化问题，这种非凸优化问题很难直接求解，因此给出式（8.4）对应的等价凸优化问题：

$$\begin{aligned}&\min_{W,\boldsymbol{w}_0,D}\sum_{t=1}^{T}\sum_{i=1}^{m_t} l(\boldsymbol{y}_{ti},\langle \boldsymbol{w}_t+\boldsymbol{w}_0,\boldsymbol{x}_{ti}\rangle) + \frac{\gamma}{T}\sum_{t=1}^{T}\langle \boldsymbol{w}_t,\boldsymbol{D}^{+}\boldsymbol{w}_t\rangle + \beta\langle \boldsymbol{w}_0,\boldsymbol{w}_0\rangle\\ &\text{s.t.}\ \boldsymbol{D}\in \boldsymbol{S}_{+}^{d},\text{trace}(\boldsymbol{D})\leqslant 1,\text{range}(\boldsymbol{W})\subseteq\text{range}(\boldsymbol{D})\end{aligned} \tag{8.5}$$

特别地，如果（$\hat{\boldsymbol{A}}$，$\hat{\boldsymbol{a}}_0$，$\hat{\boldsymbol{U}}$）是式（8.4）的最优解，那么 $\hat{\boldsymbol{W}}=\hat{\boldsymbol{U}}\hat{\boldsymbol{A}}$，$\hat{\boldsymbol{W}}_0=\hat{\boldsymbol{U}}\hat{\boldsymbol{a}}_0$，$\hat{\boldsymbol{D}}=\hat{\boldsymbol{U}}\text{Diag}\left(\frac{\|\hat{\boldsymbol{a}}^i\|_2}{\|\hat{\boldsymbol{A}}\|_{2,1}}\right)_{i=1}^{d}\hat{\boldsymbol{U}}^{\top}$ 是式（8.5）的最优解。相反，如果（$\hat{\boldsymbol{W}}$，$\hat{\boldsymbol{w}}_0$，$\hat{\boldsymbol{D}}$）是式（8.5）的最优解，则对于任意（$\hat{\boldsymbol{A}}$，$\hat{\boldsymbol{a}}_0$，$\hat{\boldsymbol{U}}$），满足 $\hat{\boldsymbol{U}}$ 的列形成 $\hat{\boldsymbol{D}}$ 和 $\hat{\boldsymbol{A}}=\hat{\boldsymbol{U}}^{\top}\hat{\boldsymbol{W}}$ 的特征向量的正交基，$\hat{\boldsymbol{a}}_0=\hat{\boldsymbol{U}}^{\top}\hat{\boldsymbol{w}}_0$ 是式（8.4）的最优解。

注意，$\boldsymbol{S}_{+}^{d}$表示正向半正定对称矩阵的集合，而 range（$\boldsymbol{W}$）表示对于一些 $z\in\mathbf{R}^T$，满足集合 $\{\boldsymbol{x}\in\mathbf{R}^n:\ \boldsymbol{x}=\boldsymbol{W}\boldsymbol{z}\}$。Diag（$\boldsymbol{a}_0$）$_{i=1}^{d}$ 表示向量 $\boldsymbol{a}_0$ 在对角线的分量构成的对角矩阵。$\boldsymbol{D}^{+}$是矩 $\boldsymbol{D}$ 的伪逆。

该方法提出了一种求解式（8.5）的交替算法，该算法通过交替对（$\boldsymbol{W}$，$\boldsymbol{w}_0$）和 $\boldsymbol{D}$ 计算最小值来求解式（8.5）。首先固定 $\boldsymbol{D}$ 并最小化（$\boldsymbol{W}$，$\boldsymbol{w}_0$）。当 $\boldsymbol{D}$ 固定时，由于 $\boldsymbol{w}_0$ 的存在，对 $\boldsymbol{w}_t$ 的最小化不能简单地分解为 T 个独立的问题。因此，求解过程将变得更加困难，如下所示：

$$\min_{W,\boldsymbol{w}_0}\sum_{t=1}^{T}\sum_{i=1}^{m_t} l(\boldsymbol{y}_{ti},\langle \boldsymbol{w}_t+\boldsymbol{w}_0,\boldsymbol{x}_{ti}\rangle) + \frac{\gamma}{T}\sum_{t=1}^{T}\langle \boldsymbol{w}_t,\boldsymbol{D}^{+}\boldsymbol{w}_t\rangle + \beta\langle \boldsymbol{w}_0,\boldsymbol{w}_0\rangle$$

$$\text{s. t. } \boldsymbol{D} \in S_+^d, \operatorname{trace}(\boldsymbol{D}) \leqslant 1, \operatorname{range}(\boldsymbol{W}) \subseteq \operatorname{range}(\boldsymbol{D}) \tag{8.6}$$

该方法考虑损失函数为最小二乘的情况来求解上述问题。假设 $\boldsymbol{X}_t = [\boldsymbol{x}_{t1}, \boldsymbol{x}_{t2}, \cdots, \boldsymbol{x}_{tm_t}] \in \mathbf{R}^{d\times m_t}$ 表示任务 t 中的所有数据点。$\boldsymbol{Y}_t = [\boldsymbol{y}_{t1}, \boldsymbol{y}_{t2}, \cdots, \boldsymbol{y}_{tm_t}]^\top \in \mathbf{R}^{m_t}$ 表示任务 t 中 m_t 数据点的输出。M 是所有 T 个任务的数据点总数，$M = m_1 + m_2 + \cdots + m_T$。令 $\boldsymbol{X} = \operatorname{bdiag}(\boldsymbol{X}_1, \boldsymbol{X}_2, \cdots, \boldsymbol{X}_T) \in \mathbf{R}^{dT\times M}$，$\boldsymbol{Y} = [\boldsymbol{Y}_1^\top, \boldsymbol{Y}_2^\top, \cdots, \boldsymbol{Y}_T^\top]^\top \in \mathbf{R}^M$，$\boldsymbol{X}$ 表示以 T 个不同任务的数据为对角元素的块对角矩阵。通过对齐每个任务的输出，$\boldsymbol{Y}$ 是 T 个任务中所有数据点的输出向量。令 $\boldsymbol{D}_0 = \operatorname{bdiag}(\underbrace{\boldsymbol{D}, \boldsymbol{D}, \cdots, \boldsymbol{D}}_{T}) \in \mathbf{R}^{dT\times M}$，$\boldsymbol{W}_0 = [\underbrace{\boldsymbol{w}_0^\top, \boldsymbol{w}_0^\top, \cdots, \boldsymbol{w}_0^\top}_{T}]^\top \in \mathbf{R}^{dT}$，同时 $\boldsymbol{W}_1 = [\boldsymbol{w}_1^\top, \boldsymbol{w}_2^\top, \cdots, \boldsymbol{w}_T^\top]^\top \in \mathbf{R}^{dT}$，式（8.6）可以被重新建模为：

$$\min_{\boldsymbol{W}_1, \boldsymbol{W}_0} \| \boldsymbol{Y} - \boldsymbol{X}^\top (\boldsymbol{W}_1 + \boldsymbol{W}_0) \|_2^2 + \frac{\gamma}{T} \boldsymbol{W}_1^\top \boldsymbol{D}_0^+ \boldsymbol{W}_1 + \beta \boldsymbol{w}_0^\top \boldsymbol{w}_0 \tag{8.7}$$

令 $\boldsymbol{I}$ 为 $d\times d$ 单位矩阵且 $\boldsymbol{I}_0 = [\underbrace{\boldsymbol{I}, \boldsymbol{I}, \cdots, \boldsymbol{I}}_{T}]^\top \in \mathbf{R}^{dT\times d}$，$\boldsymbol{W}_0 = \boldsymbol{I}_0 \times \boldsymbol{w}_0$。事实上，如果我们引入新变量，式（8.7）可以被表述为标准的 2-范数正则化问题。令 $\boldsymbol{Z}_1 = \sqrt{\frac{\gamma}{T}} (\boldsymbol{D}_0^+)^{\frac{1}{2}} \boldsymbol{W}_1$，$\boldsymbol{Z}_2 = \sqrt{\beta} \boldsymbol{w}_0$，则 $\boldsymbol{W}_1 = \sqrt{\frac{T}{\gamma}} (\boldsymbol{D}_0^+)^{-\frac{1}{2}} \boldsymbol{Z}_1$，$\boldsymbol{W}_0 = \sqrt{\frac{1}{\beta}} \boldsymbol{I}_0 \boldsymbol{Z}_2$，$(\boldsymbol{D}_0^+)^{\frac{1}{2}} = \operatorname{bdiag}(\underbrace{(\boldsymbol{D}^+)^{\frac{1}{2}}, (\boldsymbol{D}^+)^{\frac{1}{2}}, \cdots, (\boldsymbol{D}^+)^{\frac{1}{2}}}_{T})$，$(\boldsymbol{D}_0^+)^{-\frac{1}{2}} = \operatorname{bdiag}(\underbrace{(\boldsymbol{D}^+)^{-\frac{1}{2}}, (\boldsymbol{D}^+)^{-\frac{1}{2}}, \cdots, (\boldsymbol{D}^+)^{-\frac{1}{2}}}_{T})$，可进一步得出：

$$\begin{gathered}\frac{\gamma}{T} \boldsymbol{W}_1^\top \boldsymbol{D}_0^+ \boldsymbol{W}_1 + \beta \boldsymbol{w}_0^\top \boldsymbol{w}_0 = [\boldsymbol{Z}_1^\top, \boldsymbol{Z}_2^\top][\boldsymbol{Z}_1^\top, \boldsymbol{Z}_2^\top]^\top = \boldsymbol{Z}^\top \boldsymbol{Z} \\ \boldsymbol{W}_1 + \boldsymbol{W}_0 = \left[\sqrt{\frac{T}{\gamma}} (\boldsymbol{D}_0^+)^{-\frac{1}{2}}, \sqrt{\frac{1}{\beta}} \boldsymbol{I}_0\right] [\boldsymbol{Z}_1^\top, \boldsymbol{Z}_2^\top]^\top = \boldsymbol{P}\boldsymbol{Z}\end{gathered} \tag{8.8}$$

其中，$\boldsymbol{Z} = [\boldsymbol{Z}_1^\top, \boldsymbol{Z}_2^\top]$，$\boldsymbol{P} = \left[\sqrt{\frac{T}{\gamma}} (\boldsymbol{D}_0^+)^{-\frac{1}{2}}, \sqrt{\frac{1}{\beta}} \boldsymbol{I}_0\right]$。式（8.7）可以被重新建模为：

$$\min_{\boldsymbol{Z}} \| \boldsymbol{Y} - \boldsymbol{X}^\top \boldsymbol{P} \boldsymbol{Z} \|_2^2 + \boldsymbol{Z}^\top \boldsymbol{Z} \tag{8.9}$$

上面的问题是一个标准的 2-范数正则化问题，有一个明确的解：

$$\boldsymbol{Z} = (\boldsymbol{P}^\top \boldsymbol{X} \boldsymbol{X}^\top \boldsymbol{P} + \boldsymbol{I})^{-1} \boldsymbol{P}^\top \boldsymbol{X} \boldsymbol{Y} \tag{8.10}$$

其中，$\boldsymbol{W}$ 和 $\boldsymbol{W}_0$ 可以从 $\boldsymbol{Z}$ 导出，实现了对式（8.6）的求解。

交替算法的第二步是固定（$\boldsymbol{W}$，$\boldsymbol{w}_0$）并基于 $\boldsymbol{D}$ 最小化式（8.5）。对于一个固定

的 $\boldsymbol{W}$ 和 $\boldsymbol{w}_0$，只求解决以下问题：

$$\min_{D} \sum_{t=1}^{T} \langle \boldsymbol{w}_t, \boldsymbol{D}^{+} \boldsymbol{w}_t \rangle$$
$$\text{s.t. } \boldsymbol{D} \in \boldsymbol{S}_{+}^{d}, \operatorname{trace}(\boldsymbol{D}) \leqslant 1, \operatorname{range}(\boldsymbol{W}) \subseteq \operatorname{range}(\boldsymbol{D}) \tag{8.11}$$

最优解如下所示：

$$\hat{\boldsymbol{D}} = \frac{(\boldsymbol{W}\boldsymbol{W}^{\top})^{\frac{1}{2}}}{\operatorname{trace}(\boldsymbol{W}\boldsymbol{W}^{\top})^{\frac{1}{2}}} \tag{8.12}$$

最终，通过交替算法不断训练，可以得到特征映射矩阵最优解 $\hat{\boldsymbol{D}}$。该特征映射矩阵反映了一组由多个任务共享的公共特征，实现各个任务之间的知识共享，从而有效提升了所有任务的性能。

8.2.2 基于共享样本的多任务学习

基于共享样本的多任务学习是指通过定义样本权重的方式，聚合来自所有任务的加权样本，进而学习每个任务的模型。在这方面最具代表性的工作是文献［116］中提出的多任务分布匹配方法。多任务分布匹配方法起初是用于预测给定药物组合对人类免疫缺陷病毒-1（HIV-1）的给定菌株的治疗成功情况。

在有监督的多任务学习中，令 $p(\boldsymbol{x}, y \mid z)$ 表示给定任务 z 时，输入特征 $\boldsymbol{x}$ 和标签 y 的未知联合分布。不同任务的联合分布一般不同，但通常认为一些任务之间具有相似的分布。令 $\boldsymbol{D}=\langle(\boldsymbol{x}_1, y_1, z_1), \cdots, (\boldsymbol{x}_m, y_m, z_m)\rangle$ 表示所有任务的训练数据集。其中，可能有些任务没有数据。对于每个输入样本，输入特征 $\boldsymbol{x}_i$、类别标签 y_i、任务 z_i 都是已知的。整个数据集 $\boldsymbol{D}$ 可认为服从混合联合分布 $p(z)\,p(\boldsymbol{x}, y \mid z)$，先验分布 $p(z)$ 用于指定任务比例。

该方法的目标是为每个任务 z 学习一个函数 f_z：$\boldsymbol{x} \mapsto y$。对所有的 z 来说，这个函数 $f_z(\boldsymbol{x})$ 应该正确地预测所有从 $p(\boldsymbol{x} \mid z)$ 中采样的未见过的样本的真实标签 y。换句话说，对于每个任务 z，它应当最小化如下关于未知联合分布 $p(\boldsymbol{x}, y \mid z)$ 的期望损失：

$$\boldsymbol{E}_{(\boldsymbol{x},y)\sim p(\boldsymbol{x},y \mid z)}[\ell(f_z(\boldsymbol{x}), y)] \tag{8.13}$$

将这个抽象的问题设置应用到 HIV 治疗筛查应用中。此时，输入 $\boldsymbol{x}$ 描述了患者携带的病毒的基因型以及患者的治疗史。基因型信息被编码为一个二元向量，每个维度用于指示预定义的一组抗性相关突变中的每个突变是否存在。治疗史也可以表示为一个二元向量，表明在过去的治疗过程中已经使用了哪些药物。候选药物组合可以被建模成任务 z：每个任务都有一个相关联的二元向量 $\boldsymbol{z}$，表示医生当前正在考虑的一组药物。二元类别标签 y 表示治疗是否成功。

除了训练数据，该方法还假设拥有关于任务相似性的先验知识，这一相似性被编码在核函数 $k(z, z')$ 之中。不同药物组合的预测模型可能是相似的，因为药物集之间是相交的（后文称为药物特征核函数），或是因为病毒中存在类似的突变组，会使该组中的药物无效（后文称为突变表核函数）。

令 t 表示某一个特定的任务，在学习任务 t 的目标分类器 $f_t(\boldsymbol{x})$ 时，我们期望最小化关于 $p(\boldsymbol{x}, y \mid t)$ 的损失函数。如果简单地汇集所有任务的可用样本，此时将创建服从分布 $\sum_z p(z)p(\boldsymbol{x}, y \mid z)$ 的样本池。基于此，该方法提出为样本池的每个样本创建一个特定任务的重采样权重 $r_t(\boldsymbol{x}, y)$。采样权重会将样本池匹配到目标分布 $p(\boldsymbol{x}, y \mid t)$。加权样本此时会服从正确的目标分布。

该方法提出了通过重采样权重对每个实例的损失进行加权的方法，即关于样本池服从的混合分布的加权期望损失等于关于目标分布 $p(\boldsymbol{x}, y \mid t)$ 的损失。式（8.14）中定义了重采样权重：

$$\begin{aligned}&\boldsymbol{E}_{(\boldsymbol{x},y)\sim p(\boldsymbol{x},y\mid t)}[\ell(f(\boldsymbol{x},t),y)]\\&=\boldsymbol{E}_{(\boldsymbol{x},y)\sim\sum_z p(z)p(\boldsymbol{x},y\mid z)}[r_t(\boldsymbol{x},y)\ell(f(\boldsymbol{x},t),y)]\end{aligned}\tag{8.14}$$

其中：

$$r_t(\boldsymbol{x},y)=\frac{p(\boldsymbol{x},y\mid t)}{\sum_z p(z)p(\boldsymbol{x},y\mid z)}\tag{8.15}$$

将式（8.14）展开：

$$\begin{aligned}&\boldsymbol{E}_{(\boldsymbol{x},y)\sim p(\boldsymbol{x},y\mid t)}[\ell(f(\boldsymbol{x},t),y)]\\&=\int\frac{\sum_z p(z)p(\boldsymbol{x},y\mid z)}{\sum_{z'}p(z')p(\boldsymbol{x},y\mid z')}p(\boldsymbol{x},y\mid t)\ell(f(\boldsymbol{x},t),y)\,\mathrm{d}\boldsymbol{x}\mathrm{d}y\\&=\int\sum_z\left(p(z)p(\boldsymbol{x},y\mid z)\frac{p(\boldsymbol{x},y\mid t)}{\sum_{z'}p(z')p(\boldsymbol{x},y\mid z')}\ell(f(\boldsymbol{x},t),y)\right)\mathrm{d}\boldsymbol{x}\mathrm{d}y\\&=\boldsymbol{E}_{(\boldsymbol{x},y)\sim\sum_z p(z)p(\boldsymbol{x},y\mid z)}\left[\frac{p(\boldsymbol{x},y\mid t)}{\sum_{z'}p(z')p(\boldsymbol{x},y\mid z')}\ell(f(\boldsymbol{x},t),y)\right]\end{aligned}\tag{8.16}$$

式（8.16）说明可以通过最小化由 $r_t(\boldsymbol{x}, y)$ 加权的所有任务分布的期望损失来训练任务 t 的函数。这相当于最小化与目标分布 $p(\boldsymbol{x}, y \mid t)$ 相关的期望损失。为了求解式（8.16），需要估计联合密度比 $r_t(\boldsymbol{x}, y)=\frac{p(\boldsymbol{x}, y \mid t)}{\sum_z p(z)p(\boldsymbol{x}, y \mid z)}$。为此，该方法提出以下方式进行计算。

1. 判别密度比模型

判别密度比模型要求在不估计各自概率密度的情况下，估计重采样权重 $r_t(\boldsymbol{x}, y)=\frac{p(\boldsymbol{x}, y \mid t)}{\sum_z p(z) p(\boldsymbol{x}, y \mid z)}$。我们根据条件模型 $p(t \mid \boldsymbol{x}, y)$ 重新形式化这一概率密度比。这一条件模型有如下直观内涵：给定一个从所有任务（包括 $\boldsymbol{D}_t$）的样本池 $\cup_z \boldsymbol{D}_z=\boldsymbol{D}$ 中随机采样的样本 $(\boldsymbol{x}, y)$，$(\boldsymbol{x}, y)$ 源自 $\boldsymbol{D}_t$ 的概率是 $p(t \mid \boldsymbol{x}, y)$。以下公式假设目标样本大小的先验概率大于零，即 $p(t)>0$，此时有：

$$
\begin{aligned}
r_t(\boldsymbol{x}, y) &= \frac{p(\boldsymbol{x}, y \mid t)}{\sum_z p(z) p(\boldsymbol{x}, y \mid z)} \\
&= \frac{p(t \mid \boldsymbol{x}, y) p(\boldsymbol{x}, y)}{p(t)} \frac{1}{\sum_z p(z) \frac{p(z \mid \boldsymbol{x}, y) p(\boldsymbol{x}, y)}{p(z)}} \\
&= \frac{p(t \mid \boldsymbol{x}, y)}{p(t) \sum_z p(z \mid \boldsymbol{x}, y)} \\
&= \frac{p(t \mid \boldsymbol{x}, y)}{p(t)}
\end{aligned} \tag{8.17}
$$

式（8.17）表明重采样权重 $r_t(\boldsymbol{x}, y)=\frac{p(\boldsymbol{x}, y \mid t)}{\sum_z p(z) p(\boldsymbol{x}, y \mid z)}$ 的计算可以不依赖于任何任务密度函数 $p(\boldsymbol{x}, y \mid z)$ 的先验知识。式（8.17）的计算基于模型 $p(t \mid \boldsymbol{x}, y)$ 进行估计。该模型将目标任务的标记样本与所有任务样本池的标记样本区分开来。直观地说，$p(t \mid \boldsymbol{x}, y)$ 表征了 $(\boldsymbol{x}, y)$ 在目标分布中出现的可能性比在所有任务的混合分布中出现的可能性大多少。该模型只需要对具有单个变量的条件分布进行建模，而不用对潜在的高维密度 $p(\boldsymbol{x}, y \mid t)$ 和 $p(\boldsymbol{x}, y \mid z)$ 建模。此时，任何概率分类器都可用于对这种条件分布进行建模。

2. 用于密度比估计的 Softmax 模型

在对所有任务建模 $p(t \mid \boldsymbol{x}, y)$ 的同时，该方法也建模了具有模型参数 $\boldsymbol{v}$ 的 Softmax 模型（Logistic 模型的多类泛化形式），如式（8.18）所示。参数向量 $\boldsymbol{v}$ 是任务特定子向量 $\boldsymbol{v}_z$ 的串联。在这个模型中，$p(t \mid \boldsymbol{x}, y)$ 的估计由 $p(z=t \mid \boldsymbol{x}, y, \boldsymbol{v})$ 给出，关于任务 t 的 Softmax 模型的评估如下：

$$
p(z \mid \boldsymbol{x}, y, \boldsymbol{v})=\frac{\exp(\boldsymbol{v}_z^{\top} \boldsymbol{\Phi}(\boldsymbol{x}, y))}{\sum_{z'} \exp(\boldsymbol{v}_{z'}^{\top} \boldsymbol{\Phi}(\boldsymbol{x}, y))} \tag{8.18}
$$

式（8.18）的计算需要特定问题的特征映射 $\boldsymbol{\Phi}$（$\boldsymbol{x}$，y）。不失一般性，该方法在式（8.19）中为二元标签 $y \in \{+1, -1\}$ 定义了这种映射。在缺乏关于类别相似性的先验知识的情况下，具有不同类标签 y 的示例的输入特征 $\boldsymbol{x}$ 被映射到特征向量的不相交子集上。

$$\boldsymbol{\Phi}(\boldsymbol{x},y)=\begin{bmatrix}\delta(y,+1)\boldsymbol{\Phi}(\boldsymbol{x})\\ \delta(y,-1)\boldsymbol{\Phi}(\boldsymbol{x})\end{bmatrix} \tag{8.19}$$

通过此特征映射，正例和负例的模型不会相互作用，实现独立训练。

为了训练 Softmax 模型，该方法提出最大化数据的正则化对数似然的方法。任务相似性的先验知识以半正定核函数 k（z，z'）的形式存在，可以被编码在高斯先验 N（0，$\boldsymbol{\Sigma}$）的协方差矩阵上的参数向量 $\boldsymbol{v}$ 中。设置 $\boldsymbol{\Sigma}$ 的所有主对角线元素为标量参数 σ_v^2，并将与 $\boldsymbol{v}_z$ 和 $\boldsymbol{v}_z'$ 之间的协方差对应的辅助对角线元素设置为 k（z，z'）$\rho\sigma_v^2$（假设 $0 \leqslant k(z, z') \leqslant 1$）。参数 σ_v^2 指定 $\boldsymbol{v}$ 中每个元素的方差。k（z，z'）ρ 为子向量 $\boldsymbol{v}_z$ 和 $\boldsymbol{v}_z'$ 的元素之间的相关系数，参数 ρ 指定了这种相关性的强度。协方差矩阵 $\boldsymbol{\Sigma}$ 要求可逆，因此 $0 \leqslant \rho < 1$。$\boldsymbol{\Sigma}$ 的所有其他元素都设置为零。当关于任务相似性的先验知识被编码在模型参数的先验中时，这种先验知识将主导小样本的优化目标，而随着数据量的提升，数据驱动部分的优化目标变成主导，进而覆盖先验知识。

为了学习参数 $\boldsymbol{v}$，优化如下目标：

$$\sum_{(\boldsymbol{x}_i,y_i,z_i)\in D}\log(p(z_i \mid \boldsymbol{x}_i,y_i,\boldsymbol{v})) + \boldsymbol{v}^{\top}\boldsymbol{\Sigma}^{-1}\boldsymbol{v} \tag{8.20}$$

求解式（8.20）的方法是使用具有协方差矩阵 $\boldsymbol{\Sigma}$ 的高斯先验，对模型参数 $\boldsymbol{v}$ 上的 Softmax 模型（式（8.18））进行最大后验估计。式（8.20）自然涵盖了没有训练样本的任务。在这种情况下，高斯先验与在协方差矩阵中编码的任务内核 k（z，z'）决定模型参数。

3. 加权经验损失和目标模型

多任务学习过程首先通过求解式（8.20）确定所有任务和样本的重采样权重 r_z（$\boldsymbol{x}$，y）。接着，本部分将阐述如何使用加权样本训练一系列目标模型。

利用式（8.20）的结果，可以估计式（8.17）的权重的判别式。使用这些权重，可以评估加权训练数据的期望损失，如式（8.21）所示，它是式（8.16）的正则化经验对应形式。

$$\boldsymbol{E}_{(\boldsymbol{x},y)\sim D}\left[\frac{p(t \mid \boldsymbol{x},y,\boldsymbol{v})}{p(t)}\ell(f(\boldsymbol{x},t),y)\right] + \frac{\boldsymbol{w}_t^{\top}\boldsymbol{w}_t}{2\sigma_w^2} \tag{8.21}$$

对于每个任务 t，为了求解参数 $\boldsymbol{w}_t$，需要最小化如下公式：

$$\sum_{(x_i,y_i)\in D}\frac{p(t\mid \boldsymbol{x}_i,y_i,\boldsymbol{v})}{p(t)}\ell(f(\boldsymbol{x}_i,\boldsymbol{w}_t),y_i)+\frac{\boldsymbol{w}_t^{\top}\boldsymbol{w}_t}{2\sigma_w^2} \tag{8.22}$$

每个任务独立优化式（8.22）的每一个样本，进而生成独立的模型。优化式（8.22）求解参数 $\boldsymbol{w}_t$，即最小化训练数据上的加权正则化损失。训练数据则使用方差为 σ_w^2 的标准高斯对数先验。每个样本通过使用式（8.20）的解，从式（8.17）估计密度比进行加权。综上，该方法估计了每个数据样本来自其自身任务的概率与同一数据样本来自所有任务的混合概率之间的比率。在学习这一比率后，该方法基于这些比率定义样本权重，然后通过聚合来自所有任务的加权样本学习每个任务的模型。

8.2.3 基于共享参数的多任务学习

共享参数的多任务学习算法指的是不同任务之间共享模型的参数，也就是通过不同任务的数据来学习一套能够在各种任务中通用的模型参数。该方法的代表性工作是用于多任务学习的半监督自编码器（Semi-supervised Autoencoder for Multi-task Learning，SAML）[117]。在该工作中，所有任务共享相同的编码和解码的参数，从而能够学习到它们的潜在特征表示，并在此基础上使用正则化多任务 Softmax 回归（Regularized Multi-task Softmax Regression）方法为每个任务找到不同的预测模型。除此以外，还根据多个任务的相关性考虑模型预测的共性。多任务学习的主要模块包括以下三个部分。

1. 自编码器

自编码器（Autoencoder）主要由简单的神经网络构成，其中包含一个输入层、不少于一个隐含层以及一个输出层。它的最终目的是保证在将输入数据转换成输出数据的时候保持最小的偏差，即输入与输出尽可能保持一致。该自动编码器的结构如图 8.3 所示。

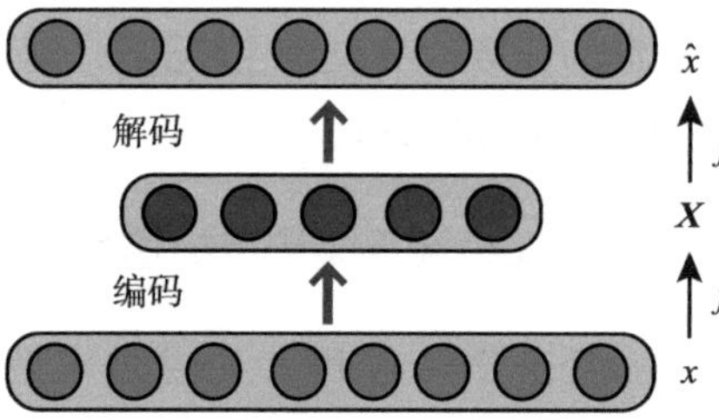

图 8.3 SAML 的自编码器[117]

输入和输出层保持相同的维度，同时 f_1 和 f_2 一般是非线性函数。对于给定的输入 $\boldsymbol{x}_i\in\mathbf{R}^{m\times1}$，两个权重矩阵 $\boldsymbol{W}_1\in\mathbf{R}^{k\times m}$，$\boldsymbol{W}_2\in\mathbf{R}^{m\times k}$ 以及两个偏差向量 $\boldsymbol{b}_1\in\mathbf{R}^{k\times1}$，$\boldsymbol{b}_2\in\mathbf{R}^{m\times1}$，有：

$$\boldsymbol{\xi}_i=f(\boldsymbol{W}_1\boldsymbol{x}_i+\boldsymbol{b}_1),\ \hat{\boldsymbol{x}}_i=f(\boldsymbol{W}_2\boldsymbol{\xi}_i+\boldsymbol{b}_2) \tag{8.23}$$

由于需要保证输入和输出尽可能一致，因此采用的损失函数如式（8.24）所示。

$$\min_{W_1,b_1,W_2,b_2} \mathcal{J}_r = \sum_{i=1}^{n} \|\hat{\boldsymbol{x}}_i - \boldsymbol{x}_i\|^2 \tag{8.24}$$

2. Softmax 回归

Softmax 回归（Softmax Regression）是 Logistic 回归的升级形式，它可以直接应用到多任务分类的问题上。对于一个 c 分类问题，给定一个测试数据 $\boldsymbol{x}_i$，Softmax 回归可以预测该测试数据属于第 j 类的概率 $p(y_j=j|\boldsymbol{x}_i)$，其中 $j=1, \cdots, c$。具体的计算方法如下：

$$p(y_i=j|\boldsymbol{x}_i;\boldsymbol{\theta}) = \frac{e^{\boldsymbol{\theta}_j^\top \boldsymbol{x}_i}}{\sum_{l=1}^{c} e^{\boldsymbol{\theta}_l^\top \boldsymbol{x}_i}} \tag{8.25}$$

其中 $\boldsymbol{\theta}=\{\boldsymbol{\theta}_1, \cdots, \boldsymbol{\theta}_c\}$ 是模型的参数，分母用于概率归一化。如果分类数目为 2，则可以将 Softmax 回归方法简化成 Logistic 回归。

在进行任务训练的时候，给定训练数据集 $\{\boldsymbol{x}_i, y_i\}_{i=1}^{n}$，$y_i \in \{1, 2, \cdots, e\}$，采用的损失函数如下：

$$\min_{\boldsymbol{\theta}_1,\cdots,\boldsymbol{\theta}_c}\left(-\frac{1}{n}\sum_{i=1}^{n}\sum_{j=1}^{c} 1\{y_i=j\}\log\frac{e^{\boldsymbol{\theta}_j^\top \boldsymbol{x}_i}}{\sum_{l=1}^{c} e^{\boldsymbol{\theta}_l^\top \boldsymbol{x}_i}}\right) \tag{8.26}$$

其中 $1\{\cdot\}$ 是一个指示函数（Indicator Function），当 · 为真时函数返回 1，否则返回 0。训练完模型以后，通过式（8.27）计算出实例 $\boldsymbol{x}_i$ 属于第 j 类的概率，然后将 $\boldsymbol{x}_i$ 归入概率最大的那一类：

$$y_i = \underset{j}{\operatorname{argmax}} \frac{e^{\boldsymbol{\theta}_j^\top \boldsymbol{x}_i}}{\sum_{l=1}^{c} e^{\boldsymbol{\theta}_l^\top \boldsymbol{x}_i}} \tag{8.27}$$

3. 正则化的多任务学习

正则化的多任务学习基于正则化函数最小化框架[118]，它能够同时学习所有任务，获取所有任务共享的公共子模型和每个任务私有的特定子模型。

假设 h_t 是第 t 个任务的超平面，那么 $h_t(\boldsymbol{x}_{ti}) = \boldsymbol{w}_t^\top \boldsymbol{x}_{ti}$，其中 $\boldsymbol{x}_{ti} \in \mathbf{R}^{k\times 1}$。因为每个任务是相关的，因此对于每个任务来说，$\boldsymbol{w}_t$ 可以写成 $\boldsymbol{w}_t=\boldsymbol{w}_0+\boldsymbol{v}_t$。$\boldsymbol{w}_0$ 表示所有任务共享的权重，$\boldsymbol{v}_t$ 在不同任务中各有一个。当各种任务趋近于相同时，$\boldsymbol{w}_t$ 趋近于 $\boldsymbol{w}_0$，反之，当 $\boldsymbol{w}_0$ 非常小的时候，所有的模型 $\boldsymbol{w}_t$ 都是不相关的，那么框架就等于分别训练每

个任务。对 $\boldsymbol{w}_t$ 的每个分量使用 L2 范数，我们可以得到如下框架：

$$\min_{\boldsymbol{w}_0,\boldsymbol{v}_t,\varepsilon_t} J(\boldsymbol{w}_0,\boldsymbol{v}_t,\boldsymbol{\varepsilon}_t)=\sum_{t=1}^{T}\boldsymbol{\varepsilon}_t+\frac{\boldsymbol{\lambda}_1}{T}\sum_{t=1}^{T}\|\boldsymbol{v}_t\|^2+\boldsymbol{\lambda}_2\|\boldsymbol{w}_0\|^2 \tag{8.28}$$

其中：

$$\boldsymbol{\varepsilon}_t=\ell(\boldsymbol{w}_t^{\top}\boldsymbol{x}_t),\quad \boldsymbol{x}_t=[\boldsymbol{x}_{t_1},\boldsymbol{x}_{t_2},\cdots,\boldsymbol{x}_{t_n}] \tag{8.29}$$

在式（8.28）中，$\boldsymbol{\lambda}_1$ 和 $\boldsymbol{\lambda}_2$ 是正则化参数，损失 ε_t 度量每个任务模型 $\boldsymbol{w}_t$ 对所有训练数据的错误大小。

接下来会介绍如何通过 SAML 进行表示学习。

给定 T 个任务的数据（包含标注和未标注的数据），$\boldsymbol{D}_t=\{\boldsymbol{x}_{ti},\ y_{ti}\}_{i=1}^{n_{tl}}+\{\boldsymbol{x}_{ti}\}_{i=1}^{n_{tu}}$（$1\leqslant t\leqslant T$），$\boldsymbol{x}_{ti}\in\mathbf{R}^{m\times1}$，$y_{ti}\in\{1,2,\cdots,c\}$，其中 n_{tl} 是任务 t 中有标注数据的数量，n_{tu} 是任务 t 中未标注数据的数量。实际上，SAML 是半监督的，它可以有效地利用小的标记数据集，通过正则化多任务框架促进任务之间的知识共享，并使用自动编码器找到良好的表示。

SAML 的整体框架如图 8.4 所示。它一共含有两个部分，第一个部分是自动编码器，它将输入 $\boldsymbol{x}$ 投影到低维 $\boldsymbol{\xi}$ 中。第二个部分是 Softmax 回归，它通过输入 $\boldsymbol{\xi}$ 进行学习。提出的多任务学习框架可以形式化如下：

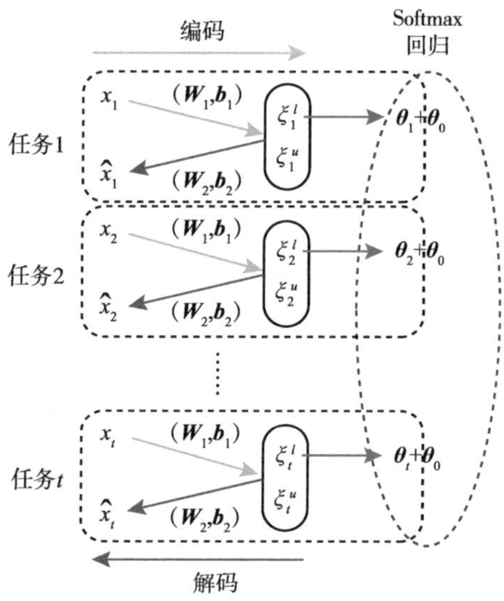

图 8.4 SAML 的框架[117]

$$\mathcal{J}=\sum_{t=1}^{T}\mathcal{J}_r(\boldsymbol{x}_t,\hat{\boldsymbol{x}}_t)+\alpha\sum_{t=1}^{T}\mathcal{L}(\boldsymbol{\xi}_t,\boldsymbol{\theta}_t)+\Omega_r+\Omega_l \tag{8.30}$$

第一项 $\mathcal{J}_r(\boldsymbol{x}_t,\ \hat{\boldsymbol{x}}_t)$ 是对于任务 t 中所有数据的重构误差，其中 $\hat{\boldsymbol{x}}_t\in\mathbf{R}^{m\times n_t}$。它的定义如下：

$$\mathcal{J}_r(\boldsymbol{x}_t,\hat{\boldsymbol{x}}_t)=\sum_{i=1}^{n_t}|\hat{\boldsymbol{x}}_{ti}-\boldsymbol{x}_{ti}|^2 \tag{8.31}$$

其中 $n_t=n_{tl}+n_{tu}$，$\hat{\boldsymbol{x}}_{ti}=f(\boldsymbol{W}_2\boldsymbol{\xi}_{ti}+\boldsymbol{b}_2)$，$\boldsymbol{\xi}_{ti}=f(\boldsymbol{W}_1\boldsymbol{x}_{ti}+\boldsymbol{b}_1)$。

在这一项中，所有的任务共享相同的编码器和解码器的参数，也就是 $\boldsymbol{W}_1$，$\boldsymbol{b}_1$，$\boldsymbol{W}_2$，$\boldsymbol{b}_2$。隐含层有 k（$k\leqslant m$）个节点，权重矩阵 $\boldsymbol{W}_1\in\mathbf{R}^{k\times m}$ 和 $\boldsymbol{b}_1\in\mathbf{R}^{k\times1}$ 连接输入层和隐含层。同时，权重矩阵 $\boldsymbol{W}_2\in\mathbf{R}^{m\times k}$ 和 $\boldsymbol{b}_2\in\mathbf{R}^{m\times1}$ 连接隐含层和输出层。

第二项 $\mathcal{L}(\boldsymbol{\xi}_t,\ \boldsymbol{\theta}_t)$ 是 Softmax 回归需要优化的问题，它能融合所有任务的标记数据。最小化目标函数如下：

$$\mathcal{L}(\boldsymbol{\xi}_t,\boldsymbol{\theta}_t)=-\frac{1}{n_{tl}}\sum_{i=1}^{n_{tl}}\sum_{j=1}^{c}1\{y_{ti}=j\}\log\frac{e^{\hat{\boldsymbol{\theta}}_{tj}^{\top}\boldsymbol{\xi}_{ti}}}{\sum_{p=1}^{c}e^{\hat{\boldsymbol{\theta}}_{tp}^{\top}\boldsymbol{\xi}_{ti}}} \tag{8.32}$$

其中 $\hat{\boldsymbol{\theta}}_{tj}=\boldsymbol{\theta}_{tj}+\boldsymbol{\theta}_{0j}$。在这一项中，输入的数据 $\boldsymbol{\xi}_{ti}\in\mathbf{R}^{k\times1}$ 是自编码器隐含层所得。权重向量 $\boldsymbol{\theta}_{tj}\in\mathbf{R}^{k\times1}$ 和 $\boldsymbol{\theta}_{0j}\in\mathbf{R}^{k\times1}$（$j\in\{1,\cdots,c\}$）分别是每个任务的独立参数和所有任务的共享参数。为了更好地控制这两个权重的影响，加入一个 L2 正则化，如下：

$$\Omega_l=\frac{\lambda_1}{T}\sum_{t=1}^{T}\sum_{j=1}^{c}\|\boldsymbol{\theta}_{tj}\|^2+\lambda_2\sum_{j=1}^{c}\|\boldsymbol{\theta}_{0j}\|^2 \tag{8.33}$$

其中 λ_1 和 λ_2 是权衡参数。更大的 λ_1 会倾向于不同的任务共享同一个模型，更大的 λ_2 会让各个任务使用各自的模型。

另外，为了控制自编码器模型的复杂度，提高其泛化能力，我们在公式（8.30）中增加了权值衰减项 Ω_r，可表示为

$$\Omega_r=\lambda_3(\|\boldsymbol{W}_1\|^2+\|\boldsymbol{b}_1\|^2+\|\boldsymbol{W}_2\|^2+\|\boldsymbol{b}_2\|^2) \tag{8.34}$$

其中 λ_3 是权衡参数。

事实上，这是一个无约束的优化问题。为了解决这个优化问题，采用梯度下降法。下面将以 $\boldsymbol{\theta}_{tj}$ 和 $\boldsymbol{\theta}_{0j}$（$j\in\{1,\cdots,c\}$）为例，给出优化步骤：

$$\frac{\partial J}{\partial\boldsymbol{\theta}_{tj}}=\alpha\left(-\frac{1}{n_{tl}}\sum_{i=1}^{n_{tl}}\sum_{j=1}^{c}1\{y_{ti}=j\}\left(1-\frac{e^{\hat{\boldsymbol{\theta}}_{tj}^{\top}\boldsymbol{\xi}_{ti}}}{\sum_{l=1}^{c}e^{\hat{\boldsymbol{\theta}}_{tl}^{\top}\boldsymbol{\xi}_{ti}}}\right)\boldsymbol{\xi}_{ti}\right)+\frac{2\lambda_1}{T}\boldsymbol{\theta}_{tj} \tag{8.35}$$

$$\frac{\partial J}{\partial\boldsymbol{\theta}_{0j}}=\alpha\sum_{t=1}^{T}\left(-\frac{1}{n_{tl}}\sum_{i=1}^{n_{tl}}\sum_{j=1}^{c}1\{y_{ti}=j\}\left(1-\frac{e^{\hat{\boldsymbol{\theta}}_{tj}^{\top}\boldsymbol{\xi}_{ti}}}{\sum_{l=1}^{c}e^{\hat{\boldsymbol{\theta}}_{tl}^{\top}\boldsymbol{\xi}_{ti}}}\right)\boldsymbol{\xi}_{ti}\right)+2\lambda_2\boldsymbol{\theta}_{0j} \tag{8.36}$$

在偏导数的基础上，模型采用一种交替优化算法来得到解，如公式（8.37）所示。

$$\begin{aligned}
&\boldsymbol{W}_1\leftarrow\boldsymbol{W}_1-\eta\frac{\partial\mathcal{J}}{\partial\boldsymbol{W}_1},\quad \boldsymbol{b}_1\leftarrow\boldsymbol{b}_1-\eta\frac{\partial\mathcal{J}}{\partial\boldsymbol{b}_1}\\
&\boldsymbol{W}_2\leftarrow\boldsymbol{W}_2-\eta\frac{\partial\mathcal{J}}{\partial\boldsymbol{W}_2},\quad \boldsymbol{b}_2\leftarrow\boldsymbol{b}_2-\eta\frac{\partial\mathcal{J}}{\partial\boldsymbol{b}_2}\\
&\boldsymbol{\theta}_{tj}\leftarrow\boldsymbol{\theta}_{tj}-\eta\frac{\partial\mathcal{J}}{\partial\boldsymbol{\theta}_{tj}},\quad \boldsymbol{\theta}_{0j}\leftarrow\boldsymbol{\theta}_{0j}-\eta\frac{\partial\mathcal{J}}{\partial\boldsymbol{\theta}_{0j}}
\end{aligned} \tag{8.37}$$

其中 η 是步长，它决定收敛的速度。

求解完所有参数之后，有两种方法构造分类器。第一种方法是使用 Softmax 回归

直接预测未标记数据，如式（8.27）所描述的框架。也就是说，对于每个样本，我们可以估计概率 $P(y_{ti}=j \mid \boldsymbol{x}_{ti})$，然后将最大概率的那一类作为标签。第二种方法是使用标准分类算法，如 Logistic 回归（LR）[119-120]，在低维表示空间中为每个任务独立训练分类器。

8.3 基于深度神经网络的多任务学习

在 8.2 节，我们介绍了传统的多任务学习算法。在深度学习时代，多任务学习往往采用共享隐含层的方式实现。根据共享隐含层方式的不同，多任务学习一般分为基于硬共享的多任务学习和基于软共享的多任务学习。

硬参数共享是基于深度学习的多任务学习算法中最常见的方式[121]。在这类算法中，不同任务之间共享神经网络的隐含层，网络的最后通常是任务特定的输出层，其示意图如图 8.5 所示。

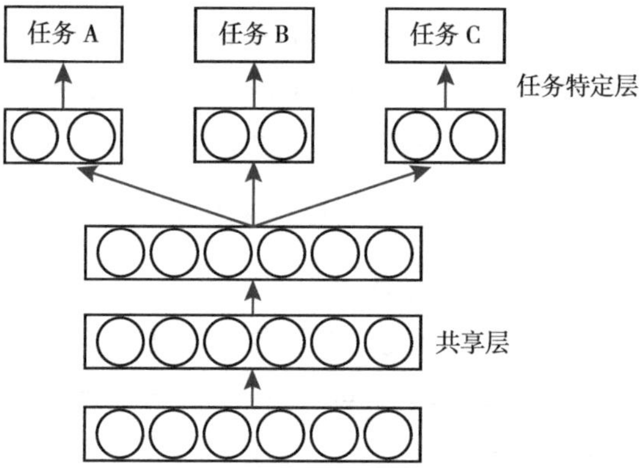

图 8.5 深度神经网络中多任务学习的硬参数共享

软参数共享是另一种非常重要的多任务学习方式。这类模型不直接共享网络的隐含层，而是在不同任务的网络之间施加一定的约束，以实现信息互通和知识共享，从而提升模型效果，其示意图如图 8.6 所示。

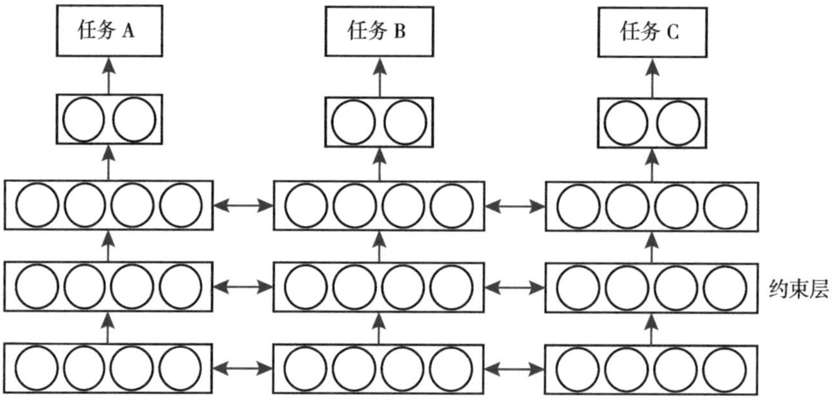

图 8.6 深度神经网络中多任务学习的软参数共享

在 8.3.1 和 8.3.2 节，我们将介绍上述两种在深度神经网络中常用的多任务学习方法。

8.3.1　基于硬共享的多任务学习

硬参数共享是神经网络中最常用的多任务学习方法，可以追溯到文献［122］。一方面，它通常在所有任务中共享隐含层；另一方面，它会为特定的任务保留不同的输出层。其示意图如图 8.5 所示。硬参数共享方式大大降低了模型遭遇过拟合的风险。事实上，文献［123］已经表明过拟合这些共享参数的风险是一个阶数 N（其中 N 是任务的数量），它小于过拟合那些任务特定参数（即不同任务对应的输出层）的风险。而在直觉上，这也是有道理的：同时学习的任务越多，我们的模型就越需要找到能够捕获所有任务的表征，这会使得我们在原始任务上过拟合的机会减少。

考虑一个多任务学习问题，我们需要先定义一组样本空间$\mathcal{X}$和一组任务空间 $\{\mathcal{Y}\}_{t\in[T]}$。可以从样本空间中独立同分布地采样出一个包含诸多数据点的数据集 $\{\boldsymbol{x}_i, y_i^1, y_i^2, \cdots, y_i^T\}_{i\in N}$，其中 T 是任务的数量，N 是数据点的数量，y_i^t 是第 t 个任务的第 i 个样本点的标签。进一步将每个任务的参数假设类别视为 $f^t(\boldsymbol{x};\boldsymbol{\theta}^{sh},\boldsymbol{\theta}^t)$：$\mathcal{X}\rightarrow\mathcal{Y}^t$，其中一些参数 $\boldsymbol{\theta}^{sh}$ 是在任务之间共享的，而另一些参数 $\boldsymbol{\theta}^t$ 是特定于任务 t 的。另外，我们还考虑了特定于任务的损失函数$\mathcal{L}^t(\cdot,\cdot)$：$\mathcal{Y}^t\times\mathcal{Y}^t\rightarrow\mathbf{R}^+$。尽管多任务学习文献中已经提出许多假设类别和损失函数，但最简单的方式是检验多任务学习的经验风险最小化公式：

$$\min_{\substack{\boldsymbol{\theta}^{sh}\\ \boldsymbol{\theta}^1,\cdots,\boldsymbol{\theta}^T}} \sum_{t=1}^{T} c^t \hat{\mathcal{L}}^t(\boldsymbol{\theta}^{sh},\boldsymbol{\theta}^t) \tag{8.38}$$

其中 c^t 为每个任务通过静态或动态方法计算得到的任务 t 的权重，$\hat{\mathcal{L}}^t(\boldsymbol{\theta}^{sh},\boldsymbol{\theta}^t)$是任务 t 的经验损失，被定义为$\hat{\mathcal{L}}^t(\boldsymbol{\theta}^{sh},\boldsymbol{\theta}^t)\triangleq\frac{1}{N}\sum_i\mathcal{L}(f^t(\boldsymbol{x}_i;\boldsymbol{\theta}^{sh},\boldsymbol{\theta}^t), y_i^t)$。尽管加权求和的公式（8.38）在直觉上很有吸引力，但它通常需要在各种尺度上进行昂贵的网格搜索或使用启发式算法[124-125]。这样扩展的一个基本理由是我们不可能在 MTL 设置中定义全局最优性。例如，考虑两组解 $\boldsymbol{\theta}$ 和 $\bar{\boldsymbol{\theta}}$，对于任务 t_1 和 t_2 来说，有$\hat{\mathcal{L}}^{t_1}(\boldsymbol{\theta}^{sh},\boldsymbol{\theta}^{t_1})<\hat{\mathcal{L}}^{t_1}(\bar{\boldsymbol{\theta}}^{sh},\bar{\boldsymbol{\theta}}^{t_1})$ 和$\hat{\mathcal{L}}^{t_2}(\boldsymbol{\theta}^{sh},\boldsymbol{\theta}^{t_2})>\hat{\mathcal{L}}^{t_2}(\bar{\boldsymbol{\theta}}^{sh},\bar{\boldsymbol{\theta}}^{t_2})$。换句话说，$\boldsymbol{\theta}$ 在任务 t_1 上更优，而 $\bar{\boldsymbol{\theta}}$ 在任务 t_2 上更优。这意味着如果没有任务的成对重要性，就不可能比较这两种解决方案，但这种做法通常是行不通的。因此，这里采用多目标优化问题的视角来定义基于硬参数共享的多任务学习[121]：优化一组可能存在冲突的目标。我们使用向量值损失 $\boldsymbol{L}$ 表示 MTL 的多目标优化公式：

$$\min_{\substack{\boldsymbol{\theta}^{sh}\\ \boldsymbol{\theta}^1,\cdots,\boldsymbol{\theta}^T}} \boldsymbol{L}(\boldsymbol{\theta}^{sh},\boldsymbol{\theta}^1,\cdots,\boldsymbol{\theta}^T)=\min_{\substack{\boldsymbol{\theta}^{sh}\\ \boldsymbol{\theta}^1,\cdots,\boldsymbol{\theta}^T}}(\hat{\mathcal{L}}^1(\boldsymbol{\theta}^{sh},\boldsymbol{\theta}^1),\cdots,\hat{\mathcal{L}}^T(\boldsymbol{\theta}^{sh},\boldsymbol{\theta}^T))^{\top} \tag{8.39}$$

而多目标优化的目标是实现帕累托最优。要理解帕累托最优，需要先理解以下概念：一个解 $\boldsymbol{\theta}$ 支配另一个解 $\bar{\boldsymbol{\theta}}$，假如对于所有的任务 t 有$\hat{\mathcal{L}}^t(\boldsymbol{\theta}^{sh},\boldsymbol{\theta}^t)\leqslant\hat{\mathcal{L}}^t(\bar{\boldsymbol{\theta}}^{sh},\bar{\boldsymbol{\theta}}^t)$，并且 $\boldsymbol{L}(\boldsymbol{\theta}^{sh},\boldsymbol{\theta}^1,\cdots,\boldsymbol{\theta}^T)\neq\boldsymbol{L}(\boldsymbol{\theta}^{sh},\bar{\boldsymbol{\theta}}^1,\cdots,\bar{\boldsymbol{\theta}}^{\top})$，如果不存在另一个解 $\boldsymbol{\theta}$ 支配 $\boldsymbol{\theta}^*$，

则解 $\boldsymbol{\theta}^*$ 称为帕累托最优解。

多目标优化可以通过梯度下降求解到局部最优，然而得到这个解并非易事。一个可用的、有效的方法为多重梯度下降[121,126]。多重梯度下降利用 Karush-Kuhn-Tucker（KKT）条件，这是求解最优解的必要条件。对于给定的任务特定的参数和共享的参数，可以对 KKT 条件进行如下说明：

- 存在 α^1，…，$\alpha^T \geqslant 0$ 使得 $\sum_{t=1}^{T}\alpha^t=1$，并且 $\sum_{t=1}^{T}\alpha^t \nabla_{\boldsymbol{\theta}^{sh}} \hat{\mathcal{L}}^t(\boldsymbol{\theta}^{sh}, \boldsymbol{\theta}^t)=0$。
- 对于所有的任务 t，都有 $\nabla_{\boldsymbol{\theta}^t} \hat{\mathcal{L}}^t(\boldsymbol{\theta}^{sh}, \boldsymbol{\theta}^t)=0$。

任何满足这些条件的解称为帕累托平稳点。虽然每一个帕累托最优点都是帕累托平稳点，但反过来可能不正确。考虑如下问题：

$$\min_{\alpha^1,\cdots,\alpha^T}\left\{\left\|\sum_{t=1}^{T}\alpha^t \nabla_{\boldsymbol{\theta}^{sh}}\hat{\mathcal{L}}^t(\boldsymbol{\theta}^{sh},\boldsymbol{\theta}^t)\right\|_2^2 \;\middle|\; \sum_{t=1}^{T}\alpha^t=1,\alpha^t \geqslant 0 \quad \forall t\right\} \tag{8.40}$$

文献［126］表明，要么该优化问题的解为 0 且得到的点满足 KKT 条件，要么该优化问题的解给出了一个下降方向，从而改善了所有任务。因此，针对多任务学习算法的有效梯度下降算法是对特定任务的参数做梯度下降，然后解出式（8.40）并将解 $\sum_{t=1}^{T}\alpha^t \nabla_{\boldsymbol{\theta}^{sh}}$ 作为共享参数的梯度进行更新。

由于式（8.40）是一个带有线性约束的凸二次问题，因此可以使用基于凸优化的特殊方法。在考虑一般形式之前，让我们先考虑两个任务的简单形式。优化问题可定义为 $\min_{\alpha\in[0,1]}\|\alpha\nabla_{\boldsymbol{\theta}^{sh}}\hat{\mathcal{L}}^1(\boldsymbol{\theta}^{sh},\boldsymbol{\theta}^1)+(1-\alpha)\nabla_{\boldsymbol{\theta}^{sh}}\hat{\mathcal{L}}^2(\boldsymbol{\theta}^{sh},\boldsymbol{\theta}^2)\|_2^2$，它是一个一维的 α 的二次函数，具有解析解：

$$\alpha=\left[\frac{(\nabla_{\boldsymbol{\theta}^{sh}}\hat{\mathcal{L}}^2(\boldsymbol{\theta}^{sh},\boldsymbol{\theta}^2)-\nabla_{\boldsymbol{\theta}^{sh}}\hat{\mathcal{L}}^1(\boldsymbol{\theta}^{sh},\boldsymbol{\theta}^1))^{\top}\nabla_{\boldsymbol{\theta}^{sh}}\hat{\mathcal{L}}^2(\boldsymbol{\theta}^{sh},\boldsymbol{\theta}^2)}{\|\nabla_{\boldsymbol{\theta}^{sh}}\hat{\mathcal{L}}^1(\boldsymbol{\theta}^{sh},\boldsymbol{\theta}^1)-\nabla_{\boldsymbol{\theta}^{sh}}\hat{\mathcal{L}}^2(\boldsymbol{\theta}^{sh},\boldsymbol{\theta}^2)\|_2^2}\right]_{+,\frac{1}{\mathrm{T}}} \tag{8.41}$$

其中，$[\cdot]_{+,\frac{1}{\mathrm{T}}}$ 代表剪裁到区间［0，1］，即 $[a]_{+,\frac{1}{\mathrm{T}}}=\max(\min(a,1),0)$。图 8.7 中进一步可视化了这个解决方案。虽然这只适用于两个任务，但这使得 Frank-Wolfe 算法[127] 的有效应用成为可能，因为线搜索可以通过解析解决。因此，我们使用 Frank-Wolfe 来解决约束优化问题，使用式（8.41）作为线搜索的子程序。算法 8.1 给出了 Frank-Wolfe 求解器的所有更新方程。

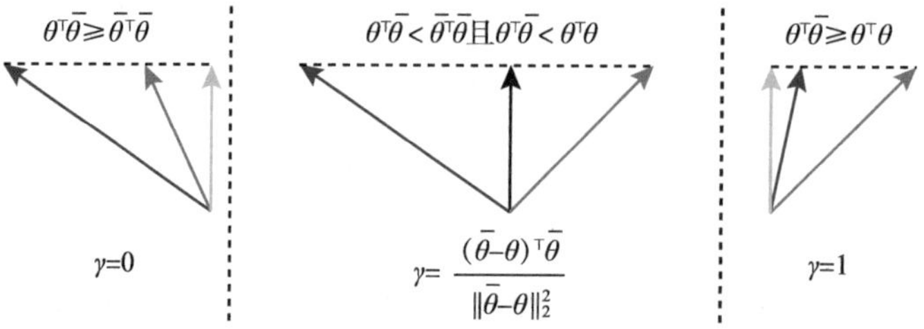

图 8.7　两点凸包中最小范数点的可视化（$\min_{\gamma\in[0,1]}\|\gamma\theta+(1-\gamma)\bar{\boldsymbol{\theta}}\|_2^2$）。正如几何中所暗示的那样，解决方案要么是一个边的情况，要么是一个垂直向量[121]

算法 8.1　更新 MTL 的方程

1. **for** $t=1$ **to** T **do**
2. 　$\theta^t=\theta^t-\eta\,\nabla_{\theta^t}\,\hat{\mathcal{L}}^t(\theta^{sh},\theta^t)$　▷任务特定的参数梯度下降
3. **end for**
4. $\alpha^1,\cdots,\alpha^T=$ FRANKWOLFESOLVER(θ)　▷求解式(8.40)找到共同的下降方向
5. $\theta^{sh}=\theta^{sh}-\eta\sum_{t=1}^{T}\alpha^t\,\nabla_{\theta^{sh}}\hat{\mathcal{L}}^t(\theta^{sh},\theta^t)$　▷共享的参数梯度下降

6. **procedure** FRANKWOLFESOLVER(θ)
7. 　初始化 $\boldsymbol{\alpha}=(\alpha^1,\cdots,\alpha^T)=\left(\dfrac{1}{T},\cdots,\dfrac{1}{T}\right)$
8. 　预计算 M s.t. $M_{i,j}=(\nabla_{\theta^{sh}}\hat{\mathcal{L}}^i(\theta^{sh},\theta^i))^\top(\nabla_{\theta^{sh}}\hat{\mathcal{L}}^j(\theta^{sh},\theta^j))$
9. 　重复
10. 　　$\hat{t}=\arg\,\min_\gamma\sum_t\alpha^t M_{rt}$
11. 　　$\hat{\gamma}=\arg\,\min_\gamma((1-\gamma)\boldsymbol{\alpha}+\gamma e_t)^\top M((1-\gamma)\boldsymbol{\alpha}+\gamma e_t)$　▷使用算法8.2
12. 　　$\boldsymbol{\alpha}=(1-\hat{\gamma})\boldsymbol{\alpha}+\hat{\gamma}e_t$
13. 　直到 $\hat{\gamma}\sim0$ 或者迭代次数达到限制
14. 　返回 $\alpha^1,\cdots,\alpha^T$
15. **end procedure**

算法 8.2　$\min_{\gamma\in[0,1]}\|\gamma\theta+(1-\gamma)\bar{\theta}\|_2^2$

1. **if** $\theta^\top\bar{\theta}\geq\theta^\top\theta$ **then**
2. 　$\gamma=1$
3. **else if** $\theta^\top\bar{\theta}\geq\bar{\theta}^\top\bar{\theta}$ **then**
4. 　$\gamma=0$
5. **else**
6. 　$\gamma=\dfrac{(\bar{\theta}-\theta)^\top\bar{\theta}}{\|\theta-\bar{\theta}\|_2^2}$
7. **end if**

　　算法 8.1 中描述的多任务学习更新适用于任何使用基于梯度下降的优化的问题。另外，文献［121］中的实验表明，Frank-Wolfe 求解器是高效且准确的，因为它通常在适度的迭代次数中收敛，对训练时间的影响可以忽略不计。然而，该算法需要为每个任务 t 计算 $\nabla_{\theta^{sh}}\hat{\mathcal{L}}^t(\theta^{sh},\theta^t)$，这需要向后传递每个任务的共享参数。因此，由此产生的梯度计算将是前向传递，然后是 T 个向后传递。考虑到后向传递的计算通常比前向传递的计算成本更高，这会导致训练时间的线性缩放，并且可能无法解决多个任务的问题。

　　一种有效的方法是优化目标的上限，并且只需要一次后向传递。因为在现实假设下，优化这个上限会产生帕累托最优解［121］。具体来说，一个可解的架构将共享表示

函数与特定于任务的决策函数结合在一起。这类架构涵盖了大部分现有的深度多任务学习模型，并且可以将假设类约束为

$$f^t(\boldsymbol{x};\boldsymbol{\theta}^{sh},\boldsymbol{\theta}^t)=(f^t(\cdot;\boldsymbol{\theta}^t)\circ g(\cdot;\boldsymbol{\theta}^{sh}))(\boldsymbol{x})=f^t(g(\boldsymbol{x};\boldsymbol{\theta}^{sh});\boldsymbol{\theta}^t), \tag{8.42}$$

其中 g 是所有任务共享的表示函数，f^t 是将这个表示作为输入的任务特定函数。如果我们将表示写作 $\mathbf{Z}=(z_1,\cdots,z_N)$，其中 $z_i=g(\boldsymbol{x}_i;\boldsymbol{\theta}^{sh})$，声明以下上限作为链式法则的直接结果：

$$\left\|\sum_{t=1}^{T}\alpha^t\nabla_{\boldsymbol{\theta}^{sh}}\hat{\mathcal{L}}^t(\boldsymbol{\theta}^{sh},\boldsymbol{\theta}^t)\right\|_2^2\leqslant\left\|\frac{\partial\mathbf{Z}}{\partial\boldsymbol{\theta}^{sh}}\right\|_2^2\left\|\sum_{t=1}^{T}\alpha^t\nabla_{\mathbf{Z}}\hat{\mathcal{L}}^t(\boldsymbol{\theta}^{sh},\boldsymbol{\theta}^t)\right\|^2 \tag{8.43}$$

其中 $\left\|\frac{\partial\mathbf{Z}}{\partial\boldsymbol{\theta}^{sh}}\right\|_2$ 是 $\mathbf{Z}$ 的雅可比矩阵关于 $\boldsymbol{\theta}^{sh}$ 的矩阵范数。

这个上限的两个理想属性是：$\nabla_{\mathbf{Z}}\hat{\mathcal{L}}^t(\boldsymbol{\theta}^{sh},\boldsymbol{\theta}^t)$ 可以在一次后向传递中计算所有任务；$\left\|\frac{\partial\mathbf{Z}}{\partial\boldsymbol{\theta}^{sh}}\right\|_2^2$ 不是 $\alpha^1,\cdots,\alpha^T$ 的函数，因此当它用作优化目标时可以将其删除。我们用刚刚推导出的上界替换 $\left\|\sum_{t=1}^{T}\alpha^t\nabla_{\boldsymbol{\theta}^{sh}}\hat{\mathcal{L}}^t(\boldsymbol{\theta}^{sh},\boldsymbol{\theta}^t)\right\|_2^2$ 项以获得近似优化问题，并删除 $\left\|\frac{\partial\mathbf{Z}}{\partial\boldsymbol{\theta}^{sh}}\right\|_2^2$ 项，因为它不影响优化。由此产生的优化问题是

$$\min_{\alpha^1,\cdots,\alpha^T}\left\{\left\|\sum_{t=1}^{T}\alpha^t\nabla_{\mathbf{Z}}\hat{\mathcal{L}}^t(\boldsymbol{\theta}^{sh},\boldsymbol{\theta}^t)\right\|_2^2 \mid \sum_{t=1}^{T}\alpha^t=1,\alpha^t\geqslant 0\quad\forall t\right\} \tag{8.44}$$

此问题称为“多重梯度下降算法-上限”。在实际情况中，多重梯度下降算法-上限对应于使用相对于表征的任务损失梯度而不是共享参数。

8.3.2 基于软共享的多任务学习

在软参数共享中，每个任务都有自己的模型和参数。如图 8.6 所示，软参数共享是指对模型参数之间的距离进行正则化，以鼓励参数相似。例如，文献［128］中使用 l_2 距离进行正则化，而文献［129］中使用迹范数。深度神经网络中用于软参数共享的约束受到了正则化技术的极大启发，后文将主要介绍文献［130］中提出的十字绣网络方法。

同软参数共享一样，文献［130］从两个独立的模型架构开始。然后，该方法使用所谓的十字绣单元，允许模型通过学习前一层输出的线性组合，进而确定特定任务的网络以何种方式利用其他任务的知识。该方法的架构如图 8.8 所示，该方法只在池化和全连接层之后放置十字绣单元。

该方法通过十字绣单元为卷积神经网络提出了一种新的多任务学习方法，十字绣单元期望为多任务学习找到最佳的共享表征。该单元使用线性组合的方式对这些共享表示进行建模，并学习给定任务集的最佳线性组合。该方法将这些十字绣单元集成到

一个卷积神经网络中，并提供一个端到端的学习框架。此外，该方法只考虑采用相同单一输入的任务，例如一张图像，而非一张图像以及该图像对应的深度图。具体地，该方法包含以下几个部分。

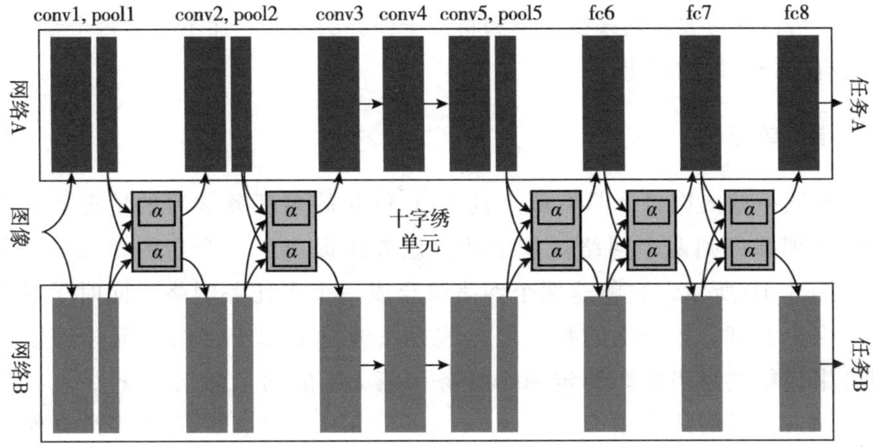

图 8.8 用于两项任务的十字绣网络[130]

1. 拆分架构

给定具有多个标签的单张输入图像，可以为其设计“拆分架构”，如图 8.9 所示。这些架构具有一个共享表征和特定于任务的表征。在较低层“拆分”网络会得到更多的特定任务层和更少的共享层。拆分架构的一个极端是在最低的卷积层进行拆分，这会得到完全分离的两个网络，因此只会学习到特定于任务的表征。另一个极端是使用“兄弟”预测层（如文献［131］中所讨论的），它允许得到更加共享的表征。因此，拆分架构可以得到不同数量的共享表征和特定于任务的表征。

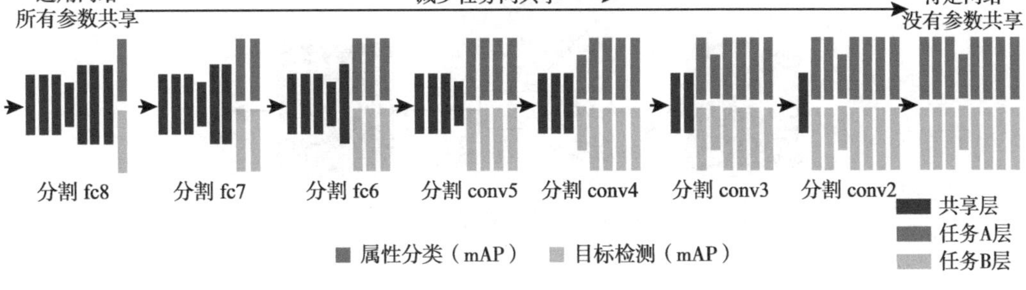

图 8.9 拆分架构[130]（见彩插）

2. 共享拆分架构

虽然拆分架构有望用于多任务学习，但其中存在一个明显的问题：应该在网络的哪一层拆分？这个问题高度依赖于输入数据和特定任务。为此，该方法提出了一个简单的架构，可以学习要使用多少共享和特定于任务的表征，而不是为每个新的输入任务列举所有拆分架构的可能性。

3. 十字绣单元

考虑在同一输入图像上具有两个任务 A 和 B 的多任务学习的情况。这两个任务分别独自训练得到两个网络。基于此，该方法提出了一个新的单元——十字绣单元。如图 8.10 所示，它将这两个网络组合成一个多任务网络，同时学习不同任务间需要多少共享。在网络的每一层，该方法通过使用十字绣单元学习激活图的线性组合来建模共享表征。给定两个任务的第 l 层的两个激活图 $\boldsymbol{x}_{\mathrm{A}}$，$\boldsymbol{x}_{\mathrm{B}}$，该方法学习两个输入激活的线性组合 $\tilde{\boldsymbol{x}}_{\mathrm{A}}$，$\tilde{\boldsymbol{x}}_{\mathrm{B}}$（见式（8.45）），并将这些组合作为输入提供给下一层的卷积核。令 α 表示这种线性组合的参数，具体地，在激活图中的位置（i，j），有

$$\begin{bmatrix} \tilde{x}_{\mathrm{A}}^{ij} \\ \tilde{x}_{\mathrm{B}}^{ij} \end{bmatrix} = \begin{bmatrix} \alpha_{\mathrm{AA}} & \alpha_{\mathrm{AB}} \\ \alpha_{\mathrm{BA}} & \alpha_{\mathrm{BB}} \end{bmatrix} \begin{bmatrix} x_{\mathrm{A}}^{ij} \\ x_{\mathrm{B}}^{ij} \end{bmatrix} \tag{8.45}$$

该方法称为十字绣操作，并将为每一层 l 建模的单元称为十字绣单元。网络可以通过将 α_{AB} 或 α_{BA} 设置为零来决定使某些层专注于特定任务，或者通过为它们分配更高的值来选择共享的表征。

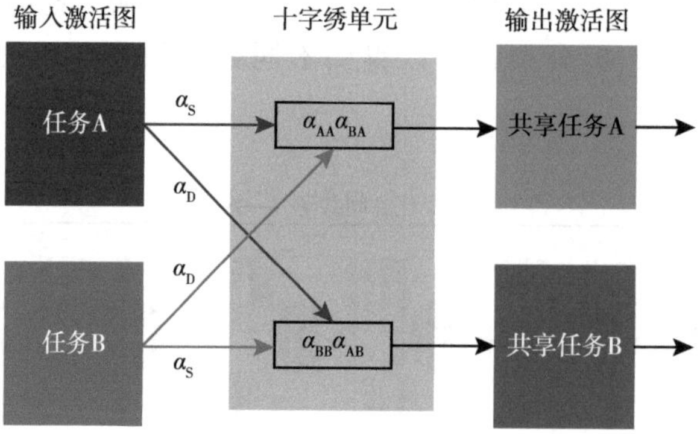

图 8.10　十字绣单元[130]

4. 通过十字绣单元反向传播

由于十字绣单元被建模为线性组合，它们对任务 A、B 的损失 L 偏导数计算为

$$\begin{bmatrix} \frac{\partial L}{\partial x_{\mathrm{A}}^{ij}} \\ \frac{\partial L}{\partial x_{\mathrm{B}}^{ij}} \end{bmatrix} = \begin{bmatrix} \alpha_{\mathrm{AA}} & \alpha_{\mathrm{BA}} \\ \alpha_{\mathrm{AB}} & \alpha_{\mathrm{BB}} \end{bmatrix} \begin{bmatrix} \frac{\partial L}{\partial \tilde{x}_{\mathrm{A}}^{ij}} \\ \frac{\partial L}{\partial \tilde{x}_{\mathrm{B}}^{ij}} \end{bmatrix}$$

$$\frac{\partial L}{\partial \alpha_{\mathrm{AB}}} = \frac{\partial L}{\partial \tilde{x}_{\mathrm{B}}^{ij}} x_{\mathrm{A}}^{ij}, \frac{\partial L}{\partial \alpha_{\mathrm{AA}}} = \frac{\partial L}{\partial \tilde{x}_{\mathrm{A}}^{ij}} x_{\mathrm{A}}^{ij} \tag{8.46}$$

令 α_{D} 表示 α_{AB}，α_{BA}，并称其为不同任务值，因为它们权衡了另一个任务的激活图。同样，α_{AA}，α_{BB} 用 α_{S} 表示，即相同任务值，因为它们权衡相同任务的激活图。通过改变 α_{D} 和 α_{S} 的值，该单元可以在共享表征和特定任务表征之间自由移动，并在需要时选择中间立场。

5. 十字绣单元的设计决策

该方法在卷积神经网络中使用十字绣单元进行多任务学习。为简单起见，该方法假设多任务学习有两个任务。图 8.10 显示了两个任务 A 和 B 的架构。图 8.10（顶部）中的子网络从任务 A 获得直接监督，从任务 B 获得间接监督（通过十字绣单元）。我们称从任务 A 中获得直接监督的子网络为网络 A。相应地，将另一个作为网络 B。十字绣单元通过结合激活（特征）图来学习共享表示，进而为这两个任务添加正则化约束。尤其在一个任务的标签比另一个任务少的情况下，这种正则化有助于“数据匮乏”的任务学习。

关于十字绣单元的初始化和学习率设置：十字绣单元模型的 α 值建模了特征图之间的线性组合。它们被初始化在［0，1］范围。这一初始化对于稳定学习很重要，因为它确保输出激活图中的值（在十字绣单元之后）与线性组合之前的输入值具有相同的数量级。

网络初始化：如图 8.8 所示，十字绣单元将两个网络组合在一起。然而一个明显的问题是应该如何初始化网络 A 和 B？该方法认为可以通过在这些任务上分别训练的网络来初始化网络 A 和 B，或者使用相同的初始化方式，然后联合训练它们。

综上，该方法提出了十字绣单元，这是一种在卷积神经网络中学习多任务学习共享表征的通用方法。十字绣单元将共享表征建模为线性组合，并且可以在卷积神经网络中端到端地学习。这些单元可以应用到不同类型的任务中，无须在每个任务的基础上搜索多个多任务网络架构。

8.4　本章小结

本章对多任务学习进行了介绍。多任务学习旨在同时学习多个相关的机器学习任务，通过任务间的知识共享，提升各个任务的学习效果。本章首先介绍了传统多任务学习算法，根据知识共享途径的不同，先后介绍了基于共享特征、共享样本以及共享参数的多任务学习。接着，介绍了基于深度神经网络的多任务学习算法，根据知识共享方式的不同，先后介绍了基于硬共享的多任务学习以及基于软共享的多任务学习。总结来说，多任务学习通过任务间的知识共享，为每个任务补充了高价值的训练信息，提升了各个任务的学习效果。

第 9 章

多视图学习算法

一般来说，机器学习中的分类或聚类算法只关注数据只用一个视图表示的情况，然而在网页分析、生物信息学和图像处理等许多现实场景中，数据可能会有几种不同的视图。例如，视频有来自不同维度的特征-图像和音频，这两部分特征不宜用同样的分类器来学习，更适合分别用图像识别方法和声音识别方法来学习。如果使用单视图，即用所有特征组成一个特征向量来表示视频片段，将无法选择一种既适合图像又适合声音的普适学习方法。在这种情况下，使用多视图的表示法较为适合，即把数据表示成多个特征集，在每个特征集上用不同的学习方法进行学习。此外，即使数据的特征能够使用同一种学习器进行学习，多视图学习也比单视图学习更有优势。例如在网页分类问题中，网页本身所包含的信息和指向该网页的超链接所包含的信息均由单词构成，网页视图和超链接视图都可以表示成文本向量的形式，在这两个视图上可以用同一种学习器进行学习。然而，如果要把这两个视图合成一个视图，得到的特征向量就失去了原有的意义，而且可能会增加特征空间的维数，从而给多视图学习带来不必要的困难。因此，需要用多视图算法来处理具有多种不同视图的数据。本章介绍了几个关于多视图学习的经典算法。

本章组织内容如下：9.1 节介绍问题定义；9.2 节介绍概率潜在语义分析方法；9.3 节介绍基于最大间隔原则的方法；9.4 节介绍子空间聚类方法；9.5 节介绍完整空间方法；9.6 节介绍针对多任务多视图的学习方法；9.7 节介绍在推荐系统和人机对话领域的多视图学习方法；9.8 节为本章小结。

9.1 问题定义

数据的多视图表示方法能够发挥各个视图的优势，利用来自多个视图之间的连接和差异信息来更好地描述对象。最近，许多多视图学习算法已经被设计并成功应用于各种多视图场景中。协同训练（Co-training）是最早的多视图学习半监督方案之一。在协同训练过程中，每个分类器从未标记的数据中挑选若干预测置信度较高的数据进行标记，并把标记后的数据加入另一个分类器的标记数据集中，以便对方利用这些新标记的数据进行更新，此过程不断迭代进行，直到达到某个停止条件。后来又发展出它的许多变体，例如 co-EM 和协同正则化（Co-regularization）。多核学习（Multiple Kernel Learning，MKL）是一种有效的多视图学习算法，其内核自然对应于不同的视图，线性或非线性组合内核可以提高学习性能。此外，子空间学习（Subspace Learning）是常见的多视图学习方法，例如典型相关分析（Canonical Correlation Analysis，CCA）等方法构建了不同视图中的共享潜在子空间，实现了多视图学习。子空间聚类方法是一种有效的方法，与大多数现有的单视图子空间聚类方法直接利用原始特征重构数据点不同，它从多个视图中挖掘潜在的互补信息，同时寻找潜在的表示。利用多个视图的互补性，潜在表示比单个视图更全面地描述数据，从而使子空间表示更准确和鲁棒。此外，为了保证学习模型具有良好的泛化能力，有人提出应用大边距原理进行学习。由于从信息不足的视图中学习的信息丢失或噪声的影响，大多数多视图学习算法未能发现潜在的完整空间，于是有人提出了完整空间算法，解决了单视图信息不足的问题。

值得注意的是，许多现实场景中的问题表现出双重异质性。具体来说，单个学习任务可能具有多个视图中的特征，即特征异质性；不同的学习任务可能通过一个或多个共享视图相互关联，即任务异质性。我们将此类问题称为多任务多视图（Multi-Task Multi-View，MTMV）问题。在 9.6 节中，我们针对 MTMV 问题进行了详细的介绍。

9.2 基于概率潜在语义分析的多视图学习

协同训练是最早的多视图学习半监督方案之一，它首先从每个视图中训练分类器，然后迭代地让每个分类器以最高的置信度标记其未标记的实例，并把标记后的数据加入另一个分类器的标记数据集中，以便对方利用这些新标记的数据进行更新，此过程不断迭代进行，直到达到某个停止条件。然而，协同训练方法需要在条件独立的假设下才能很好地工作，而且当新标记的样本不可靠时，协同训练也可能失败。此外，协同训练的设计目的是仅利用两个视图，因此无法利用更多的视图来提高学习性能。因此，我们在本节介绍一种基于概率潜在语义分析生成模型的多视图学习算法（Multi-View Learning via Probabilistic Latent Semantic Analysis，MVPLSA）[132]，此模型可以联合建模来自多个视图的特征以获得良好的学习性能。具体来说，它使用相同的条件概率$p(\boldsymbol{z}|\boldsymbol{d})$ 在多个视图中共享知识，并将来自不同视图的特征 $\boldsymbol{f}$ 分组到不同的潜在主题空间 $\boldsymbol{y}$，最后运用 EM 算法来推导 MVPLSA 模型的解。

首先，我们介绍基础的概率潜在语义分析（Probabilistic Latent Semantic Analysis，

PLSA）方法。

PLSA 是一个通过混合分解来分析共现数据（Co-occurrence Data）的统计模型。具体来说，给定词-文档共现矩阵 $\boldsymbol{O}$，元素 $O_{f,d}$ 表示词 $\boldsymbol{f}$ 在文档 $\boldsymbol{d}$ 中出现的频率。PLSA 通过使用具有潜在主题的混合模型（每个主题由 $\boldsymbol{y}$ 表示）对 O 建模，如下所示：

$$p(\boldsymbol{f},\boldsymbol{d}) = \sum_{\boldsymbol{y}} p(\boldsymbol{f},\boldsymbol{d},\boldsymbol{y}) = \sum_{\boldsymbol{y}} p(\boldsymbol{f} \mid \boldsymbol{y}) p(\boldsymbol{y} \mid \boldsymbol{d}) p(\boldsymbol{d}) \tag{9.1}$$

图 9.1a 显示了 PLSA 的图形模型。$p(\boldsymbol{f} \mid \boldsymbol{y})$、$p(\boldsymbol{y} \mid \boldsymbol{d})$、$p(\boldsymbol{d})$ 在所有 $\boldsymbol{f}$、$\boldsymbol{d}$、$\boldsymbol{y}$ 上的参数可以通过最大似然问题的 EM 解得到。

在 PLSA 模型中，文档和单词共享相同的潜在变量 $\boldsymbol{y}$。然而，文档和单词通常表现出不同的组织和结构，模型可能有不同类型的潜在主题，所以提出了 Dual-PLSA（DPLSA）模型，其中有两个潜在变量，$\boldsymbol{y}$ 表示单词主题，z 表示文档类。其图形模型如图 9.1b 所示。

给定词-文档共现矩阵，我们可以类似地产生一个像式（9.1）这样的混合模型：

$$p(\boldsymbol{f},\boldsymbol{d}) = \sum_{\boldsymbol{y},z} p(\boldsymbol{f},\boldsymbol{d},\boldsymbol{y},z) = \sum_{\boldsymbol{y},z} p(\boldsymbol{f} \mid \boldsymbol{y}) p(\boldsymbol{y} \mid z) p(z \mid \boldsymbol{d}) p(\boldsymbol{d}) \tag{9.2}$$

其中，$p(\boldsymbol{f} \mid \boldsymbol{y})$、$p(\boldsymbol{y} \mid z)$、$p(z \mid \boldsymbol{d})$、$p(\boldsymbol{d})$ 在所有 $\boldsymbol{f}$、$\boldsymbol{d}$、$\boldsymbol{y}$、z 上的参数也可以通过 EM 解得到。

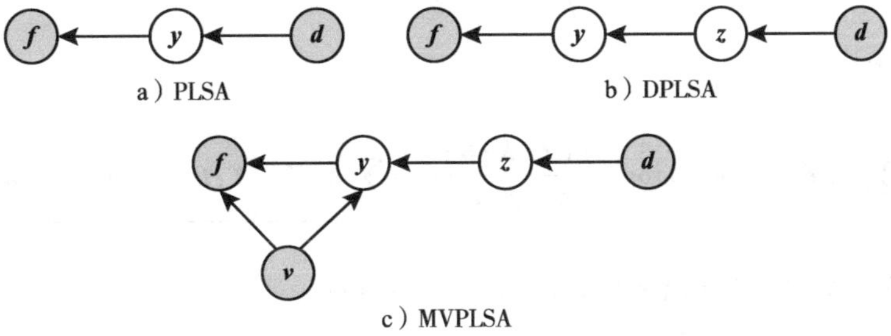

图 9.1 PLSA、DPLSA 和 MVPLSA 的图模型[132]

接下来，我们将以上概率潜在语义模型应用于多视图学习。如图 9.3c 所示，$\boldsymbol{f}$ 和 $\boldsymbol{d}$ 是表示特征和文档的变量，$\boldsymbol{y}$、z 分别是表示特征主题和文档类的潜在变量，而 $\boldsymbol{v}$ 是表示数据视图标签的变量。我们有 m 个数据视图，联合建模所有视图的共现矩阵以近似所有数据视图的所有参数。在这个模型中，来自所有视图的数据实例共享相同的条件概率 p（$z \mid \boldsymbol{d}$），以便在所有视图之间共享知识。变量 $\boldsymbol{f}$ 和 $\boldsymbol{y}$ 取决于数据视图 v 的标签，因此每个视图中的特征可以灵活地具有不同的潜在主题空间 $\boldsymbol{y}$。最后，运用 EM 算法来推导 MVPLSA 模型的解，得到模型的参数。由于此模型是基于多视图学习的概率潜在语义分析，因此称之为多视图概率潜在语义分析，对 MVPLSA 算法的详细介绍见算法 9.1。

假设多视图数据 $\boldsymbol{X}$ 有来自不同视图的 m 个表示，$\boldsymbol{X}=\{\boldsymbol{X}^{(1)},\boldsymbol{X}^{(2)},\cdots,\boldsymbol{X}^{(m)}\}$，共现矩阵 $\boldsymbol{O}=\{\boldsymbol{O}^{(1)},\boldsymbol{O}^{(2)},\cdots,\boldsymbol{O}^{(m)}\}$，其中 $O_{f,d,v}(1\leqslant v\leqslant m)$ 表示特征 $\boldsymbol{f}$ 和文档 $\boldsymbol{d}$ 在第 v 个视图中的共现，那么从图 9.1c 中的图模型中可以得出包含潜在变量的混合模型，如下：

$$p(\boldsymbol{f},\boldsymbol{d},v)=\sum_{\boldsymbol{y},z}p(\boldsymbol{f},\boldsymbol{d},\boldsymbol{y},z,v)=\sum_{\boldsymbol{y},z}p(\boldsymbol{f}\mid\boldsymbol{y},v)p(\boldsymbol{y}\mid z,v)p(z\mid\boldsymbol{d})p(\boldsymbol{d})p(v) \tag{9.3}$$

如果我们将所有潜在变量 $\boldsymbol{y}$、z 表示为 $\boldsymbol{Z}$，给定来自不同视图的完整数据 $\boldsymbol{X}$，可以将最大对数似然问题形式化为

$$\log p(\boldsymbol{X};\boldsymbol{\theta})=\log\sum_{\boldsymbol{Z}}p(\boldsymbol{Z},\boldsymbol{X};\boldsymbol{\theta}) \tag{9.4}$$

其中，$\boldsymbol{\theta}$ 代表包括 $p(\boldsymbol{f}\mid\boldsymbol{y},v)$、$p(\boldsymbol{y}\mid z,v)(1\leqslant v\leqslant m)$、$p(z\mid\boldsymbol{d})$ 和 $p(\boldsymbol{d})$ 在内的所有参数。

上面介绍了 MVPLSA 模型，接下来介绍用 EM 算法求解该最大对数似然问题的具体过程。

式（9.4）可重写为

$$\begin{aligned}\mathcal{L}_0&=\log p(\boldsymbol{X};\boldsymbol{\theta})=\log\sum_{\boldsymbol{Z}}p(\boldsymbol{Z},\boldsymbol{X};\boldsymbol{\theta})=\log\sum_{\boldsymbol{Z}}p(\boldsymbol{Z},\boldsymbol{X};\boldsymbol{\theta})\frac{p(\boldsymbol{Z}\mid\boldsymbol{X};\boldsymbol{\theta}_{\text{old}})}{p(\boldsymbol{Z}\mid\boldsymbol{X};\boldsymbol{\theta}_{\text{old}})}\\&=\log\sum_{\boldsymbol{Z}}p(\boldsymbol{Z}\mid\boldsymbol{X};\boldsymbol{\theta}_{\text{old}})\frac{p(\boldsymbol{Z},\boldsymbol{X};\boldsymbol{\theta})}{p(\boldsymbol{Z}\mid\boldsymbol{X};\boldsymbol{\theta}_{\text{old}})}\end{aligned} \tag{9.5}$$

根据 Jensen 不等式

$$\begin{aligned}\mathcal{L}_0\geqslant&\sum_{z}p(\boldsymbol{Z}\mid\boldsymbol{X};\boldsymbol{\theta}_{\text{old}})\log\frac{p(\boldsymbol{Z},\boldsymbol{X};\boldsymbol{\theta})}{p(\boldsymbol{Z}\mid\boldsymbol{X};\boldsymbol{\theta}_{\text{old}})}=\underbrace{\sum_{z}p(\boldsymbol{Z}\mid\boldsymbol{X};\boldsymbol{\theta}_{\text{old}})\log p(\boldsymbol{Z},\boldsymbol{X};\boldsymbol{\theta})}_{\mathcal{L}}-\\&\underbrace{\sum_{z}p(\boldsymbol{Z}\mid\boldsymbol{X};\boldsymbol{\theta}_{\text{old}})\log p(\boldsymbol{Z}\mid\boldsymbol{X};\boldsymbol{\theta}_{\text{old}})}_{\text{const}}=\mathcal{L}+\text{const}\end{aligned} \tag{9.6}$$

省略第二项中的常数，并且详细写出观测数据 $\boldsymbol{X}$ 和潜在变量 $\boldsymbol{Z}$，可得

$$\begin{aligned}\mathcal{L}&=\sum_{\boldsymbol{Z}}p(\boldsymbol{Z}\mid\boldsymbol{X};\boldsymbol{\theta}_{\text{old}})\log p(\boldsymbol{Z},\boldsymbol{X};\boldsymbol{\theta})\\&=\sum_{\boldsymbol{f},\boldsymbol{d},v}O_{\boldsymbol{f},\boldsymbol{d},v}\sum_{\boldsymbol{y},z}p(\boldsymbol{y},z\mid\boldsymbol{f},\boldsymbol{d},v;\boldsymbol{\theta}_{\text{old}})\log p(\boldsymbol{f},\boldsymbol{d},\boldsymbol{y},z,v;\boldsymbol{\theta})\end{aligned} \tag{9.7}$$

其中 $O_{\boldsymbol{f},\boldsymbol{d},v}$ 是 $\boldsymbol{f}$ 和 $\boldsymbol{d}$ 在 v 视图中的共现数，然后根据式（9.8）得到 $\boldsymbol{\theta}_{\text{new}}$：

$$\boldsymbol{\theta}_{\text{new}}=\arg\max_{\boldsymbol{\theta}}\mathcal{L} \tag{9.8}$$

因此，此模型中的 EM 算法如算法 9.1 所示。

算法 9.1 通过 MVPLSA 进行多视图学习

输入：给定具有视图 $\boldsymbol{X}=\{\boldsymbol{X}^{(1)},\boldsymbol{X}^{(2)},\cdots,\boldsymbol{X}^{(m)}\}$ 的数据；每个视图的潜在主题数 $\boldsymbol{Y}^{(1)},\cdots,\boldsymbol{Y}^{(m)}$；$T$，迭代次数

输出：对未标记数据的分类结果，如果没有任何标记数据，则得到聚类结果

1. 初始化。随机初始化 $p^{(0)}(\boldsymbol{f}|\boldsymbol{y},v)$ 和 $p^{(0)}(\boldsymbol{y}|z,v)(1\leqslant v\leqslant m)$，与未标记数据相关的 $p^{(0)}(z|\boldsymbol{d})$ 的初始化详见下文所述
2. $t:=1$
3. **for** $v:=1$ to m
   根据 E 步中式(9.9)更新 $p^{(t)}(\boldsymbol{y},z|\boldsymbol{f},\boldsymbol{d},v)$
4. **end**
5. **for** $v:=1$ to m
   根据 M 步中式(9.15)更新 $p^{(t)}(\boldsymbol{f}|\boldsymbol{y},v)$
   根据上文 M 步中式(9.16)更新 $p^{(t)}(\boldsymbol{y}|z,v)$
6. **end**
7. 根据 M 步中式(9.17)更新 $p^{(t)}(z|\boldsymbol{d})$
8. $t:=t+1$
9. **If** $t<T$，转到步骤 3
10. 获得最终概率 $p^{(t)}(\boldsymbol{f}|\boldsymbol{y},v)$、$p^{(t)}(\boldsymbol{y}|z,v)(1\leqslant v\leqslant m)$ 和 $p^{(t)}(z|\boldsymbol{d})$
11. 根据输出的条件概率 $p^{(t)}(z|\boldsymbol{d})$ 和式(9.18)进行分类或聚类

E 步：

$$p(\boldsymbol{y},z\mid \boldsymbol{f},\boldsymbol{d},v;\boldsymbol{\theta}_{\text{old}})=\frac{p(\boldsymbol{f},\boldsymbol{d},\boldsymbol{y},z,v;\boldsymbol{\theta}_{\text{old}})}{\sum_{\boldsymbol{y},z}p(\boldsymbol{f},\boldsymbol{d},\boldsymbol{y},z,v;\boldsymbol{\theta}_{\text{old}})} \tag{9.9}$$

联合概率 $p(\boldsymbol{f},\boldsymbol{d},\boldsymbol{y},z,v;\boldsymbol{\theta}_{\text{old}})$（$1\leqslant v\leqslant m$）可以根据式（9.3）进行计算。

M 步：

对于参数 $p(\boldsymbol{f}\mid \boldsymbol{y},v)$，用拉格朗日乘子法使$\mathcal{L}$最大化，并提取包含 $p(\boldsymbol{f}\mid \boldsymbol{y},v)$ 的项。然后有

$$\mathcal{L}_{[p(\boldsymbol{f}\mid \boldsymbol{y},v)]}=\sum_{\boldsymbol{y},z\,\boldsymbol{f},\boldsymbol{d},v}O_{\boldsymbol{f},\boldsymbol{d},v}\,p(\boldsymbol{y},z\mid \boldsymbol{f},\boldsymbol{d},v;\boldsymbol{\theta}_{\text{old}})\cdot\log p(\boldsymbol{f}\mid \boldsymbol{y},v) \tag{9.10}$$

应用约束 $\sum_{f}p(\boldsymbol{f}\mid \boldsymbol{y},v)=1$ 得到以下公式：

$$\frac{\partial\left[\mathcal{L}_{[p(\boldsymbol{f}\mid \boldsymbol{y},v)]}+\lambda\left(1-\sum_{\boldsymbol{f}}p(\boldsymbol{f}\mid \boldsymbol{y},v)\right)\right]}{\partial p(\boldsymbol{f}\mid \boldsymbol{y},v)}=0 \tag{9.11}$$

然后有

$$p(\boldsymbol{f}\mid \boldsymbol{y},v)=\frac{\sum_{z,\boldsymbol{d}}O_{\boldsymbol{f},\boldsymbol{d},v}\,p(\boldsymbol{y},z\mid \boldsymbol{f},\boldsymbol{d},v;\boldsymbol{\theta}_{\text{old}})}{\lambda} \tag{9.12}$$

考虑约束 $\sum_f p(\boldsymbol{f}\mid \boldsymbol{y},\ v)=1$：

$$1=\sum_f p(\boldsymbol{f}\mid \boldsymbol{y},v)=\frac{\sum_f \sum_{z,d} O_{f,d,v}\, p(\boldsymbol{y},\boldsymbol{z}\mid \boldsymbol{f},\boldsymbol{d},v;\boldsymbol{\theta}_{\text{old}})}{\lambda} \tag{9.13}$$

可以计算出 λ 的值：

$$\lambda=\sum_f \sum_{z,d} O_{f,d,v}\, p(\boldsymbol{y},\boldsymbol{z}\mid \boldsymbol{f},\boldsymbol{d},v;\boldsymbol{\theta}_{\text{old}}) \tag{9.14}$$

最后，得到了 $p\ (\boldsymbol{f}\mid \boldsymbol{y},\ v)$ 的更新公式：

$$p(\boldsymbol{f}\mid \boldsymbol{y},v)=\frac{\sum_{d,z} O_{f,d,v}\, p(\boldsymbol{y},\boldsymbol{z}\mid \boldsymbol{f},\boldsymbol{d},v;\boldsymbol{\theta}_{\text{old}})}{\sum_{f,d,z} O_{f,d,v}\, p(\boldsymbol{y},\boldsymbol{z}\mid \boldsymbol{f},\boldsymbol{d},v;\boldsymbol{\theta}_{\text{old}})} \tag{9.15}$$

类似地：

$$p(\boldsymbol{y}\mid z,v)=\frac{\sum_{f,d} O_{f,d,v}\, p(\boldsymbol{y},\boldsymbol{z}\mid \boldsymbol{f},\boldsymbol{d},v;\boldsymbol{\theta}_{\text{old}})}{\sum_{f,d,y} O_{f,d,v}\, p(\boldsymbol{y},\boldsymbol{z}\mid \boldsymbol{f},\boldsymbol{d},v;\boldsymbol{\theta}_{\text{old}})} \tag{9.16}$$

$$p(\boldsymbol{z}\mid \boldsymbol{d})=\frac{\sum_v \sum_{f,\ y} O_{f,\ d,\ v}\, p(\boldsymbol{y},\ \boldsymbol{z}\mid \boldsymbol{f},\ \boldsymbol{d},\ v;\ \boldsymbol{\theta}_{\text{old}})}{\sum_v \sum_{f,\ y,\ z} O_{f,\ d,\ v}\, p(\boldsymbol{y},\ \boldsymbol{z}\mid \boldsymbol{f},\ \boldsymbol{d},\ v;\ \boldsymbol{\theta}_{\text{old}})} \tag{9.17}$$

值得注意的是，此模型结合一些有标记的信息来监督 EM 算法。模型通过使用真实标签初始化条件概率 $p(\boldsymbol{z}\mid \boldsymbol{d})$ 来注入标签信息，即如果文档 d 属于类 l，则 $p(\boldsymbol{z}_l\mid \boldsymbol{d})=1$，否则 $p(\boldsymbol{z}_k\mid \boldsymbol{d})=0(k\neq l)$；对于未标记的数据，根据实验中基线方法的输出分配概率 $p(\boldsymbol{z}\mid \boldsymbol{d})$，并归一化为 $\sum_k p(\boldsymbol{z}_k\mid \boldsymbol{d})=1$。在 EM 迭代过程中，我们只更新未标记数据的条件概率 $p(\boldsymbol{z}\mid \boldsymbol{d})$，而保持与标记数据相关联的条件概率 $p(\boldsymbol{z}\mid \boldsymbol{d})$ 不变，以监督优化过程。经过 EM 迭代后，我们可以根据输出的条件概率 $p(\boldsymbol{z}\mid \boldsymbol{d})$ 来预测未标记的数据：

$$l=\arg\max_k p(z_k\mid \boldsymbol{d}) \tag{9.18}$$

9.3 基于最大间隔原则的多视图学习

多视图子空间学习方法的目标是获得多视图共享的子空间，然后在共享子空间中学习模型，此类方法对于跨视图分类和检索非常有用。然而，这些方法在不考虑最大间隔原则的情况下，在较小的训练数据上容易过拟合。为了防止过拟合，提高模型的泛化能力，可以对多视图学习算法应用最大间隔原则。下面介绍两个基于最大间隔原则的多视图学习算法。

9.3.1 在线贝叶斯最大间隔子空间多视图学习

本节介绍一种基于最大间隔（Max-margin）原则的在线贝叶斯多视图子空间学习方法[133]。具体来说，首先提出了一种基于因子分析的预测子空间学习方法，并为子空间中的分类定义了潜在的间隔损失。然后，利用伪似然和数据增强思想将学习问题转化为变分贝叶斯框架，这使得我们能够自动推断惩罚参数。通过从过去的样本中推断出的变分近似后验，可以自然地将历史知识与新到达的数据以贝叶斯被动攻击（Bayesian Passive-Aggressive）方式结合起来。此外，该方法将批量模型扩展到在线场景中，用序列化的流式数据实时更新模型，而不是像传统多视图学习算法一样需要存储所有训练数据。

首先，我们介绍基于因子分析的最大间隔子空间学习（Max-margin Subspace Learning）。

假设在 d 维特征空间中有一组 N 个观测值 $\boldsymbol{x}^{(n)}, n=1,\cdots,N$ 和一个 $1\times N$ 标签向量 $\boldsymbol{y}$，其元素为 $\boldsymbol{y}_n \in \{+1,-1\}, n=1,\cdots,N$。因子分析将观测值投影到低维空间中，该空间可以捕获数据的潜在特征。第 n 个观测值 $\boldsymbol{x}^{(n)}$ 的生成过程如下：

$$
\begin{aligned}
&\boldsymbol{\varepsilon} \sim \mathcal{N}(\boldsymbol{\varepsilon} \mid 0, \boldsymbol{\Phi}) \\
&\boldsymbol{x}^{(n)} = \boldsymbol{\mu} + \boldsymbol{W} \boldsymbol{z}^{(n)} + \boldsymbol{\varepsilon}
\end{aligned} \tag{9.19}
$$

其中 $\boldsymbol{\varepsilon} \in \mathbf{R}^{d\times 1}$ 表示高斯噪声，$\boldsymbol{\Phi} \in \mathbf{R}^{d\times d}$ 是 $\boldsymbol{\varepsilon}$ 的方差矩阵，$\boldsymbol{\mu} \in \mathbf{R}^{d\times 1}$ 是 $\boldsymbol{x}^{(n)}$ 的均值，$\boldsymbol{W} \in \mathbf{R}^{d\times m}$ 是因子加载矩阵，$\boldsymbol{z}^{(n)}$ 是一个 m 维潜在变量。

模型变量（$\boldsymbol{\mu}$，$\boldsymbol{W}$，$\boldsymbol{\Phi}$，$\boldsymbol{Z}$）的估计值可以通过以下方式获得：

$$
\begin{aligned}
\max_{\boldsymbol{\mu},\boldsymbol{W},\boldsymbol{\Phi},\boldsymbol{z}} \ell_s(\boldsymbol{\mu},\boldsymbol{W},\boldsymbol{\Phi},\boldsymbol{Z}) = \max_{\boldsymbol{\mu},\boldsymbol{W},\boldsymbol{\Phi},\boldsymbol{z}} \log \prod_{n=1}^{N} \frac{1}{(2\pi)^{d/2} \mid \boldsymbol{\Phi} \mid} \\
\exp\left(-\frac{1}{2}(\boldsymbol{x}^{(n)} - \boldsymbol{\mu} - \boldsymbol{W}\boldsymbol{z}^{(n)})^{\top} \boldsymbol{\Phi}^{-1} (\boldsymbol{x}^{(n)} - \boldsymbol{\mu} - \boldsymbol{W}\boldsymbol{z}^{(n)}) \right)
\end{aligned} \tag{9.20}
$$

然而，因子分析是一种无监督模型，它在不使用任何标签信息的情况下学习观测值的潜在变量。我们可以引入最大间隔原则将标签信息纳入因子分析模型，将 $\tilde{\boldsymbol{z}} = [\boldsymbol{z}^{\top}, 1]^{\top}$ 定义为观测值 $\boldsymbol{x}$ 的增强潜在表示，并使得 $f(\boldsymbol{x}; \tilde{\boldsymbol{z}}, \boldsymbol{\eta}) = \boldsymbol{\eta}^{\top}\tilde{\boldsymbol{z}}$ 是一个由 $\boldsymbol{\eta}$ 参数化的判别函数。则固定 $\boldsymbol{z}$ 和 $\boldsymbol{\eta}$，可以通过下式计算训练数据（$\boldsymbol{X}$，$\boldsymbol{y}$）的间隔损失：

$$
\ell_m(\boldsymbol{z},\boldsymbol{\eta}) = \sum_{n=1}^{N} \max\left(0, 1 - \boldsymbol{y}_n f(\boldsymbol{x}^{(n)}; \tilde{\boldsymbol{z}}^{(n)}, \boldsymbol{\eta})\right) \tag{9.21}
$$

最大间隔子空间学习模型可表述如下：

$$\max_{\boldsymbol{\mu},\boldsymbol{W},\boldsymbol{\Phi},\boldsymbol{Z},\boldsymbol{\eta}} \ell_s(\boldsymbol{\mu},\boldsymbol{W},\boldsymbol{\Phi},\boldsymbol{z}) - C\,\ell_m(\boldsymbol{z},\boldsymbol{\eta}) \tag{9.22}$$

其中，C 为正则化参数。

然后，我们介绍贝叶斯最大间隔子空间多视图学习 BM^{2}SMVL 模型。假设 N_v 是视图的数量，N_c 是类别的数量，d_i 是第 i 个视图的维度，第 i 个视图的数据矩阵是 $\boldsymbol{X}_i\in\mathbf{R}^{d_i\times N}$，它由在 d_i 维特征空间中的 N 个观测值 $\boldsymbol{x}_i^{(n)}$ 组成，$\boldsymbol{x}^{(n)}=\{\boldsymbol{x}_i^{(n)},i=1,\cdots,N_v\}$ 表示第 n 个观测值。$\boldsymbol{Y}$ 是一个 $N_c\times N$ 标签矩阵，由 N 个标签向量 $\boldsymbol{y}^{(n)}=\{\boldsymbol{y}_c^{(n)},c=1,\cdots,N_c\}$ 组成。如果第 n 个观测的标签属于第 c 个类，则定义 $\boldsymbol{y}_c^{(n)}=+1$，否则 $\boldsymbol{y}_c^{(n)}=-1$。

在 BM^{2}SMVL 模型中，第 n 个观测值 $\boldsymbol{x}^{(n)}$ 的每个视图 $\boldsymbol{x}_i^{(n)}$ 是从潜在变量 $\boldsymbol{z}^{(n)}$ 生成的。对式（9.19）中显示的所有变量施加先验分布，则第 n 次观测的生成过程如下：

$$\begin{aligned}
&\boldsymbol{z}^{(n)} \sim \mathcal{N}(\boldsymbol{z}^{(n)} \mid 0,\boldsymbol{I}_m)\\
&\boldsymbol{\mu}_i \sim \mathcal{N}(\boldsymbol{\mu}_i \mid 0,\beta_i^{-1}\boldsymbol{I}_{d_i})\\
&\boldsymbol{\alpha}_i \sim \prod_{j=1}^{m}\Gamma(\boldsymbol{\alpha}_{ij} \mid a_{\alpha_i},b_{\alpha_i})\\
&\boldsymbol{W}_i \mid \boldsymbol{\alpha}_i \sim \prod_{j=1}^{d_i}\mathcal{N}(\boldsymbol{w}_{ij} \mid 0,\mathrm{diag}(\boldsymbol{\alpha}_i))\\
&\boldsymbol{\phi}_i \sim \Gamma(\boldsymbol{\phi}_i \mid a_{\phi_i},b_{\phi_i})\\
&\boldsymbol{x}_i^{(n)} \mid \boldsymbol{z}^{(n)} \sim \mathcal{N}(\boldsymbol{x}_i^{(n)} \mid \boldsymbol{W}_i\boldsymbol{z}^{(n)}+\boldsymbol{\mu}_i,\boldsymbol{\phi}_i^{-1}\boldsymbol{I}_{d_i})
\end{aligned} \tag{9.23}$$

其中，$\Gamma(\cdot)$ 是 Gamma 分布，β_i，a_{α_i}，b_{α_i}，a_{ϕ_i}，b_{ϕ_i} 是超参数，且 $\boldsymbol{W}_i\in\mathbf{R}^{d_i\times m}$。$\boldsymbol{W}_i$ 和 $\boldsymbol{\alpha}_i$ 的先验根据自动相关性确定引入。为了提高算法的效率，将 $\boldsymbol{x}_i^{(n)}$ 的方差矩阵 $\boldsymbol{\Phi}_i$ 定义为对角矩阵 $\boldsymbol{\phi}_i^{-1}\boldsymbol{I}_{d_i}$。令 $\boldsymbol{\Omega}=(\boldsymbol{\mu},\boldsymbol{\alpha},\boldsymbol{W},\boldsymbol{\Phi},\boldsymbol{Z})$ 表示所有变量，$p_0(\boldsymbol{\Omega})=p_0(\boldsymbol{\mu})\,p_0(\boldsymbol{W},\boldsymbol{\alpha})\,p_0(\boldsymbol{\phi})\,p_0(\boldsymbol{z})$ 是 $\boldsymbol{\Omega}$ 的先验，可以验证贝叶斯后验分布 $p(\boldsymbol{\Omega}\mid\boldsymbol{X})=p_0(\boldsymbol{\Omega})\,p(\boldsymbol{X}\mid\boldsymbol{\Omega})/p(\boldsymbol{X})$ 等于以下优化问题的解：

$$\min_{q(\boldsymbol{\Omega})\in\mathcal{P}} \mathrm{KL}(q(\boldsymbol{\Omega})\parallel p_0(\boldsymbol{\Omega})) - \mathbb{E}_{q(\boldsymbol{\Omega})}[\log p(\boldsymbol{X}\mid\boldsymbol{\Omega})] \tag{9.24}$$

其中，$\mathrm{KL}(q\parallel p)$ 是 Kullback-Leibler 散度，$\mathcal{P}$是概率分布空间。当给出观测值时，$p(\boldsymbol{X})$ 是一个常数。接下来，使用 one-VS-rest 策略来调整模型。有 N_c 个分类器，以第 c 个分类为例：$f_c(\boldsymbol{x}^{(n)};\tilde{\boldsymbol{z}}^{(n)},\boldsymbol{\eta}_c)=\boldsymbol{\eta}_c^{\top}\tilde{\boldsymbol{z}}^{(n)}$ 表示判别函数。在贝叶斯框架下，对$\boldsymbol{\eta}_c$ 施加一个先验，如下：

$$\begin{aligned}
&\boldsymbol{\nu}_c \sim p_0(\boldsymbol{\nu}_c)=\Gamma(\boldsymbol{\nu} \mid a_{\boldsymbol{\nu},c},b_{\boldsymbol{\nu},c})\\
&p(\boldsymbol{\eta}_c \mid \boldsymbol{\nu}_c)=\mathcal{N}(\boldsymbol{\eta}_c \mid 0,\boldsymbol{\nu}_c^{-1}\boldsymbol{I}_{(m+1)})
\end{aligned} \tag{9.25}$$

其中 $a_{\boldsymbol{\nu},c}$ 和 $b_{\boldsymbol{\nu},c}$ 是超参数。为简化起见，令 $\Theta=\{(\boldsymbol{n}_c,\boldsymbol{\nu}_c)\}^{N_c}$，然后可以用分类的预期间隔损失替换间隔损失。引入

$$\phi(\boldsymbol{Y},\boldsymbol{\lambda}\mid \boldsymbol{Z},\boldsymbol{\eta})=\prod_{n=1}^{N}\prod_{c=1}^{N_c}\exp\{-2C\cdot\max(0,1-\boldsymbol{y}_c^{(n)}\boldsymbol{\eta}_c^{\top}\tilde{z}^{(n)}\},\tag{9.26}$$

作为第 n 个数据的标签变量的伪似然。可以得到最终模型如下：

$$\begin{aligned}\min_{q(\Omega,\Theta)\in\mathcal{P}}\ &\mathrm{KL}(q(\Omega,\Theta)\parallel p_0(\Omega,\Theta))-\mathbb{E}_{q(\Omega)}[\log p(\boldsymbol{X}\mid\Omega)]\\&-\mathbb{E}_{q(\Omega,\Theta)}[\log(\phi(\boldsymbol{Y}\mid\boldsymbol{Z},\boldsymbol{\eta}))]\end{aligned}\tag{9.27}$$

其中 p_0（Ω，Θ）是先验，$p_0(\Omega,\Theta)=p_0(\Omega)p_0(\Theta),p_0(\Theta_c)=p(\boldsymbol{\eta}_c\mid\boldsymbol{\nu}_c)p_0(\boldsymbol{\nu}_c)$，$C$ 是正则化参数。解式（9.27），可以得到后验分布

$$q(\Omega,\Theta)=\frac{p_0(\Omega,\Theta)p(\boldsymbol{X}\mid\Omega)\phi(\boldsymbol{Y}\mid\boldsymbol{Z},\boldsymbol{\eta})}{\boldsymbol{\Phi}(\boldsymbol{X},\boldsymbol{Y})}.\tag{9.28}$$

其中 $\boldsymbol{\Phi}$（$\boldsymbol{X}$，$\boldsymbol{Y}$）是归一化常数。可以使用变分近似推理方法来近似 q（Ω，Θ）。因篇幅有限，变分近似推理方法不再赘述。

接下来，介绍基于在线被动式和主动式学习（*online Passive-Aggressive learning*）框架的在线 *BM²SMVL*（*OBM²SMVL*）。在线学习的目标是从顺序到达的训练样本中最小化某个预测任务的累积损失，这种在线大规模学习的通用框架已被用于许多现实场景。

假设已经得到了时刻 t 的后验分布 q_t（Ω，Θ），当新数据$(\boldsymbol{x}^{(t+1)}$，$\boldsymbol{y}^{(t+1)})$到来时，需要更新新的后验分布 q_{t+1}（Ω，Θ）。为简化起见，记为 $\boldsymbol{x}^{(t+1)}=\left\{\boldsymbol{x}_i^{(t+1)}\right\}_{i-1}^{N_v}$，$\boldsymbol{y}^{(t+1)}=\left\{y_c^{(t+1)}\right\}_{c=1}^{N_c}$，定义 $\boldsymbol{\omega}$ 为参数化模型，$\ell(\boldsymbol{\omega};\ \boldsymbol{x}^{(t+1)},\ \boldsymbol{y}^{(t+1)})$ 为新数据$(\boldsymbol{x}^{(t+1)}$，$\boldsymbol{y}^{(t+1)})$的损失。OBM² SMVL 通过解决以下优化问题，在新数据$(\boldsymbol{x}^{(t+1)}$，$\boldsymbol{y}^{(t+1)})$到达时依次推断新的后验分布 q_{t+1}（$\boldsymbol{\omega}$）：

$$\begin{aligned}\min_{q(\boldsymbol{\omega})\in\mathcal{P}}&\mathrm{KL}(q(\boldsymbol{\omega})\parallel q_t(\boldsymbol{\omega}))-\mathbb{E}_{q(\boldsymbol{\omega})}[\log p(\boldsymbol{x}^{(t+1)}\mid\boldsymbol{\omega})]\\&+\ell(\boldsymbol{\omega};\boldsymbol{x}^{(t+1)},\boldsymbol{y}^{(t+1)})\end{aligned}\tag{9.29}$$

在线模型包括三个主要的更新规则。首先，希望 $\mathrm{KL}(q(\boldsymbol{\omega})\parallel q_t(\boldsymbol{\omega}))$ 尽可能小。这意味着 $q_{t+1}(\boldsymbol{\omega})$ 接近于 $q_t(\boldsymbol{\omega})$。其次，新数据$\mathbb{E}_{q(\boldsymbol{\omega})}[\log p(\boldsymbol{x}^{(t+1)}\mid\boldsymbol{\omega})]$的似然足够高。再次，新数据 $\ell(\boldsymbol{\omega};\ \boldsymbol{x}^{(t+1)},\ \boldsymbol{y}^{(t+1)})$ 的损失越小越好。这意味着新模型 q_{t+1}（$\boldsymbol{\omega}$）从新数据中遭受的损失很小。

为了将在线思想引入上述多视图分类 BM² SMVL，让（Ω，Θ）表示ω。新数据$(\boldsymbol{x}^{(t+1)}$，$\boldsymbol{y}^{(t+1)})$到达时的新后验分布 q_{t+1}（Ω，Θ）可以通过求解以下优化问题得到：

$$\min_{q(\Omega,\Theta)\in\mathcal{P}} \mathrm{KL}(q(\Omega,\Theta)\parallel q_t(\Omega,\Theta)) - \mathbb{E}_{q(\Omega,\Theta)}[\log p(\boldsymbol{x}^{(t+1)}\mid\Omega,\Theta)]$$
$$+\ell(\Omega,\Theta;\boldsymbol{x}^{(t+1)},\boldsymbol{y}^{(t+1)}) \tag{9.30}$$

如上所述，我们引入 ϕ（·）函数来代替铰链损失作为伪似然。所以公式被替换为

$$\min_{q(\Omega,\Theta)\in\mathcal{P}} \mathrm{KL}(q(\Omega,\Theta)\parallel q_t(\Omega,\Theta)) - \mathbb{E}_{q(\Omega)}[\log p(\boldsymbol{x}^{(t+1)}\mid\Omega)]$$
$$-\mathbb{E}_{q(\Omega,\Theta)}[\log(\phi(\boldsymbol{y}^{(t+1)}\mid\tilde{z}^{(t+1)},\boldsymbol{\eta}))] \tag{9.31}$$

与式（9.28）类似，可以得到后验分布：

$$q_{t+1}(\Omega,\Theta)=\frac{q_t(\Omega,\Theta)p\left(\boldsymbol{x}^{(t+1)}\mid\Omega\right)\phi\left(\boldsymbol{y}^{(t+1)}\mid\tilde{z}^{(t+1)},\boldsymbol{\eta}\right)}{\Phi\left(\boldsymbol{x}^{(t+1)},\boldsymbol{y}^{(t+1)}\right)} \tag{9.32}$$

其中 $\Phi(\boldsymbol{x}^{(t+1)},\boldsymbol{y}^{(t+1)})$ 是归一化常数。潜在变量 $z^{(t)}$ 与新后验无关，因为变量 $z^{(t+1)}$ 的先验是 p_0（z）。让$(\Omega,\ \Theta\setminus z^{(t)})$ 表示 Ω 和 Θ 中除 $z^{(t)}$ 之外的所有变量，然后可以进一步得到

$$q_{t+1}(\Omega,\Theta)=\frac{q_t\left(\Omega,\Theta\setminus z^{(t)}\right)p_0(z)p\left(\boldsymbol{x}^{(t+1)}\mid\Omega\right)}{\Phi\left(\boldsymbol{x}^{(t+1)},\boldsymbol{y}^{(t+1)}\right)}$$
$$\cdot\phi(\boldsymbol{y}^{(t+1)}\mid\tilde{z}^{(t+1)},\boldsymbol{\eta}) \tag{9.33}$$

使用变分近似推断来近似 q_{t+1}（Ω，Θ）。因篇幅有限，具体的变分近似推断过程不再赘述。

9.3.2 具有自适应内核的非线性最大间隔多视图学习

核方法是一种将非线性引入线性模型的方法，核机器可以通过调整其核参数来任意近似任何函数或决策边界。多核学习（Multiple Kernel Learning，MKL）可以为每个数据视图预定义不同的核，然后通过半正定规划（Semi Definite Programming，SDP）、半无限线性规划（Semi Infinite Linear Programming，SILP）等算法集成核。我们介绍了一种具有低计算复杂度的自适应内核最大间隔多视图学习模型[134]。具体来说，我们首先介绍一种基于传统贝叶斯典型相关分析（Bayesian Canonical Correlation Analysis，BCCA）的高效多视图潜在变量模型（Latent Variable Model，LVM），该模型学习所有视图的共享潜在表示。为了自适应地学习内核，引入了随机傅立叶特征，它构建了一个近似原始空间来估计内核评估 $K(\boldsymbol{x},\ \boldsymbol{x}')$ 作为有限向量 ϕ（$\boldsymbol{x}$）$'\phi(\boldsymbol{x}')$ 的点积。假设这些随机特征是从狄利克雷过程（Dirichlet Process，DP）高斯混合中提取的，可以根据 Bochners 定理从数据中自适应地学习平移不变核。有了这样一个随机的频率分布，它比具有固定核的传统核方法更通用。其次，为了充分利用标签信

息，对随机傅立叶特征空间中的显式表达式 ϕ（$\boldsymbol{x}$）施加最大间隔分类约束。接下来，通过将潜在表示显式映射到随机傅立叶特征空间来规范高效多视图 LVM 的后验，其中施加了最大间隔分类约束。此模型基于贝叶斯框架中最大间隔学习的数据增强思想，它允许我们自动推断自适应核的参数和最大间隔学习模型的惩罚参数。为了推断随机频率，可以使用有效的分布式 DP 混合模型。此外，一些关键参数没有相应的共轭先验。因此，采用基于梯度的 MCMC 采样器（Hamiltonian Monte Carlo，HMC）以加快收敛速度。算法的计算复杂度是关于实例数 N 线性的，具有优越的性能。

首先，简单介绍传统贝叶斯典型相关分析（BCCA）。

BCCA 假设以下生成过程从多个视图 $\{\boldsymbol{x}_i\}_{i=1}^{N_v}$ 中学习共享的潜在表示，其中 N_v 是视图的数量：

$$\begin{aligned} \boldsymbol{h} &\sim \mathcal{N}(0,\boldsymbol{I}) \\ \boldsymbol{x}_i &\sim \mathcal{N}(\boldsymbol{W}_i\boldsymbol{h},\boldsymbol{\Psi}_i) \end{aligned} \tag{9.34}$$

其中$\mathcal{N}(\cdot)$ 表示正态分布，$\boldsymbol{h}\in\mathbf{R}^m$ 是共享潜在变量，$\boldsymbol{W}_i\in\mathbf{R}^{D_i\times m}$ 是线性变换，$\boldsymbol{\Psi}_i\in\mathbf{R}^{D_i\times D_i}$ 表示协方差矩阵。一个常用的先验是 $\boldsymbol{\Psi}_i^{-1}$ 的 Wishart 分布。

然而，BCCA 必须对高维协方差矩阵 $\boldsymbol{\Psi}_i$ 进行耗时的逆运算，这可能会导致严重的计算问题。为了解决这个问题，通过引入额外的潜在变量介绍一个有效的模型。假设以下生成过程：

$$\begin{aligned} \boldsymbol{h},\boldsymbol{u}_i &\sim \mathcal{N}(0,\boldsymbol{I}) \\ \boldsymbol{x}_i &\sim \mathcal{N}(\boldsymbol{W}_i\boldsymbol{h}+\boldsymbol{V}_i\boldsymbol{u}_i,\boldsymbol{\tau}_i^{-1}\boldsymbol{I}) \end{aligned} \tag{9.35}$$

其中 $\boldsymbol{u}_i\in\mathbf{R}^{K_i}$ 是额外的潜在变量。伽马先验可用于 $\boldsymbol{\tau}_i$，流行的自动相关性确定（Automatic Correlation Determination，ARD）先验可以应用于投影矩阵 $\boldsymbol{W}_i$，$\boldsymbol{V}_i\in\mathbf{R}^{D_i\times K_i}$，即

$$\begin{aligned} \boldsymbol{r}_i &\sim \prod_{j=1}^{m}\Gamma(r_{ij}\mid a_r,b_r) \\ \boldsymbol{W}_i &\sim \prod_{j=1}^{m}\mathcal{N}(\boldsymbol{w}_{i,\cdot j}\mid 0,r_{ij}^{-1}\boldsymbol{I}) \\ \boldsymbol{V}_i &\sim \prod_{j=1}^{K_i}\mathcal{N}(\boldsymbol{v}_{i,j}\mid 0,\eta^{-1}\boldsymbol{I}) \\ \tau_i &\sim \Gamma(\tau_i\mid a_\tau,b_\tau) \end{aligned} \tag{9.36}$$

其中，$i=1$，…，N_v，Γ（·）表示伽马分布，$\boldsymbol{w}_{i,\cdot j}$ 表示变换矩阵 $\boldsymbol{W}_i$ 的第 j 列，$\boldsymbol{v}_{i,j}$ 表示 $\boldsymbol{V}_i$ 的第 j 列。这个模型被证明等价于施加一个低秩的假设 $\boldsymbol{\Psi}_i=\boldsymbol{V}_i\boldsymbol{V}_i^T+\boldsymbol{\tau}_i^{-1}\boldsymbol{I}$，这可以降低计算复杂度。

定义第 i 个视图的数据矩阵是 $\boldsymbol{X}_i\in\mathbf{R}^{D_i\times N}$，由 N 个观测值 $\{\boldsymbol{x}_i^n\}_{n=1}^{N}$，$\boldsymbol{X}=\{\boldsymbol{X}_i\}_{i=1}^{N_v}$，

$\boldsymbol{H}=\{\boldsymbol{h}^n\}_{n=1}^N$，$\boldsymbol{U}_i=\{\boldsymbol{u}_i^n\}_{n=1}^N$ 组成。设 $\Omega=(\boldsymbol{r}_i,\boldsymbol{V}_i,\boldsymbol{W}_i,\boldsymbol{\eta},\boldsymbol{\tau}_i,\boldsymbol{H},\boldsymbol{U}_i)$ 是多视图 LVM 的参数，p_0（Ω）是 Ω 的先验。验证得到，贝叶斯后验分布 $p(\Omega\mid\tilde{\boldsymbol{X}})=p_0(\Omega)p(\boldsymbol{X}\mid\Omega)/p(\boldsymbol{X})$ 可以通过求解以下优化问题等价获得：

$$\min_{q(\Omega)\in\mathcal{P}}\mathrm{KL}(q(\Omega)\parallel p_0(\Omega))-\mathbb{E}_{q(\Omega)}[\log p(\tilde{\boldsymbol{X}}\mid\Omega)] \tag{9.37}$$

其中 KL（$q\parallel p$）是 Kullback-Leibler 散度，$\mathcal{P}$是概率分布空间。当给定观测值时，p（$\tilde{\boldsymbol{X}}$）是一个常数。

多视图 LVM 是一种线性多视图表示学习算法，但多视图数据在现实世界的许多场景中通常会显示非线性。因此，我们介绍一种自适应内核最大间隔多视图学习（$\mathrm{M^3L}$）模型。

通过使用随机特征方法来逼近核，在随机特征空间中得到潜在变量 $\boldsymbol{h}$ 的显式表达式，然后通过引入具有良好泛化性能的最大间隔原则对这些显式表达式进行线性分类。为了将非线性最大间隔方法结合到无监督多视图 LVM，采用后验正则化策略。假设有一个 $1\times N$ 的标签向量 $\boldsymbol{y}$，其元素为 $\boldsymbol{y}^n\in\{+1,-1\}$，$n=1,\cdots,N$。那么为第 n 个观测值 $\{\boldsymbol{x}_i^n\}_{i=1}^{N_v}$ 定义以下潜在表示 $\boldsymbol{h}^n$ 的伪似然函数：

$$\begin{aligned}&\ell\left(\boldsymbol{y}^n\mid\tilde{\phi}(\boldsymbol{h}^n),\boldsymbol{\beta}\right)=\exp\{-2C\cdot\max\left(0,1-\boldsymbol{y}^n\boldsymbol{\beta}^\top\tilde{\phi}(\boldsymbol{h}^n)\right)\}\\&\phi(\boldsymbol{h}^n)=\frac{1}{\sqrt{M}}[\cos(\boldsymbol{\omega}_1^\top\boldsymbol{h}^n),\cdots,\cos(\boldsymbol{\omega}_M^\top\boldsymbol{h}^n)\\&\sin(\boldsymbol{\omega}_1^\top\boldsymbol{h}^n),\cdots,\sin(\boldsymbol{\omega}_M^\top\boldsymbol{h}^n)]^\top\end{aligned} \tag{9.38}$$

其中 C 是正则化参数，$\tilde{\phi}(\boldsymbol{h}^n)$ 是随机傅立叶特征空间中潜在变量 $\boldsymbol{h}^n$ 的显式表达式，并且 $\tilde{\phi}(\boldsymbol{h}^n)=(\phi(\boldsymbol{h}^n)^\top,1)^\top$。$\omega_i\in\mathbf{R}^m$ 表示随机频率向量，$\boldsymbol{\beta}^\top\tilde{\phi}(\boldsymbol{h}^n)$ 是由 $\boldsymbol{\beta}\in\mathbf{R}^{2M+1}$ 参数化的判别函数。

Bochners 定理指出，连续平移不变核 K（$\boldsymbol{h}$，$\bar{\boldsymbol{h}}$）$=k$（$\boldsymbol{h}-\bar{\boldsymbol{h}}$）是正定函数，当且仅当 k（t）是非负测度 ρ（ω）的傅里叶变换。此外，如果 k（0）$=1$，则 ρ（ω）将是归一化密度。所以可以得到

$$\begin{aligned}k(\boldsymbol{h}-\bar{\boldsymbol{h}})&=\int_{\mathbf{R}^m}\rho(\omega)\exp(i\,\boldsymbol{\omega}^\top(\boldsymbol{h}-\bar{\boldsymbol{h}}))\,\mathrm{d}\omega\\&=\mathbb{E}_{\omega\sim\rho}[\exp(i\,\boldsymbol{\omega}^\top\boldsymbol{h})\exp(i\,\boldsymbol{\omega}^\top\bar{\boldsymbol{h}})^*]\\&\approx\frac{1}{M}\sum_{j=1}^M\exp(i\,\boldsymbol{\omega}_j^\top\boldsymbol{h})\exp(i\,\boldsymbol{\omega}_j^\top\bar{\boldsymbol{h}})^*\end{aligned} \tag{9.39}$$

如果核 k 是实值的，那么丢弃虚部：

$$k(\boldsymbol{h}-\bar{\boldsymbol{h}})\approx\phi(\boldsymbol{h})^\top\phi(\bar{\boldsymbol{h}})$$

$$\phi(\boldsymbol{h}) \equiv \frac{1}{\sqrt{M}}[\cos(\omega_1^{\top}\boldsymbol{h}),\cdots,\cos(\omega_M^{\top}\boldsymbol{h})$$

$$\sin(\omega_1^{\top}\boldsymbol{h}),\cdots,\sin(\omega_M^{\top}\boldsymbol{h})]^{\top} \tag{9.40}$$

$\rho(\omega)$的稳健且灵活的选择是高斯混合模型。基于 DP 的混合模型将表示的混合成分的数量视为潜在变量，并从观察到的数据中自动推断出来。DP 高斯混合先验被广泛应用于密度估计。假设这些随机特征是从 DP 高斯混合中提取的，根据 Bochners 定理从数据中自适应地学习平移不变内核。对变量ω_j，$j=1$，…，M 施加 DP 高斯混合先验，假设 DP 具有基分布 G_0 和浓度参数 α，那么有

$$\zeta_k \sim G_0,\nu_k \sim \mathrm{Beta}(1,\alpha),\quad \varpi_k=\nu_k\prod_{i=1}^{k-1}(1-\nu_i)$$

$$z_j \sim \mathrm{Cat}(\varpi),\omega_j \sim \mathcal{N}(\zeta_{z_j}) \tag{9.41}$$

其中 $k=1$，…，∞ 和 $\zeta_k=\left(\boldsymbol{\mu}_k,\sum_k\right)$ 包含第 k 个高斯分量的均值和协方差参数。对于混合分量，流行的选择是 Normal-Inverse-Wishart 先验 G_0：

$$\sum_k \sim \mathcal{W}^{-1}(\Psi_0,\nu_0)\ ,\boldsymbol{\mu}_k \sim \mathcal{N}\left(\boldsymbol{\mu}_0,\frac{1}{\kappa_0}\sum_k\right) \tag{9.42}$$

其中$\mathcal{W}^{-1}(\cdot)$ 表示逆 Wishart 分布。接下来，将先验施加在 $\boldsymbol{\beta}$ 上，形式如下：

$$p(\boldsymbol{\beta} \mid v) \sim \mathcal{N}(\boldsymbol{\beta} \mid 0,v^{-1}\boldsymbol{I}_{(2M+1)}) \tag{9.43}$$

其中，v 与 SVM 中的惩罚参数起着类似的作用。

为了进一步简化问题，设 $\Theta=\left(\boldsymbol{\beta},v,\nu_k,\varpi_k,\zeta_k,z_i,\omega_i,\boldsymbol{\mu}_k,\sum_k\right)$ 为非线性最大裕度预测模型的变量。现在，可以将最终模态形式化为

$$\min_{q(\Omega,\Theta)\in\mathcal{P}} \mathrm{KL}(q(\Omega,\Theta)\parallel p_0(\Omega,\Theta)) - \mathbb{E}_{q(\Omega)}[\log p(\tilde{\boldsymbol{X}} \mid \Omega)]$$

$$- \mathbb{E}_{q(\Omega,\Theta)}[\log(\ell(\boldsymbol{y} \mid \boldsymbol{H},\Theta)] \tag{9.44}$$

其中 p_0（Ω，Θ）是先验，p_0（Ω，Θ）$=p_0$（Ω）p_0（Θ）和 p_0（Θ）是 Θ 的先验。通过解决上述优化问题，可以得到期望的后验数据后验分布：

$$q(\Omega,\Theta)=\frac{p_0(\Omega,\Theta)p(\tilde{\boldsymbol{X}} \mid \Omega)\ell(\boldsymbol{y} \mid \boldsymbol{H},\Theta)}{\Xi(\tilde{\boldsymbol{X}},\boldsymbol{y})} \tag{9.45}$$

其中 Ξ（$\tilde{\boldsymbol{X}}$，$\boldsymbol{y}$）是归一化常数。

9.4 基于子空间聚类方法的多视图学习

子空间聚类是一种有效的方法，已成功地应用于许多领域。本节我们介绍一种新

的多视图数据子空间聚类模型，该模型使用了一种称为潜在多视图子空间聚类（Latent Multi View Subspace Clustering，LMSC）的潜在表示[135]。与大多数现有的单视图子空间聚类方法直接利用原始特征重构数据点不同，这个方法从多个视图中挖掘潜在的互补信息，同时寻找潜在的表示。利用多个视图的互补性，潜在表示可以比单个视图更加全面地描述数据，从而使子空间表示更加准确和鲁棒。本节介绍两种 LMSC 方法：基于潜在表示与每个视图之间线性相关性的线性 LMSC（linear Latent Multi-view Subspace Clustering，lLMSC）和基于神经网络来处理一般关系的广义 LMSC（generalized Latent Multi-view Subspace Clustering，gLMSC）。

首先，我们介绍潜在多视图子空间聚类方法。

在此方法中，子空间聚类是基于在多个视图中编码互补信息的潜在表示进行的。具体而言，给定 n 个由 V 个不同的视图组成的多视图观测值 $\left\{\left[\boldsymbol{x}_i^{(1)};\cdots;\boldsymbol{x}_i^{(V)}\right]\right\}_{i=1}^{n}$，模型的目标是为每个数据点寻找一个共享的多视图潜在表示 $\boldsymbol{h}$。潜在的假设是，这些不同的视图源自一种潜在的表示。一方面，来自不同视图的信息应该被编码到所学的表示中。另一方面，学习到的潜在表示应该满足特定的任务（面向任务的目标）。因此，考虑一般的目标函数。

$$\underbrace{\mathcal{I}(\{\boldsymbol{X}_v\}_{v=1}^{V},\boldsymbol{H};\boldsymbol{\Theta}_1)}_{\text{信息保持}}+\lambda\underbrace{\mathcal{S}(\boldsymbol{H};\boldsymbol{\Theta}_2)}_{\text{面向任务的目标}}, \tag{9.46}$$

其中 $\boldsymbol{H}=[\boldsymbol{h}_1,\cdots,\boldsymbol{h}_n]\in\mathbf{R}^{k\times n}$ 是潜在表示矩阵。第一项 $\mathcal{L}(\cdot,\cdot)$ 确保潜在表示对来自原始视图的信息进行编码，从而避免潜在表示对特定任务的偏见。第二项 $\mathcal{S}(\cdot,\cdot)$ 是面向任务的项，$\lambda>0$ 平衡这两个项，$\boldsymbol{\Theta}_1$ 和 $\boldsymbol{\Theta}_2$ 是 $\mathcal{I}(\cdot,\cdot)$ 和 $\mathcal{S}(\cdot,\cdot)$ 对应的参数。

具体来说，对于潜在的多视图子空间聚类，旨在探索基于潜在表示的子空间结构，有以下公式：

$$\min_{\boldsymbol{\theta}_v,\boldsymbol{H},\boldsymbol{Z}}\mathcal{L}_S(\boldsymbol{H},\boldsymbol{HZ})+\sum_{v=1}^{V}\alpha_v\mathcal{L}_V(\mathcal{F}_v(\boldsymbol{H};\boldsymbol{\theta}_v),\boldsymbol{X}^{(v)})+\lambda\Omega(\boldsymbol{Z}) \tag{9.47}$$

其中 $\mathcal{L}_S(\boldsymbol{H},\boldsymbol{HZ})$ 是子空间表示的损失函数。$\mathcal{L}_V(\mathcal{F}_v(\boldsymbol{H};\boldsymbol{\theta}_v),\boldsymbol{X}^{00})$ 和 $\mathcal{F}_v(\boldsymbol{H};\boldsymbol{\theta}_v)$ 分别是重构损失和潜在表示 $\boldsymbol{H}$ 到第 v 个视图观察值的潜在映射。权衡因子 $\alpha_v>0$ 和 $\lambda>0$ 分别用于控制第 v 个视图和子空间表示的正则化程度的影响。通过目标函数（9.47），可以学习潜在的多视图表示，这种表示得益于所有视图的互补性，因而有利于子空间聚类。在下文中将介绍两种潜在多视图子空间聚类方法：线性（l）LMSC 和广义（g）LMSC。

首先，使用线性模型对潜在表示与每个视图之间的相关性进行建模，此方法称为线性潜在多视图子空间聚类（LMSC）。

如图 9.2 所示，对应于不同视图的观测值，可以用它们各自的基于共享的潜在表示 $\boldsymbol{h}_i$ 模型 $\{\boldsymbol{P}^{(1)},\cdots,\boldsymbol{P}^{(V)}\}$ 线性恢复，即 $\boldsymbol{x}_i^{(v)}=\boldsymbol{P}^{(v)}\boldsymbol{h}_i$。考虑到观测中的噪声，我们有

$$\boldsymbol{x}_i^{(v)} = \boldsymbol{P}^{(v)}\boldsymbol{h}_i + \boldsymbol{e}_i^{(v)} \tag{9.48}$$

其中 $\boldsymbol{e}_i^{(v)}$ 是第 v 个视图中第 i 个样本的噪声。

为了得到多视图的潜在表示，目标函数变成

$$\min_{\boldsymbol{P},\boldsymbol{H}} \mathcal{L}_V(\boldsymbol{X},\boldsymbol{PH}),$$

其中：

$$\boldsymbol{X} = \begin{bmatrix} \boldsymbol{X}^{(1)} \\ \vdots \\ \boldsymbol{X}^{(V)} \end{bmatrix}, \boldsymbol{P} = \begin{bmatrix} \boldsymbol{P}^{(1)} \\ \vdots \\ \boldsymbol{P}^{(V)} \end{bmatrix} \tag{9.49}$$

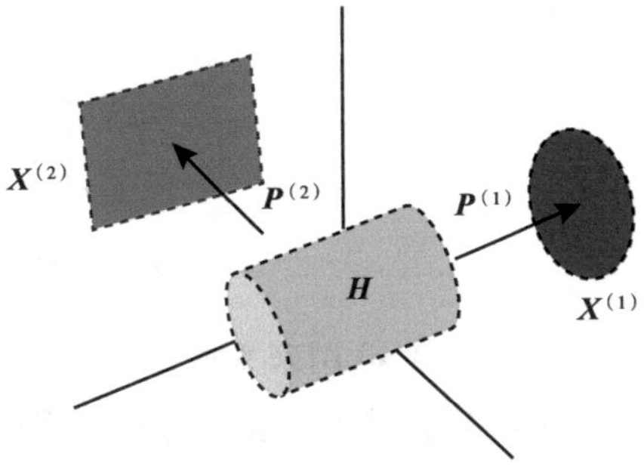

图 9.2　多视图潜在表示图示[135]

$\boldsymbol{X}$ 和 $\boldsymbol{P}$ 分别是根据多个视图连接和对齐的观测模型和重构模型。损失函数$\mathcal{L}_V(\cdot,\cdot)$与从潜在（隐藏）表示到不同视图的重构相关。通过这种方式，来自多个视图的互补信息被自动编码到潜在表示 $\boldsymbol{H}$ 中。

对于面向任务的式（9.46）中的第二项，目标是执行子空间聚类。因此，基于潜在表示 $\boldsymbol{H}$ 的目标函数被重新表示为

$$\min_{\boldsymbol{Z}} \mathcal{L}_S(\boldsymbol{H},\boldsymbol{HZ}) + \lambda\Omega(\boldsymbol{Z}) \tag{9.50}$$

其中损失函数$\mathcal{L}_S(\boldsymbol{H},\ \boldsymbol{HZ})$ 是基于自表示的重构误差定义的。重构系数矩阵 $\boldsymbol{Z}$ 用 Ω（$\boldsymbol{Z}$）正则化。对于多视图子空间聚类，在一个统一的目标函数内联合执行式（9.49）中的潜在表示学习和式（9.50）中的子空间聚类：

$$\min_{\boldsymbol{P},\boldsymbol{H},\boldsymbol{Z}} \mathcal{L}_V(\boldsymbol{X},\boldsymbol{PH}) + \lambda_1 \mathcal{L}_S(\boldsymbol{H},\boldsymbol{H}\boldsymbol{Z}) + \lambda_2\Omega(\boldsymbol{Z}) \tag{9.51}$$

其中 $\lambda_1>0$ 和 $\lambda_2>0$ 是用于平衡三项的权衡参数。通常，子空间聚类的质量是通过综合的潜在表示来提高的，而潜在表示的质量则是通过多视图的互补信息和聚类结构识别来保证的。考虑异常值，lLMSC 的目标函数为

$$\min_{\boldsymbol{P},\boldsymbol{H},\boldsymbol{Z},\boldsymbol{E}_V,\boldsymbol{E}_S} \|\boldsymbol{E}_V\|_{2,1} + \lambda_1\|\boldsymbol{E}_S\|_{2,1} + \lambda_2\|\boldsymbol{Z}\|_*$$
$$\text{s.t. } \boldsymbol{X} = \boldsymbol{PH} + \boldsymbol{E}_V, \boldsymbol{H} = \boldsymbol{HZ} + \boldsymbol{E}_S, \boldsymbol{PP}^{\top} = \boldsymbol{I} \tag{9.52}$$

其中，$\boldsymbol{E}_V$ 和 $\boldsymbol{E}_S$ 分别表示从潜在表示到每个视图和子空间表示的重构对应的误差。用矩阵核范数 $\|\cdot\|_*$保证了子空间表示的低秩。$\ell_{2,1}$-norm $\|\cdot\|_{2,1}$ 强制执行矩阵的列为零。用于矩阵（$\boldsymbol{A}$）$\ell_{2,1}$-norm 的定义为 $\|\boldsymbol{A}\|_{2,1} = \sum_{j=1}^{q}\sqrt{\sum_{i=1}^{p}A_{ij}^2}$，其中 $\boldsymbol{A}\in\mathbf{R}^{p\times q}$。对于此目标函数，其第一项确保了潜在表示 $\boldsymbol{H}$ 是全面的，而第二项将数据点与子空间表示联系起来。最后一项找到最低秩子空间表示，并防止出现平凡解。注意，此模型从以下方面保持鲁棒性：不同视图中的互补信息增强了鲁棒性，从而改进了聚类；与

Frobenius 范数相比，在错误上使用 $\ell_{2,1}$-norm 结构化稀疏正则化可以很好地处理异常值。

为了确保异常值与误差 $\boldsymbol{E}_S$ 和 $\boldsymbol{E}_V$ 一致，沿列垂直连接它们。这使得 $\boldsymbol{E}_S$ 和 $\boldsymbol{E}_V$ 具有相同的列稀疏模式。因此，lLMSC 的最终目标函数被公式化为

$$\begin{aligned} &\min_{\boldsymbol{P},\boldsymbol{H},\boldsymbol{Z},\boldsymbol{E}_V,\boldsymbol{E}_S} \|\boldsymbol{E}\|_{2,1} + \lambda \|\boldsymbol{Z}\|_* \\ &\text{s.t. } \boldsymbol{X} = \boldsymbol{P}\boldsymbol{H} + \boldsymbol{E}_V, \boldsymbol{H} = \boldsymbol{H}\boldsymbol{Z} + \boldsymbol{E}_S \\ &\boldsymbol{E} = [\boldsymbol{E}_V;\boldsymbol{E}_S], \boldsymbol{P}\boldsymbol{P}^\top = \boldsymbol{I} \end{aligned} \tag{9.53}$$

其中，参数 $\lambda>0$ 用来平衡子空间表示上的重构误差和正则化。

lLMSC 假设潜在表示与每个视图的特征之间存在线性关系。相应地，不同视图之间的关系也是线性的。然而，在实际场景中，不同视图之间的关系通常是非线性的。针对此类场景，可以通过核方法将数据点映射到高维空间，然后在该空间中求解学习算法。但内核通常以特别的方式进行选择，因此存在泛化问题。而神经网络方法可以灵活地学习非线性映射，所以我们在这里使用神经网络来处理潜在表示和单视图的特征之间的复杂关系，以及多个视图之间的非线性关系。接下来，我们介绍一种基于神经网络的广义潜在多视图子空间聚类方法。如图 9.3 所示，潜在表示使用神经网络对来自多个视图的信息进行非线性编码，以揭示子空间中的数据分布。为了进行比较，虚线表示线性 LMSC（lLMSC）。

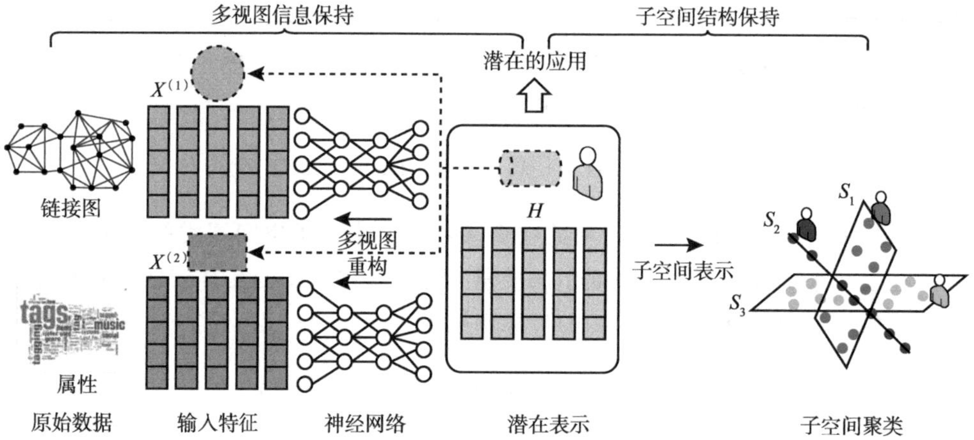

图 9.3　广义潜在多视图子空间聚类 gLMSC[135]

gLMSC 的目标函数表示如下：

$$\min_{\{\boldsymbol{\theta}_\gamma\}_{v=1}^{V},\boldsymbol{H},\boldsymbol{Z}} \ell(\boldsymbol{H},\boldsymbol{H}\boldsymbol{Z}) + \sum_{v=1}^{V} \alpha_v d_v(\boldsymbol{X}_v, g_{\boldsymbol{\theta}_v}(\boldsymbol{H})) + \lambda\Omega(\boldsymbol{Z}) \tag{9.54}$$

其中：

$$g_{\boldsymbol{\theta}_v}(\boldsymbol{H}) = \boldsymbol{W}_{(k,v)} f(\boldsymbol{W}_{(k-1,v)} \cdots f(\boldsymbol{W}_{(1,v)}\boldsymbol{H}))$$

其中，ℓ（·，·）（对应于式（9.47）中的$\mathcal{L}_S$(·，·)））是子空间表示的损失，而 d_v（·，·）（对应于式（9.47）中的$\mathcal{L}_V$(·，·)））度量从潜在表示到第 v 个视图中的观测值的重构失真。神经网络 $g_{\boldsymbol{\theta}_v}$（$\boldsymbol{H}$）考虑了非线性映射，其中 f（·）是激活函数，$\boldsymbol{W}_{(k,v)}$ 是第 k 层和第 k+1 层之间的权重矩阵，用于第 v 视图。权衡因子 α_v 用于控制来自第 v 个视图的融合部分，它编码了第 v 个视图对潜在表示的影响。

通过使用三层网络，提出了以下在低秩子空间表示约束下的 gLMSC 的目标函数：

$$\min_{\{\theta_v\}_{v=1}^{V},\boldsymbol{H},\boldsymbol{Z}} \frac{1}{2}\|\boldsymbol{H}-\boldsymbol{H}\boldsymbol{Z}\|_F^2 + \sum_{v=1}^{V}\frac{\alpha_v}{2}\|\boldsymbol{X}_v-\boldsymbol{W}_{(2,v)}f(\boldsymbol{W}_{(1,v)}\boldsymbol{H})\|_F^2+\lambda\|\boldsymbol{Z}\|_* \tag{9.55}$$

其中，使用的激活函数是 tanh 函数，其定义为

$$f(a)=\tanh(a)=\frac{1-\mathrm{e}^{2a}}{1+\mathrm{e}^{-2a}} \tag{9.56}$$

9.5　基于完整空间方法的多视图学习

现有的多视图学习方法有自身的局限性，除了一些专注于协同训练风格算法的工作之外，单视图不足的问题还没有得到明确的解决和全面的研究。而术语 intact 在 Merriam-Webste 中意味着完整和未损坏，这正是我们希望在潜在完整空间中拥有的两个属性。在本节中，我们介绍了一种多视图完整空间学习（MISL）算法[136] 解决每个单独视图的信息不足问题。假设虽然每个单独的视图只捕获部分信息，但所有视图一起拥有对象的冗余信息。MISL 理论上保证，只要给定足够的视图，就可以近似恢复潜在完整空间。

在实践中通常不能保证视图充分性，因此假设“视图不足”，即每个视图仅捕获部分信息，但所有视图一起可能带有潜在完整表示的冗余信息。例如，在摄像头网络中，摄像头被放置在公共区域，以及时预测潜在的危险情况，并采取必要的行动。然而，每个摄像头单独捕获的信息不足，因此无法全面描述环境，只能通过整合来自所有摄像头的多个数据才能完全恢复。

在多视图学习中，一个示例 $\boldsymbol{x}$ 由多视图特征 z^v 表示，$1\leqslant v\leqslant m$，其中 m 是视图的数量。假设 $\boldsymbol{x}$ 是潜在的完整表示，每个视图 z^v 是示例的特定反映，并从 $\boldsymbol{x}$ 上的视图生成函数 f^v 中获得：

$$z^v=f^v(\boldsymbol{x})+\boldsymbol{\varepsilon}^v \tag{9.57}$$

其中 $\boldsymbol{\varepsilon}^v$ 是与视图相关的噪声。根据视图不足假设（见图 9.4），我们知道函数 $f^v(\boldsymbol{x})$ 是不可逆的，因此即使给定视图函数 f^v：$\mathcal{X}\rightarrow\mathcal{Z}^v$ 也无法从 z^v 恢复 $\boldsymbol{x}$。对于线性函数

$f^v(\boldsymbol{x})=\boldsymbol{W}_v\boldsymbol{x}$，不可逆性意味着 $\boldsymbol{W}_v$ 不是列满秩。

因此，我们的目标是学习一系列视图生成函数 $\{\boldsymbol{W}_v\}_{v=1}^m$，以从潜在完整空间 $\mathcal{X}$ 生成多视图数据点。一种简单的方法是使用 L1 损失（最小绝对值偏差）或 L2 损失（最小平方误差）最小化 $\{z^v-f^v(\boldsymbol{x})\}_{v=1}^m$ 的经验风险，然而，L1 和 L2 损失对异常值都不稳健，这会使多视图学习的性能严重降低。因此，需要寻找更加稳健的方法。

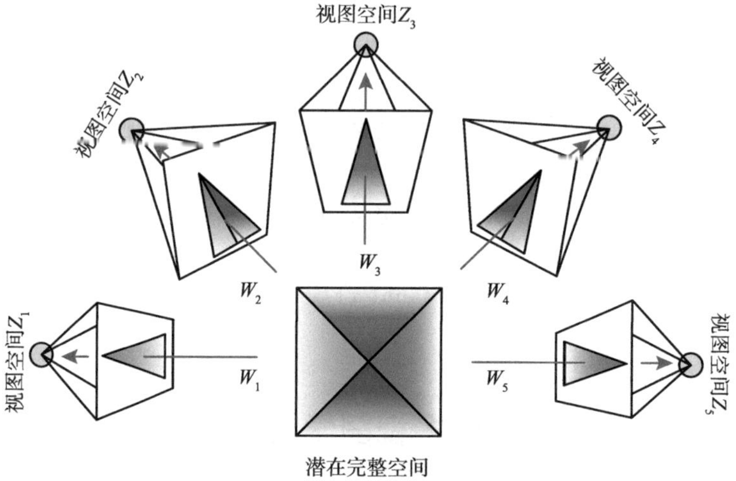

图 9.4 视图不足假设[136]（见彩插）

M 估计是稳健统计中的一种常用估计。设 $\boldsymbol{r}_i$ 为第 i 个数据点的残差，即第 i 个观测值与其拟合值之间的差值。标准最小二乘法试图最小化 $\sum_i r_i^2$，如果存在异常值，则它是不稳定的，并且会严重影响估计参数的失真。M 估计试图通过用另一个残差函数替换残差平方 r_i^2 来减少异常值的影响：

$$\min\sum_i \rho(\boldsymbol{r}_i) \tag{9.58}$$

其中，ρ 是一个对称的正定函数，其唯一最小值为零，且其增长的幅度增量小于平方函数。相应的影响函数定义为

$$\psi(x)=\frac{\partial\rho(x)}{x} \tag{9.59}$$

它测量随机数据点对参数估计值的影响。如图 9.5 所示，对于 $\rho(x)=x^2/2$ 的 L_2 估计量（最小二乘法），影响函数为 $\psi(x)=x$，也就是说，数据点对估计的影响随着其误差的大小线性增加，这也证实了最小二乘估计的非稳健性。尽管具有 $\rho(x)=|x|$ 的 L_1（绝对值）估计量减少了大误差的影响，但其影响函数没有截止。当估计量稳健时，任何单一观测的影响都应该不足以产生显著的偏移。而柯西估计就拥有这

个宝贵的性质：

$$\rho(x) = \log(1 + (x/c)^2) \tag{9.60}$$

以及上界影响函数：

$$\psi(x) = \frac{2x}{c^2 + x^2} \tag{9.61}$$

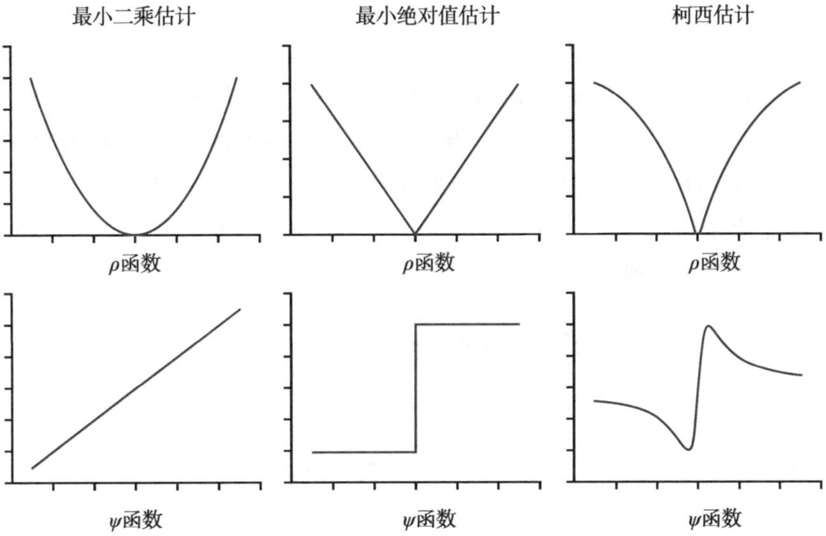

图 9.5　示例稳健估计[136]

基于稳健估计，我们继续介绍多视图完整空间学习。考虑一个多视图训练样本 $\mathcal{D}=\{z_i^v \mid 1\leqslant i\leqslant n,\ 1\leqslant v\leqslant m\}$，其视图编号为 m，样本大小为 n。可以使用柯西损失测量潜在完整空间 $\boldsymbol{\mathcal{X}}$ 上的重构误差：

$$\frac{1}{mn}\sum_{v=1}^{m}\sum_{i=1}^{n}\log\left(1 + \frac{\|\boldsymbol{z}_i^v - \boldsymbol{W}_v\boldsymbol{x}_i\|^2}{c^2}\right) \tag{9.62}$$

其中，$\boldsymbol{x}_i \in \mathbf{R}^d$ 是潜在完整空间 $\boldsymbol{\mathcal{X}}$ 中的一个数据点，$\boldsymbol{W}_v \in \mathbf{R}^{D_v \times d}$ 是第 v 个视图生成矩阵，c 是一个恒定大小的参数。

此外，采用一些正则化项来惩罚潜在数据点 $\boldsymbol{x}$ 和视图生成矩阵 $\boldsymbol{W}$。最后，得到的目标函数可以写为

$$\min_{\boldsymbol{x},\boldsymbol{W}} \frac{1}{mn}\sum_{v=1}^{m}\sum_{i=1}^{n}\log\left(1 + \frac{\|\boldsymbol{z}_i^v - \boldsymbol{W}_v\boldsymbol{x}_i\|^2}{c^2}\right) + C_1\sum_{v=1}^{m}\|\boldsymbol{W}_v\|_F^2 + C_2\sum_{i=1}^{n}\|\boldsymbol{x}_i\|_2^2 \tag{9.63}$$

其中，C_1 和 C_2 是可以使用交叉验证确定的非负常数。式（9.63）使用稳健的方法联合建模潜在完整空间 $\mathcal{X}$和每个视图空间 $\mathcal{Z}^v$之间的关系。通过输入多个不完整视图，可以找到一系列视图生成函数和潜在的完整空间。在推断时，给出一个新的多视图示例 $\{z^1, \cdots, z^m\}$，通过求解该问题可以得到完整空间中对应的数据点 $\boldsymbol{x}$：

$$\min_{x} \frac{1}{m}\sum_{v=1}^{m}\log\left(1+\frac{\|z^v - \boldsymbol{W}_v^*\boldsymbol{x}\|^2}{c^2}\right) + C_2\|\boldsymbol{x}\|_2^2 \tag{9.64}$$

其中 $\boldsymbol{W}_v^*$ 是最佳视图生成函数。

当视图空间 $\mathbf{Z}$ 位于无限维 Hilbert 空间时，存在一个非线性映射ϕ：$\mathbf{R}^d \to \mathcal{H}$，则 $k(z, z_i) = \langle\phi(z), \phi(z_i)\rangle$。此外，我们将特征空间中的学习映射函数 $\boldsymbol{W}$ 表示为 $\phi(\boldsymbol{W})$。假设 $\boldsymbol{W}$ 的原子位于输入数据所跨越的空间中，可以写出$\phi(\boldsymbol{W}) = \phi(\mathbf{Z})\boldsymbol{A}$，其中 $\boldsymbol{A}$ 是原子表示矩阵并且$\phi(\mathbf{Z}) = [\phi(z_1), \cdots, \phi(z_n)]$。式（9.63）的内核扩展可以通过下面的公式得到：

$$\begin{aligned}
\|z_i^v - \boldsymbol{W}_v\boldsymbol{x}_i\|_{\mathcal{H}}^2 &= \langle\phi(z_i^v) - \phi(\boldsymbol{W}_v)\boldsymbol{x}_i, \phi(z_i^v) - \phi(\boldsymbol{W}_v)\boldsymbol{x}_i\rangle \\
&= \langle\phi(z_i^v), \phi(z_i^v)\rangle - 2\langle\phi(z_i^v), \phi(\boldsymbol{W}_v)\boldsymbol{x}_i\rangle + \langle\phi(\boldsymbol{W}_v)\boldsymbol{x}_i, \phi(\boldsymbol{W}_v)\boldsymbol{x}_i\rangle \\
&= k(z_i^v, z_i^v) - 2\sum_{j=1}^{n} k(z_i, z_j)\boldsymbol{A}_v\boldsymbol{x}_i + \boldsymbol{x}_i^{\top}\boldsymbol{A}_v^{\top}\boldsymbol{K}_{\mathbf{Z}^v}\boldsymbol{A}_v\boldsymbol{x}_i
\end{aligned}$$

和

$$\|\boldsymbol{W}_v\|_{\mathcal{H}}^2 = \langle\phi(\mathbf{Z}^v)\boldsymbol{A}_v, \phi(\mathbf{Z}^v)\boldsymbol{A}_v\rangle = \boldsymbol{A}_v^{\top}\boldsymbol{K}_{\mathbf{Z}^v}\boldsymbol{A}_v \tag{9.65}$$

其中，$\boldsymbol{K}_{\mathbf{Z}^v}$ 和 $\boldsymbol{A}_v$ 分别是视图 v 的核矩阵和原子矩阵。核化问题使用与式（9.63）定义的线性 MISL 相同的技术进行优化。

式（9.63）使用交替优化方法在视图生成函数 $\boldsymbol{W}$ 和潜在完整空间 $\mathcal{X}$上分解为两个子问题。受广义 Weiszfeld 方法的启发，我们开发了一种 IRR 算法来有效地优化这两个子问题。

给定固定视图生成函数 $\{\boldsymbol{W}_v\}_{v=1}^m$，式（9.63）可以在潜在完整空间 $\mathcal{X}$中的每个潜在点 $\boldsymbol{x}$ 上最小化：

$$\min_{x} \mathcal{J} = \frac{1}{m}\sum_{v=1}^{m}\log\left(1+\frac{\|z^v - \boldsymbol{W}_v\boldsymbol{x}\|^2}{c^2}\right) + C_2\|\boldsymbol{x}\|_2^2 \tag{9.66}$$

将$\mathcal{J}$相对于 $\boldsymbol{x}$ 的梯度设置为 0，我们有

$$\sum_{v=1}^{m} -\frac{2\boldsymbol{W}_v^{\top}(z^v - \boldsymbol{W}_v\boldsymbol{x})}{c^2 + \|z^v - \boldsymbol{W}_v\boldsymbol{x}\|_2^2} + 2m\,C_2\boldsymbol{x} = 0 \tag{9.67}$$

可以重写为

$$\left(\sum_{v=1}^{m}\frac{\boldsymbol{W}_v^{\top}\boldsymbol{W}_v}{c^2+\|\boldsymbol{z}^v-\boldsymbol{W}_v\boldsymbol{x}\|_2^2}+mC_2\right)\boldsymbol{x}=\sum_{v=1}^{m}\frac{\boldsymbol{W}_v^{\top}\boldsymbol{z}^v}{c^2+\|\boldsymbol{z}^v-\boldsymbol{W}_v\boldsymbol{x}\|_2^2} \tag{9.68}$$

其中，$\boldsymbol{r}^v=\boldsymbol{z}^v-\boldsymbol{W}_v\boldsymbol{x}$ 称为每个视图上示例 $\boldsymbol{x}$ 的残差。然后将权重函数定义为

$$\boldsymbol{Q}=\left[\frac{1}{c^2+\|\boldsymbol{r}^1\|^2},\cdots,\frac{1}{c^2+\|\boldsymbol{r}^m\|^2}\right] \tag{9.69}$$

它可以用来减少异常值的影响，调整不同视图引入的误差。基于式（9.68）和式（9.69），我们有

$$\boldsymbol{x}=\left(\sum_{v=1}^{m}\boldsymbol{W}_v^{\top}\boldsymbol{Q}_v\boldsymbol{W}_v+mC_2\right)^{-1}\sum_{v=1}^{m}\boldsymbol{W}_v^{\top}\boldsymbol{Q}_v\boldsymbol{z}^v \tag{9.70}$$

考虑到 $\boldsymbol{Q}$ 依赖于 $\boldsymbol{x}$，使用有一个初始估计的式（9.70）迭代更新 $\boldsymbol{x}$ 直到收敛。迭代过程在算法 9.2 中详细描述。

通过固定完整空间 $\mathcal{X}$ 中的所有数据点，式（9.63）被简化为每个视图生成函数 $\boldsymbol{W}$ 的最小值：

$$\min_{W}\mathcal{J}=\frac{1}{n}\sum_{i=1}^{n}\log\left(1+\frac{\|\boldsymbol{z}^i-\boldsymbol{W}\boldsymbol{x}_i\|^2}{c^2}\right)+C_1\|\boldsymbol{W}\|^2 \tag{9.71}$$

给定残差 $\boldsymbol{r}_i=\boldsymbol{z}^i-\boldsymbol{W}\boldsymbol{x}_i$ 和训练数据上的权重函数

$$\boldsymbol{Q}=\left[\frac{1}{c^2+\|\boldsymbol{r}_1\|^2},\cdots,\frac{1}{c^2+\|\boldsymbol{r}_n\|^2}\right] \tag{9.72}$$

通过以下公式来更新映射函数 $\boldsymbol{W}$：

$$\boldsymbol{W}=\sum_{i=1}^{n}z_i\boldsymbol{Q}_i\boldsymbol{x}_i^{\top}\left(\sum_{i=1}^{n}\boldsymbol{x}_i\boldsymbol{Q}_i\boldsymbol{x}_i^{\top}+nC_1\right)^{-1} \tag{9.73}$$

类似于对潜在完整空间 $\mathcal{X}$ 的优化，也可以通过算法 9.2 来估计 $\boldsymbol{W}$。

算法 9.2 迭代加权残差(IRR)

输入： $\{z_1,\cdots,z_m\}$，$\{\boldsymbol{W}_v\}_{v=1}^m$ 和 $\boldsymbol{x}^0$

初始残差 $\{\boldsymbol{r}_v\}_{v=1}^m$ 由 $\boldsymbol{x}^0$ 得到

for $k=1,\cdots$ **do**

权重函数 $\boldsymbol{Q}$ 通过式(9.69)进行选择

使用式(9.70)得到估计值 $\boldsymbol{x}^k$

更新残差 $\{\boldsymbol{r}_v\}_{v=1}^m$

```
        if x 的估计值收敛 then
            break
        end if
    end for
输出：x^k
```

9.6 多任务多视图学习

许多现实世界中的问题表现出双重异质性。具体来说，单个学习任务可能具有多个视图中的特征，即特征异质性；不同的学习任务可能通过一个或多个共享视图相互关联，即任务异质性。本节将介绍两种针对多任务多视图（Multi-Task Multi-View，MTMV）问题的算法。

首先，介绍 MTMV 问题的定义：

在 MTMV 问题中，$[m:n]$（$n>m$）表示包含在 $m\sim n$ 范围内的一组整数。$\mathbb{S}_+$是半正定矩阵的子集。当且仅当 $\boldsymbol{B}-\boldsymbol{A}$ 是半正定时表示为 $\boldsymbol{A}\preceq\boldsymbol{B}$。$\mathrm{tr}(X)$ 是矩阵 $\boldsymbol{X}$ 的迹，$\boldsymbol{X}^{-1}$ 是 $\boldsymbol{X}$ 的逆，$\|\cdot\|$表示矩阵的 ℓ_2 范数，$\boldsymbol{I}_l$ 是 $l\times l$ 单位矩阵。除非另有说明，所有向量都是列向量。

假设这个问题总共包括 T 个任务和 V 个视图，并给出了 N 个标记的数据样本和 M 个未标记的数据样本。通常，有标记的样本是不够的，而未标记的样本是丰富的，即 $M\gg N$。对于每个任务 $t\in[1:T]$，有 n_t 个标记样本和 m_t 个未标记样本，因此我们有 $N=\sum_t n_t$ 和 $M=\sum_t m_t$。令 d_v 为视图 $v\in[1:V]$ 中的特征数，特征总数 $\boldsymbol{D}=\sum_v d_v$。

特征矩阵 $\boldsymbol{X}_t^v\in\mathbf{R}^{n_t\times d_v}$ 用于表示任务 t 中视图 v 的标记样本，相应的未标记样本表示为 $\boldsymbol{P}_t^v\in\mathbf{R}^{m_t\times d_v}$。令 $\boldsymbol{y}_t\in\{1,-1\}^{n_t\times 1}$ 作为任务 t 中标记示例的标签向量。$\boldsymbol{X}_t=(\boldsymbol{X}_t^1,\boldsymbol{X}_t^2,\cdots,\boldsymbol{X}_t^V)$ 和 $\boldsymbol{P}_t=(\boldsymbol{P}_t^1,\boldsymbol{P}_t^2,\cdots,\boldsymbol{P}_t^V)$ 分别是任务 t 的标记和未标记示例的连接特征矩阵。接下来，我们介绍两个用于解决 MTMV 问题的算法。

9.6.1 基于凸共享结构学习算法的多任务多视图方法

本节我们介绍一种用于 MTMV 问题的凸共享结构学习算法（Convex Shared Structure Learning，CSL-MTMV）[137]。

每 t 个任务中每个视图 v 的模型如下：

$$f_t^v(\boldsymbol{x}_t^v)=\boldsymbol{u}_t^{v\top}\boldsymbol{x}_t^v=\boldsymbol{w}_t^{v\top}\boldsymbol{x}_t^v+\boldsymbol{z}_t^{v\top}\boldsymbol{\Theta}^v\boldsymbol{x}_t^v \tag{9.74}$$

其中，$\boldsymbol{u}_t^v$ 是第 t 个任务第 v 个视图的权重向量。结构参数 $\boldsymbol{\Theta}^v$ 表示跨不同任务的视图的低维特征映射。

为了更好地利用不同视图中包含的信息，建立在每个单一视图上的模型将在未标记的示例上尽可能地相互一致，可以采用协同正则化来实现这种模型一致性。将其添加到模型中，得到以下公式：

$$\min_{\{u_t^v, z_t^v, \Theta^v\}, \Theta^v(\Theta^v)=I} \sum_{t=1}^{T} \sum_{v=1}^{V} \left(\frac{1}{n_t} \sum_{i=1}^{n_t} L(f_t^v(\boldsymbol{x}_{t,i}^v), \boldsymbol{y}_{t,i}) + g_t^v(\boldsymbol{u}_t^v, \boldsymbol{z}_t^v, \boldsymbol{\Theta}^v) + \gamma \frac{1}{m_t} \sum_{j=1}^{m_t} \sum_{v' \neq v} \left(f_t^{v'}(\boldsymbol{p}_{t,j}^{v'}) - f_t^v(\boldsymbol{p}_{t,j}^v) \right)^2 \right) \tag{9.75}$$

其中 L 是经验损失函数，$\boldsymbol{x}_{t,i}^v$ 表示任务 t 中第 i 个数据样本的第 v 个视图，$\boldsymbol{p}_{t,j}^v(\boldsymbol{p}_{t,j}^{v'})$ 是任务 t 中第 j 个数据样本的第 v 个视图的特征表示。$g_t^v(\boldsymbol{u}_t^v,\ z_t^v,\ \boldsymbol{\Theta}^v)$ 是正则化函数，定义为

$$g_t^v(\boldsymbol{u}_t^v, \boldsymbol{z}_t^v, \boldsymbol{\Theta}^v) = \alpha \|\boldsymbol{u}_t^v - \boldsymbol{\Theta}^{v\top} \boldsymbol{z}_t^v\|^2 + \beta \|\boldsymbol{u}_t^v\|^2 \tag{9.76}$$

其中，结构参数 $\boldsymbol{\Theta}^v$ 是一个 $h \times d_v$ 矩阵。式（9.76）中的正则化函数控制任务相关性以及预测模型的复杂性。因此，式（9.75）中描述的优化问题可以同时利用多个视图和多个任务。

式（9.75）中的问题是非凸的，并且由于其正交约束和 $\boldsymbol{u}_t^v$，z_t^v，$\boldsymbol{\Theta}^v$ 的正则化（假设 L 是凸损失函数）而难以解决。式（9.75）中问题的最优 $\{z_t^v\}$ 可以表示为$z_t^v = \boldsymbol{\Theta}^v \boldsymbol{u}_t^v$。令 $\boldsymbol{U}^v = [\boldsymbol{u}_1^v,\ \boldsymbol{u}_2^v,\ \cdots,\ \boldsymbol{u}_T^v] \in \mathbf{R}^{d_v \times T}$ 和 $\boldsymbol{Z}^v = [\boldsymbol{z}_1^v,\ \boldsymbol{z}_2^v,\ \cdots,\ \boldsymbol{z}_T^v] \in \mathbf{R}^{h \times T}$，则 $Z^v = \boldsymbol{\Theta}^v \boldsymbol{U}^v$，然后得到：

$$G_0(\boldsymbol{U}^v, \boldsymbol{\Theta}^v) = \min_{Z^v} \sum_{t=1}^{T} g_t^v(\boldsymbol{u}_t^v, \boldsymbol{z}_t^v, \boldsymbol{\Theta}^v) = \alpha\ \mathrm{tr}(\boldsymbol{U}^{v\top} ((1+\eta)\boldsymbol{I} - \boldsymbol{\Theta}^{v\top} \boldsymbol{\Theta}^v) \boldsymbol{U}^v) \tag{9.77}$$

其中，$\eta = \beta/\alpha > 0$。式（9.77）可以被重新表述为一个等价的形式：

$$G_1(\boldsymbol{U}^v, \boldsymbol{\Theta}^v) = \alpha\eta(1+\eta)\mathrm{tr}\left(\boldsymbol{U}^{v\top} (\eta \boldsymbol{I} + \boldsymbol{\Theta}^{v\top} \boldsymbol{\Theta}^v)^{-1} \boldsymbol{U}^v \right) \tag{9.78}$$

因为在$\boldsymbol{\Theta}^v$上的正交约束是非凸的，所以该优化问题是非凸的。解决此问题的一种方法是将其存在的可行域松弛为一个凸集。使 $\boldsymbol{M}^v = \boldsymbol{\Theta}^{v\top} \boldsymbol{\Theta}^v$，可以将优化问题的可行域松弛为凸集，并且公式（9.75）中问题的凸公式定义如下：

$$\begin{aligned} \min_{\{u_t^v, M^v\}} & \sum_{t=1}^{T} \sum_{v=1}^{V} \left(\frac{1}{n_t} \sum_{i=1}^{n_t} L(f_t^v(\boldsymbol{x}_{t,i}^v), \boldsymbol{y}_{t,i}) + \gamma \frac{1}{m_t} \sum_{j=1}^{m_t} \sum_{v' \neq v} \left(f_t^{v'}\left(\boldsymbol{p}_{t,j}^{v'}\right) - f_t^v\left(\boldsymbol{p}_{t,j}^v\right) \right)^2 \right) \\ & + \sum_{v=1}^{V} G_2(\boldsymbol{U}^v, \boldsymbol{M}^v) \\ \text{s.t.} \quad & \mathrm{tr}(\boldsymbol{M}^v) = h, \boldsymbol{M}^v \preceq \boldsymbol{I}, \boldsymbol{M}^v \in \mathbb{S}_+, \end{aligned} \tag{9.79}$$

其中，$G_2(\boldsymbol{U}^v,\ \boldsymbol{M}^v)$ 被定义为

$$G_2(\boldsymbol{U}^v, \boldsymbol{M}^v) = \alpha\eta(1+\eta)\mathrm{tr}(\boldsymbol{U}^{v\top} (\eta \boldsymbol{I} + \boldsymbol{M}^v)^{-1} \boldsymbol{U}^v) \tag{9.80}$$

式（9.79）中的问题是式（9.75）中问题的凸松弛。式（9.75）的最优 $\boldsymbol{\Theta}^v$ 可以使用从式（9.79）计算的最优 $\boldsymbol{M}^v$ 的前 h 个特征向量（对应于最大的 h 个特征值）来近似。

式（9.79）中的优化问题是凸的，因此可以得到全局最优解。我们利用凸共享结构学习算法（CSL-MTMV）来求最优解。在 CSL-MTMV 算法中，两个优化变量交替优化，即一个变量是固定的，而另一个可以根据固定的变量进行优化。方法如下所述，最终算法见算法 9.3。

算法 9.3　MTMV 问题的凸共享结构学习算法

输入：

$\{\boldsymbol{y}_t\}_{t=1}^{T},\{\boldsymbol{X}_t\}_{t=1}^{T},\{\boldsymbol{P}_t\}_{t=1}^{T},\alpha,\beta,\gamma,h$

输出：

$\{\boldsymbol{U}^v\}_{v=1}^{V},\{\boldsymbol{Z}^v\}_{v=1}^{V},\{\boldsymbol{\Theta}^v\}_{v=1}^{V}$

方法：

1. 初始化 $\{\boldsymbol{M}^v\}_{v=1}^{V}$，使其满足公式：

$$\min_{\boldsymbol{M}^v} \operatorname{tr}(\boldsymbol{U}^{v\top}(\eta\boldsymbol{I}+\boldsymbol{M}^v)^{-1}\boldsymbol{U}^v),\ \text{s.t.}\ \operatorname{tr}(\boldsymbol{M}^v)=h,\boldsymbol{M}^v\preceq\boldsymbol{I},\boldsymbol{M}^v\in\mathbb{S}_+$$

2. **重复**
3. **for** $t=1$ to T **do**
4. 构造定义在以下公式中的 $\boldsymbol{A}_t^v,\boldsymbol{B}_t^{vv'},\boldsymbol{C}_t^v$

$$\boldsymbol{A}_t^v=\frac{2}{n_t}\boldsymbol{X}_t^{v\top}\boldsymbol{X}_t^v+\gamma\frac{2}{m_t}(V-1)\boldsymbol{P}_t^{v\top}\boldsymbol{P}_t^v+2\alpha\eta(1+\eta)(\eta\boldsymbol{I}+\boldsymbol{M}^v)^{-1}$$

$$\boldsymbol{B}_t^{vv'}=-\gamma\frac{2}{m_t}\boldsymbol{P}_t^{v\top}\boldsymbol{P}_t^{v'}$$

$$\boldsymbol{C}_t^v=\frac{2}{n_t}\boldsymbol{X}_t^{v\top}\boldsymbol{y}_t$$

5. 构造定义在以下公式中的 $\mathcal{L}_t,\mathcal{R}_t$：

$$\mathcal{L}_t=\begin{bmatrix}\boldsymbol{A}_t^1 & \boldsymbol{B}_t^{12} & \cdots & \boldsymbol{B}_t^{1V}\\ \boldsymbol{B}_t^{21} & \boldsymbol{A}_t^2 & \cdots & \boldsymbol{B}_t^{2V}\\ \vdots & \vdots & \ddots & \vdots\\ \boldsymbol{B}_t^{V1} & \boldsymbol{B}_t^{V2} & \cdots & \boldsymbol{A}_t^V\end{bmatrix}$$

$$\mathcal{W}_t=\operatorname{Vec}([\boldsymbol{u}_t^1,\boldsymbol{u}_t^2,\cdots,\boldsymbol{u}_t^V]),\quad \mathcal{R}_t=\operatorname{Vec}([\boldsymbol{C}_t^1,\boldsymbol{C}_t^2,\cdots,\boldsymbol{C}_t^V])$$

6. 计算 $\mathcal{W}_t=\mathcal{L}_t^{-1}\mathcal{R}_t$
7. **end for**
8. **for** $v=1$ to V **do**
9. 计算 $\boldsymbol{U}^v=\boldsymbol{P}_1\Sigma\boldsymbol{P}_2^\top$ 的 SVD
10. 计算以下公式中 $\{\gamma_i^*\}$ 的最优值：

$$\min_{\gamma_i}\sum_{i=1}^{q}\frac{\sigma_i^2}{\eta+\gamma_i}\quad \text{s.t.}\ \sum_{i=1}^{q}\gamma_i=h,0\leqslant\gamma_i\leqslant1,\forall i$$

11. 定义 $\boldsymbol{\Lambda}^*=\operatorname{diag}(\gamma_1^*,\cdots,\gamma_q^*,0)$，计算 $\boldsymbol{M}^v=\boldsymbol{P}_1\boldsymbol{\Lambda}^*\boldsymbol{P}_1^\top$
12. **end for**
13. 直到满足收敛准则
14. 对于每个 v，使用 $\boldsymbol{M}^v$ 的顶部 h 特征向量构造 $\boldsymbol{\Theta}^v$
15. 计算 $\boldsymbol{Z}^v=\boldsymbol{\Theta}^v\boldsymbol{U}^v$
16. 返回 $\{\boldsymbol{U}^v\}_{v=1}^{V},\{\boldsymbol{Z}^v\}_{v=1}^{V},\{\boldsymbol{\Theta}^v\}_{v=1}^{V}$

给定 $\{M^v\}$ 计算 $\{U^v\}$。在式（9.79）中，如果给定 $\{M^v\}$，则很容易发现不同任务中 u_t^v 的计算是可以解耦的，即可以分别计算不同任务的权重向量。假设使用最小二乘损失函数，其中

$$L(f_t^v(x_{t,i}^v),y_{t,i}) = (u_t^{v\top} x_{t,i}^v - y_{t,i})^2 \tag{9.81}$$

我们将式（9.79）中的目标函数表示为 F，关于每个 u_t^v 的导数为

$$\begin{aligned}\frac{\partial F}{\partial u_t^v} &= \frac{2}{n_t}\sum_{i=1}^{n_t}(u_t^{v\top} x_{t,i}^v - y_{t,i})x_{t,i}^v + \gamma\frac{2}{m_t}\sum_{j=1}^{m_t}\sum_{v'\neq v}(u_t^{v\top} p_{t,j}^v - u_t^{v'T} p_{t,j}^{v'})p_{t,j}^v \\ &\quad + 2\alpha\eta(1+\eta)(\eta I + M^v)^{-1}u_t^v\end{aligned} \tag{9.82}$$

为方便起见，其符号如下：

$$\begin{aligned}A_t^v &= \frac{2}{n_t}X_t^{v\top}X_t^v + \gamma\frac{2}{m_t}(V-1)P_t^{v\top}P_t^v + 2\alpha\eta(1+\eta)(\eta I + M^v)^{-1} \\ B_t^{vv'} &= -\gamma\frac{2}{m_t}P_t^v P_t^{v'},\quad C_t^v = \frac{2}{n_t}X_t^{v\top}y_t\end{aligned} \tag{9.83}$$

通过将式（9.82）设置为零并重新排列各项，可以得到以下公式：

$$A_t^v u_t^v + \sum_{v'\neq v} B_t^{vv'} u_t^{v'} = C_t^v \tag{9.84}$$

从式（9.84）可以看出，对于同一任务 t，u_t^v 与其他 $u_t^{v'}$ 相关，即同一任务的视图是相关的，而来自不同任务的 u_t^v 和 $u_t^{v'}$ 不相关。因此，不同任务的 u_t^v 可以单独计算，而同一任务的不同视图必须一起计算。请注意，可以为任务 t 中的每个视图 v 获得这样的公式。通过组合这些公式，为每个任务 t 获得以下线性公式组：

$$\mathcal{L}_t \mathcal{W}_t = \mathcal{R}_t \tag{9.85}$$

其中，$\mathcal{L}_t \in \mathbf{R}^{D\times D}$ 是具有 $V\times V$ 个块的对称块矩阵。式（9.85）中符号的具体形式如下：

$$\mathcal{L}_t = \begin{bmatrix} A_t^1 & B_t^{12} & \cdots & B_t^{1V} \\ B_t^{21} & A_t^2 & \cdots & B_t^{2V} \\ \vdots & \vdots & \ddots & \vdots \\ B_t^{V1} & B_t^{V2} & \cdots & A_t^V \end{bmatrix} \tag{9.86}$$

$$\mathcal{W}_t = \mathrm{Vec}([u_t^1, u_t^2, \cdots, u_t^V]),\quad \mathcal{R}_t = \mathrm{Vec}([C_t^1, C_t^2, \cdots, C_t^V])$$

其中，Vec（）表示将矩阵中的列向量堆叠为单个列向量的函数。对于每个任务 t，构建并求解式（9.85）中描述的公式组。$\{u_t^v\}$ 的最优解可以很容易地通过矩阵 $\mathcal{L}_t$ 的（伪）逆左乘得到。

给定 $\{U^v\}$ 计算 $\{M^v\}$。对于给定的 $\{U^v\}$，在式（9.79）中，不同的 M^v 是

不相关的，它们可以单独计算。对于每个视图 v，可以得到如下问题：

$$\min_{M^v} \operatorname{tr}(U^{v\top}(\eta I + M^v)^{-1}U^v) \quad \text{s.t.} \quad \operatorname{tr}(M^v) = h, M^v \preceq I, M^v \in \mathbb{S}_+ \qquad (9.87)$$

这个问题是一个半定规划（SDP），其中直接优化的计算成本很高。下面描述了一种有效的方法来解决它。设 $U^v = P_1 \Sigma P_2^\top$ 为其奇异值分解（SVD），其中 $P_1 \in \mathbf{R}^{d_v \times d_v}$ 和 $P_2 \in \mathbf{R}^{T \times T}$ 为列正交，且 $\operatorname{rank}(U^v) = q$。通常，$q \leqslant T \leqslant d_v$，假设 T 个任务的共享特征空间的维度 h 满足 $h \leqslant q$，然后

$$\Sigma = \operatorname{diag}(\sigma_1, \cdots, \sigma_T) \in R^{d_v \times T}, \sigma_1 \geqslant \cdots \geqslant \sigma_q > 0 = \sigma_{q+1} = \cdots = \sigma_T \qquad (9.88)$$

考虑以下优化问题：

$$\min_{\gamma_i} \sum_{i=1}^{q} \frac{\sigma_i^2}{\eta + \gamma_i} \quad \text{s.t.} \quad \sum_{i=1}^{q} \gamma_i = h, 0 \leqslant \gamma_i \leqslant 1, \forall i \qquad (9.89)$$

其中，$\{\sigma_i\}$ 是式（9.88）中定义的奇异值 U^v，这个优化问题是凸的。式（9.89）中的问题可以通过许多现有算法解决，例如投影梯度下降法。

将式（9.87）中的 SDP 问题转化为式（9.89）中的凸优化问题。具体来说，使得 $\{\gamma_i^*\}$ 对式（9.89）是最优的，并表示 $\Lambda^* = \operatorname{diag}(\gamma_1^*, \cdots, \gamma_q^*, 0) \in \mathbf{R}^{d_v \times d_v}$。令 $P_1 \in \mathbf{R}^{d_v \times d_v}$ 正交，由 U^v 的左奇异向量组成，那么 $M^{v*} = P_1 \Lambda^* P^\top{}_1$ 是式（9.87）的最优解。此外，通过求解式（9.89）中的问题，我们获得了与式（9.87）相同的最优解和目标值。

9.6.2 基于判别分析方法的多任务多视图学习方法

在本节中，我们介绍一种多任务多视图判别分析（Multi-tAsk MUltiview Discriminant Analysis，MAMUDA）学习方法[138]。由于问题中存在多个特征视图，因此很难通过原始特征空间直接共享知识。为了促进信息共享，我们采用经典的线性判别分析（Linear Discriminant Analysis，LDA）方法，从每个任务中共同学习所有视图的特征转换矩阵。

我们首先介绍经典的线性判别分析方法，然后介绍多任务多视图判别分析学习方法。

经典的 LDA 模型试图将原始特征空间中的特征向量（行向量）转换为判别特征空间中的向量，从而使数据更加可分，这个过程如图 9.6 所示。而 MAMUDA 方法的转换分为两个步骤，如图 9.7 所示。首先，通过转换矩阵 Q_t^v，将来自任务 t 中的视图 v 的数据样本 x 转换为中间潜在空间。$\{Q_t^v\}$ 依赖于视图和任务，因此它们对于不同的视图和任务是不同的。通过 $\{Q_t^\sigma\}$，将来自所有任务的所有视图转换为一个公共的中间潜在空间，由来自每个任务的所有视图共享。然后，通过 $\{R_t^v\}$ 将每个任务视图中的一个实例从公共中间潜在空间转换为相应的判别空间。R_t^v 包含两部分

信息：一部分是 $\boldsymbol{R}$，它被每个任务的所有视图共享，另一部分 $\boldsymbol{R}_t$ 由特定任务的视图共享。有了这些假设，我们制定一个优化问题，该问题协同学习来自每个视图和每个任务的数据的特征转换。采用一种交替优化算法来解决该问题，其中每个子问题都可以保证达到全局最优，具体过程如算法 9.4 和算法 9.5 所示。利用变换矩阵 $\boldsymbol{Q}_t^v$ 和 $\boldsymbol{R}_t^v$，数据可以转换成判别空间。也就是说，对于视图 v 和任务 t 中的数据向量 $\boldsymbol{x}$，其相应的判别空间表示是 $\boldsymbol{x}\boldsymbol{Q}_t^v\boldsymbol{R}_t^v$。然后，使用最近邻分类器在判别特征空间中进行预测。

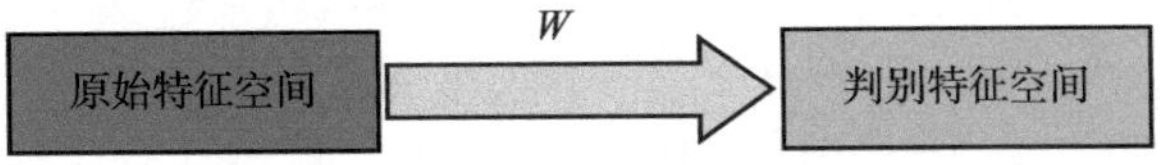

图 9.6 LDA 特征转换过程[138]

图 9.7 MAMUDA 特征转换过程[138]

LDA 是模式识别和机器学习中一种流行的监督降维技术。传统上，LDA 用于单个学习任务单个视图数据。假设在第 c 类有 N_c 个样本，即 $\sum_{c=1}^{C} N_c = N$，类间散度矩阵 $\boldsymbol{S}_b = \sum_{c=1}^{C} \frac{N_c}{N}(\bar{m}_c - \bar{m})^{\top}(\bar{m}_c - \bar{m})$，类内散度矩阵 $\boldsymbol{S}_w = \sum_{c=1}^{C}\sum_{y_i=c} \frac{1}{N}(\boldsymbol{x}_i - \bar{m}_c)^{\top}(\boldsymbol{x}_i - \bar{m}_c)$，总散度矩阵 $\boldsymbol{S}_h = \sum_{i=1}^{N} \frac{1}{N}(\boldsymbol{x}_i - \bar{m})^{\top}(\boldsymbol{x}_i - \bar{m})$。其中，$\bar{m} = \left(\sum_{i=1}^{N} \boldsymbol{x}_i\right)/N$ 为整个训练集的样本平均值，$\bar{m}_c = \left(\sum_{u_i=c} \boldsymbol{x}_i\right)/N_c$ 为第 c 类的类平均值，可以知道，$\boldsymbol{S}_h = \boldsymbol{S}_b + \boldsymbol{S}_w$。我们采用迹比形式的 LDA 目标函数：

算法 9.4 固定 $\{Q_t^v\}$ 和 $\{R_t\}$，计算 R

输入： $\bar{\boldsymbol{S}}_b, \bar{\boldsymbol{S}}_h$

输出： $\boldsymbol{R}$

方法：

1. 初始化 $\boldsymbol{R}^{(0)}$，使其满足 $\boldsymbol{R}^{(0)\top}\boldsymbol{R}^{(0)} = \boldsymbol{I}_{l'}$
2. **for** $k=1$ to maxIteNum **do**
3. 计算迹比值：
   $\lambda^k = \mathrm{tr}(\boldsymbol{R}^{(k-1)\top}\bar{\boldsymbol{S}}_b\boldsymbol{R}^{(k-1)})/\mathrm{tr}(\boldsymbol{R}^{(k-1)\top}\bar{\boldsymbol{S}}_h\boldsymbol{R}^{(k-1)})$
4. 将迹差异问题构造为
   $\boldsymbol{R}^{(k)} = \arg\max_{\boldsymbol{R}^{\top}\boldsymbol{R}=\boldsymbol{I}_{l'}} \mathrm{tr}[\boldsymbol{R}^{\top}(\bar{\boldsymbol{S}}_b - \lambda^k\bar{\boldsymbol{S}}_h)\boldsymbol{R}]$

5. 使用特征值分解方法解决迹差异问题，$\boldsymbol{R}^{(k)}$ 包含 $(\overline{\boldsymbol{S}}_b-\lambda^k\overline{\boldsymbol{S}}_h)$ 的顶部 l' 特征向量
6. 使 $\boldsymbol{S}_{\text{tmp}}=\boldsymbol{R}^{(k)}\boldsymbol{R}^{(k)\top}\overline{\boldsymbol{S}}_h\boldsymbol{R}^{(k)}\boldsymbol{R}^{(k)\top}$
7. 使 $\boldsymbol{R}^{(k)}$ 为顶部 l' 特征值对应的 $\boldsymbol{S}_{\text{tmp}}$ 的特征向量矩阵
8. 如果 $\|\boldsymbol{R}^{(k)}-\boldsymbol{R}^{(k-1)}\|_F\leqslant\varepsilon$，则跳出循环
9. **end for**
10. **return** $\boldsymbol{R}=\boldsymbol{R}^{(k)}$

算法 9.5　固定 R，$\{R_t\}$ 和 $\{Q_t^j\}_{(i,j)\neq(t,v)}$，计算 Q_t^v

输入： $\overline{\boldsymbol{S}}_{t,b}^v$，$\overline{\boldsymbol{S}}_{t,h}^v$ 和 A_t^v

输出： $\boldsymbol{Q}_t^v$

方法：

1. 初始化 $\boldsymbol{Q}_t^{v(0)}$，使其满足 $\boldsymbol{Q}_t^{v(0)\top}\boldsymbol{Q}_t^{v(0)}=\boldsymbol{I}_l$
2. **for** $k=1$ to maxIteNum **do**
3. 计算迹比值：
$$\lambda^k=\frac{\operatorname{tr}(\boldsymbol{Q}_t^{v(k-1)\top}\overline{\boldsymbol{S}}_{t,b}^v\boldsymbol{Q}_t^{v(k-1)}A_t^v)}{\operatorname{tr}(\boldsymbol{Q}_t^{v(k-1)\top}\overline{\boldsymbol{S}}_{t,h}^v\boldsymbol{Q}_t^{v(k-1)}A_t^v)}$$
4. 将迹差异问题构造为
$$\boldsymbol{Q}_t^{v(k)}=\arg\max_{\boldsymbol{Q}_t^v{}^T\boldsymbol{Q}_t^v=\boldsymbol{I}_T}\operatorname{tr}[\boldsymbol{Q}_t^{v\top}(\overline{\boldsymbol{S}}_{t,b}^v-\lambda_k\overline{\boldsymbol{S}}_{t,h}^v)\boldsymbol{Q}_t^vA_t^v]$$
5. 解决迹差异问题：令 $\boldsymbol{Q}_t^{v(k)}=\boldsymbol{U}_s\boldsymbol{U}_a^\top$，其中 $\boldsymbol{U}_s$ 是包含 $(\overline{\boldsymbol{S}}_{t,b}^v-\lambda_k\overline{\boldsymbol{S}}_{t,h}^v)$ 的顶部 $\bar{l}$ 特征向量的特征向量矩阵，$\boldsymbol{U}_a$ 是 A_t^v 的特征向量矩阵
6. 使 $\boldsymbol{S}_{\text{tmp}}=\boldsymbol{Q}_t^{v(k)}\boldsymbol{Q}_t^{v(k)\top}\overline{\boldsymbol{S}}_{t,h}^v\boldsymbol{Q}_t^{v(k)}\boldsymbol{Q}_t^{v(k)\top}$
7. 使 $\boldsymbol{Q}_t^{v(k)}$ 为顶部 $\bar{l}$ 特征值对应的 $\boldsymbol{S}_{\text{tmp}}$ 的特征向量矩阵
8. 如果 $\|\boldsymbol{Q}_t^{v(k)}-\boldsymbol{Q}_t^{v(k-1)}\|_F\leqslant\varepsilon$，则跳出循环
9. **end for**
10. **return** $\boldsymbol{Q}_t^v=\boldsymbol{Q}_t^{v(k)}$

$$\boldsymbol{W}^*=\arg\max_{\boldsymbol{W}^\top\boldsymbol{W}=\boldsymbol{I}_l}\frac{\operatorname{tr}(\boldsymbol{W}^\top\boldsymbol{S}_b\boldsymbol{W})}{\operatorname{tr}(\boldsymbol{W}^\top\boldsymbol{S}_h\boldsymbol{W})}\tag{9.90}$$

其中，l 是迹比形式的降维，$\boldsymbol{W}\in\mathbf{R}^{d\times l}$ 是维数缩减的变换矩阵。迹比形式没有解析解，必须采用迭代方法来获得最佳解。

如果不考虑多视图和多任务之间的关系，对于第 t 个任务中的第 v 个视图，根据 LDA 迹比形式的目标函数，优化问题可以表述为

$$\boldsymbol{W}_t^{v*}=\arg\max_{\boldsymbol{W}_t^v\boldsymbol{T}_t^v=\boldsymbol{I}_l}\frac{\operatorname{tr}(\boldsymbol{W}_t^{v\top}\boldsymbol{S}_{t,b}^v\boldsymbol{W}_t^v)}{\operatorname{tr}(\boldsymbol{W}_t^{v\top}\boldsymbol{S}_{t,h}^v\boldsymbol{W}_t^v)}\tag{9.91}$$

将所有任务和所有视图的优化问题组合成一个统一的形式，有以下优化问题：

$$\max_{\{W_t^v\},W_t^{v\top}W_t^v=I_l}\frac{\mathrm{tr}\left(\sum_{t=1}^{T}\sum_{v=1}^{V}W_t^{v\top}S_{t,b}^{v}W_t^{v}\right)}{\mathrm{tr}\left(\sum_{t=1}^{T}\sum_{v=1}^{V}W_t^{v\top}S_{t,h}^{v}W_t^{v}\right)} \tag{9.92}$$

目标是找到转换矩阵 $\{W_t^v\}$，将原始特征空间中的数据转换到判别空间，从而使数据变得更可分离。此外，为了促进多个任务之间的信息共享，转换过程分为两个步骤：将来自所有任务的数据从其对应的原始特征空间转换为反映其内在特征的公共中间潜在语义空间；来自每个任务的每个视图的数据从公共中间潜在空间转换为相应的判别空间。依此，优化问题可以明确地描述为

$$\max_{Q_t^v,R_t^v}\frac{\mathrm{tr}\left(\sum_{t=1}^{T}\sum_{v=1}^{V}R_t^v\left(Q_t^{v\top}S_{t,b}^{v}Q_t^{v}R_t^{v}\right)\right)}{\mathrm{tr}\left(\sum_{t=1}^{T}\sum_{v=1}^{V}R_t^vQ_t^{v\top}S_{t,h}^{v}Q_t^{v}R_t^{v}\right)} \tag{9.93}$$

其中，$Q_t^vR_t^v=W_t^v\in\mathbf{R}^{d_v\times l}$ 是整体的变换矩阵，$Q_t^v\in\mathbf{R}^{d_v\times\bar{l}}(Q_t^{v\top}Q_t^v=I_{\bar{l}})$ 是将任务 t 中的第 v 个视图数据从原始特征空间转换为中间潜在语义空间的转换矩阵，该中间空间由每个任务中的所有视图共享，l 是中间潜在空间的维数，$R_t^v\in\mathbf{R}^{\bar{l}\times l}(R_t^{v'}R_t^v=I_l)$ 是将任务 t 中视图 v 的数据从公共中间潜在空间转换为相应的判别空间的转换矩阵。它分为两部分：一部分是针对公共判别组件对应的多个任务共享的公共结构，另一部分是学习不同任务共享的特定任务的判别组件。因此，优化问题可以描述为

$$\max_{Q_t^v,R,R_t}\frac{\mathrm{tr}\left(\sum_{t=1}^{T}\sum_{v=1}^{V}[R,R_t]^\top Q_t^{v\top}S_{t,b}^{v}Q_t^{v}[R,R_t]\right)}{\mathrm{tr}\left(\sum_{t=1}^{T}\sum_{v=1}^{V}[R,R_t]^\top Q_t^{v\top}S_{t,h}^{v}Q_t^{v}[R,R_t]\right)}$$

$$\text{s.t.}\quad Q_t^{v\top}Q_t^v=I_l,R^\top R=I_{l'},R_t^\top R_t=I_{l-l'} \tag{9.94}$$

$R_t^v=[R,\ R_t]\in\mathbf{R}^{\bar{l}\times l}$ 是如上所述的变换矩阵；$R\in\mathbf{R}^{\bar{l}\times l'}$ 是每个任务的所有视图所共享的公共变换矩阵，它们可以通过这个矩阵共享知识；$R_t\in\mathbf{R}^{\bar{l}\times(l-l')}$ 是特定于任务的转换矩阵，它由任务 t 中的所有视图共享，任务 t 中的不同视图通过这个共同矩阵共享知识。

对于任务 t 中具有视图 v 的第 i 个数据样本，用 $x_{t,i}^v$ 表示，其新表示为 $x_{t,i}^vQ_t^vR_t^v$。$R_t^v=[R,\ R_t]$ 对于特定任务中的不同视图是相同的，这意味着不同的视图被转化为相同的判别空间。每个视图的数据可能有噪音，因此，对每个任务平均不同视图的表示以获得最终表示。最终的表示可以写为 $\frac{1}{V}\sum_{v=1}^{V}x_{t,i}^vQ_t^vR_t^v$。然后，最近邻分类器可用于在判别特征空间中进行预测。

关于 $\{Q_t^v\}$，$\{R_t\}$ 和 R 联合求解优化问题是困难的。我们采用交替优化算法，

固定其他变量，针对每个变量优化目标函数。重复这个过程直到收敛，具体过程如算法 9.4 和算法 9.5 所示。

9.7 推荐系统和人机对话领域的多视图学习方法

本节分别介绍多视图学习算法在推荐系统和人机对话领域的应用。

9.7.1 推荐系统中跨域用户建模的多视图深度学习方法

一般来说，推荐系统方法可以分为协同推荐和基于内容的推荐。然而，协同推荐一般无法处理新用户和新项目，即冷启动问题。基于内容的推荐可以处理新项目，但无法处理新用户。为了突破这些限制，我们介绍一个同时利用用户和项目特征的推荐系统[139]。为了构建用户特征，与许多基于用户配置文件的方法不同，我们建议从用户的浏览和搜索历史中提取丰富的特征来模拟用户的兴趣。基本假设是，用户的历史在线活动反映了很多关于用户背景和偏好的信息，因此可以准确洞察用户可能对哪些项目和主题感兴趣。例如，有许多婴儿相关查询和网站的用户访问可能表明所查询的对象是一个刚出生婴儿的妈妈。

我们扩展了深度结构化语义模型（Deep Structured Semantic Model，DSSM）[140]，以共同学习来自不同域的项目的特征。我们将新模型命名为多视图深度神经网络（Multi-View Deep Neural Network，MV-DNN），算法 9.6 概述了 MV-DNN 的训练过程。具体来说，在我们的数据集中，没有为每个域构建单独的模型来将用户特征映射到域内的项目特征，而是构建了一个新的多视图模型来发现潜在空间中用户特征的单一映射，使其与来自所有域的项目特征联合优化。MV-DNN 使我们能够学习更好的用户表示，该表示可以利用跨域的更多数据，并按照一定的原则利用来自所有域的用户偏好数据以解决数据稀疏问题，同时提高所有域的推荐质量。此外，深度学习模型中的非线性映射使我们能够在潜在空间中找到用户的紧凑表示，这使得存储学习到的用户映射和在不同任务之间共享信息变得更加容易。

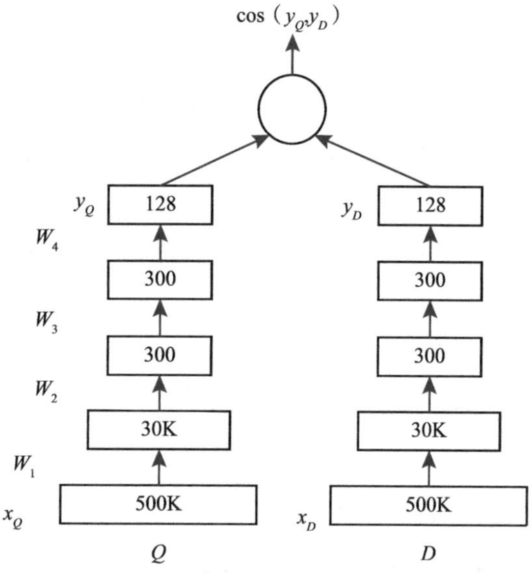

图 9.8 深度结构化语义模型[139]

首先，我们介绍了原始深层结构语义模型。DSSM 的典型体系结构如图 9.8 所示。对 DNN 的输入（原始文本特征）是一个高维向量，例如，查询中的术语的原始计数或没有规范化的文档。然后 DSSM 针对两种不同的输入，分别通过两个神经网络传递其输入，并将它们映射到一个共享的语义空间中的语义向量。对于 Web 文档排名，DSSM 计算查询和文档之间的相关性分数作为其对应语义向量的余弦相似度，并根据文档与查询的相似度分数对文档进行排名。

更正式地说，如果我们表示 $\boldsymbol{x}$ 为输入向量，$\boldsymbol{y}$ 为输出向量，l_i，$i=1$，…，$N-1$ 作为中间隐含层，$\boldsymbol{W}_i$ 为第 i 个权值矩阵，$\boldsymbol{b}_i$ 为第 i 个偏差，我们有

$$\begin{aligned}\boldsymbol{l}_1 &= \boldsymbol{W}_1\boldsymbol{x}\\ \boldsymbol{l}_i &= f(\boldsymbol{W}_i\boldsymbol{l}_{i-1}+\boldsymbol{b}_i),i=2,\cdots,N-1\\ \boldsymbol{y} &= f(\boldsymbol{W}_N\boldsymbol{l}_{N-1}+\boldsymbol{b}_N)\end{aligned}\tag{9.95}$$

其中，使用 tanh 函数作为输出层和隐含层 $\boldsymbol{l}_i$（$i=2$，…，$N-1$）的激活函数。查询 $\boldsymbol{Q}$ 和文档 $\boldsymbol{D}$ 之间的语义相关性得分由以下式子度量：

$$\boldsymbol{R}(\boldsymbol{Q},\boldsymbol{D})=\cos(\boldsymbol{y}_Q,\boldsymbol{y}_D)=\frac{\boldsymbol{y}_Q^{\top}\boldsymbol{y}_D}{\|\boldsymbol{y}_Q\|\cdot\|\boldsymbol{y}_D\|}\tag{9.96}$$

其中，$\boldsymbol{y}_Q$ 和 $\boldsymbol{y}_D$ 分别为查询和文档的语义向量。在 Web 搜索中，给定查询，文档按其语义相关性分数进行排序。

通常，每个单词 w 用一个独热向量表示，其中向量的维数是词汇表的大小。然而，在 Web 搜索任务中，词汇量通常非常大，而独热向量表示使得模型学习代价很大。因此，DSSM 使用一个单词散列层来用一个字母三元组向量表示一个单词。例如，给定一个单词（例如 web），在添加单词边界符号（例如#web#）之后，这个词被分割成一系列的字母 n 元组向量（例如，letter-tri-grams：#-w-e，w-e-b，e-b-#）。然后，将单词表示为字母三元组的计数向量。

在图 9.8 中，第一层矩阵 $\boldsymbol{W}_1$ 表示把原始项目向量转换为三元组计数向量的三元组矩阵，这不需要学习。即使是英文单词的总数可能会变得非常大，英语（或其他类似语言）中不同的字母三元组合的总数通常是有限的。因此，它可以推广到训练数据中看不到的新单词。

在训练中，假设一个查询与为该查询单击的文档相关，并且 DSSM 的参数权重矩阵 $\boldsymbol{W}_i$ 是基于这个假设进行训练的，即首先通过 softmax 函数从文档之间的语义相关性得分估计给定查询的文档的后验概率：

$$P(\boldsymbol{D}\mid\boldsymbol{Q})=\frac{\exp(\gamma\,\boldsymbol{R}(\boldsymbol{Q},\boldsymbol{D}))}{\sum_{\boldsymbol{D}'\in\boldsymbol{D}}\exp(\gamma\,\boldsymbol{R}(\boldsymbol{Q},\boldsymbol{D}'))}\tag{9.97}$$

其中，γ 是 softmax 函数中的一个平滑因子，它通常根据验证集上的测试结果来设置。$\boldsymbol{D}$ 表示要排序的候选文档集。理想情况下，$\boldsymbol{D}$ 应该包含所有可能的文档。

在实践中，对于每一对（查询，单击文档），用($\boldsymbol{Q}$，$\boldsymbol{D}^+$)表示，其中 $\boldsymbol{Q}$ 是一个查

询，$\boldsymbol{D}^{+}$是单击文档，通过包括 $\boldsymbol{D}^{+}$和 N 个随机选择的未点击的文档来近似 $\boldsymbol{D}$，用 $\{\boldsymbol{D}_j^{-};\ j=1,\ \cdots,\ N\}$ 表示。

在训练中，模型参数被估计，以最大限度地提高给定查询的点击文档的可能性：

$$L(\boldsymbol{\Lambda}) = -\log \prod_{(Q,D^{+})} P(\boldsymbol{D}^{+} \mid \boldsymbol{Q}) \tag{9.98}$$

其中，$\boldsymbol{\Lambda}$ 表示神经网络的参数集。接下来，我们介绍多视图深度神经网络（MV-DNN）。

如图 9.9 所示，它使用 DNN 将高维稀疏特征（例如，用户、新闻、应用程序的原始特征）映射到联合语义空间中的低维稠密特征。第一个隐含层有 5 万个单元，完成单词散列。然后，单词散列特征通过多层非线性映射进行映射。这个 DNN 中最后一层的神经活动形成了语义空间中的特征。请注意，此图中的输入特征维度 $\boldsymbol{x}$（$5M$ 和 $3M$）是假设的，因为实际上每个视图都可以具有任意数量的特征。

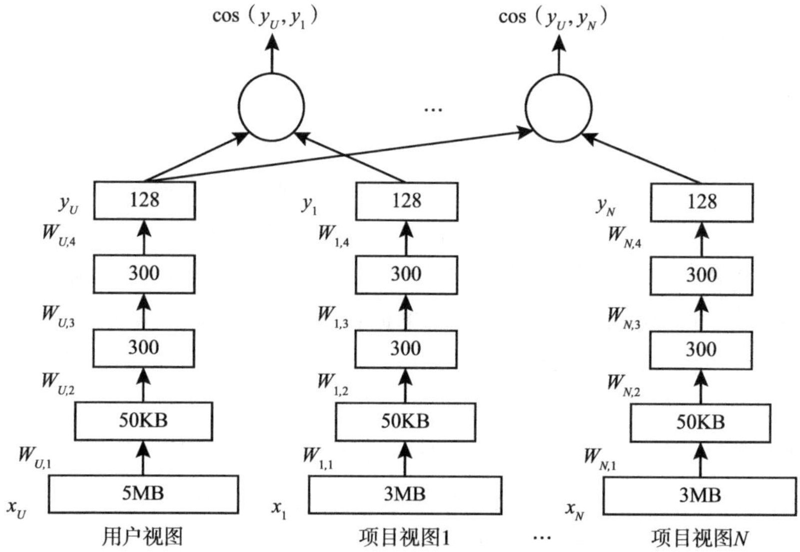

图 9.9　用于多域推荐的多视图 DNN[139]

假设多视图 DNN（MV-DNN）有 $v+1$ 个视图，即一个称为 $\boldsymbol{X}_u$ 的枢轴视图和其他 v 个 $\boldsymbol{X}_1$ 到 $\boldsymbol{X}_v$ 的辅助视图，每个 $\boldsymbol{X}_i$ 都有自己的输入域 $\boldsymbol{X}_i \in \boldsymbol{R}^{d_i}$。每个视图也有自己的非线性映射层 $f_i(\boldsymbol{X}_i,\ \boldsymbol{W}_i)$，它将 $\boldsymbol{X}_i$ 转换为共享语义空间 $\boldsymbol{Y}_i$。训练数据包含一组样本，第 j^{th} 个示例有一个枢轴视图 $\boldsymbol{X}_{u,j}$ 的实例和一个活动辅助视图 $\boldsymbol{X}_{a,j}$，其中 a 是示例 j 中的活动视图的索引。所有其他视图输入 $\boldsymbol{X}_{i:i\neq a}$ 都被设置为 0 向量。目的是为每个视图找到一个非线性映射，使得在枢轴视图 $\boldsymbol{Y}_u$ 的映射与所有其他视图 $\boldsymbol{Y}_1$，…，$\boldsymbol{Y}_v$ 的映射之间的语义空间中的相似性总和最大化。形式上

$$p=\arg\max_{W_u,W_1,\cdots,W_v}\sum_{j=1}^{N}\frac{e^{\alpha_a\cos(Y_u,Y_{a,j})}}{\sum_{X'\in R^{d_a}}e^{\alpha\cos(Y_u,f_a(X',W_a))}}\tag{9.99}$$

MV-DNN 的体系结构如图 9.9 所示。在此推荐系统设置中，将枢轴视图 $\boldsymbol{X}_u$ 设置为用户特征，并为要重复访问的每个不同类型的项目创建辅助视图推荐。这个目标函数的目标是尝试找到用户特征的单一映射，即 $\boldsymbol{W}_u$，它可以将用户特征转换到一个空间，该空间匹配用户在不同视图/域中喜欢的所有不同项目。这种共享参数的方式允许没有足够信息的域通过具有更多数据的其他域来学习良好的映射。

MV-DNN 可以使用随机梯度下降（Stochastic Gradient Decent，SGD）进行训练。在实践中，每个训练示例都包含一对输入，一个用于用户视图，一个用于数据视图。因此，尽管在此模型中只有一个用户视图，但是通常使用 N 个用户特征文件更方便，每个用户特征文件对应一个项目特征文件，其中，N 为用户-项目视图对的总数。在算法 9.6 中，我们概述了 MV-DNN 的训练过程。

算法 9.6 训练多视图 DNN

输入：
  N = 视图对的数量
  M = 训练迭代的数量
  $\boldsymbol{U}_A$ = 用户视图架构
  $\boldsymbol{I}_A=\{\boldsymbol{I}_{A1},\cdots,\boldsymbol{I}_{AN}\}$ 项目视图架构
  $\boldsymbol{U}_D=\{\boldsymbol{U}_{D1},\cdots,\boldsymbol{U}_{DN}\}$ 用户输入文件
  $\boldsymbol{I}_D=\{\boldsymbol{I}_{D1},\cdots,\boldsymbol{I}_{DN}\}$ 项目输入文件
  $\boldsymbol{W}_U$ = 用户视图权重矩阵
  $\boldsymbol{W}_I=\{\boldsymbol{W}_{I1},\cdots,\boldsymbol{W}_{IN}\}$ 项目视图权重矩阵
初始化
用 $\boldsymbol{U}_A$ 和 $\boldsymbol{I}_A$ 初始化 $\boldsymbol{W}_U$ 和 $\boldsymbol{W}_I$
for $m=1$ to M
  for $v=1$ to N
    $\boldsymbol{T}_U\leftarrow\boldsymbol{U}_{Dv}$
    $\boldsymbol{T}_I\leftarrow\boldsymbol{I}_{Dv}$
    用 $\boldsymbol{T}_U$ 和 $\boldsymbol{T}_I$ 训练 $\boldsymbol{W}_U$ 和 $\boldsymbol{W}_I$
  end for
end for
输出：
  $\boldsymbol{W}_U$ = 最终用户权重矩阵
  $\boldsymbol{W}_I$ = 最终的项目视图权重矩阵集

9.7.2 人机对话的多视图响应选择

一般来说，基于检索的人机对话从索引的对话语料库中检索一组候选响应，然后

从候选响应中选择最好的作为系统响应。目前用于响应选择的模型主要是单词序列模型，它是一种基于深度神经网络（DNN）的响应选择方法，它将上下文和响应表示为两个嵌入，根据这两个嵌入的相似性选择响应。在这种模型中，上下文和响应被视为两个独立的词序列，没有考虑上下文和响应中话语之间的关系，响应选择在很大程度上受单词级信息的影响。

事实上，除了词级依赖之外，话语级语义和话语信息对于捕捉对话主题以确保连贯性也非常重要。例如，一个话语可以是对之前话语的肯定、否定或演绎，或者开始一个新的话题进行讨论。因此，我们介绍了一种多视图响应选择模型[141]，该模型集成了来自单词序列视图和话语序列视图这两个不同视图的信息，两个视图中学习的表示在响应选择的任务中为彼此提供了补充信息。我们通过深度神经网络对这两个视图进行联合建模。

首先，简单介绍传统的基于 DNN 的响应选择架构。在响应选择任务中，传统的基于 DNN 的架构将上下文和响应表示为具有深度学习模型的低维嵌入，根据这两个嵌入的相似性来选择响应。我们将其表述为

$$p(y=1 \mid \boldsymbol{c},\boldsymbol{r}) = \sigma(\vec{\boldsymbol{c}}^{\top} \boldsymbol{W} \vec{\boldsymbol{r}} + \boldsymbol{b}) \tag{9.100}$$

其中，$\boldsymbol{c}$ 和 $\boldsymbol{r}$ 表示上下文和响应，$\vec{\boldsymbol{c}}$ 和 $\vec{\boldsymbol{r}}$ 是它们用 DNN 构建的嵌入。$\sigma(x)$ 是一个 Sigmoid 函数，定义为

$$\sigma(x) = \frac{1}{1+\mathrm{e}^{-x}} \tag{9.101}$$

$p(y=1 \mid \boldsymbol{c},\ \boldsymbol{r})$ 是为上下文 $\boldsymbol{c}$ 选择响应 $\boldsymbol{r}$ 的置信度。矩阵 $\boldsymbol{W}$ 和标量 $\boldsymbol{b}$ 是要学习的度量参数，用于衡量上下文和响应之间的相似性。我们以多视图的方式扩展这个架构，构建多视图响应选择模型，它在两个视图中联合建模上下文和响应。

接下来，先介绍单词序列模型。单词序列模型的架构如图 9.10 所示，上下文 $\boldsymbol{c}$ 的三个话语 u_1，u_2 和 u_3 被连接为一个单词序列。每两个相邻的话语之间插入一个特殊的词--sos--，表示话语之间的边界。给定上下文和响应的单词序列，单词通过共享查找表映射到单词嵌入中。门控循环单元神经网络（GRU）用于构建上下文嵌入和响应嵌入，它在两个词嵌入序列上循环操作，如式（9.102）所示，其中 $\boldsymbol{h}_{t-1}$ 是 GRU 在读取词 $\boldsymbol{w}_{t-1}$ 的词嵌入 $\boldsymbol{e}_{t-1}$ 时的隐藏状态，$\boldsymbol{h}_0$ 是零向量，作为初始状态，$\boldsymbol{z}_t$ 是更新门，$\boldsymbol{r}_t$ 是重置门。嵌入 $\boldsymbol{e}_t$ 的新隐藏状态 $\boldsymbol{h}_t$ 是先前隐藏状态 $\boldsymbol{h}_{t-1}$ 和输入嵌入 $\boldsymbol{e}_t$ 的组合，由更新门 z_t 和重置门 $\boldsymbol{r}_t$ 控制。$\boldsymbol{U}$，$\boldsymbol{U}_z$，$\boldsymbol{U}_r$，$\boldsymbol{W}$，$\boldsymbol{W}_z$ 和 $\boldsymbol{W}_r$ 是 GRU 待学习的模型参数，⊗表示逐元素乘法。

$$\begin{aligned}
\boldsymbol{h}_t &= (1-\boldsymbol{z}_t) \otimes \boldsymbol{h}_{t-1} + \boldsymbol{z}_t \otimes \hat{\boldsymbol{h}}_t \\
\boldsymbol{z}_t &= \sigma(\boldsymbol{W}_z \boldsymbol{e}_t + \boldsymbol{U}_z \boldsymbol{h}_{t-1}) \\
\hat{\boldsymbol{h}}_t &= \tanh(\boldsymbol{W} \boldsymbol{e}_t + \boldsymbol{U}(\boldsymbol{r}_t \otimes \boldsymbol{h}_{t-1})) \\
\boldsymbol{r}_t &= \sigma(\boldsymbol{W}_r \boldsymbol{e}_t + \boldsymbol{U}_r \boldsymbol{h}_{t-1})
\end{aligned} \tag{9.102}$$

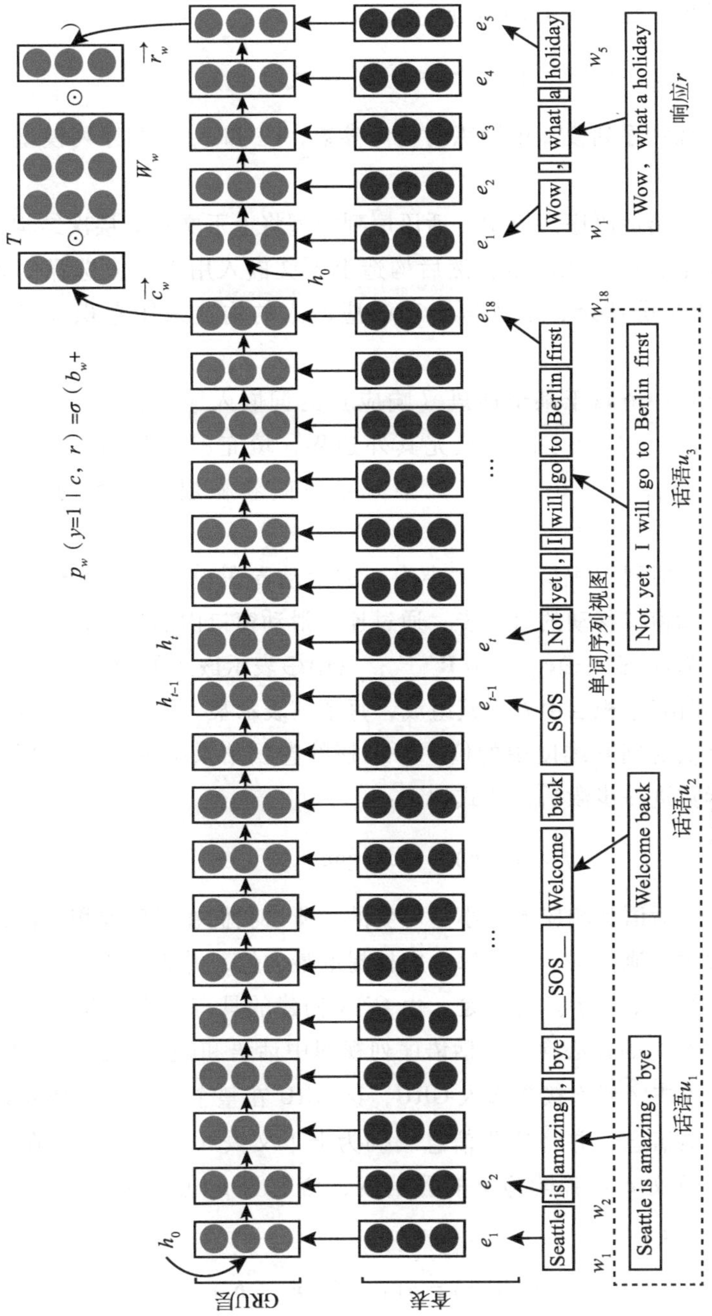

图 9.10　用于响应选择的单词序列模型[141]

在读取整个词嵌入序列后，整个序列中的词级语义和依赖关系被编码在 GRU 的隐藏状态中，这代表了整个序列的含义。因此我们使用 GRU 的最后一个隐藏状态作为词序列模型中的上下文嵌入和响应嵌入，分别命名为 $\vec{c}_w$ 和 $\vec{r}_w$。然后计算在词序列模型中选择响应的置信度，如式（9.103）所示：

$$p_w(y=1 \mid \boldsymbol{c},\boldsymbol{r}) = \sigma(\vec{c}_w^{\top} \boldsymbol{W}_w \vec{r}_w + \boldsymbol{b}_w) \tag{9.103}$$

其中，$\boldsymbol{W}_w$ 和 $\boldsymbol{b}_w$ 是在词序列模型中训练的度量参数，$\vec{c}_w$ 和 $\vec{r}_w$ 在词序列模型中由同一个 GRU 构建。

接下来，我们介绍话语序列模型。话语序列模型将上下文视为层次结构，其中响应和每个话语首先基于词嵌入表示，然后构造上下文嵌入用于响应选择的置信度计算。如图 9.11 下半部分所示，话语嵌入和响应嵌入的构造采用卷积方式，包含以下层：

- **填充层**：给定一个属于某个话语（响应）的词嵌入序列，即［e_1，…，e_m］，padding 层用$\lfloor n/2 \rfloor$ 个零向量填充其外边界，填充的序列为$\lfloor_1$，…，$0_{\lfloor n/2 \rfloor}$，$\boldsymbol{e}_1$，…，$\boldsymbol{e}_m$，0_1，…，$0_{\lfloor n/2 \rfloor}$ $\rfloor$，其中 n 是时间卷积层中使用的卷积窗口的大小。
- **时间卷积层**：时间卷积层通过大小为 n 的滑动卷积窗口读取填充的词嵌入序列。对于滑动窗口移动的每一步，通过连接滑动窗口内的词嵌入产生一个区域向量，表示为$[\boldsymbol{e}_i \oplus \cdots \oplus \boldsymbol{e}_{i+n-1}] \in \mathbf{R}^{n \mid e \mid}$，其中$\oplus$表示嵌入的串联，$\mid \boldsymbol{e} \mid$ 是词嵌入的大小。时间卷积层由 k 个核组成，每个核表示某一维度，并通过卷积运算将区域向量映射到其维度中的值。每个核的卷积结果称为 conv_i，用 RELU 非线性激活函数进一步激活，公式如下：

$$f_{\text{relu}}(\text{conv}_i) = \max(\text{conv}_i, 0) \tag{9.104}$$

- **池化层**：因为话语和响应的大小是可变的，所以我们在时间卷积层的顶部放置了一个最大时间池化层，它为每个内核提取最大值，并为话语和响应得到一个固定长度 k 的大小表示。特别是，由 CNN 构建的具有最大池化的表示反映了话语 u_t 和响应 $\boldsymbol{r}$ 的核心含义。话语序列视图中话语和响应的嵌入被称为 $\vec{u}_u^i$ 和 $\vec{r}_w$。话语嵌入按序列连接并输入 GRU，该 GRU 在整个上下文中捕获话语级别的语义和话语信息，并将这些信息编码为上下文嵌入，写为 $\vec{c}_u$。在话语序列模型中为上下文 $\boldsymbol{c}$ 选择响应 $\boldsymbol{r}$ 的置信度，命名为 p_u（$y=1 \mid \boldsymbol{c}$，$\boldsymbol{r}$），使用式（9.105）计算：

$$p_u(y=1 \mid \boldsymbol{c},\boldsymbol{r}) = \sigma(\vec{c}_u^{\top} \boldsymbol{W}_u \vec{r}_u + \boldsymbol{b}_u) \tag{9.105}$$

值得注意的是，这里使用的 TCNN 在构建话语嵌入和响应嵌入中是共享的，词嵌入也是被上下文和响应共享的。话语序列模型中没有使用词序列视图中的--sos--标签。多视图响应选择模型的设计如图 9.11 所示。上下文和响应在这两个视图中共同表示为语义嵌入。在这两个视图中的上下文和响应中共享底层词嵌入，这两个视图的互补信息通过共享词嵌入交换。话语嵌入是通过话语序列视图中的 TCNN 建模的。两个独立的门控循环单元分别在词序列视图和话语序列视图上对词嵌入和话语嵌入进行建模，前者捕获词级的依赖关系，后者捕获话语级的语义和话语信息。在这两个视图中选择响应的置信度是分别计算的，通过最小化以下损失来优化多视图模型：

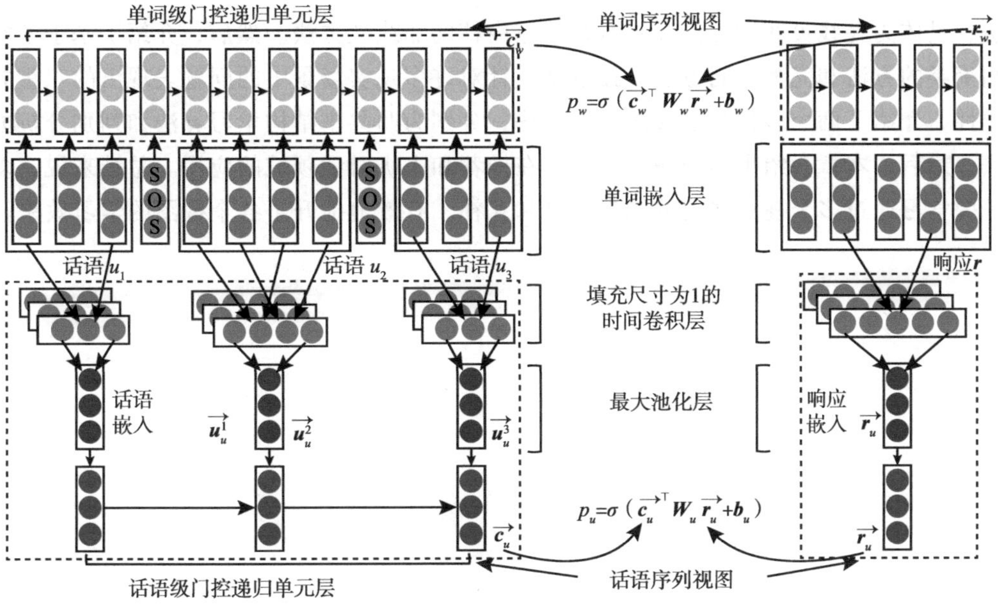

图 9.11　多视图响应选择模型[141]

$$
\begin{aligned}
\mathcal{L} &= \mathcal{L}_{\mathcal{D}} + \mathcal{L}_{\mathcal{L}} + \frac{\lambda}{2}\|\boldsymbol{\theta}\| \\
\mathcal{L}_{\mathcal{D}} &= \sum_i \left(p_w(\boldsymbol{l}_i)\bar{p}_u(\boldsymbol{l}_i) + p_u(\boldsymbol{l}_i)\bar{p}_w(\boldsymbol{l}_i)\right) \\
\mathcal{L}_{\mathcal{L}} &= \sum_i (1 - p_w(\boldsymbol{l}_i)) + \sum_i (1 - p_u(\boldsymbol{l}_i))
\end{aligned}
\tag{9.106}
$$

其中，多视图模型 L 的目标函数由分歧损失 $L_{\boldsymbol{D}}$、相似度损失 L_l 和正则项 $\frac{\lambda}{2}\|\boldsymbol{\theta}\|$ 组成。$P_w(\boldsymbol{l}_i)=P_w(y=\boldsymbol{l}_i \mid \boldsymbol{c}, \boldsymbol{r})$ 和 $P_u(\boldsymbol{l}_i)=P_u(y=\boldsymbol{l}_i \mid \boldsymbol{c}, \boldsymbol{r})$ 表示在这两个视图中第 i 个实例与来自训练集的标签 $\boldsymbol{l}_i$ 的可能性。只有两个标签 $\{0, 1\}$ 表示训练期间响应的正确性。$\bar{P}_w(\boldsymbol{l}_i)$ 和 $P_u(\boldsymbol{l}_i)$ 分别表示概率 $p_w(y\neq\boldsymbol{l}_i)$ 和 $p_u(y\neq\boldsymbol{l}_i)$。训练多视图模型，使不一致损失和似然损失最小化，$\boldsymbol{\theta}$ 表示多视图模型的所有参数。

$$
s_{\mathrm{mtv}}(y=1 \mid \boldsymbol{c},\boldsymbol{r}) = p_w(y=1 \mid \boldsymbol{c},\boldsymbol{r}) + p_u(y=1 \mid \boldsymbol{c},\boldsymbol{r}) \tag{9.107}
$$

$s_{\mathrm{mtv}}(y=1 \mid \boldsymbol{c}, \boldsymbol{r})$ 较大的响应更有可能被选中。

9.8 本章小结

本章对多视图学习进行了介绍。多视图学习方法旨在联合建模来自多个视图的特征，在多个视图中共享知识以获得更好的学习性能。本章首先介绍了一种基于概率潜在语义分析生成模型的多视图学习算法，紧接着介绍了两种基于最大间隔原则的方法，具体为在线贝叶斯方法和具有自适应内核的非线性方法。然后，介绍了基于子空间聚类的方法和完整空间方法。接下来，针对许多现实场景中的问题表现出的双重异质性，介绍了两个多任务多视图学习方法，分别为凸共享结构学习算法和判别分析方法。最后，本章介绍了多视图学习方法在推荐和人机对话领域的应用。总结来说，多视图学习通过多个视图之间的知识共享和互补，有效地提升了各个视图的学习效果。

第 10 章

迁移学习应用

10.1 自然语言处理中的应用

自然语言作为人类沟通交流的主要手段，一直以来，如何实现语言理解的自动化是一个重要的研究方向。近年来，自然语言处理领域见证了几种迁移学习方法和体系结构的出现[142-144]，这些方法和体系结构大大提升了各个自然语言处理任务的性能效果[145-147]。从计算机视觉领域的 ImageNet[148] 预训练模型到自然语言处理领域的词嵌入预训练模型[149]，迁移学习由于广泛的可用性以及易集成性受到了广泛关注。下面我们分别讨论迁移学习在文本情感分析、序列标注、文本生成、自动问答等几个自然语言处理领域中经典任务上的应用。

10.1.1 文本情感分析

文本情感分析旨在利用自然语言处理、文本挖掘以及计算机语言学等方法来识别和提取一个给定自然语言句子或者段落的主观信息。它可以看作一个文本分类任务，即对给定句子的情感类别进行判别，其类别包括积极的、消极的以及中性的。在情感分析任务中，迁移学习适用于要训练的新任务具有不同分布或训练样本数据量稀少的情景。例如，从多训练样本的酒店住宿评论数据迁移到训练样本较少的饭店评论数据。迁移学习用源领域的知识帮助目标领域进行训练。

近年来，基于神经网络的情感分析模型取得了巨大的成功。由于神经网络通常使用梯度下降（或其他变体）进行训练，因此可以直接在源领域和目标领域中使用梯度信息进行优化以达到知识迁移的目的。文献［145］将迁移学习应用于文本情感分类任务，主要通过以下三种模式实现知识的领域迁移：

参数初始化 参数初始化方法首先在源领域 S 上训练一个基于神经网络的分类器 F_s，然后直接利用调整好的参数来初始化目标领域 T 上的分类模型 F_t。参数迁移后，在目标领域 T 的训练样本上继续微调 F_t 的参数。参数初始化方法与 Word2Vec 以及 BERT 等基于无监督的预训练方法类似，在这些方法中，通过无监督预训练的参数经过迁移用来初始化一些有监督任务；而上述的参数初始化方法主要是一种“有监督预训练”方法，旨在将源领域的知识进行迁移。

多任务学习 多任务学习通常在源领域和目标领域上同步学习训练样本。其损失函数定义为

$$J = \lambda J_T + (1-\lambda) J_S \tag{10.1}$$

其中，J_T 和 J_S 分别是目标领域和源领域上的损失函数。$\lambda \in (0, 1)$，用于平衡两个领域之间的超参数。

参数初始化+多任务学习 首先利用源领域 S 上预训练的参数初始化模型，然后在源领域和目标领域上进行多任务学习。

除此之外，文献［142］使用领域适应性迁移学习方法，通过教师-学生（Teacher-Student）模型，以无监督的方式将知识从多个领域迁移到单个领域，如图 10.1 所示。其中，学生模型是一个多层感知器（MLP），它通过最大化多个源领域与目标领域之间的相似度来进行目标训练。同时，在整个模型中使用了三种相似性度量，分别为 Jensen-Shannon 散度[150]、Renyi 散度[151]以及最大平均差异[152]。最后，该方法在领域迁移性情感分析任务中的多个数据集上取得了 SOTA 效果。

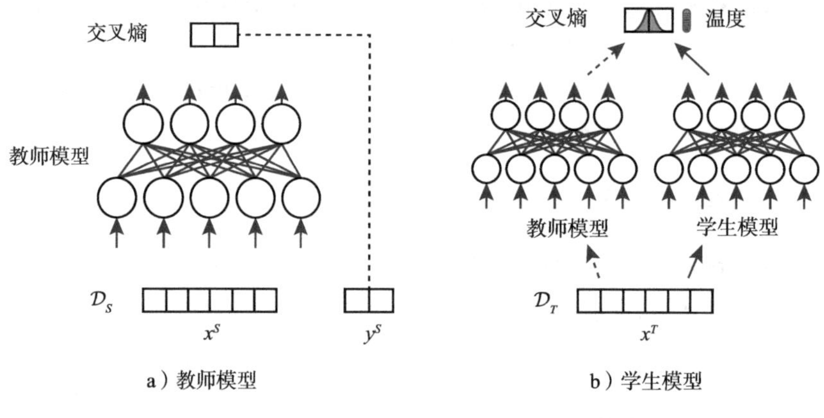

图 10.1 领域适应性教师-学生模型架构[142]

10.1.2 序列标注任务

序列标注（Sequence Tagging）是自然语言处理中最基础的任务，应用十分广泛，例如分词、词性标注（POS Tagging）、命名实体识别（Named Entity Recognition,

NER)、关键词抽取、语义角色标注(Semantic Role Labeling)、槽位抽取(Slot Filling)等，实质上都属于序列标注的范畴。

序列标注问题的输入是一个观测序列，输出是一个标记序列或状态序列。问题的目标在于学习一个模型，使它能够对观测序列给出标记序列作为预测。首先给定一个训练集

$$T=\{(x_1,y_1),(x_2,y_2),\cdots,(x_n,y_n)\} \tag{10.2}$$

其中，$\boldsymbol{x}_i=(x_i^1, x_i^2, \cdots, x_i^m)$，$i=1, 2, \cdots, n$，是输入观测序列，$\boldsymbol{y}_i=(y_i^1, y_i^2, \cdots, y_i^m)$ 是相应的输出标记序列，n 是序列的长度，不同的样本值可以不同。序列标注任务旨在基于训练集 T 构建一个学习模型 M，其表示为条件概率分布时如下所示：

$$M=P(Y^1,Y^2,\cdots,Y^n \mid X^1,X^2,\cdots,X^n) \tag{10.3}$$

序列标注模型的目标是对一个新的观测序列 $\boldsymbol{x}_j=(x_j^1, x_j^2, \cdots, x_j^m)$ 找到使其条件概率 $P(y_j^1, y_j^2, \cdots, y_j^n \mid x_j^1, x_j^2, \cdots, x_j^n)$ 最大的标记序列 $\boldsymbol{y}_j=(y_j^1, y_j^2, \cdots, y_j^m)$。

跨语言迁移学习 文献[146]提出了一种在跨语言环境下的词性标注模型，如图 10.2 所示。该方法没有利用关于源语言和目标语言之间的语言关系的任何知识，通过创建两种双向 LSTM(Bi-LSTM)——一种称为通用 Bi-LSTM，其参数在不同语言之间进行共享，另一种称为私有 Bi-LSTM，其参数与特定语言相关——对两个模块的

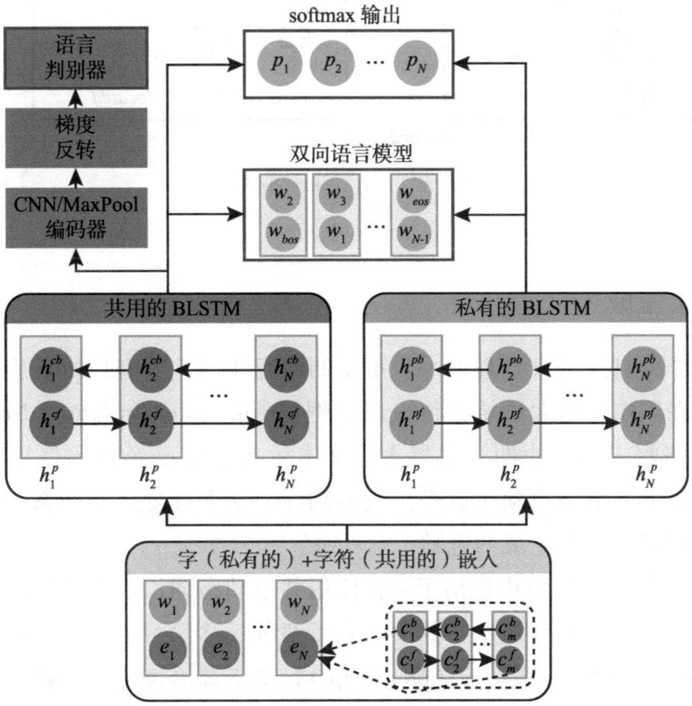

图 10.2 跨语言词性标注模型总体架构[146]

输出使用交叉熵损失进行优化，从而提取词性标签。此外，在训练过程中，通过利用语言对抗训练[153]迫使通用 Bi-LSTM 与语言无关。实验结果显示，这种方法改善了 14 种语言的词性标注结果，而不需要任何关于源语言和目标语言之间关系的语言知识。

半监督迁移学习 文献 [143]利用半监督迁移学习方法来完成序列标注任务。如图 10.3 所示，该方法使用的模型是一种预训练的神经语言模型，并通过无监督方法进行训练。该模型是一个双向语言模型，其中前向和后向隐藏状态连接在一起。然后，该模型的输出被增强到 token 表示中，最后通过有监督的方式在训练集上训练序列标注模型（TagLM）。用于实验的数据集包括 CoNLL 2003 NER 和 CoNLL 200 chunking。与其他形式的迁移学习相比，该模型在这两项任务上都取得了 SOTA 的效果。

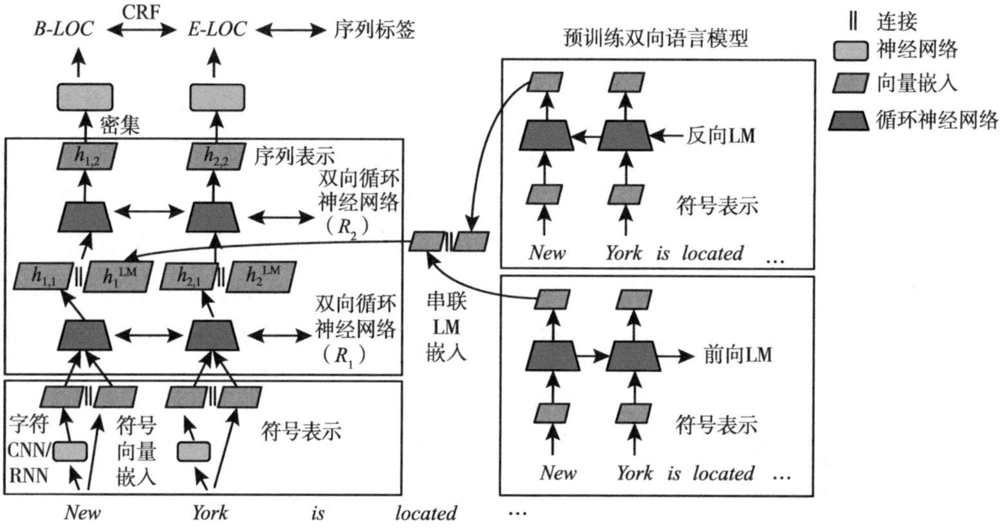

图 10.3 TagLM 架构[143]

10.1.3 文本生成

文本生成作为自然语言处理中一个重要的研究领域，具有广阔的应用前景。文本生成技术已经在国内外商业领域获得应用，例如 Automated Insights、Narrative Science 以及“小南”机器人和“小明”机器人等文本生成系统已经投入使用，也被广泛应用于体育赛事报道、财报自动生成等。机器翻译、文本摘要、对话系统等典型的自然语言处理应用都属于文本生成的范畴。

知识迁移 文献 [144]中提出了一种使用共享动态词汇表的跨神经机器翻译模型的知识迁移方法，如图 10.4 所示，其中引入了两种迁移学习方法，每种方法都有不同的目标。第一种方法称为渐进适应（progAdapt），基于源语言使用一种动态词汇更新的算法来动态更新目标语言的词嵌入。这种方法的目的是根据从先前任务中学习到的参数，最大限度地提高新目标任务的性能。第二种方法称为渐进式增长（progGrow），用来初始化目标语言的翻译模型，其约束条件是保持源语言模型的性能。该过程是通过一次向模型提供一个语言对，然后像在 progAdapt 中一样更新嵌入来实现的。

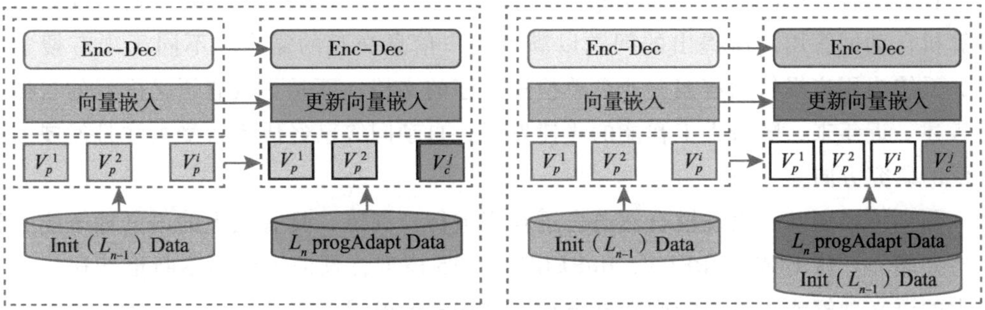

图 10.4　跨神经机器翻译模型架构[144]

预训练模型　文献［147］中提出了统一预训练语言模型（UNILM），如图 10.5 所示。主要思想是结合不同的训练目标，以统一的方式预训练模型。它们主要结合了三个目标：单向、双向和序列到序列。最后在不同的任务上评估 UNILM 模型，包括抽象摘要、生成式问答和基于文档的对话响应生成。实验结果显示，UNILM 在所有任务上都取得了 SOTA 的效果。

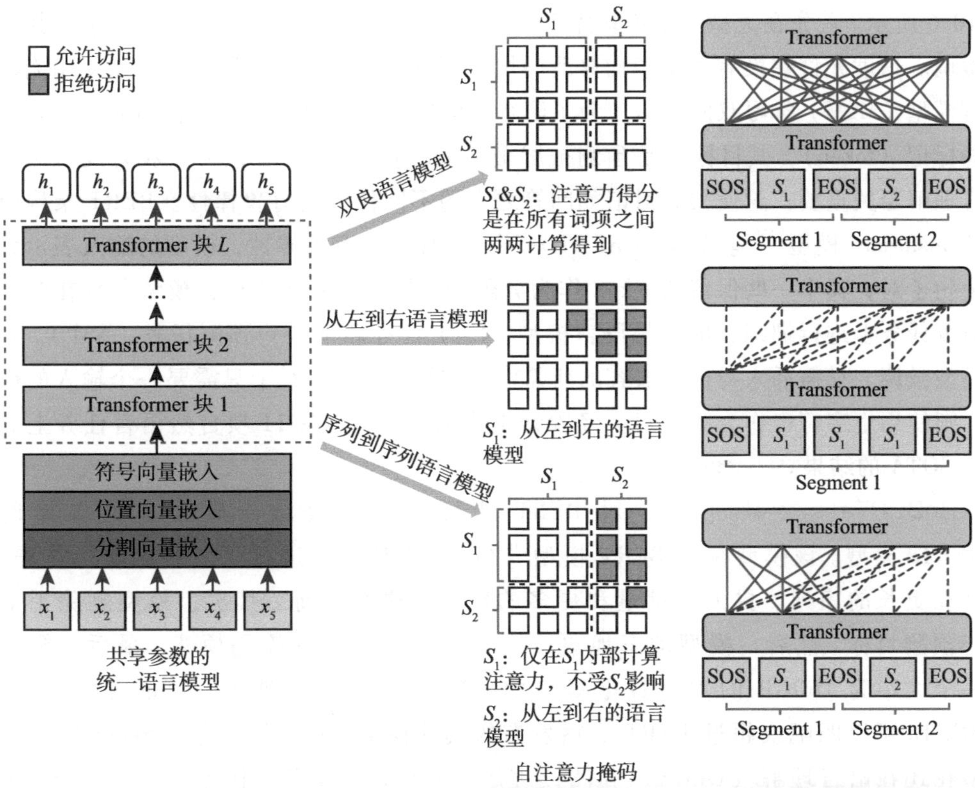

图 10.5　UNILM 模型架构[147]

10.1.4 自动问答

自动问答（Question Answering，QA）作为信息服务的一种高级形式，旨在利用计算机自动回答用户所提出的问题以满足用户信息交互的需求。不同于现有搜索引擎，系统为用户提供的答案并非简单检索排序的文档，而是更具有语义内涵的自然语言表述。近年来，随着人工智能的飞速发展，自动问答已经成为备受关注且发展前景广泛的研究方向。

预训练模型基于大规模自然语言语料库进行预训练，具有强大的语义理解能力和可迁移能力。从 ELMo、BERT、RoBERTa 到 T5 模型，预训练模型不断更新迭代，其强大的语义理解能力也不断刷新着自动问答任务的效果。

ELMo 文献［154］中引入了深层次上下文语义化的词表示作为语言模型（ELMo）的词嵌入。通过应用更深层次的架构，获得比浅层词嵌入更好的结果。ELMo 模型的较高层用于捕获语义关系，而较低层则学习句法方面的信息，如词性标注信息。同时，ELMo 基于双向表示，并与前一层表示作为跳连接的形式进行连接。最后，在包括问答、文本蕴涵、语义角色标记、共指解析等六项基准任务的评测中可以发现，ELMo 显著提高了所有六项任务的性能。

BERT 文献［155］设计了一个基于双向编码器的表示模型（BERT），如图 10.6 所示。首先在大型文本语料库上训练 BERT，然后通过添加少量分类层对其进行微调。这就允许在没有大量架构修改的情况下进行通用任务微调。该模型使用掩码语言模型（MLM）学习双向表示。为了防止双向层关注之前的单词，它们随机屏蔽了一些标记（token），其目标则是预测被屏蔽的 token。文献作者认为，双向表示对于语言理解至关重要，这使得它对诸如问答之类的不同任务具有鲁棒性。BERT 架构遵循 Transformer 模型[156]。为了使 BERT 对不同的任务具有鲁棒性，模型的输入表示为一个句子对，其中一些保留的 token 作为分隔符。与传统方法相比，模型分别在两个无监督任务上进行训练，即常规语言模型（LM）任务和下一句预测任务（NSP）。对于模型微调，只需插入与任务兼容的所需输入和输出表示。对于只需要一个输入的任务，则使用空字符串作为第二对。经验证据表明，BERT 在 11 项自然语言任务上取得了 SOTA 的结果。

RoBERTa 文献［157］对 BERT 进行了一些修改，提出了更鲁棒的 RoBERTa 模型。该模型在对 BERT 模型[155]研究的基础上进行了一些调整。首先，模型在更长的序列、更大的批量和更多的数据上进行训练。其次，模型删除了下一句预测目标。然后，模型动态地更改了每个输入序列的掩码模式。最后，模型在一个大小为 160GB 的大型数据集（CC-News）上进行训练。大量实验证明，RoBERTa 可以匹配或超过 BERT 之后发布的其他模型。除问答任务（SQuAD），该模型在还在语言理解（GLUE）和阅读理解（RACE）等多个任务上取得了 SOTA 的结果。

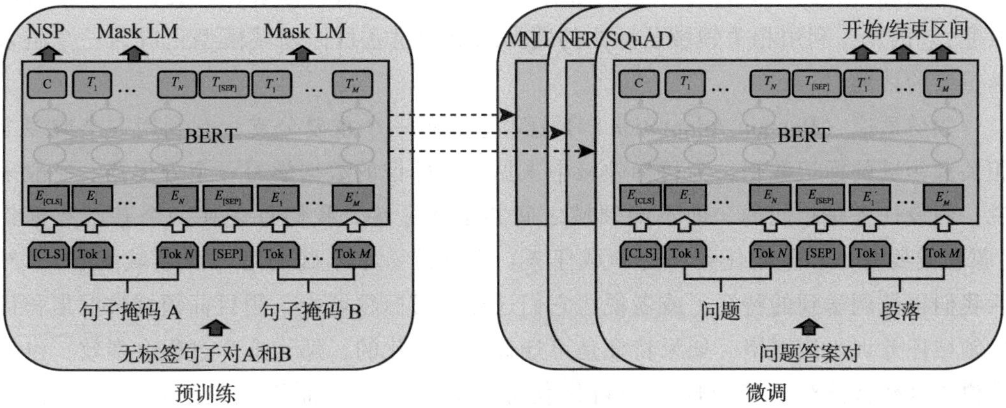

图 10.6 BERT 架构[155]

T5 模型 文献［158］研究了大型语言模型的知识检索性能。通过对开放域问答领域的调研发现，无法查找任何外部资源来回答问题。此任务类似于闭卷考试，在这种情况下，不允许学生查找书籍来回答试题。作为预训练模型，文献作者使用了 T5 模型[159]，该模型具有 110 亿个参数。假设这样一个具有大量参数的大型语言模型可以存储知识，那么我们可以为特定任务提取这些知识。此外，T5 是一种文本到文本生成模型，适用于开放域问答任务。预测时，具有最高概率的 token 被解码为特定时间步的下一个预测。通过将问题作为输入，同时将任务特定的标签映射到 T5 模型，实现模型输出预测答案。

10.2 计算机视觉中的应用

计算机视觉是计算机科学的一个重要领域，它专注于创建数字系统，能够以人类的方式处理、分析和理解视觉信号（图像或视频）。由于人工智能技术和计算硬件性能的进步，计算机视觉技术在日常应用方面取得了巨大飞跃。然而，大部分视觉模型的部署与应用需要大量有标注的样本，同时面临着测试数据分布变化等问题，在此情形下，视觉模型的性能会有较大幅度的下降。为了改善此类问题，迁移学习应运而生，其能通过利用相关源领域的标记数据辅助完成目标领域的任务。下面我们分别讨论迁移学习在图像分类、语义分割、目标检测、行人重识别、风格迁移等几个计算机视觉领域中经典任务中的应用。

10.2.1 图像分类

图像的视觉理解是计算机视觉中一个长期存在且具有挑战性的问题。图像分类是视觉理解的一个基本问题，旨在识别图像所描绘的内容。图像分类的一个基本路线是建立一个基于良好标记的图像数据集的学习模型。然而，标记大量的样本是昂贵和耗时的，训练集和测试集的分布也通常存在差异（如光照、背景、位置、拍摄角度的改变）。因此，利用相关领域已标注的数据来帮助建立目标领域模型正成为一个越来越重要的话题。

领域适应（Domain Adaptation）是迁移学习的一个重要分支，它利用一个或多个相关源领域的标记数据，为目标领域中未见或未标记的数据学习一个分类器。一般来说，假设任务是相同的，即不同领域之间共享类标签。我们首先在一个基础数据集（源领域数据）和基础任务（源领域任务）上训练一个基础网络（源领域网络），然后我们再微调学到的特征，或者说将它们迁移到目标领域中，用目标领域数据集和目标领域任务训练该网络。如果特征是可迁移、可泛化的，那么这个过程会奏效，也就是说，这些特征对于基础任务和目标任务都是适用的，而不只是适用于某个特定任务。

传统的领域自适应方法大致可以分为三类：样本加权、分布适配和子空间学习。对于样本加权的方法，基于源领域和目标领域在特征上有相似性的假设，首先学习一种表示图像的方式，然后选择两个域之间的共享特征。文献［160］通过对训练样本进行重新加权，使加权源领域样本和目标领域样本在再生核希尔伯特空间（Reproducing Kernel Hilbert Space，RKHS）中的平均值接近，这个重新加权的过程称为内核平均匹配（Kernel Mean Matching，KMM）。对于分布适配的方法，假设源领域和目标领域之间的分布是不同的但有相似性，目标是使源领域和目标领域之间的分布一致。文献［161］扩展了非参数最大均值差异（Maximum Mean Discrepancy，MMD）来衡量边缘分布和条件分布的差异，并将其与主成分分析（Principal Component Analysis，PCA）相结合，以构建当分布差异很大时有效且稳健的特征表示。后来，文献［162］中提出在潜在的特征空间中匹配两个领域条件的同时尽可能地使类间分散度最大化，类内分散度最小化，证明了探索学习表征的领域不变性和类别判别性可以整合到一个优化框架中，并且通过求解广义特征分解可以有效地得到最优解。对于子空间学习方法，假设两个域之间有一个共享的子空间（低维表征），领域的偏移在这样一个子空间中可以被最小化。文献［163］为源领域和目标领域分别创建子空间，并学习将源领域子空间与目标领域子空间对齐的线性映射，因此可以直接比较源领域数据和目标领域数据，并在源领域上构建分类器。子空间学习方法有两个优点：（1）该方法具有全局性，通过调整子空间的基促使得到不受局部扰动的健壮分类器；（2）该方法本质上是正则方法，通过对源和目标子空间进行对齐，不需要像许多基于优化的方法那样在目标领域中调整正则化参数。

随着深度学习方法的普及，深度神经网络在迁移学习中表现出优异的性能。与传统方法相比，深度迁移学习直接提高了不同任务的学习效果，包括图像分类。这是因为深度学习具备两个优点：自动提取更抽象的特征表示以及在实际应用中能够满足端到端的需求。近年来，深度领域自适应研究主要有两类主流方法：基于统计差异的匹配方法和基于对抗训练的匹配方法。

基于统计差异的匹配方法　文献［164］提出在具有单个隐含层的前馈神经网络中引入了 MMD 度量，通过计算各领域表示之间的 MMD 度量来减少潜在空间中的分布不匹配。MMD 的经验估计如下：

$$\mathrm{MMD}^2(\mathcal{D}_s,\mathcal{D}_t)=\left\|\frac{1}{M}\sum_{i=1}^{M}\phi(x_i^s)-\frac{1}{N}\sum_{j=1}^{N}\phi(x_j^t)\right\|_H^2 \tag{10.4}$$

其中 ϕ 表示核函数，可以将原始数据映射到一个再生核希尔伯特空间中，$\mathcal{D}_s$和$\mathcal{D}_t$分别表示源领域和目标领域。随后，文献［152］提出了深度域混淆网络（Deep Domain Confusion，DDC）使用两个 CNN 作为源和目标领域的共享权重。该网络使用源领域的分类损失进行优化，而域差异由一个基于 MMD 度量的自适应层来测量。文献［59］中提出了深度适配网络（Deep Adaptation Network，DAN），在条件分布不变的前提下，通过增加多个自适应层和探索多个核来匹配样本边缘分布的变化。

与利用 MMD 作为域间距离衡量的方法不同，CORAL 学习了一种线性转换，可以将域之间的二阶统计数据对齐。文献［165］通过构建一个可微损失函数，将源领域和目标领域相关性之间的差异最小化，将 CORAL 损失直接纳入深度网络中，学习了一种更理想的非线性转换，并且可以与深度网络无缝对接。文献［166］中提出用矩序列差异来匹配概率分布的高阶中心矩，该模型不需要计算昂贵的距离，也不需要进行核矩阵计算，而是利用矩序列对概率分布的等价表示定义了一个新的距离函数，称之为中心矩偏差（Central Moment Discrepancy，CMD）。理论上，证明了 CMD 是紧区间上概率分布集合上的一个度量，进一步证明了概率分布在紧区间上的收敛性。

上述提到的方法通过对源领域和目标领域之间的全局分布统计信息进行对齐，但缺点是忽略了样本中包含的语义信息。例如，背包在目标领域中的特征可以映射到源领域中汽车的特征附近，这可能会带来预测偏差和泛化性能下降。针对这一问题，文献［167］中提出了移动语义迁移网络，该网络通过对带标记的源质心和伪标记的目标质心进行对齐来学习未标记目标样本的语义表示，将同一类别但不同领域的特征映射到质心附近，从而提高目标分类精度。与此同时，移动平均质心对齐的设计可以弥补分类信息在每个小批量中的不足。文献［168］中提出可迁移原型网络（Transferable Prototypical Network，TPN），使源领域和目标领域中每个类的原型在嵌入空间和在源数据和目标数据上分别预测的分数分布接近。TPN 首先将每个目标样本与源领域中最近的原型匹配，并为样本分配一个伪标签。然后分别在源领域数据、目标领域数据和源领域目标领域结合的数据上计算每个类的原型，最后通过联合最小化三种类型的原型之间的距离和每对原型输出的预测分布的 KL 散度来进行端到端的训练。

其他一些方法通过优化网络的架构实现最小化分布差异。这种自适应方式可以在大多数深度模型中实现。文献［169］中假设类相关知识存储在权矩阵中，而领域相关知识则由批归一化（Batch Normalization，BN）层的统计量表示。由此使用 BN 对分布进行对齐，重新计算目标领域中的均值和标准差。文献［170］放宽了以往 DA 方法共享卷积层的假设，提出了一种广义的域条件适应网络（Generalized Domain Conditional Adaptation Network，GDCAN），目的是通过一个域条件信道注意力机制激发不同的卷积信道，适当地探索关键的低层次领域相关知识，如图 10.7 所示。

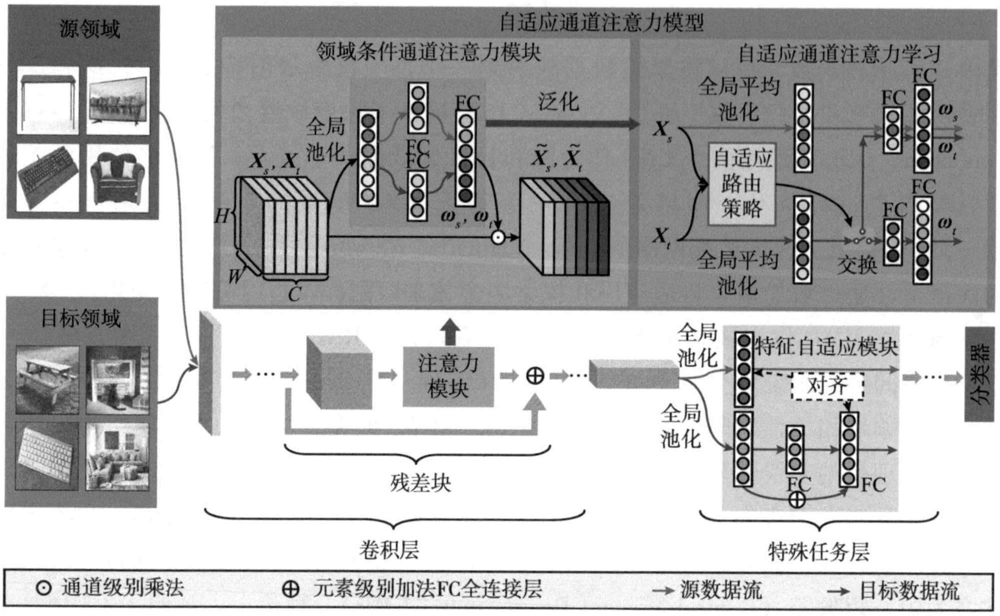

图 10.7 GDCAN 框架图[170]

基于对抗训练的匹配方法 最近，文献［74］中提出的生成对抗网络取得了巨大成功。具体而言，GAN 由两个模块组成，一个生成模型 G 用于学习数据分布，一个判别模型 D 通过预测一个二分类标签来区分样本是否来自生成或真实样本。网络通过极小-极大的博弈方式训练标签预测损失，优化 G 以最小化总体损失，同时训练 D 以最大化分配正确标签的概率：

$$\min_G \max_D \mathcal{L}(D,G)=\mathbb{E}_{x\sim p_{\text{data}}(x)}[\log D(x)]+\mathbb{E}_{z\sim p_z(z)}[\log(1-D(G(z)))] \tag{10.5}$$

深度域自适应方法的关键在于从源样本和目标样本中学习域不变特征表示。基于此特征，两个域的分布可以足够相似，即使分类器在源样本上训练，也可以直接在目标领域中使用。因此，特征表示是否具有领域混淆特性对知识的迁移至关重要。在 GAN 的启发下，文献［171］提出的领域对抗神经网络（Domain Adversarial Neural Network，DANN）将一个梯度反转层（Gradient Reversal Layer，GRL）集成到深度网络架构中，以确保两个领域的特征分布是相似的。该网络由共享的特征提取网络、标签预测器和领域判别器组成。DANN 最小化域混淆损失（对于所有样本）和标签预测损失（对于源领域样本），同时通过利用 GRL 最大化域混淆损失。

为了让模型在目标领域上的特征更加具有可辨别性，文献［86］中提出了一种新的对抗训练方法的领域适应技术——最大分类器差异（Maximum Classifier Discrepancy, MCD）——通过利用特定任务的分类器作为判别器来对齐源领域和目标领域特征，以考虑类边界和目标样本之间的关系。为了实现这个目标，需要先检测出远离源领域的目标样本，因为它们靠近分类边界，这些目标样本很可能被从源样本学到的分类器错分。首先利用两个分类器对目标样本预测的不同结果，检测出远离源领域的目标样本，然后通过衡量两个分类器之间的差异，并训练生成器使其差异最小化，生成器将避免生成的目标领域特征在源与支持范围之外。文献［172］中设计了一个协同对抗训练方案，其中领域协作学习策略的目标是学习领域特定的特征表示，以保持目标领域的可分辨性，而领域对抗学习策略的目标是学习领域不变的特征表示。这两种学习策略可以统一制定为对损失具有正或负权重的域分类器学习，通过协作学习自动从 CNN 的低层模块中学习领域特定表示，然后通过对抗学习自动从更高层模块学习领域不变表示。

根据标签集和领域配置的不同，目前学界和工业界也出现了多种域适配场景，包括封闭集（closed-set）、部分集（partial-set）、开放集（open-set）以及多源（multi-source）、多目标（multi-target）等。部分集域适应是一种新的域适应方案，它将完全共享标签空间的假设放宽为源标签空间包含目标标签空间。文献［173］中提出了部分集对抗域适应算法，该算法通过降低离群源类数据的权重来同时训练源分类器和域对手来缓解负迁移，并通过匹配共享标签空间中的特征分布促进正迁移。目标领域中还可以包含源领域不共享的类的样本，这样的类称为未知类，在开放集情况下工作良好的算法是非常实用的。文献［174］中提出了一种利用对抗性训练的开放集域适应方案，分类器被训练成在源样本和目标样本之间建立边界，而生成器被训练成使目标样本远离边界。因此，为特征生成器分配了两个选项：将它们与源已知样本对齐或拒绝它们作为未知目标样本，这种方法可以从已知的目标样本中提取出未知目标样本的特征。文献［175］中介绍了一种不需要先验知识的标签集通用域适应问题：对于给定的源标签集和目标标签集，它们可能分别包含一个公共标签集和一个私有标签集，从而产生一个额外的类别差距。为了解决普遍域适应问题，人们提出了普遍域适应网络，通过量化样本级可迁移性，挖掘公共标签集和每个域私有的标签集，提高自动发现公共标签集的适应性，成功识别未知样本。更实际的情况，即从多个来源收集训练数据，需要多源领域适应。文献［176］中收集和注释了迄今为止最大的域自适应数据集，称为 DomainNet，其中包含六个领域和大约 60 万张分布在 345 个类别中的图像，解决了多源领域自适应研究在数据可用性方面的差距。并且提出了一种多源领域适应的矩量匹配方法，通过动态调整其特征分布的矩匹配，实现从多个标记的源领域学到的知识迁移到未标记的目标领域。

10.2.2 语义分割

语义分割是一项为输入图像的每个像素都预测语义标签的任务。因为每个像素都必须被标记，所以标注成本很高。例如，对一张城市景观的图片进行标记注释需要

1.5 小时，而对于在恶劣天气条件下的图片，进行完整标记甚至需要超过 3 小时。为降低标注成本，一种有效的方式是用大量自带标注的合成数据进行训练，然而，模型从合成数据到真实数据的泛化性通常很差。这个问题在领域自适应中得到了解决，即在无法获得目标标签的情况下用源领域（合成）数据训练的网络适用于目标领域（真实）数据。常用的策略有对抗训练和自我训练两种方式。

对抗训练适配方法 针对领域自适应语义分割问题，对抗训练方法主要有三种方式：输入级适配、特征级适配和输出级适配，如图 10.8 所示。

- 输入级适配：该方法致力于解决输入层面的统计匹配问题，以实现输入图像样本视觉外观的跨域统一性。源领域图像和目标领域图像的场景在内容和布局上有很高的语义相似性，但是领域间低层次统计信息存在较大差异，虽然大多缺乏语义意义，但很可能会导致目标领域样本的预测效果出现一定程度的下降。出于这些考虑，一系列丰富的工作都集中在风格迁移技术上，以便从原始图像级别的数据中拉近源领域图像和目标领域图像的边缘分布。尽管这一策略原则上是完全独立于任务的（它通常是在与任务预测器的训练相分离的阶段进行），但当它在没有任何额外的正则化约束的情况下被采用时，会缺乏足够的分割能力。

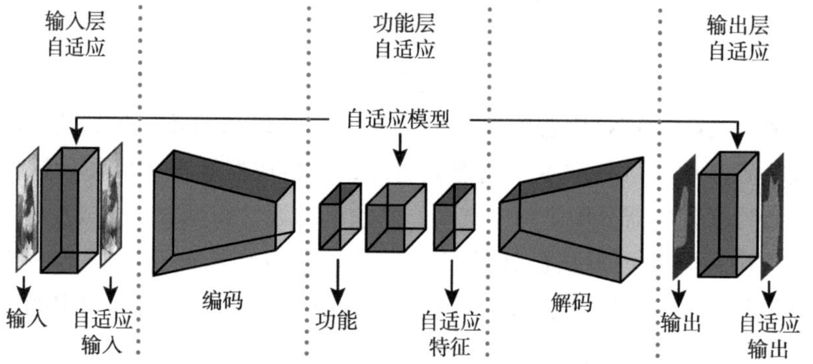

图 10.8 领域自适应可以在不同的阶段进行[177]

事实上，即使较好地对齐跨领域边缘分布，但可能没有保留语义上的一致性，不同领域的类条件分布仍然不同。换句话说，我们可能会发现许多领域不变的表征都缺乏语义上的辨别力，从而难以有效完成目标领域的分割任务。例如，当某个类别的对象被映射到不同的类别时，就会发生这种情况，这可能完全符合统计学上的对齐约束，而事实上却忽略了领域间语义内容的一致性。图 10.9[88] 中提出了一种无监督领域的对抗性学习方法，将循环一致的图像翻译对抗性模型与对抗性适应方法统一起来。通过可视化中间输出，提供了图像空间适配的可解释性，同时通过语义一致性和表示空间适应得到一个具有类别区别度且任务相关的模型。

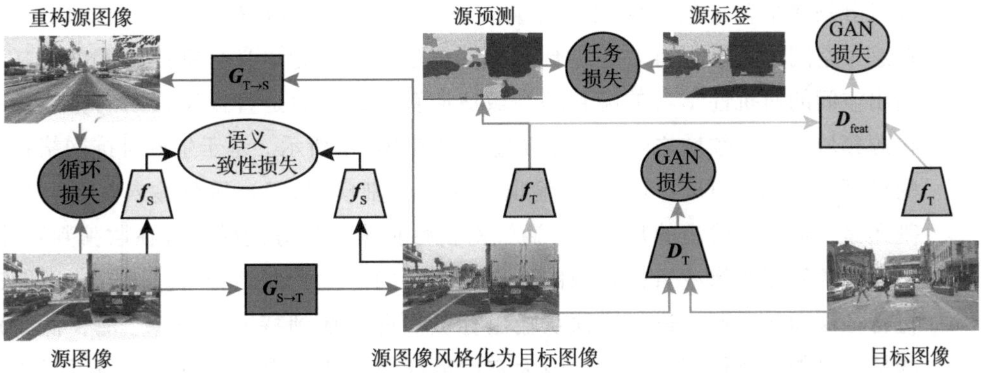

图 10.9 CyCADA 框架图[88]

- 特征级适配：该方法旨在调整适配网络跨领域嵌入特征的分布。其核心思想是通过调整源领域和目标领域的潜在表征的分布，迫使特征提取器发现领域不变的特征，包括全局特征和可区分特征。通过这种方式，网络分类器仅仅依靠源领域数据的监督，应该能够学会从共同的映射空间中分割出源领域和目标领域的表征。与已经成功应用了特征域适应的图像分类任务相比，语义分割需要一个更加复杂、高维的特征空间，能够同时编码局部和全局的视觉信息。由于特征嵌入所具有的结构和语义的复杂性，很难完全捕捉和处理（例如，域判别器），因此，以最简单的方式在特征层面上的对齐在语义分割中可能不太有效。此外，即使适配的特征原则上应保留语义上的判别性，但它们实际上对应的是分割过程中的潜在表征，而且不能保证联合分布在领域之间是一致的，因为未标记的目标领域图像只是从边际分布中提取。这可能会导致不正确的知识被归纳到无监督的目标领域表征。基于上述原因，在语义分割中通常采用特征适配与其他补充技术相结合的方式，或者通过特定的设计来解决这些主要问题。[178] 利用跨域的像素相似性来缩小域的差距——周期性地建立跨域的像素关联，并将关联的像素对与未关联的像素对对比来拉近，如图 10.10 所示。具体来说，首先随机抽取一对图像（即一幅源领域图像和一幅目标领域图像），然后从每个源领域像素特征开始，选择最相似的目标领域像素特征，反过来根据它们的特征找到最相似的源领域像素。当开始和结束的源领域像素来自同一类别时，循环一致性得到满足。与其他可能的连接相比，满足循环一致性的源领域-目标领域像素对的关联会得到对比性的加强。由于领域差距和关联策略倾向于选择容易的目标领域像素，关联的目标领域像素可能只占整个特征图的一小部分。为了给所有的目标领域像素提供指导，对每个目标领域像素进行空间特征聚合，并采用内部像素间的相似性来确定其他像素的特征的重要性。通过这种方式，与相关目标像素有关的梯度也可以传播到未相关的像素。
- 输出级适配：不同于在复杂的潜在特征空间进行适配，一组不同的适配方法在分割输出空间进行跨域分布对齐。在保留足够复杂和丰富的语义线索的同时，来自分割网络输出的预测图（或最后一层的每类输出）确定了一个低维空间，在这个空间里可以很有效地进行适配。文献［179］为语义分割提出了一种基于输出空间的对抗性学习的端到端领域适应算法，目的是直接使预测的标签分布在源领域和目标领域之间，相互接近，如图 10.11 所示。基于生成对抗网络提出的模型由两部分组成：1）预测输出结果的分割模型；2）区分输入是来自源分割还是目标分割输出的判别器。通过对抗性损失，该分割模型旨在欺骗判别器，从而为源领域图像或目标领域图像在输出空间产生类似的分布。该方法还能进行特征层面的适配，避免错误从输出标签反向传播到特征层面。然而，低级别的特征可能不能很好地适配，因为它们离高级别的输出标签较远。为了解决这个问题，通过在分割模型的不同特征层次上加入对抗性学习来设计一个多层次的策略——使用深度网络最后两层的特征来预测输出空间中的分割结果，然后两个判别器可以连接到每个预测的输出，进行多级对抗性学习。在训练阶段，对分割模型和判别器进行一个阶段的端对端联合训练而不使用任何关于目标领域数据的先验知识。在测试阶段，直接在目标图像上使用适配后的分割模型。

图 10.10　像素级循环关联方法[178]

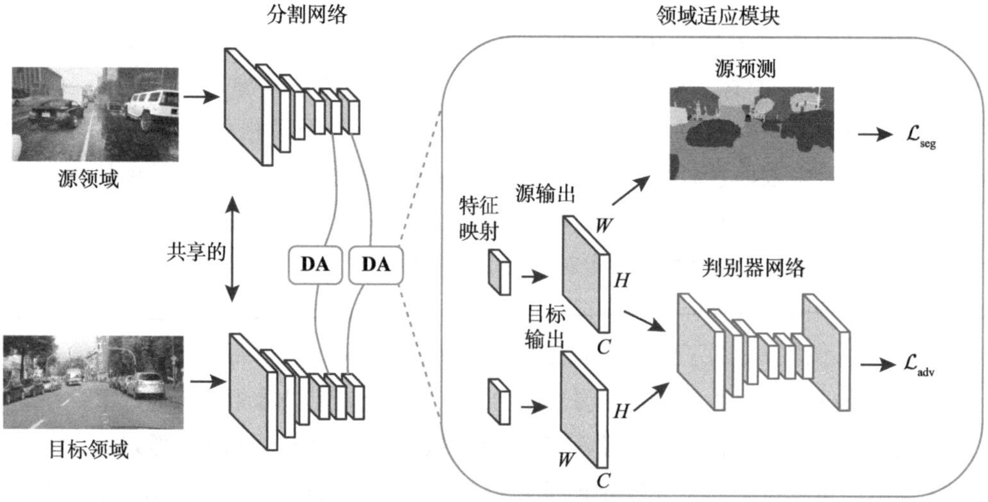

图 10.11　AdaptSegNet 框架图[179]

自训练方法　自训练方法是一种需要先使用在无标签数据上推理出的高置信预测产生的伪标签，然后迭代地使用伪标签监督强化预测器的训练方式。事实上，同时从源领域标注和目标领域伪标签中学习，隐含地促进了特征级的跨域对齐，同时仍然保留了任务的相关性。相反，由于缺乏统一的损失，如最成功的对抗性方法，因此必须通过额外的训练目标来照顾到任务的相关度。然而，因为网络的概率输出被鼓励达到一个接近独热伪标签的峰值分布，自训练方法会自然地促进高置信的预测。由于在未标记的目标数据上没有任何形式的外部监督，网络可能通过错误地对不确定的像素进行分类而产生过度自信的预测。相反，迭代的自学策略通过传播机制，使输出逐渐偏离正确的解决方案，强制执行错误的预测。所以，大多数基于自训练的适应方法都依赖于各种形式的伪标签过滤，只允许从最有把握的目标预测中进行自我学习，这些预测被隐含地认为有较高的正确率。

第一类基于自训练的适应性解决方案采用了离线技术来计算伪标签：在每个更新步骤中，通过查看整个训练集来计算置信阈值，然后根据一些基于置信度的阈值策略直接过滤目标分割图，并与原始源标注数据一起用于分割网络的监督学习。在这方面，如图 10.12 所示，文献［180］中提出了第一个基于自训练的域自适应技术，设计了一个迭代的自我训练优化方案，在源领域数据和目标领域伪标签估计上交替进行分割网络训练的步骤。目标领域伪标签被视为离散的潜在变量，通过统一的训练目标的最小化来计算。此外，由于伪标签置信度过滤在本质上偏向于容易的（即更有信心的）类别，因此，通过各类别的置信度阈值设计一个类别平衡策略来促进类别间的平衡。最近，文献［181］中重新审视了上述工作，将伪标签空间从独热形式扩展到由概率定义的连续空间。这样，通过在整个输入图像中避免明确的过度自信的自我监督，固有的误导性错误像素预测的影响应该被有效降低。一个连续的伪标签空间进一步允许在训练目标中引入一个针对伪标签（被视为潜在变量）和网络权重的信心正则项，实现了输出平滑性以取代稀疏的分割图。

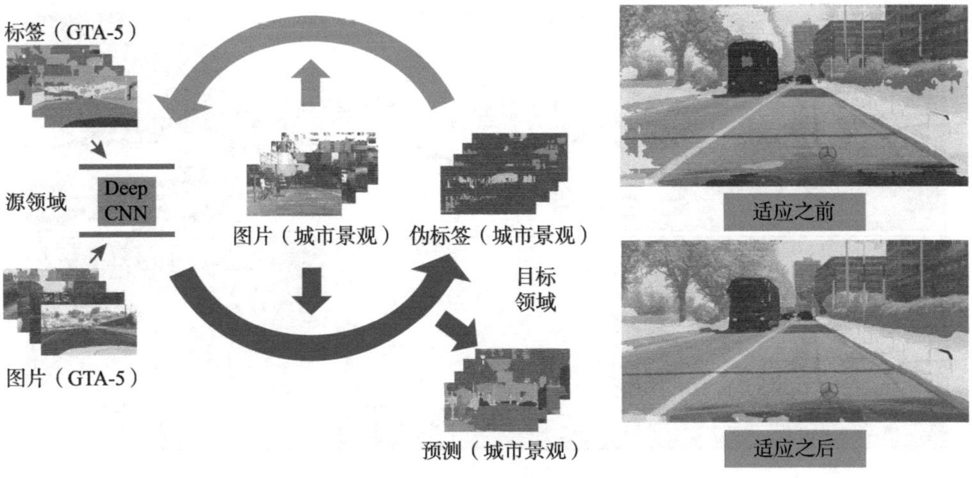

图 10.12　用于无监督领域适应的迭代式自我训练框架图[180]

另有一些工作利用各种形式的预测集合来产生更可靠的预测，并在此基础上进行伪标签化。文献［182］通过引入低级特征和一个额外的密集分类模块来加强对低层次特征的适应性。因此，从低级和高级的综合知识中产生伪标签来指导目标预测的自监督被作为额外的训练目标加以利用。文献［183］中提出了一种自我组合适应技术，其中教师网络的参数由学生网络参数的移动平均值得出，反过来，学生网络又遵循教师网络生成的知识。换句话说，辅助预测器（教师网络）提供一种伪标签，然后通过对目标数据的监督训练，将可靠的知识迁移到实际的预测器（学生网络）。为了达到正则化的目的，在输入的目标图像上还注入了高斯噪声，并对分割网络进行了丢弃权重扰动，以提高模型的鲁棒性。因为即使在不同的随机干扰下，学生-教师预测的一致性也会得到加强。

10.2.3 目标检测

目标检测是一个很常见的计算机视觉任务，它可以完成对数字图像中特定类别（如人，动物或者汽车）视觉目标的检测，目标检测任务主要包含两个子任务，一个是输出目标的类别信息，属于分类任务；另一个是输出目标在图像中的具体位置信息，属于回归任务。目标检测已经在现实世界中得到了广泛应用，例如自动驾驶、机器人视觉、视频监控等。尽管目标检测在视觉领域中的应用已经相当成熟，但多数目标检测方法都是基于有标注数据集的有监督训练方法，一个检测模型仅在与训练集具有相同数据分布的场景下能够达到较好的检测效果。但当部署到新场景时，如图 10.13 所示，虽然所有的数据集都覆盖了城市场景，但这些数据集中的图像在样式、分辨率、光照、对象大小等方面存在差异，这些差异让检测算法很可能会失效。这种失效十分不利于自动驾驶、视频监控等关键任务应用程序，因为在这些应用程序中，域偏移的发生是不可避免的。

图 10.13　不同的自动驾驶数据集[184]

为了使目标检测模型更加可靠，需要检测模型对域偏移具有很好的鲁棒性。目前常见的解决方法包括特征对齐、数据增广和知识蒸馏，其中特征对齐方法针对的是特征层面，在图像和实例的尺度上分别使用对抗学习，最小化源领域数据特征与目标领域数据特征间的距离，从而实现图像级和实例级的特征对齐；数据增广方法是在数据层面，通过生成中间域数据加入训练过程，来增加训练数据的数量和域多样性；知识蒸馏的方法则是在知识层面，利用师生模型进行知识的传递与精化，从而实现目标检测模型泛化性的提升。

特征对齐　传统的研究（如文献［185］中的研究，主要是对一些特定的模型（如行人或车辆检测模型）进行跨域的特征适应，而近年来，有许多基于特征对齐的无约束域自适应目标检测方法被提出。Chen 等人[184]首先提出了一种基于 Faster R-CNN 模型的特征对齐深度学习方法，这个方法基于协变量漂移假设，由于域偏移可以发生在图像层面（如图像尺度、风格、光照等）和实例层面（如对象外观、大小等），这促使作者在这两个层面上最小化域差异。为了解决域偏移问题，文献作者在 Faster R-CNN 模型中加入图像级和实例级两个主要的自适应组件，最小化两个域之间的 H 散度，在每个组件中训练一个领域分类器，并采用对抗训练策略来学习域不变的鲁棒特征，如图 10.14 所示。在基于 Faster R-CNN 检测网络的模型中，文献作者进一步在不同级别的域分类器之间加入一致性正则化，以学习域不变区域建议网络（RPN）。

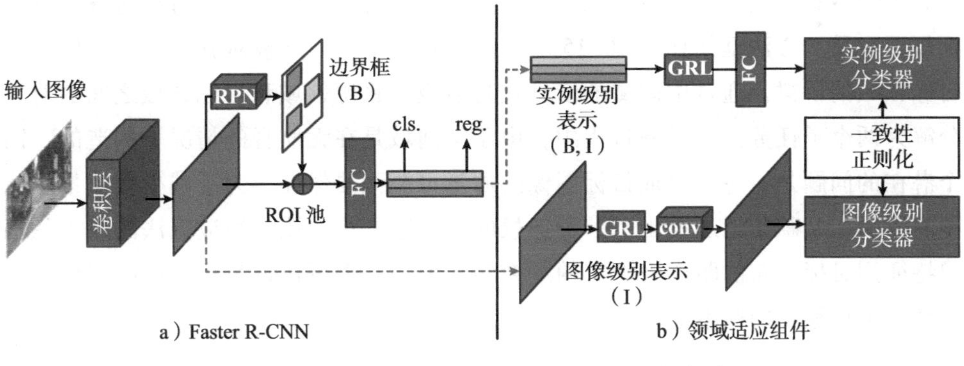

图 10.14　Faster R-CNN 域适应网络架构图[184]

在此基础上，许多研究人员对骨干网络的特征差异进行了约束。文献［186］中将该思想应用于多层特征适应，提出了一种多层对抗的 Faster R-CNN 检测器（MAF）。MAF 用于对层次域特征和建议特征的域自适应，同时由卷积特征映射得到的层次域特征逐步呈现出目标在整个图像中的位置信息。由于在全连接层中提取的特征能更好地表征生成的建议区域的语义信息，因此文献作者为域和建议框的特征对齐构造了多个对抗子模块，并将重点放在分层域特征对齐模块上。在卷积层的每个块上设计多个对抗式域分类器，以最小化域分布差异。此外，文献［187］中提出强-弱对齐分量，将局部特征中的强匹配和全局特征中的弱匹配结合起来。文献［188］利用域判别器的输出，得到用于局部和全局的可迁移区域，文献［189］在骨干网上添加图像级多标签分类器，对关键区域进行对齐，并保持特征的可识别性。除了对齐骨干特性外，还有一些工作也考虑区域建议分类器（RPC）的特征。例如，文献［190］中提出了先进行基于图的信息传播，获得更精确的实例级特征，然后在源领域和目标领域的小批量内构造原型，最后在这些原型之间进行对比学习。文献［191］中先构造源领域和目标领域的全局原型，然后利用小批量样本对原型进行更新，同时使源领域和目标领域之间的距离最小。

数据增广　计算机视觉中的数据增广，是人为地为视觉不变性引入了先验知识。数据增广也基本上成了提高模型性能最简单、最直接的方法。数据增广可以分为有监督的数据增广和无监督的数据增广。有监督的数据增广，即采用预设的数据变换规则，在已有数据的基础上进行数据的扩增，包括几何操作类、颜色变换类等方法；无监督的数据增广方法可以通过模型学习出适合当前任务的数据增广方法。最近的一些工作也探索利用数据增广来提升目标检测模型的域偏移鲁棒性。

文献［192］中为了降低不同域间对齐任务的难度，同时得到文献［193］的启发，提出生成一个位于源领域和目标领域之间的中间域，从而避免了在两个存在显著差异的分布之间的直接映射。具体来说，源领域图像首先通过进行图像到图像的风格迁移得到与目标领域图片相似的外观，这里把包含合成目标图像的域称为中间域，然后通过对齐源领域和中间域的图像特征分布来构造中间特征空间，这比直接对齐源领域和目标领域容易，方法框架如图 10.15 所示。一旦这个中间域被对齐，就将它作为连接到目标领域的桥梁。通过中间域的渐进式自适应，将源领域和目标领域之间的对齐任务分解为两个子任务。在对齐过程中，由于中间域是在无监督的情况下构造的，因此一个潜在的问题是，每个合成目标图像的质量可能无法保证。为了减少低质量图像对模型的影响，文献作者还提出了一种加权的自适应方法，该自适应方法的权重是根据图像特征到目标分布的距离来确定的。换句话说，一个更接近目标领域的图像应该被认为是一个更重要的样本。

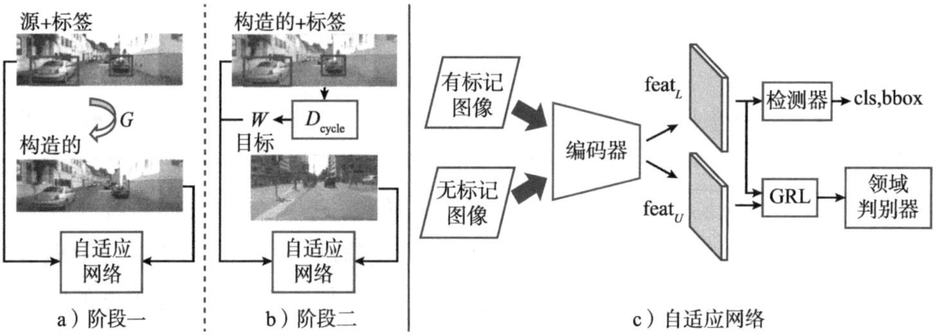

图 10.15　渐进式域适应方法架构图[192]

此外，文献［194］中也提出了一种新的领域自适应范式用于目标检测。该学习范式由领域多样化（DD）和多领域不变表示学习（MRL）两个模块组成。与现有的大多数域自适应方法不同的是，该方法有意地从源领域增广出几个不同的域，以丰富标记数据的分布。另外，MRL 通过对分散的区域进行统一，提高了特征的域不变性。利用上述方法，Kim 等人[194] 提出了一个通用的用于目标检测的域自适应框架，该框架用多样化的注释数据训练域不变的目标检测层，同时鼓励不同的域特征向一个共同的特征空间聚合。

知识蒸馏 在解决域偏移问题的众多方法中，利用源领域中有标记的样本和目标领域中大量的无标记样本来减少对目标领域数据的预测误差的无监督域自适应是一种常见的解决方法。一个开拓性的研究[195] 直接将这个任务模拟为知识蒸馏的过程，其思想基于 Mean Teacher 模型[196]，并且输入扰动值，通过寻求预测的一致性来完成跨域的识别任务。因此，通过 Mean Teacher 中的一致性正则化，域间的差异被弥补了。受此启发，研究者也开始探索利用知识蒸馏来解决跨域的目标检测问题。

文献［197］从区域级和图结构一致性的角度，重新考虑了使用 Mean Teacher 进行跨域目标检测。区域级一致性的目标是对教师模型生成的区域建议和学生模型的相同区域建议分类结果进行对齐，从而隐式地加强了对象定位的一致性。图结构一致性的灵感来自一个先验知识，即一张图像内对象之间的内在关系应该对不同的图像增强保持不变。在 Mean Teacher 的模式下，这种图结构一致等价于对教师模型和学生模型进行匹配，为了便于跨域检测，Ca 等人[197] 将区域级和图结构一致性的思想整合到 Mean Teacher 中，提出了一种新的具有对象关系的 Mean Teacher 框架，如图 10.16 所示，具体来说，每个有标记的源领域样本只通过学生模块进行有监督学习的检测，而每个无标记的目标领域样本将以两次随机增强的方式输入教师和学生模型，以衡量它

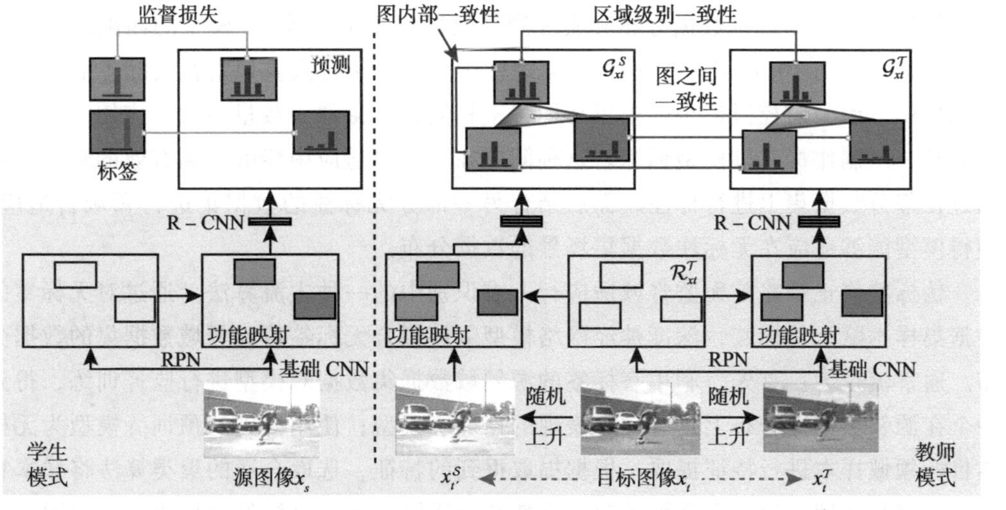

图 10.16 Mean Teacher 方法架构图[197]

们对噪声的一致性。在训练过程中，使用教师模型生成相同区域建议，并通过计算教师模型和学生模型每对区域之间的特征相似度构建两个关系图，最后通过学生模型中的有监督检测损失加上三个一致性正则化来训练整个模型。

另外，文献［198］中提出了一种不需要对抗训练的领域自适应检测器的新范式。具体地说，其在检测框架中嵌入了两个知识迁移模块，从两个方面发现与检测对象有关的知识。首先，训练一个由源领域和目标领域共享的二分类器，如果模型能够对不同领域的前景和背景表示做出相同的分类决策，则说明源数据集和目标数据集的对象/非对象特征在一定程度上是对齐的。其次，探讨对象类别的关系知识，明确约束不同领域之间关系图的一致性，从而进一步细化自适应过程，简而言之，行人与骑行者的相似度不会因为天气的变化而降低，汽车与天空的无关性不会因为场景的变化而改善。通过保持这些与对象相关和与领域无关的知识的一致性，可以大大提高检测器的泛化性。

10.2.4 行人重识别

行人重识别是一项利用计算机视觉技术判断给定的图像或视频中是否存在特定行人的任务。由于监控拍摄存在角度以及脸部遮挡等问题，往往无法使用人脸识别技术对监控中的行人进行身份匹配，因此，以行人的全身信息作为人员匹配目标的补充手段，能够有效提升在不同环境下对特定行人匹配的准确度。当前的行人重识别算法已经在现实世界中得到了广泛的应用，如在刑侦领域中，行人重识别算法能够有效地在不同的摄像头中锁定同一个犯罪嫌疑人。

尽管在有监督训练的数据集场景中，行人重识别技术已经能够在精确率上符合人们的预期，但仅仅在实际监控场景数据和训练数据集数据的分布保持一致时才能够发挥较好的行人重识别效果。而一旦季节环境发生变化，或者将模型部署在另一个新的监控场景中时（即训练数据分布和实际测试数据分布不一致），模型的匹配准确率将大幅下降，如图 10.17 所示。这种不稳定性十分不利于行人重识别在实际生活中的大面积推广，因为监控摄像头的拍摄环境各不相同，且摄像头数量庞大，应用人员不可能为其一一制作标注供模型训练。这种问题在领域自适应中能够得到有效的解决，即通过在部分数据集上进行标注，而后结合另一部分无标注的数据集进行领域自适应，使得模型能够适应在无标注数据集场景的数据分布。

伪标签修正策略是无监督域适应行人重识别中的一种主流算法。通过对无标签的数据集样本赋予伪标签，深度神经网络模型能够拟合无标签目标领域数据集的数据分布。通常流程为：首先，利用有标签的源领域数据集数据对模型进行监督训练，得到一个在源领域数据分布上具有良好表现的预训练模型；使用得到的预训练模型为无标签目标领域样本进行特征提取；根据提取得到的特征，选取合适的聚类算法将样本特征进行聚类处理，得到多个聚类簇；将特征所属同一簇的目标领域样本标记为同一行人，并使用簇编号作为该样本的行人编号，即该样本的伪标签；利用得到的伪标签对模型进行微调；重复从特征提取到微调的过程，直至模型拟合目标领域样本的数据分布或者达到预设的迭代次数后停止微调。

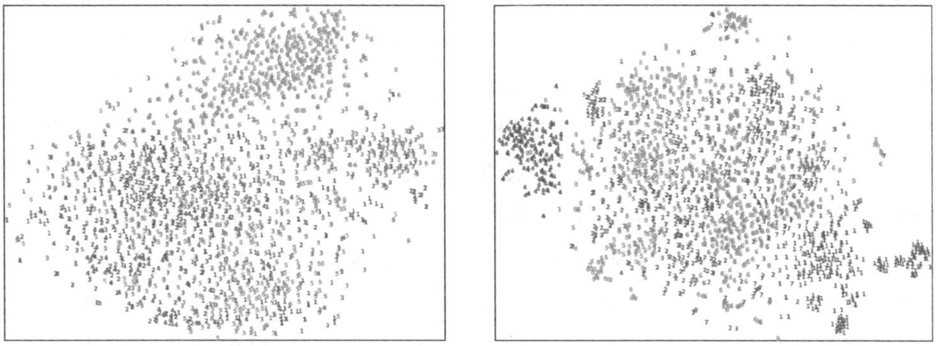

a）Market1501　　　　b）DukeMTMC-reID

图 10.17　不同行人重识别数据集数据分布情况[199]

文献［200］中提出了一种 MMT（Mutual Mean-Teaching）框架，其核心思想在于利用离线精炼得到的“硬”伪标签和在线精炼的“软”伪标签共同对网络进行优化，使得模型能够降低错误伪标签造成的影响，并精炼得到的伪标签，如图 10.18 所示。“硬”伪标签由均值网络（Mean Net）产生，均值网络模型的权重更新以一种离线的方式进行，直接从训练网络（Net）中获取模型权重，对自身进行时间平均（Temporal Average）更新，整体不参与伪标签的微调过程，因此称为离线更新。由于均值模型每次更新是以离线的方式从训练模型中获取较小权重来修正自身，因此得到的预测输出更为稳定，可以作为监督信息对训练模型进行约束。而训练模型则可以通过生成的伪标签对自身进行微调，使训练模型可以更加适应目标领域样本的数据分布情况。训练模型同时学习均值样本的输出分布，使得训练模型不会因为存在的错误伪标签而造成较大影响的误差放大。MMT 框架中设计了两套训练与均值模型，且两套

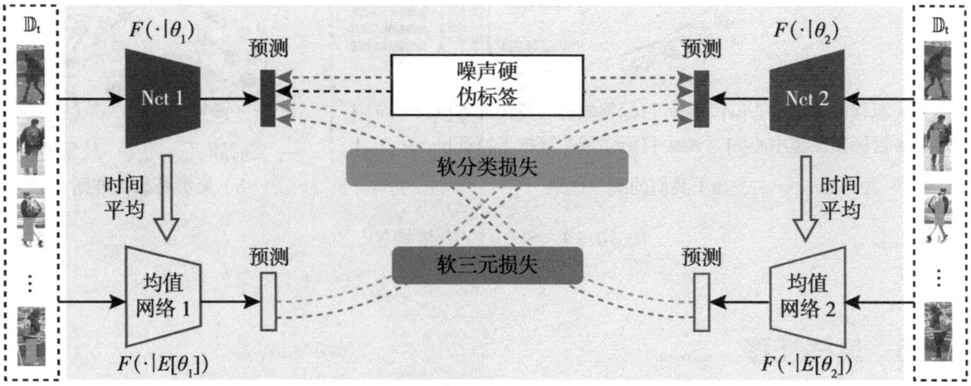

图 10.18　MMT 方法架构图[200]

模型各自的输入经过了不同的随机处理，这使得两套模型对同一批样本数据的预测情况不尽相同，所以互相之间进行信息传递能够使得 MMT 框架具备一定的纠错能力。

文献［201］中提出了一种同时训练有标注源领域数据和无标注目标领域数据的自步对比学习框架（Self-paced Contrastive Learning，SpCL），如图 10.19 所示。为了能够同时有效地使用源领域和目标领域数据，SpCL 框架将目标领域数据划分为高置信度聚类簇和低置信度样本，而由于源领域数据带有标签，因此源领域数据整体是可信数据，每一类别都可以根据标签获取类别中心。首先通过一个在 ImageNet 上预训练的模型对所有样本（源领域和目标领域）提取样本特征。根据源领域数据的样本标签，对源领域样本特征计算特征均值，作为该类别中心，得到 s 个类别中心。由于目标领域样本没有可信标签，因此采用 DBSCAN 聚类算法对目标领域样本特征进行聚类，得到多个聚类簇，而后放缩 DBSCAN 的聚类标准，只保留在放缩下仍能够维持一定聚类规模的聚类簇作为可信聚类，得到 t 个高置信度聚类簇。而所有未被高置信度聚类簇囊括的目标领域样本则被归属到低置信度样本中，不对其赋予类别伪标签。完成数据划分之后，对于每一个训练样本 x_i 的特征 f_i，通过对比学习的方式，拉进样本 f_i 和其所属类别中心的距离，推远和其他类别中心以及低置信度样本特征的距离。倘若该样本属于低置信度样本，则使其与自身特征保持一致，无须向其他类别中心靠拢。而后模型更新完成之后，对存储特征的混合空间进行更新。因而 SpCL 采用自步学习的方式，每一步的训练特征依托于上一步模型微调后产生的特征结果。最终实现模型在源领域和目标领域上同时适应二者的数据分布。

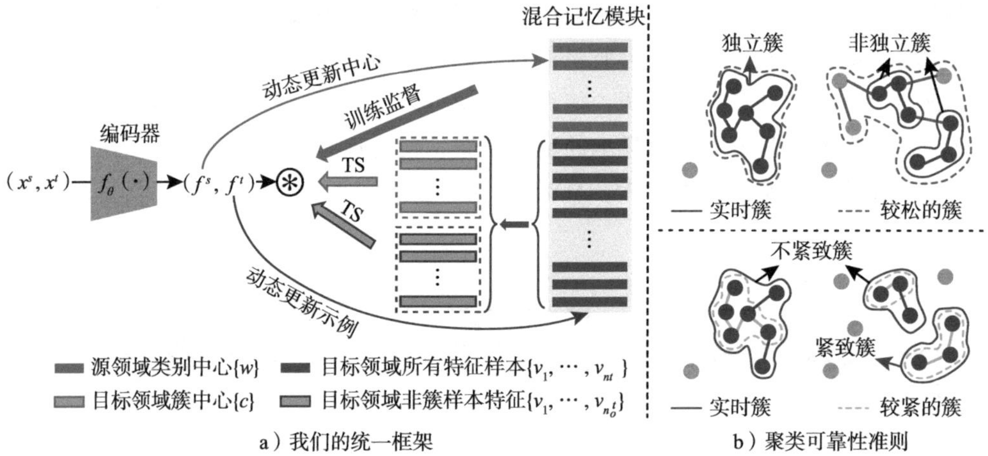

图 10.19　SpCL 方法架构图[201]

10.2.5　风格迁移

风格迁移是计算机视觉领域的热门研究方向，旨在将给定图片或视频的风格迁移成另一种风格，同时保持迁移前后内容信息一致。风格迁移分为有监督视频风格迁移和无监督视频风格迁移两种，其中以无监督风格迁移为主。无监督风格迁移能够免去有监督风格迁移对成对数据集的硬性要求，在实际应用中更有前景。

图像风格迁移 图像风格迁移是风格迁移中最为成熟且被广泛使用的迁移应用方向，在图片上色、图片去模糊等领域具有深刻的影响力，图 10.20 中给出了一个示意图。文献 [76] 中首次提出了通过循环一致性来约束迁移图片转换前后的内容一致性，如图 10.21 所示。首先通过生成器 G 将 X 域风格的图片 x 转换成 Y 领域风格的图片 $\hat{Y}$，并由判别器 D_Y 判别生成结果是否与 Y 领域风格图片相似；而后通过生成器 F 将 $\hat{Y}$ 重新生成回 X 领域，得到重构结果 $\hat{x}$；约束输入图片 x 与重构结果 $\hat{x}$ 保持一致，从而约束在风格迁移过程中图片的内容保持一致；对于反方向循环一致性同理，同样需要约束 $y \rightarrow \hat{X} \rightarrow \hat{y}$ 保持循环一致。

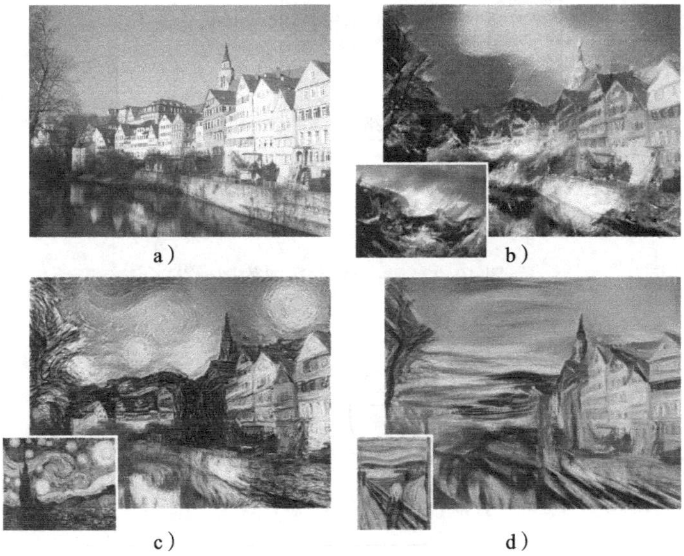

图 10.20 风格迁移示意图[202]（见彩插）

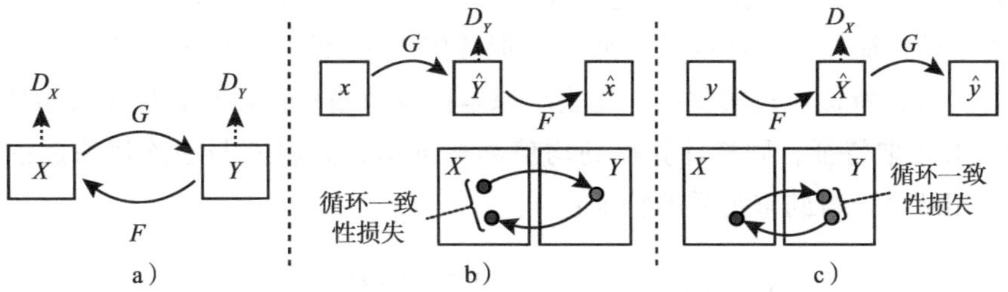

图 10.21 CycleGAN 方法架构图[76]

CycleGAN 方法同时采用了两个判别器 D_X 和 D_Y 分别对两个域进行判别，以此防止循环过程中出现生成器没有进行迁移而只是进行原图传递，以此欺骗循环一致性损失；同时循环一致性损失能够有效防止生成器通过生成与目标领域参照图一致的图片来欺骗判别器。这种策略下 CycleGAN 能够很好地在大多数不同风格领域的图片之间进行迁移。

文献［203］中提出通过统计方法抹去原本图像的风格，并将之与目标领域参照图片的风格进行结合，更为直接地得到保留原本内容的目标领域风格图片，如图 10.22 所示。作者基于实验观察发现，使用实例归一化（Instance Normalization，IN）代替原本常用的批归一化（Batch Normalization）来进行图像风格迁移时，实例归一化能够有效地帮助模型收敛。因此判断对于图片而言，其样本特征均值（$\mu(x)$）和标准差（$\sigma(x)$）能够代表图片的风格信息。

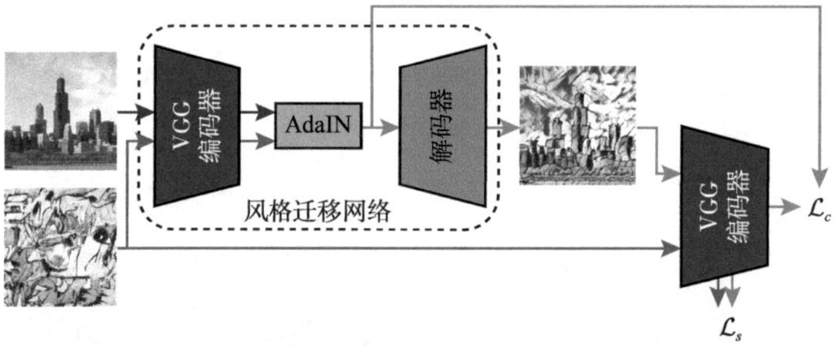

图 10.22　AdaIN 方法架构图[203]

$$\mathrm{IN}(x) = \gamma\left(\frac{x-\mu(x)}{\sigma(x)}\right) + \beta \tag{10.6}$$

$$\mu_{nc}(x) = \frac{1}{HW}\sum_{h=1}^{H}\sum_{w=1}^{W} x_{nchw} \tag{10.7}$$

$$\sigma_{nc}(x) = \sqrt{\frac{1}{HW}\sum_{h=1}^{H}\sum_{w=1}^{W}(x_{nchw}-\mu_{nc}(x))^2 + \varepsilon} \tag{10.8}$$

其中，γ 和 β 是可学习的参数，x_{nchw} 是特征图，$\mu_{nc}(x)$ 和 $\sigma_{nc}(x)$ 分别是第 n 个样本的 c 通道的特征均值和标准差。通过预训练的 VGG 模型提取图片特征。对于输入原图而言，将其特征通过实例归一化去除原本图像风格；而后将目标领域参照图输入 VGG 模型并提取特征，同样计算得到均值和标准差，并将其与去除风格后的输入图片的特征相结合，得到重组后的特征：

$$\mathrm{AdaIN}(x,y) = \sigma(y)\left(\frac{x-\mu(x)}{\sigma(x)}\right) + \mu(y) \tag{10.9}$$

其中 x 是原图片，y 是参考的风格图片，将重组特征继续通过解码器完成图片风格迁移。作为编码器的 VGG 网络已经过预训练，而后续解码器则通过 L_s 以及 L_c 进行约束和优化。

视频风格迁移　视频风格迁移是图像风格迁移的进一步扩展，其风格迁移过程需要额外考虑生成视频帧之间的连续性。文献［204］中提出利用帧预测器来对相邻帧进行约束的视频风格迁移方法 Recycle-GAN。帧预测器在训练的过程中由对应领域的视频连续帧进行有监督训练，因此 Recycle-GAN 框架需要两个帧预测器，分别对应源领域和目标领域。其输入为连续的两帧视频帧，输出为预测的下一帧视频帧。将输出的预测视频帧与真实的下一帧进行约束，优化帧预测器的性能。而后使用帧预测器去约束视频迁移结果，即通过输入帧预测器连续的两帧迁移视频帧来预测下一帧，约束预测器的下一帧与风格迁移的下一帧保持一致，从而使得迁移结果之间能够学习到视频连续帧内在的时序一致性。

文献［205］中更进一步补充和优化了视频风格迁移中关键的时序一致性以及结构一致性，如图 10.23 所示。在 Recycle-GAN 框架的基础上，对循环一致性损失（Cycle Consistency Loss）以及周期损失（Recurrent Loss）补充感知损失（Perceptual Loss），并提出相似性损失（Similarity Loss）用以约束时空一致性。其中，外部一致性单元（External Similarity Unit）提出最大化原图和生成图同层特征之间的互信息，优化迁移前后内容一致性；内部一致性单元（Internal Similarity Unit）则通过约束相邻帧在进行视频迁移前后，两两之间的互信息变化量应当保持一致，约束迁移前后相邻帧之间的连续性保持一致。

10.3　推荐系统中的应用

我们处在一个信息爆炸的时代，每天都会产生海量信息，如何从海量信息中找到用户感兴趣的内容已经成为一个重要的研究方向。近年来，推荐系统成为用户和信息之间的桥梁，一方面帮助用户发现对自己有价值的信息，另一方面让信息能够展现在对它感兴趣的用户面前，从而实现信息消费者和信息生产者的双赢。推荐系统有着广泛的应用，比如腾讯视频、爱奇艺、抖音中的视频推荐，淘宝、京东、拼多多的电商推荐，今日头条、腾讯新闻的新闻推荐等。推荐系统的核心是协同过滤技术，根据用户的行为，给用户推荐可能感兴趣的物品。以前的推荐系统研究大多为单领域单任务的推荐，近几年越来越多的研究者关注迁移学习在推荐系统上的应用，旨在引入额外的任务、领域来帮助提升推荐的效果。

10.3.1　多领域推荐系统

以前的推荐方法通常关注一个领域上的推荐效果。事实上，一个平台通常拥有多样的推荐场景，比如微信中有视频号、看一看、公众号、小程序等，并且用户在不同推荐场景中的行为存在一定的联系。比如关心国际环境的用户会关注公众号上外交部的文章，也会关注视频号上外交部的视频。同时建模多个领域有助于捕获用户领域共享的和领域特定的兴趣偏好，对所有领域的推荐都有所帮助。

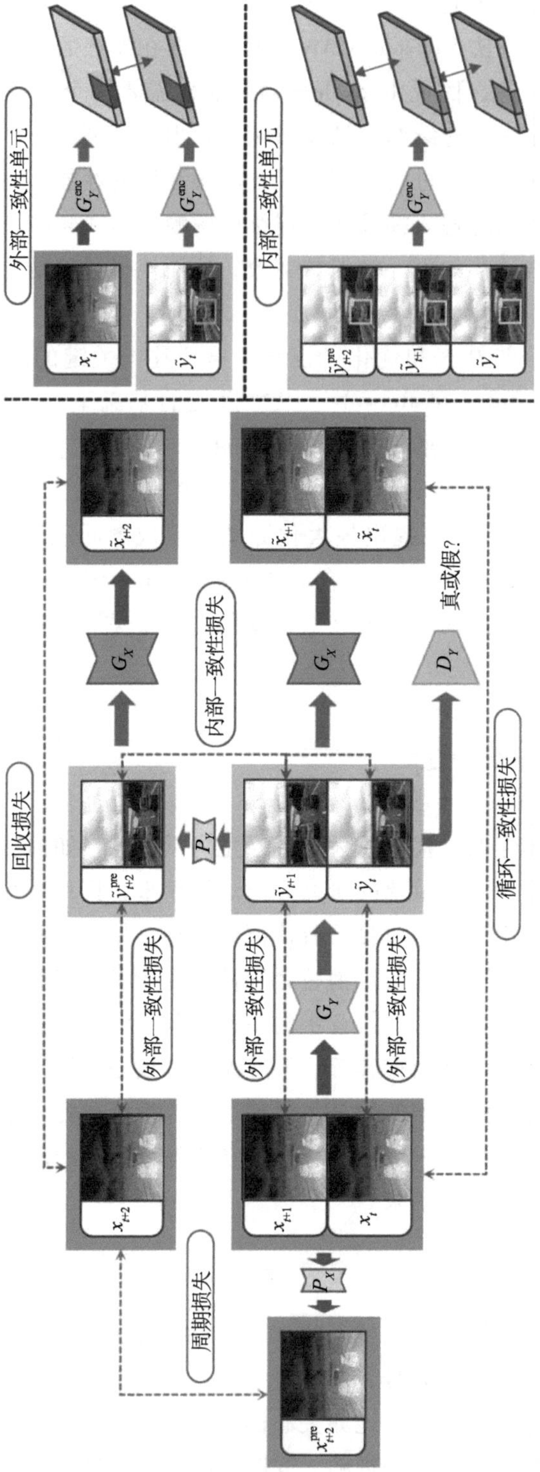

图 10.23 I2V-GAN 方法架构图[205]

多领域推荐旨在联合建模多个领域的用户行为数据，同时提升多个领域推荐系统的效果。一种最直接的方法就是把多个领域的数据一起输入模型训练[206]。但是直接联合训练的效果通常不令人满意，因为领域之间可能存在差异，用户在领域 A 上的兴趣偏好可能在领域 B 中没有。因此，针对多领域推荐系统，需要设计方法来建模领域之间的异同。这里介绍一种对抗特征迁移的多领域推荐方法[207]。

对抗特征迁移的多领域推荐方法

推荐系统已经融入我们生活的方方面面，为人们提供个性化的信息获取及娱乐。在马太效应的影响下，谷歌、微信、推特这样的超级平台应运而生。它们往往拥有着多种多样的推荐服务，能够为用户推荐多样化的物品（如文章、视频、小程序等）来满足用户需求。用户在不同推荐服务上的行为基于共享账号产生关联。这些多领域用户行为能够在目标领域行为之外提供额外信息，从而帮助推荐系统更加全面地了解用户，辅助提升各个领域的推荐效果。

多领域推荐任务需要基于用户在多个领域上的行为和特征，同时优化多个领域的推荐效果，其关键之处在于如何抓住不同领域中目标领域特定的特征。一个直观的方法是将用户的多领域行为当作额外的输入特征，直接输入给排序模型。但是这种方法没有针对领域间的特征交互进行优化建模。多领域推荐的效果仍然严重受限于其固有的稀疏性问题。多领域推荐的稀疏性体现在以下两个方面：用户物品点击行为的稀疏性；跨领域特征交互的稀疏性。

为了解决以上问题，使模型能够同时提升多领域上的推荐效果，文献［207］中提出一个对抗特征迁移的多领域推荐模型。如图 10.24 所示，提出领域特定的遮挡编码器以及两步特征迁移，重点关注跨领域、多粒度的特征交互的建模。

具体地，在生成器部分，首先设计一个领域特定的遮挡编码器，通过遮挡掉目标领域的历史行为特征，加强其他领域历史行为特征和目标领域点击行为之间的交互特征权重。它驱使模型学习如何基于其他领域特征进行目标领域上的推荐。Transformer 层和领域特定的注意力层则用来抽取目标领域相关的用户特征，用于生成 top-k 虚假点击物品。这些生成的虚假点击物品将被输入判别器，迷惑判别器的判断，在对抗中相互提升所有领域的推荐能力。

在判别器中，受到知识表示学习模型的启发，希望能够显式地对用户、物品和领域进行建模。具体地，首先使用 Transformer，从多领域特征中分别抽取用户的细粒度物品和粗粒度领域的偏好特征，标记为用户物品级的偏好和用户领域级的偏好。随后，构造一个三元组（用户物品级偏好，用户领域级偏好，用户通用偏好）进行第一次特征迁移，学习用户通用偏好特征。这里的含义是指在多领域推荐中，用户不同粒度的偏好相加（用户物品级偏好+用户领域级偏好），约等于用户通用偏好。在得到用户的通用偏好后，构建第二个三元组（用户通用偏好，目标领域信息，用户领域特定偏好），并进行第二次特征迁移。这个三元组的物理含义是，用户的通用偏好+用户目标领域的特征=用户领域特定偏好。最后，基于一个成熟的知识表示学习模型 ConvE 进行两步特征迁移，可以得到用户在目标领域上的表示用于推荐。

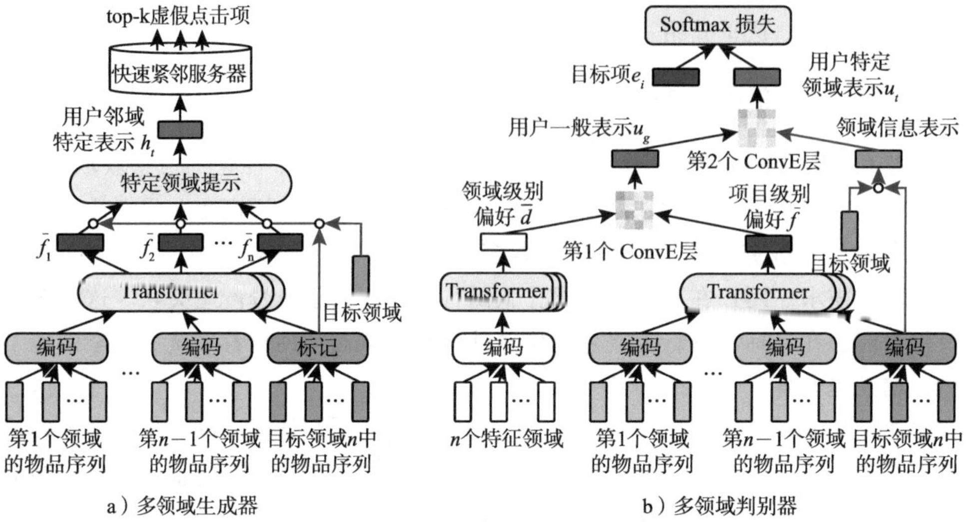

图 10.24 对抗特征转移的多领域推荐方法[207]

10.3.2 跨领域推荐系统

一个平台通常拥有多样的推荐场景，比如微信中有视频号、看一看、公众号、小程序等，并且用户在这些不同推荐场景中的行为存在一定的联系。通常，一个算法工程师只负责一个领域的推荐系统，因此希望通过引入其他领域的数据来提升目标领域的推荐效果，而非提升所有领域的推荐效果。跨领域推荐旨在从数据丰富的源领域向目标领域迁移知识，以提升目标领域上的推荐效果。

通常跨领域推荐可以分为两大类：一类旨在使用源领域缓解目标领域冷启动的问题；另一类旨在提升目标领域整体推荐效果。针对这两类跨领域推荐，这里介绍两个具有代表性的方法：个性化迁移用户兴趣偏好的跨领域推荐方法[208]和协同跨网络的跨领域推荐方法[209]。

1. 个性化迁移用户兴趣偏好的跨领域推荐方法

跨领域推荐解决冷启动问题的核心在于如何连接用户在源领域的兴趣偏好和在目标领域的兴趣偏好。由于个体的差异，不同领域的偏好间的复杂关系因人而异。为了建模这种多样化的联系，有必要使用个性化的桥来建模不同用户的偏好关系[208]。如图 10.25 所示，采用一个元学习器（Meta Learner）以用户在源领域的历史交互作为输入，来生成个性化的偏好桥。

假定用户 u 在源领域的交互历史为 $S_{u_i}=\{v_{t_1}^s, v_{t_2}^s, \cdots, v_{t_n}^s\}$，在源领域上的向量表示为 $\boldsymbol{u}$。整体的网络框架如图 10.26 所示，包含三个模块：用户特质编码器、元网络、生成的个性化桥。

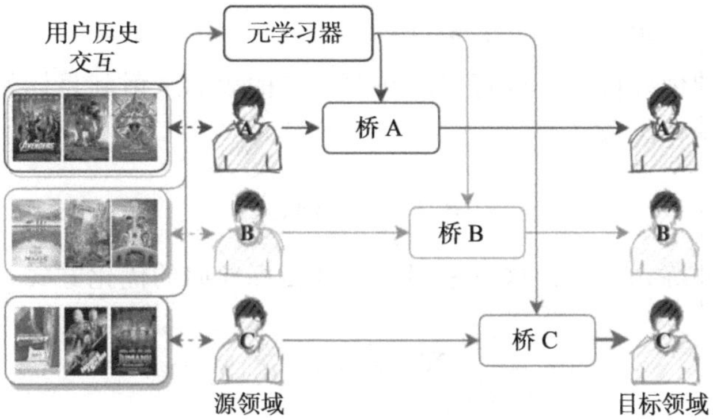

图 10.25　个性化迁移用户兴趣偏好[208]

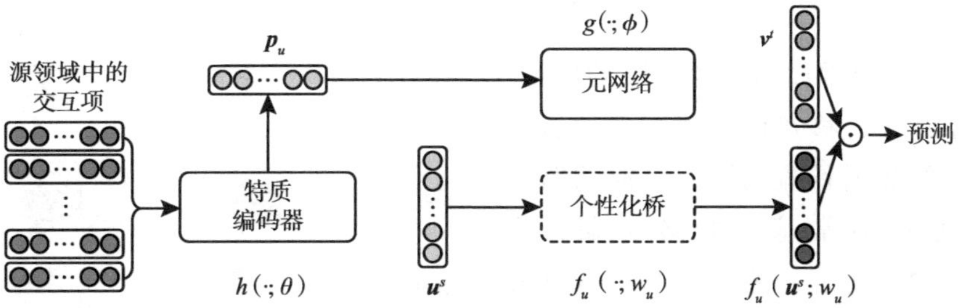

图 10.26　个性化迁移用户兴趣偏好的跨领域推荐方法[208]

首先，用户特质编码器旨在编码用户在源领域的历史交互，来刻画用户的特质，表示为

$$\boldsymbol{p}_{u_i}=\sum_{v_j^s\in S_{u_i}} a_j\boldsymbol{v}_j^s \tag{10.10}$$

式（10.10）中 $\boldsymbol{v}_j^s$ 表示用户在源领域中第 j 个交互的物品的向量表示，a_j 表示相应的权重，$\boldsymbol{p}_{u_i}$ 表示用户 u_i 的特质表示。权重 a_j 由以下式子计算得到：

$$\begin{aligned} a_j' &= h(\boldsymbol{v}_j;\theta) \\ a_j &= \frac{\exp(a_j')}{\sum_{v_l^s\in S_{u_i}}\exp(a_l')} \end{aligned} \tag{10.11}$$

其中 $h(\cdot;\theta)$ 为一个前向神经网络。

一个用户在两个领域上的兴趣偏好间的关系和用户的特质是相关的，因此元网络以用户在源领域的特质向量作为输入，来生成一个个性化的偏好桥：

$$\boldsymbol{w}_{u_i} = g(\boldsymbol{p}_{u_i};\phi) \tag{10.12}$$

g（·；ϕ）表示一个前向神经网络。注意输出的 $\boldsymbol{w}$ 表示个性化偏好桥的参数，因此个性化偏好桥可以表示为 f_{u_i}（·；$\boldsymbol{w}_{u_i}$）。

有了个性化的偏好桥，可以将用户在源领域的表示映射到目标领域，作为目标领域上该用户的初始化表示：

$$\hat{\boldsymbol{u}}_i^t = f_{u_i}(\boldsymbol{u}_i^s;\boldsymbol{w}_{u_i}) \tag{10.13}$$

为了稳定地训练元网络，这里采用了一种目标导向的优化方式：

$$\min_{\theta,\phi} \frac{1}{|\mathcal{R}_o^t|} \sum_{r_{ij} \in \mathcal{R}_o^t} (r_{ij} - f_{u_i}(\boldsymbol{u}_i^s;\boldsymbol{w}_{u_i})\boldsymbol{v}_j)^2 \tag{10.14}$$

式（10.14）中 $\mathcal{R}_o^t$ 表示两个领域共享的用户在目标领域上的行为数据。

2. 协同跨网络的跨领域推荐方法

推荐系统通常面临数据稀疏的问题，从一个源领域迁移知识可以有效地缓解目标领域的数据稀疏问题。以前的跨领域推荐方法通常基于矩阵分解，文献［209］中提出了一种新的基于深度神经网络的协同跨网络的跨领域推荐方法。该工作指出跨领域推荐中的两个问题：共享底层网络不适合跨领域推荐系统；不应该仅仅从源领域到目标领域迁移知识，同时应该从目标领域向源领域迁移。

该工作假定了两个推荐场景：app 推荐和 news 推荐。整个网络图如图 10.27 所示，左侧的网络为 news 网络，而右侧的网络为 app 网络。该工作提出网络之间互相交互迁移信息，网络间的信息迁移定义为

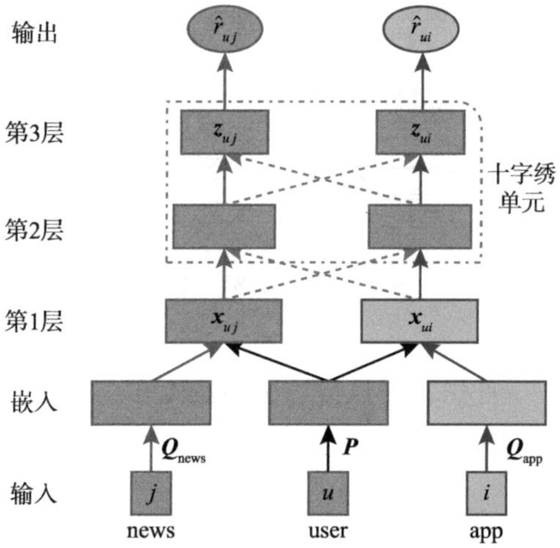

图 10.27　协同跨网络的跨领域推荐方法[209]

$$a_{\text{app}}^{l+1} = \sigma(W_{\text{app}}^l a_{\text{app}}^l + H^l a_{\text{news}}^l)$$
$$a_{\text{news}}^{l+1} = \sigma(W_{\text{news}}^l a_{\text{news}}^l + H^l a_{\text{app}}^l) \tag{10.15}$$

式（10.15）中 a_{app}^l，a_{news}^l 分别表示 app 网络和 news 网络第 l 层的表示。W_{app}^l，W_{news}^l 分别表示 app 网络和 news 网络第 l 层的参数，H^l 表示第 l 层的共享迁移参数，σ（）表示 ReLU 激活函数。通过两个网络之间的交互达到领域间信息迁移的目的。

整个网络结构采用交叉熵为训练损失函数：

$$\mathcal{L}=-\sum_{(u,i)\in R^{+}\cup R^{-}} r_{ui}\log \hat{r}_{ui}+(1-r_{ui})\log(1-\hat{r}_{ui}) \tag{10.16}$$

其中 R^{+}，R^{-}分别表示正负样本，r_{ui} 为标签，$\hat{r}_{ui}$ 为网络预测值。最终整合两个领域的样本联合训练整个网络：

$$\mathcal{L}(\Theta)=\mathcal{L}_{\text{app}}(\Theta_{\text{app}})+\mathcal{L}_{\text{news}}(\Theta_{\text{news}}) \tag{10.17}$$

10.3.3 多任务推荐系统

推荐系统中通常还会有多种行为数据，比如电商推荐中有点击、加入购物车、喜欢、购买等，新闻推荐中有点击、阅读时长、分享等。通常这些不同的行为数据构成不同的任务，针对每一个任务分别去学习模型。事实上，不同的行为之间是存在联系的，比如一个用户将一个商品加入购物车，这个用户更有可能去购买这个商品。因此联合训练多个任务，能够提升多个任务的模型效果。

多任务推荐系统的研究一般分为两大类，一类从多目标优化的角度切入，考虑如何同时优化多个任务的目标，而另一类从结构设计的角度切入，考虑如何设计多任务框架来更好地建模多任务间的关系。针对这两类多任务推荐系统，我们介绍两个有代表性的方法：个性化近似帕累托最优推荐[210] 和 YouTube 多任务排序模型[211]。

1. 个性化近似帕累托最优推荐

真实世界的推荐系统往往需要同时关注多个目标（例如点击率、时长、多样性、用户留存等），以获得更好的用户口碑和体验。在不同的推荐场景下，系统对于不同目标的关注度也不尽相同。对于新闻推荐系统，时新性往往是系统的关注重点，而对于视频推荐系统，用户观看时长又是另一种重要的指标。多目标优化推荐主要着眼于解决推荐系统多目标优化的问题。不同的目标之间往往互有冲突，如何同时优化所有目标成为多目标推荐系统的主要挑战。

近期，帕累托最优（Pareto Efficiency）概率被引入多目标推荐系统中，并取得了良好结果。帕累托最优代表了一种多目标优化任务中的理想状态。在帕累托最优下，多目标中的任何一个目标都不可能在不损害其他目标的前提下进行优化。在帕累托优化模型中，一个经典的方法是采用基于标量化方法的多梯度下降算法模型[126]。但是，目前绝大多数推荐中的帕累托多目标优化算法使用的是一套所有用户共享的目标权重，忽略了用户对于不同目标的不同偏好度。如图 10.28 所示，用户 A 更加关注视频的时长指标，而用户 B 更加关注碎片化阅读的点击指标，文献［210］中想要在帕累托优化中考虑用户目标级别的个性化需求，提供更加优质的个性化推荐结果。

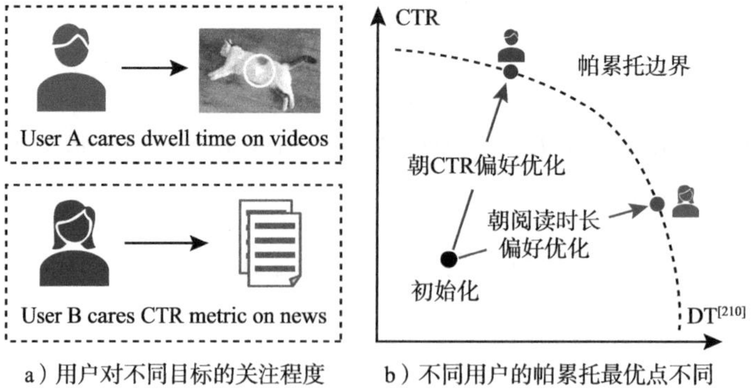

图 10.28 个性化近似帕累托效率推荐[210]

首先，多目标优化存在 K 个优化目标 $\{L_1, \cdots, L_K\}$。在介绍帕累托最优之前需要引入一些定义，给定一组参数 θ，在参数 θ 下的优化目标表示为 $L(\theta)=\{L_1(\theta), \cdots, L_K(\theta)\}$。存在另外一组参数 θ'，在这组参数下的优化目标表示为 $L(\theta')=\{L_1(\theta'), \cdots, L_K(\theta')\}$。当对于所有优化目标 L_k 都满足 $L_k(\theta) \leqslant L_k(\theta')$ 并且 $L(\theta) \neq L(\theta')$ 时，称作 $L(\theta)$ 主导 $L(\theta')$。如果没有任何一组别的参数的优化目标主导 $L(\theta)$，那么 $L(\theta)$ 就是一组帕累托最优解。

通常多目标优化可以表示为

$$L(\theta) = \sum_{i=1}^{K} \omega_i L_i(\theta)$$
$$\omega_i = 1, \omega_i \geqslant 0 \tag{10.18}$$

文献［126］证明了求解帕累托最优解的条件为

$$\min . \left\| \sum_{i=1}^{K} \omega_i \nabla_\theta L_i(\theta) \right\|_2^2$$
$$\text{s. t.} \sum_{i=1}^{K} \omega_i = 1, \omega_1, \cdots, \omega_K \geqslant 0 \tag{10.19}$$

基于帕累托最优理论，文献［210］中提出了个性化近似帕累托最优推荐，将多目标优化定义为

$$L(\theta) = \sum_{u_j \in U} \sum_{i=1}^{K} \omega_i(u_j) L_i(\theta)$$
$$\sum_{i=1}^{K} \omega_i(u_j) = 1, \omega_i(u_j) \geqslant 0, \forall u_j \in U \tag{10.20}$$

式（10.20）中 u_j 表示用户，$\omega_i(u_j)$ 表示用户 u_j 对第 i 个目标关注程度的权重参数，U 表示所有用户的集合。

整个模型如图 10.29 所示，权重参数 ω 的定义如下：

$$\boldsymbol{\omega}_t = \text{softmax}(\text{ReLU}(\text{Concat}(\boldsymbol{h}_t,\boldsymbol{d}_t)\boldsymbol{W}^a + \boldsymbol{b}^a)) \tag{10.21}$$

式（10.21）中 $\boldsymbol{h}_t$ 表示使用 GRU 提取到用户序列表示，$\boldsymbol{d}_t$ 为第 t 个物品的表示。

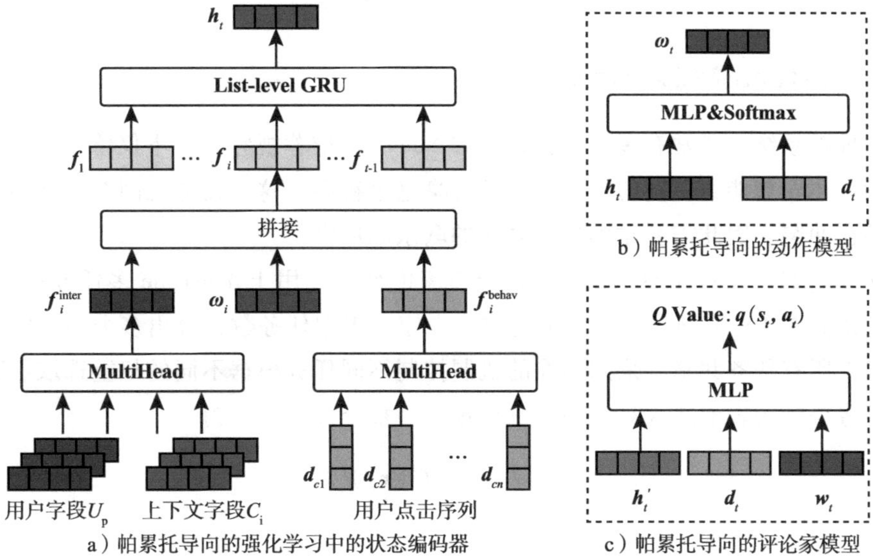

图 10.29　个性化近似帕累托最优推荐模型[210]

整个框架采用强化学习方法进行优化，定义奖励值为

$$r_t = -\left\| \sum_{j=1}^{K} \omega_{tj} \nabla_\theta \bar{L}_j(\theta) \right\|_2^2 \tag{10.22}$$

Q 值为

$$Q(s_t,a_t) = \mathbb{E}_{s_{t+1}}, r_t \sim E[r_t + \gamma_1 Q(s_{t+1},a_{t+1})] \tag{10.23}$$

整个强化学习部分的损失表示为

$$\begin{aligned} L_{RL} &= L(\psi) + \beta L(\phi) \\ L(\psi) &= \mathbb{E}_{s_t,a_t,r_t \sim E}[(y_t - Q_\psi(s_t,a_t))^2] \\ y_t &= r_t + \gamma_1 Q_{\psi'}(s_{t+1},\mu'(s_{t+1})) \\ L(\phi) &= -\mathbb{E}_{a \in \pi_\phi}[\log \pi_\phi(s,a) Q_\psi(s,a)] \end{aligned} \tag{10.24}$$

此外，该工作使用相同结构的特征编码器建立点击率预估和阅读时长导向的单目标模型：

$$L_{\text{model}} = \sum_{u_j \in U} \sum_{(u_j,d_t) \in I} \omega_{t1}(u_j) L_t^C(u_j) + \omega_{t2}(u_j) L_t^D(u_j)$$

$$\omega_{t1}(u_j)+\omega_{t2}(u_j)=1,\omega_{ti}(u_j)\geqslant 0,\forall u_j\in U \tag{10.25}$$

整体的优化目标包含强化学习和模型两部分，强化学习可以引导学习到帕累托最优解，而模型部分负责联合学习多个目标模型：

$$L=\lambda L_{RL}+(1-\lambda)L_{\text{model}} \tag{10.26}$$

2. YouTube 多任务排序模型

在推荐系统中通常有多个目标，比如 YouTube 推荐视频时，不仅希望用户会看这个视频，还希望能给更高的评分，以及分享这个视频。这些任务之间存在联系，但也可能存在冲突，因此需要建模任务之间的联系和冲突。

文献［211］中提出将多门控的混合专家模型[212] 用于 YouTube 多任务排序系统。整个框架如图 10.30 所示，底层分为多个专家，根据任务数量分出多个头，底部的多个专家由所有任务共享，采用门控的机制控制不同任务根据不同的权重选取不同的专家，再将得到的表示送入对应的头进行预测。整个模型表示为

$$y_k=h^k(f^k(x))$$

其中：

$$f^k(x)=\sum_{i=1}^{n}g_{(i)}^k(x)\,f_i(x) \tag{10.27}$$

式（10.27）中 f_i（）表示第 i 个专家，h^k（）表示第 k 个任务对应的头。$g_{(i)}^k$ 表示第 k 个任务对应的门输出的第 i 个专家的权重，定义为

$$g^k(x)=\text{softmax}(W_{g^k}x) \tag{10.28}$$

W_{g^k} 表示第 k 个任务对应的门控的可学习参数。

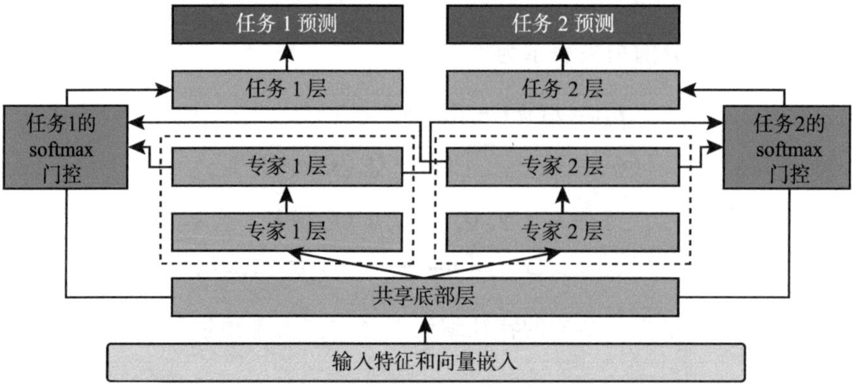

图 10.30　YouTube 多任务排序系统采用的多门控混合专家模型[211]

10.4 金融风控中的应用

随着信息技术的发展，电商越来越流行。一个大的电商系统每天服务于成千上万的用户和商品，为他们提供方便、快捷、可信赖的服务。然而，在线交易欺诈也变得越来越严重，这让电商金融面临极大的风险，造成上亿的经济损失。什么是欺诈交易呢？比如欺诈者使用一张被盗的卡片进行支付（盗卡欺诈），欺诈者直接使用盗用的账户进行交易（盗账户欺诈）。

因此欺诈检测（检测当前支付是否可能为欺诈交易）也变得尤为重要。可以使用传统的一些欺诈检测方法，比如 GBDT、SVM 等方法来判别当前交易是否为欺诈样本。但是这些方法没有考虑到时序信息对当前交易的帮助，比如一个盗卡欺诈发生前可能会有一些别的行为，如修改信用卡信息等。因此利用时序信息进行欺诈检测变得尤为重要，基于时序的欺诈检测如图 10.31 所示，历史时间和当前支付事件都包含一些字段，比如卡号、IP 地址、银行、事件类型等，目标就是判断当前支付事件是否为欺诈事件。近年来也有一些基于时序的欺诈检测方法[214-215] 被提出。

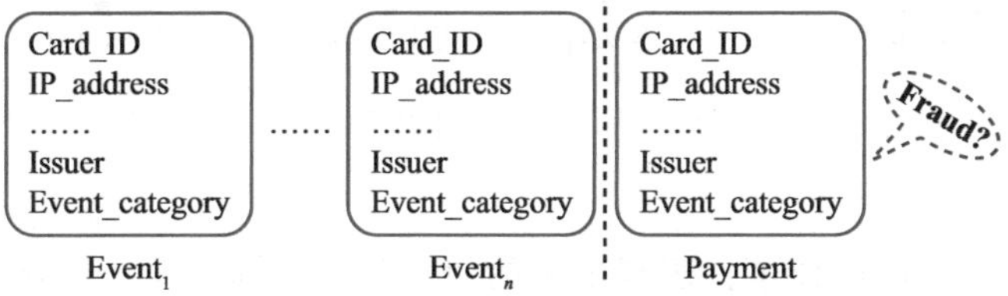

图 10.31 基于时序的欺诈检测[213]

随着电商业务的进一步发展，出现了很多跨境电商平台，比如东南亚跨境电商 Lazada。在这样的跨境电商平台上，需要时刻监控多个国家的交易安全，需要关注跨境风控。不同国家的风控场景不同，对应的字段、用户行为都会有所差异。比如两个国家的银行不同，IP 地址也不同，此外，不同国家的用户的交易行为习惯也会有所差异。不同国家的交易量有差异，可以用来训练欺诈检测系统的数据量差异很大，有的国家数据少，很难得到一个很好的欺诈检测系统。然而现有的欺诈检测方法大多针对单一场景，无法很好地解决这样的跨境风控场景。文献 [213] 中针对跨境欺诈检测，提出了一种解耦的迁移学习框架，如图 10.32 所示。

这里的跨境欺诈检测问题包含一个源领域和一个目标领域，通常源领域包含充足的数据，目标领域只包含少量样本，跨境欺诈检测旨在使用数据充分的源领域帮助数据不足的目标领域学习一个更好的欺诈检测器。

首先，不同国家的一些字段的值不共享，比如 IP 地址、银行。另外，即使一些字段共享，所表示的语义可能也不同，比如某个邮箱在国家 A 表现出高风险，在国家 B 表现出低风险，因此将嵌入层分成了领域共享（domain-shared）和领域特定（domain-specific）。

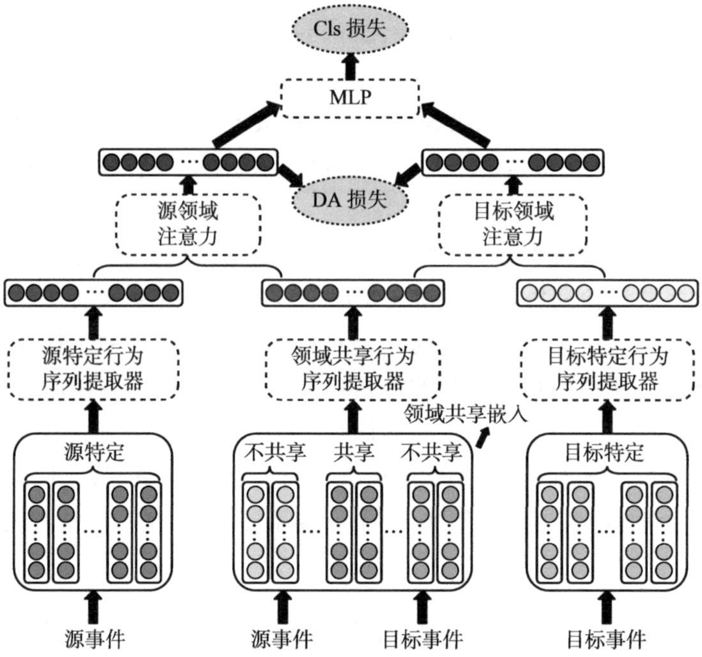

图 10.32　针对跨境欺诈检测的迁移学习框架[213]

此外，不同国家的欺诈事件表现出来的历史序列不同。每个国家对于电商平台有着不同的规定，导致具体的操作流程有所不同。比如有的国家盗卡前得修改一些信息，而一些国家可能不用。另外，不同欺诈团伙的作案流程也可能不同，所以这里对序列的建模也分为领域共享和领域特定。

通过前面两步得到领域共享和领域特定的表示，避免人为设置相加的权重，这里使用一种领域注意力机制：

$$z^o = b^o_{\text{share}} g_1(z^o_{\text{share}}) + b^o_{\text{spe}} g_1(z^o_{\text{spe}}) \tag{10.29}$$

式（10.29）中 o 表示领域，b 表示不同表示的权重，g_1（）表示前向神经网络。权重由式（10.30）计算得到：

$$\hat{b}^o_p = \frac{< g_2(z^o_p), g_3(z^o_p) >}{\sqrt{k}}, b^o_p = \frac{\exp(\hat{b}^o_p)}{\exp(\hat{b}^o_{\text{share}}) + \exp(\hat{b}^o_{\text{spe}})} \tag{10.30}$$

其式（10.30）中，k 为提取到的表示向量的维度，g_2，g_3 表示前向神经网络。

最后，多层感知机（MLP）的输入为源领域和目标领域样本，特征分布上存在一定差异，可能导致多层感知机在源领域上过拟合，目标领域上效果不佳。因此这里采用一种对比领域自适应损失，旨在拉近源领域和目标领域同类的距离，拉远不同类的距离：

$$\Delta(\mathcal{D}^{\mathrm{src}},\mathcal{D}^{\mathrm{tgt}})=\frac{\sum_{c\in\{0,1\}}d(\mathcal{D}_c^{\mathrm{src}},\mathcal{D}_c^{\mathrm{tgt}})}{\sum_{o_1\in\{\mathrm{src},\mathrm{tgt}\}}\sum_{o_2\in\{\mathrm{src},\mathrm{tgt}\}}d(\mathcal{D}_{c=0}^{o_1},\mathcal{D}_{c=1}^{o_2})} \tag{10.31}$$

式（10.31）中 d（·，·）表示均值的欧式距离。

10.5 城市计算中的应用

城市现代化进程在改善我们生活的同时，也催生了一系列问题，如交通拥堵、环境污染、资源浪费、规划不完善等[216]。近年来，随着计算算法和感知技术的不断成熟，许多城市数据，如路网数据、兴趣点数据、交通出行数据、天气环境数据、用户出行数据以及用户偏好数据等，都可以被收集起来加以利用。城市计算就是通过不断收集、整合和分析城市中多源异构大数据来解决城市发展中面临的挑战与问题[217]。在城市计算领域中，往往需要收集某一地区大量的历史数据并通过挖掘这些数据的时空特征进行建模来预测未来城市需求。然而，由于不同地区之间的发展不平衡，超一线城市经济、信息产业和数字基础设施较发达，所采集、保管的数据资源类型较丰富，但是对于大部分的发展中城市而言，各种群体感知数据仍然普遍存在着数据质量不高、稀疏性较大和数据不全等问题。这使得数据驱动的城市计算缺乏充足的经验信息和数据样本进行有效的分析、挖掘和建模，故导致这些地区相关的研究工作难以顺利开展，大大阻碍了这些地区城市计算的发展。

近年来，机器学习技术和深度学习技术在城市计算领域中得到了广泛的应用(包括交通流预测、城市规划、用户兴趣点推荐、车辆轨迹检测等领域[218-221])，并且都取得了不错的效果。深度学习算法试图从海量数据中学习高阶特征，这使得深度学习超越了传统的机器学习，它可以通过无监督或半监督特征学习算法和分层特征提取算法自动提取数据特征。然而，数据依赖是深度学习中最严重的问题之一，深度学习对于大批量的训练数据的依赖性很强，因为它需要足够量的数据来挖掘数据的潜在特征。由于城市发展不平衡且数据的收集是复杂和昂贵的，因此构建大规模的、高质量的数据集非常困难。为了解决以上一系列的数据稀缺和质量不高等问题，目前已经有一些基于迁移学习的预测方法，通过探索从数据源较为丰沛的源域到数据质量不足的目标域之间的可迁移知识来完成城市计算相关工作[222-224]。迁移学习放松了训练数据必须与测试数据独立同分布（i. i. d）的假设，不需要对目标域中的模型从头开始的训练，可以显著减少目标域对训练数据的需求和训练时间，这使得我们可以使用迁移学习来解决城市计算中训练数据稀缺和质量低下的问题。

10.5.1 基于迁移学习的城市计算

城市计算中的迁移学习属于迁移学习和城市计算两个领域的交叉领域，其保留了迁移学习的特点，又融入了城市计算的数据特性。

迁移学习已在自然语言处理、图像分类等领域有着较广泛的应用研究，然而在城市计算领域的研究目前还相对较少。对于数据特征不充分、数据质量不高的发展中城市或区域，利用迁移学习将数据质量高的城市知识迁移到目标城市来解决问题。相比于传统的迁移学习，城市计算因其独有的特性而使该任务具有挑战性。

1. 城市多源数据的时空特性

主要包括时间特性和空间特性。相比于传统的图片分类和文本分类等任务，城市计算中的时空特性通常具有较高的复杂性和动态性。其中时间特性主要表现在交通流量的周期性和邻近性，某一时间段的交通流量不仅与当前路况以及邻近时刻的交通流量密切相关，而且受到出行模式（如早晚高峰、节假日等）的影响。在空间维度上，相邻区域存在较大的流量相关性，此外具有相似功能的区域通常也有相近的流量模式。因此，基于迁移学习的城市计算会通过挖掘源域和目标域之间共享相似的时空模式来提升模型的性能，如相似的区域空间特征分布、相似的流量周期性变化、相似的POI分布以及相似的用户行为模式等。从而基于城市计算的迁移学习需要对时空特征的相似性挖掘加以考虑，包括：如何针对区域级的城市数据挖掘细粒度的空间特征；如何根据数据存在的多尺度周期性挖掘时间特征；如何衡量源域和目标域之间模式的相似性以完成源域和目标域之间的迁移。

2. 城市感知数据的多重异构特性

主要表现在：数据格式的异构；数据平台的异构；数据维度的异构。不同于在同构数据或单一模态的数据间进行知识迁移，城市感知数据通常具有多重异构性。例如，人流量是结构化表格数据，社交网上用户发布的信息是非结构化文本数据，它们在数据格式上具有异构性；公交车轨迹数据和出租车行车记录数据是由不同的平台统计的，它们具有跨平台的异构性；城市分布的兴趣点是空间点数据，道路是空间图数据，它们在数据维度上具有异构性。这些复杂的多重异构性，给基于城市计算的迁移学习带来了更大的挑战，如：①如何融合异构数据以达到相互增强的效果，其他应用场景中处理异构数据的方法并不能在城市计算中达到理想效果；②如何在保证学习深度表示的同时提高计算效率以满足城市计算的实时性要求；③如何解决数据维度增加造成的数据稀疏性问题。

10.5.2 城市计算迁移学习的一般过程

根据城数据的特性，我们可以对基于迁移学习的城市计算问题进行定义，通常包含一个源域 $S=\{s_{t,h,f} \mid t\in T, h\in H, f\in F\}$，一个目标域 $I=\{i_{t,h,f} \mid t\in T, h\in H, f\in F\}$，其中，$T=\{t_1, t_2, \cdots, t_i\}$ 表示时间的集合；$H=\{h_1, h_2, \cdots, h_j\}$，根据应用的不同有不同的含义，例如在交通流量预测中，H 表示区域的集合，而在兴趣推荐中，H 表示用户的集合；$F=\{f_1, f_2, \cdots, f_F\}$ 表示数据特征，如区域的流入流出量等。通常情况下，目标域数据比较稀疏，我们通过学习得到一个共享的特征提取器 $f(\cdot)$ 来预测城市需求。

基于迁移学习的城市计算通常需要考虑三个方面的问题：

源域如何选取？如何在目标域和源域之间建立联系？如何将共享知识迁移到目标域？

根据这三个问题，如图 10.33 所示，城市计算迁移学习可以分为三个过程：

过程 1——源域选取　源域的选取是进行知识迁移的第一步，它决定了源域的来源以及哪部分知识可以被迁移。如前所述，由于城市计算数据的特性（时空特性和异构性），且它通常涉及多种类型数据（天气数据、人流量数据、轨迹数据、兴趣点数据等），在选取源域的时候，需要综合考虑目标域城市的数据特性，合理选取源域。

过程 2——源域-目标域连接　旨在提取知识的“不变”部分，以连接源域和目标域。如前所述，迁移学习可以被分为基于实例、特征和模型的方法。为了在实际应用中取得良好的性能，我们可以设计一种机制来整合多种迁移学习方法，而不是只利用一种类型的方法。

过程 3——目标域细化　虽然第二个过程已经从源域获得了有用的知识，但直接将它应用到目标域通常难以取得良好的效果。因此，除了从源域迁移的知识外，这一过程通过将迁移学习中基于实例的迁移学习、基于特征共享的迁移学习、基于模型的迁移学习等方法应用到城市计算中不同领域来实现城市建设。根据不同的城市应用，这种细化过程不一样，例如，基于模型的迁移学习可以在源域训练的模型保留部分参数，将其应用到目标域，用于城市冷启动问题上；基于实例的方法可以通过源域选择有标签数据以扩充目标域数据集，用于车辆检测。

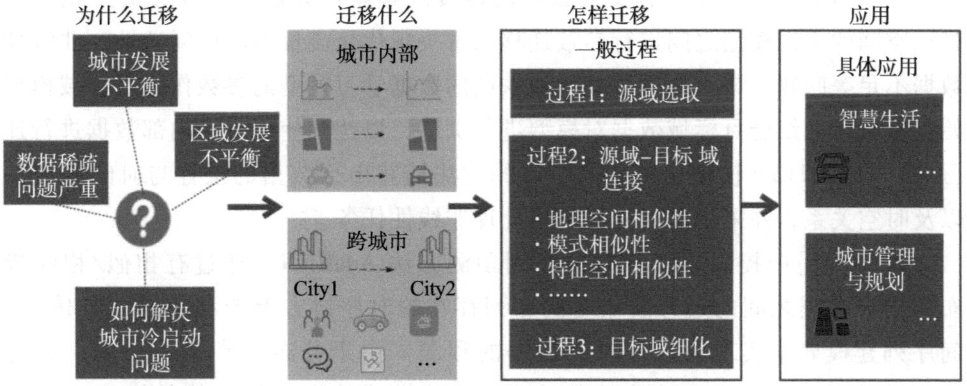

图 10.33　基于迁移学习的城市计算概述

在现有的基于迁移学习的城市计算工作中，根据数据来源的不同，主要分为面向城市内部迁移学习的城市计算研究和面向跨城市迁移学习的城市计算研究。接下来，我们分别介绍这两种研究具体的应用。

10.5.3 面向城市内部迁移学习的城市计算

面向城市内部迁移学习的城市计算通常使用城市中的其他源数据作为辅助数据来帮助训练（例如车辆轨迹数据、交通建筑数据等）。在城市数据稀缺的背景下，寻找其他源数据进行辅助训练是一种便捷有效的方法。由于城市内部共享相同的路网结构、功能区分布、POI分布等，面向城市内部迁移学习的城市计算可以分为：1）有相似模式的不同数据源之间的迁移；2）有共同位置/空间相似性的不同区域之间的迁移；3）有相似/相同特征分布的同源数据之间的迁移；4）有相同特征空间的不同模型之间的参数迁移。

交通流预测 交通流预测能够为城市发展中带来的交通拥挤、安全隐患等问题提供解决方案。然而，有些城市存在严重的数据稀疏问题，我们可以利用迁移学习通过一些跨域数据（如建筑数据、数据丰富的城市公交车数据和出租车数据[225-226] 等来解决这个问题。然而，实现基于跨域数据的交通流量预测并非易事，它主要面临两个挑战：1）由于多源数据的跨模态异构性，准确地学习其他数据与交通数据的关系是一件困难且复杂的事情；2）其他源数据和交通流量数据具有时空特性和跨域非线性的关系，使得构建准确的交通预测模型比较困难。

针对上述问题，文献［225］中提出了一种基于跨域学习的算法 BuildSenSys，利用建筑感知数据来预测附近道路上的交通流量，其中建筑感知数据包括不同公共区域的占用数据以及天气等环境数据。具体来说，模型首先采用注意力机制来捕获建筑感知数据和交通数据的跨域相关性，并在每个时间步自适应地选择最相关的建筑感知数据用于迁移，结合时间注意力机制捕获时间依赖性实现交通流量预测。

文献［226］中提出了一种交通预测的深度迁移学习算法 DTLTP，通过在具有相同特征空间的不同模型之间进行参数迁移来解决现代化流量预测中复杂性、非线性以及数据不足等问题。该工作通过其他地铁站的数据学习模型的参数作为目标域模型的初始化参数，并结合目标域数据对模型进行训练，以达到使用城市内部数据进行迁移学习的目的。DTLTP 模型通过嵌入学习的方法捕获出行数据的位置与时间的潜在特征以及时空关系，并采用深度神经网络处理非线性任务。

文献［227］中提出了一种时间序列预测方法 AdaRNN，通过有相似/相同特征分布的同源数据之间的迁移解决时间序列存在的时序协方差漂移问题。具体来说，时间序列建模要求实现对未来时刻数据的预测。由于分布通常是未知的，容易造成模型漂移现象，因此，对时间序列进行迁移学习的主要任务就是构建一个时间无关的模型用于未知数据和任务。AdaRNN 设计了时序相似性量化方法和时序分布匹配算法，将时间序列分为 K 个差异最大的时间段（域），并设计了基于 Boosting 的算法将不同时间段（域）的知识迁移到预测任务上，来实现对未来时段未知数据的预测。

图 10.34 中展示了上述 3 种框架。

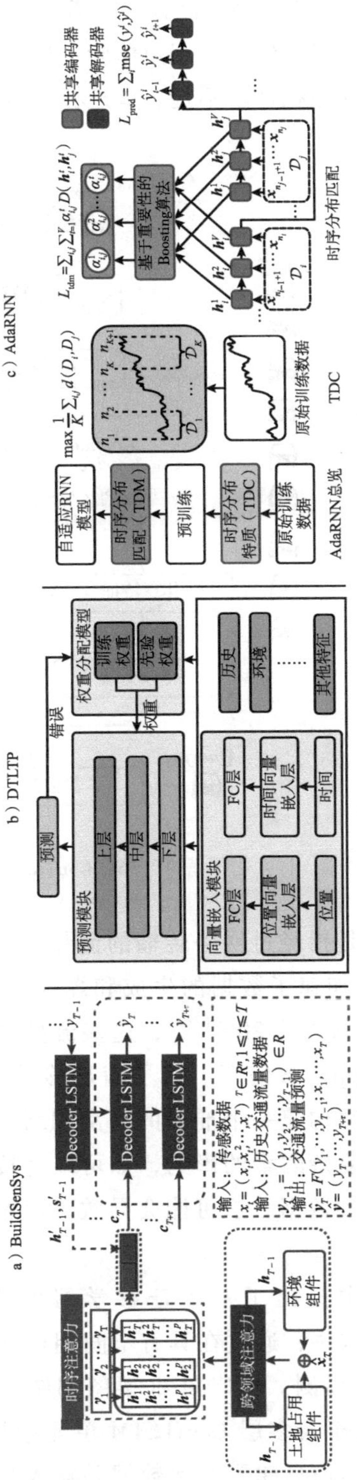

图 10.34　BuildSenSys[225]、DTLTP[226]、AdaRNN[227] 框架

车辆异常轨迹检测 拼车给我们的生活带来了很大便利，但违规使用网约车平台的“马甲车”“黑车”、人车不匹配等乱象仍广泛存在。近年来，因乘坐黑车而引发的安全事故不断发生，带来了安全隐患，影响了用户体验，也给网约车平台合规高效的运营带来了挑战。但是，由于存在数据样本不足、缺乏标签数据等原因，难以有效实现出租车异常轨迹的检测。

针对上述问题，文献［228］中提出了 ConTrans 算法（见图 10.35），将源域定义为有标签的出租车和非出租车（如公交车、渣土车等）车辆轨迹数据集，目标域定义为无标签的车辆集合，利用基于模型和基于实例的迁移学习方法，通过相似模式在不同数据源之间的迁移来提高识别准确率。具体来说，CoTrans 首先通过源域数据训练出分类器，然后将分类器应用到目标域，并保留识别出来的具有高置信度的车辆（如概率大于 0.9），给这些车辆打上标签作为目标域的一部分，最后构建基于卷积神经网络和随机森林的联合分类器来对目标域标签进行预测。

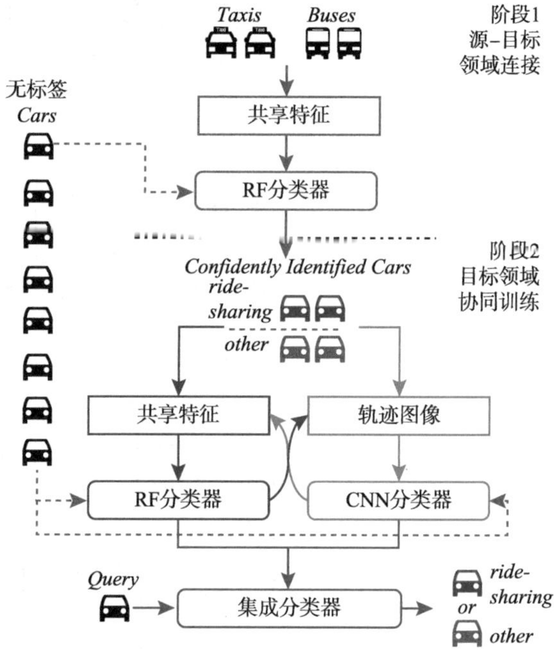

图 10.35 ConTrans 框架[228]

蜂窝网络流量预测 蜂窝流量是指经过网络传输的流量。过去十年中，电子产品（如智能手机）的快速更新迭代加速了数据的生成和爆炸，截止到 2021 年，移动设备产生的流量占蜂窝网络流量总数的 20%[229]，这些流量主要来自智能手机上的各种应用，如直播 App、视频 App、微信等。为了满足移动用户的多样化需求，提高城市网络通信系统的效率，亟须构建一个准确的蜂窝网络流量预测模型。但同时，蜂窝网络流量还受到多种外部复杂因素的影响，如可以直接反映用户对通信服务的请求能力的 POI 数据和社交活动数据。这可能会导致难以精确地预测蜂窝网络流量。

针对上述问题，文献［230］中提出了基于迁移学习的蜂窝流量预测算法 STCNet，利用基于参数的迁移学习方法，通过在具有空间相似性的不同区域（同源数据）之间的迁移对蜂窝流量进行预测。STCNet 框架图如图 10.36 所示。具体来说，首先，STCNet 将蜂窝流量数据输入多层 ConvLSTM 单元中提取时空相关特征，将移动用户请求服务时的日期和时间信息建模为元数据并输入线性模型中提取深层特征，通过卷积操作将辅助数据进行融合；然后，STCNet 将之前得到的特征聚合成图，并使用 K-Means 聚类算法将初始城市区域聚类为 N 个区域。将第一类区域视为源域，第二类区域作为目标域。通过第一类区域学习模型的参数作为第二类区域模型参数的先验知识（参数初始化），然后再将第二类区域视作源域，第三类区域作为目标域，以此类推，直至模型收敛，以此学习不同区域间的模式相似性，提高预测准确性。

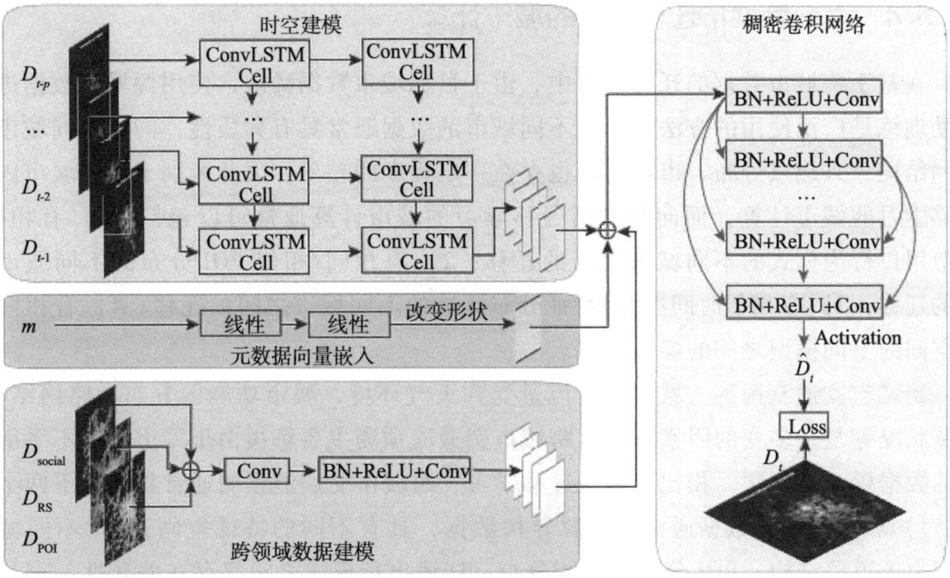

图 10.36　STCNet 框架[230]

群智感知任务分配　群智感知（MCS）已成为城市监测应用的一种有前景的传感范例，如噪声、空气污染和交通监测。当执行 MCS 任务时，我们需要综合考量质量和预算以提高效率。但同时，该问题还存在以下难点：1）群智感知任务收集到的多源数据内部和数据间的相关性是复杂的；2）判断群智感知任务收集到的数据质量是否达到任务要求难以界定；3）选择最小的感知数据区间以达到节省预算的目的难以实现。

针对上述问题，文献［231］中提出了一种群智感知任务分配算法 SPACE-TA，将源域定义为传感数据（如温度、湿度、空气质量等数据）丰富的区域，将目标域定义为传感数据稀缺的区域。利用基于关系的迁移学习方法，通过学习源域和目标域之间的内在联系来提高任务分配效率。SPACE-TA 框架图如图 10.37 所

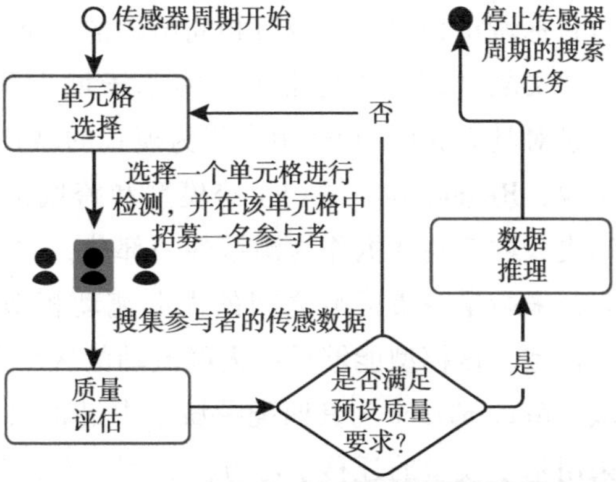

图 10.37　SPACE-TA 框架

示。具体来说，首先，SPACE-TA 利用矩阵分解从源域中学习到表示数据内在时空相关性的因子，并利用它推断不同类型数据的缺失值来丰富目标域的数据。然后，该模型使用加权平均方法来聚合两个推断的矩阵，从而利用多任务数据推理中的空间和时间相互关系。最后，SPACE-TA 设计了推断误差分析方法保证推断的数据的准确性，以提高模型精确度。

10.5.4 面向跨城市迁移学习的城市计算

在基于跨城市数据的迁移学习中，由于目标城市数据稀缺，使用源城市数据进行辅助训练是广泛使用的方法。由于不同城市的数据通常具有异质性，同时不同城市的路网结构、兴趣点分布、市民喜好也存在一定程度的差异，因此区别于面向城市内部迁移学习的城市计算，面向跨城市迁移学习的城市计算通常可以包括：1）有相同/相似用户行为模式的不同城市之间的迁移；2）有相同/相似 POI 分布的不同城市之间的迁移；3）有相似时间/空间特征分布区域的不同城市之间的迁移；4）有相同特征空间的不同模型之间的参数迁移。

跨城市交通流预测 城市交通流量受到天气环境、城市功能区分布、路网结构、道路状况等复杂多变的因素影响。跨城市交通流预测主要解决由于城市发展不平衡造成的数据稀疏性问题。相比于传统迁移学习，跨城市交通流预测通常具有以下两个难点：1）城市交通流数据通常是多源异构数据，具有不同的特征空间；2）不同城市之间由于道路结构、POI 分布、功能分布、居民出行模式之间都存在差异性，容易产生负迁移现象。如何充分利用较为稀疏的目标区域数据，提取不同城市间的关系并实现知识共享是进行跨城市交通流量预测的关键。

针对上述问题，文献［235］中提出了一种基于迁移学习的行车调度分配算法 DRKL-OD，把订单分配问题建模成一个马尔可夫决策过程，并且通过有相同特征空间的不同模型之间的参数迁移来提高预测准确性。由于不是所有的状态元素都能够适应不同的城市，因此将网络输入分为两个部分，分别表示直观上不适应目标城市的元素和可适应元素。具体来说，在源城市的训练阶段以并行的方式训练两个部分，然后对目标城市构建与源城市相同结构的网络，并重用可适应部分模型参数。

文献［232］中提出了一种基于城市间相似模式的人流量预测算法 RegionTrans，通过对具有相同/相似用户行为模式的城市之间的知识迁移来提高预测准确性。具体来说，RegionTrans 采用了跨模型和跨城市策略：将源城市丰富（例如，几个月）的历史人群流动数据作为源域的一部分，并且使用社交媒体签到数据作为一个跨模式的表征来衡量城市区域之间的人群流动相似性。首先，RegionTrans 设计了一个深度时空模型，该模型能够提取人群流动的区域层次表示。然后，对于目标城市中的每个区域，RegionTrans 为其匹配源城市中最相似的区域，从而实现基于特征的迁移。另外，采用基于模型的迁移学习方法，利用在源城市学习到的神经网络参数作为目标城市的参数初始化，然后对目标城市人群流动参数进行微调，得到最终的目标城市人群流动预测模型。

文献 [233] 中提出了一种基于迁移学习的旅行时间估计方法 C2TTE，通过相似时间/空间特征分布区域的不同城市之间的迁移来提高预测精度。具体来说，C2TTE 将目标城市和源城市划分为网格区域，通过一个匹配函数将目标城市的空间网格与源城市的相似网格进行匹配，并通过一个优化函数将源城市的特征表示迁移到目标城市来学习目标城市的隐藏特征表示，最终通过一个特征融合模块输出对旅行时间进行预测。

文献 [234] 中提出了一种基于图划分的扩散卷积递归神经网络迁移学习方法 TL-DCRNN，将整个道路网络划分成多个子图，每个子图包含地理位置相近的节点。由于 DCRNN 只能学习特定位置上的时空模式，基于迁移学习的 DCRNN 模型边缘化了特定位置的信息，并学习了跨多个子图的时空模式，从而实现对道路网络中未采集数据区域的流量预测。RegionTrans[232]、C2TTE[233]、TL-DCRNN[234] 的框架图如图 10.38 所示。

跨城市 POI 推荐 城市个性化服务需要根据用户的历史行为预测用户可能的行为和兴趣。对于用户常住城市，通常有大量的访问数据支撑着个性化推荐服务，而当用户想要到访一个新的城市时，很少有该用户在新城市的历史访问记录。由于跨城市用户数据的稀疏性严重，且传统的机器学习和深度学习算法对历史数据严重依赖，跨城市 POI 推荐问题尚未得到很好的解决。相比于其他领域的推荐问题（例如，电影或产品推荐），POI 推荐问题面临更严峻的挑战：1）数据稀疏性，很多 POI 签到数据严重稀疏，在文献 [236] 中，人们观察到提取的用户 POI 签到矩阵的稀疏性高达 99.87%，其中每个用户在总共 46 194 个 POI 中平均仅访问 55.94 个 POI；2）将源域知识迁移到目标域时，由于城市路网结构、兴趣点分布、市民喜好存在一定程度的不同，因此会产生负迁移现象。

针对上述问题，文献 [237] 中提出了一种基于共同主题迁移学习的算法 CTLM，将用户在源域（即拥有较多用户历史签到行为的城市）的 POI 兴趣迁移到目标域（即缺乏用户签到记录的城市）。具体来说，可以通过将每个城市的特定主题（或特征）从所有城市共享的公共主题（或特征）中分离出来，并利用有相同/相似用户行为模式的不同城市之间的迁移来实现用户兴趣的迁移，提高模型性能。如果用户在源城市访问的 POI 与目标城市共享相同的 POI 主题，如咖啡店，那么可以将目标城市的咖啡店推荐给用户；如果用户在源城市访问的 POI 在目标城市并没有共享的主题，那么可以根据用户在源城市特定主题的 POI 签到记录中提取表示用户兴趣的特征并迁移到目标城市，这样可以很好地解决来自不同城市用户与 POI 之间的不匹配问题。此外，CTLM 还通过引入区域的可访问性将空间影响纳入考虑。最终，用户对 POI 的兴趣选择被建模为这些因素的汇总结果。CTLM[237]、PR-UIDT[238] 的框架图如图 10.39 所示。

文献 [238] 中提出了一种基于兴趣漂移和迁移学习的算法 PR-UIDT，可以从源

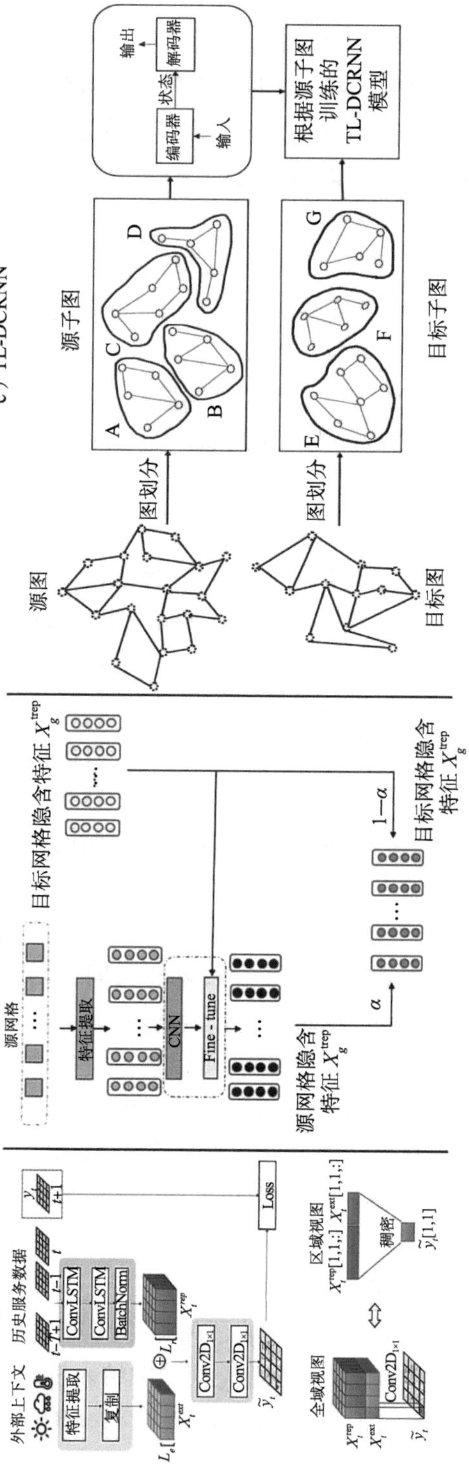

图 10.38 RegionTrans[232]、C2TTE[233]、TL-DCRNN[234] 框架

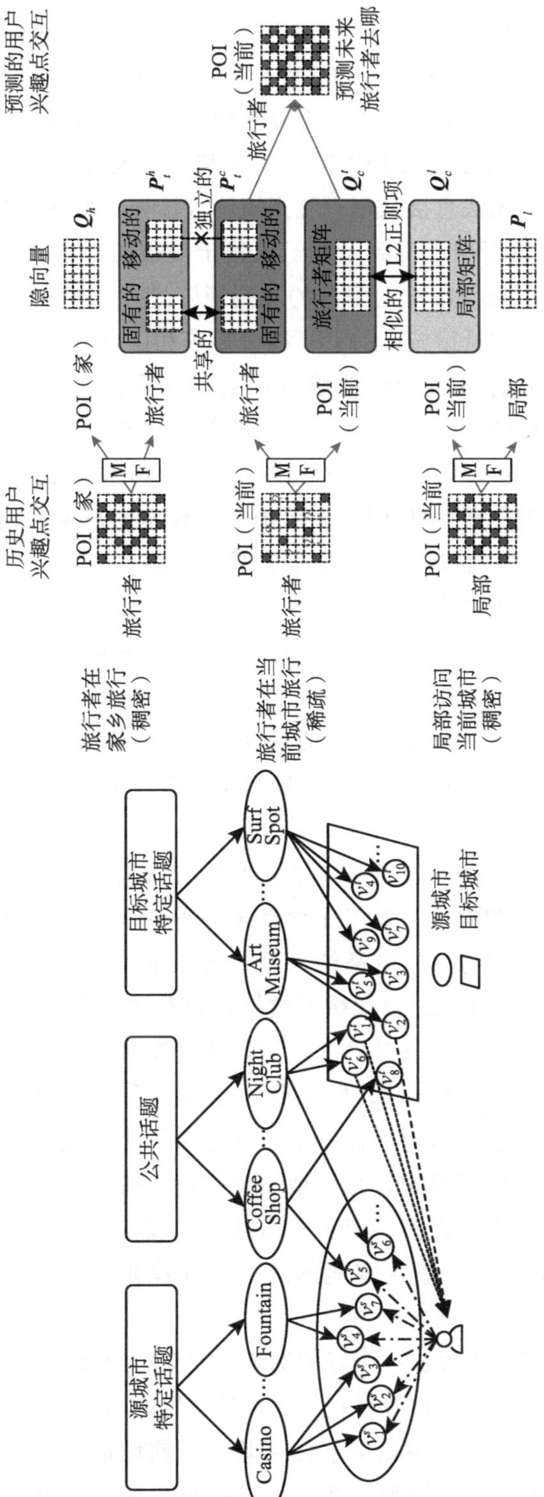

a）CTLM

b）PR-UIDT

图 10.39　CTLM[237]、PR-UIDT[238] 框架

域（即用户熟悉的城市）和目标域（即当前城市）中学习用户偏好，并结合用户兴趣漂移和兴趣迁移来提高预测准确性。具体来说，对于源城市的用户POI签到矩阵，采用矩阵分解（MF）将其分解为表示POI得分的矩阵和表示用户偏好的矩阵，而表示用户偏好的矩阵又划分为独立于城市的部分和依赖于城市的部分。类似地，目标城市的用户签到矩阵同样可以分解为POI得分矩阵和用户偏好矩阵。但是，由于目标城市数据的稀疏性，我们无法直接从用户签到矩阵直接分解得到。对于独立于城市的部分，PR-UIDT通过共享源城市得到；对于依赖于城市的部分，通过学习得到。对于POI得分矩阵，则将目标城市本地用户的签到矩阵进行分解，分解过程中施加L2范数。最终，基于新用户在目标城市的POI得分矩阵和用户偏好矩阵进行兴趣推荐。

文献［239］中针对目标域（即外地城市）的POI推荐设计了一个TRAINOR框架，能够全面捕捉用户在源域（即家乡城市）的偏好，并同时考虑了用户从家乡到外地的兴趣漂移、外地的地理影响和用户的出行意图。具体来说，首先通过一个基于门控图神经网络（G-GNN）的用户偏好表示模块来探索用户家乡签到数据中的潜在结构信息。在通过注意力网络聚合后，使用多层感知器（MLP）将用户家乡偏好进一步转化为外地偏好，以此直接捕捉从家乡到外地的兴趣漂移。此外，该工作还通过神经主题模型（NTM）设计了用户旅行意图挖掘模块。假设每一个外地的签到行为都可以从一个潜在的主题混合中提取，然后采用变分推理来揭示用户的一般出行意图。之后，通过另一个注意力网络将用户的家乡偏好与一般旅行意图进行结合，生成用户特定的旅行意图。最后，采用端到端的联合学习方法训练，为用户提供个性化的外地城市POI推荐。

文献［240］中提出了一种将隐藏在丰富数据中的知识从热门城市（源域）迁移到冷启动城市（目标域）的构想。该工作设计了一种新的课程式元学习（CHAML）框架，通过将元学习和非均匀抽样策略纳入POI搜索推荐中，使得源域城市丰富的地图搜索模式向目标域城市迁移，以此缓解数据稀疏和样本多样性问题。具体来说，该工作扩展了模型不可知元学习（MAML）[241]，在共享数据有限的情况下，帮助知识迁移到冷启动城市。其次，CHAML框架分别从城市和用户两个层面考虑样本的训练难度，迫使模型从更难的示例组合中学习到更多知识，这些示例应该具有高度多样性和更多信息的地图搜索模式，并有助于提高泛化性能。同时，该工作还设计了一种由易到难的课程式学习方案，用于样本抽样，以帮助元学习模型收敛到更好的状态。目前，CHAML已经用于百度地图的POI推荐业务，并且取得了显著的应用效果。

选址推荐 对于连锁店来说，一个好的选址不仅会影响连锁店的利润，还会影响连锁企业的未来发展。门店选址推荐旨在预测候选位置的门店价值，然后向商家或企业推荐最佳位置。现有的研究大多集中于使用基于当前城市（源域）现有连锁店的大规模训练数据，得到选址推荐模型。然而，连锁企业在新城市（目标域）的扩张存在数据稀缺问题，这些模型在没有连锁店的新城市不起作用（即冷启动问题）。

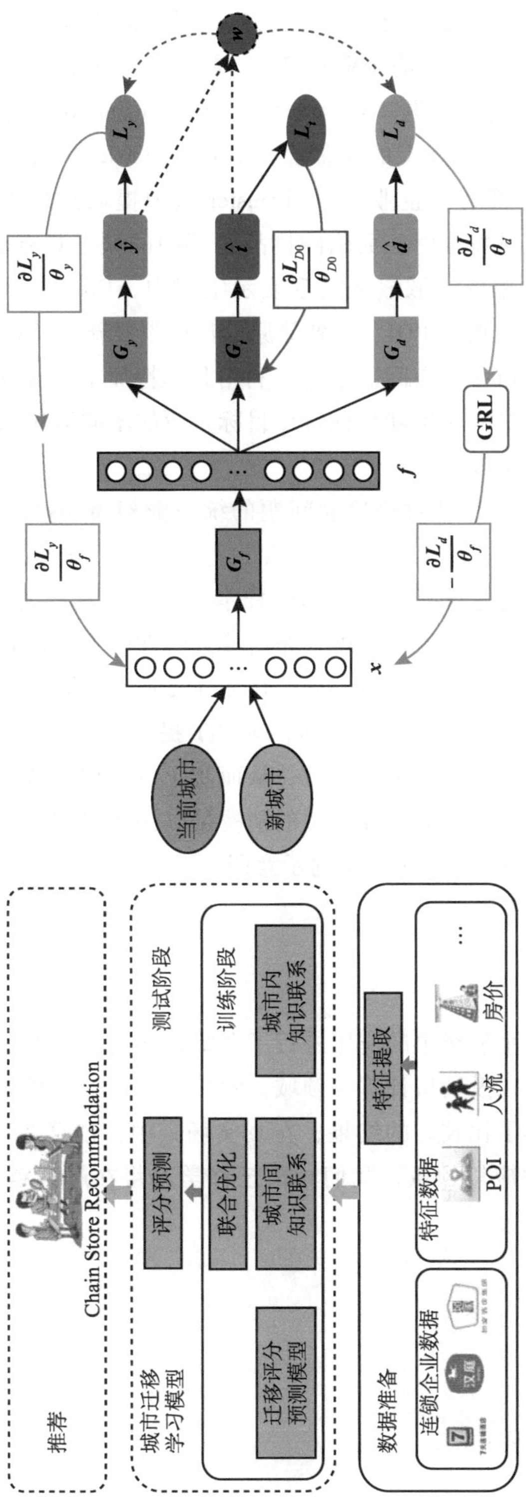

a）City Transfer

b）WANT

图 10.40　CityTransfer[242]、WANT 框架[243]

针对上述问题，文献［242］中提出了一种基于多源城市数据的连锁酒店选址推荐算法 CityTransfer，通过有相似时间/空间特征分布区域的不同城市之间的知识迁移（如源城市该企业的特征或同类型的企业特征），来解决连锁企业在其他城市（目标域）开展新业务面临的冷启动问题。具体来说，CityTransfer 给当前城市有该企业所在的区域进行评分。对于目标城市的相似企业，CityTransfer 从中提取跨模式特征；对于在源城市和目标城市都有的企业，CityTransfer 从中提取跨城市特征。在从 POI 和签到等数据源中提取区域特征时，面临的挑战是不同的城市具有不同的数据分布。因此，为了将来自不同城市的区域嵌入共享表示空间中，CityTransfer 提出了一种基于城市间共性的自编码器，根据 POI、签到等原始数据生成新的特征表示空间，然后通过优化被映射到目标城市特征空间。最后，利用共享特征空间可以学习目标企业特征和目标城市区域特征，进一步推断目标城市目标企业的不同区域的评分矩阵，对冷启动城市进行企业选址的推荐。

文献［243］中提出了一个针对冷启动问题的统一框架 WANT，来学习可分离和可迁移的特征表示，并在当前城市（源域）和目标城市（目标域）之间迁移知识。相比于其他方法，WANT 通过选择可迁移的源样本来降低负迁移的风险。具体来说，为了避免源城市和目标城市间不同的数据分布所导致的性能下降，WANT 开发了一个域判别器。通过对抗性学习来最小化域差异，从而连接拥有不同数据分布的城市。更进一步，为了减少无用源样本导致的负迁移，WANT 提出了一个可迁移性加权机制，以强调有用的源样本对迁移模型训练的贡献，从而防止负转移。最后，在获得可迁移的特征表示后，便可以预测消费者在商店中的消费量以评估当前位置的门店价值。图 10.40 中给出了 CityTransfer、WANT 框架的示意图。

10.6 本章小结

本章对迁移学习在各个领域中的应用进行了介绍，涉及自然语言处理、计算机视觉、推荐系统、金融风控以及城市计算等领域。随着对迁移学习算法的深入研究，人们不仅在实验数据上取得了比较好的结果，在真实场景中，该算法得到了广泛应用。本章仅介绍了一些典型的应用领域，我们相信迁移学习将在越来越多的领域中得到应用。

第 11 章

百度飞桨迁移学习应用实践

本书第 1~9 章介绍了各种各样的迁移学习算法，如领域自适应、领域对抗、多视图学习、多任务学习等。除此之外，还有一种被广泛采用的迁移学习范式：预训练。本章主要介绍预训练模型的应用实践——基于百度产业级深度学习开源平台飞桨（PaddlePaddle），介绍预训练在图像检测和视频分类任务中的应用。

11.1 深度学习框架介绍

11.1.1 深度学习框架发展历程

深度学习框架的发展如图 11.1 所示。2015 年之前是学术创新主导的时代，诞生了诸如 Theano 和 Caffe 等开源框架，这些框架可以很好地支持学术创新和研究。从 2015 年开始，以 TensorFlow 和 PyTorch 为代表的深度学习框架开始支持静态图和动态图开发模式，提出更小复用粒度算子（Operator），从而能够更灵活地组网，实现快速模型开发。从 2018 年至今，以预训练模型为代表的深度学习技术取得大规模应用，深度学习在科学计算、生物计算等领域发挥了越来越大的作用。为了兼顾产业应用和前沿研究的需求，TensorFlow 和 PyTorch 分别提出了 Eager 模式和 Graph 模式的设计理念，重点融合静态图和动态图两种开发模式的优势，实现灵活和高效的平衡。

11.1.2 飞桨介绍

飞桨以百度多年的深度学习技术研究和业务应用为基础，集深度学习核心训练和

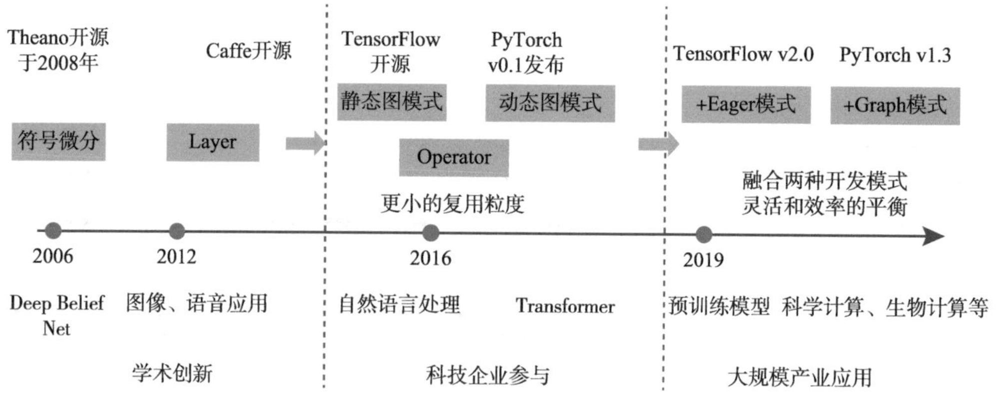

图 11.1　深度学习框架发展历程

推理框架、基础模型库、端到端开发套件、丰富的工具组件于一体，是中国首个自主研发、功能丰富、开源开放的产业级深度学习平台。飞桨产品概览如图 11.2 所示。

图 11.2　飞桨产品概览

飞桨自 2016 年正式开源以来，经过多次迭代升级，已在四大技术方向取得领先，具备开发便捷的深度学习框架、超大规模深度学习模型训练技术、多端多平台部署的高性能推理引擎、产业级开源模型库。

开发便捷的深度学习框架　飞桨深度学习框架基于编程一致的深度学习计算抽象以及对应的前后端设计，拥有易学易用的前端编程界面和统一高效的内部核心架构，对普通开发者而言更容易上手并具备领先的训练性能。飞桨自然完备兼容命令式和声明式两种编程范式，默认采用命令式编程范式，并完美地实现了动静统一，开发者可以使用飞桨实现动态图编程调试，一行代码转静态图训练部署。飞桨框架还提供了低代码开发的高层 API，并且高层 API 和基础 API 采用了一体化设计，两者可以互相配合使用，做到高低融合，确保用户可以同时享受开发的便捷性和灵活性。

超大规模深度学习模型训练技术　飞桨突破了超大规模深度学习模型训练技术，率先实现了千亿稀疏特征、万亿参数、数百节点并行训练的能力，解决了超大规模深度学习模型的在线学习和部署难题。此外，飞桨还覆盖支持包括模型并行、流水线并行在内的广泛并行模式和加速策略，率先推出业内首个通用异构参数服务器架构、4D 混合并行策略和自适应大规模分布式训练技术，引领大规模分布式训练技术的发展趋势。

多端多平台部署的高性能推理引擎　飞桨对推理部署提供全方位支持，可以将模型便捷地部署到云端、边缘端和设备端等不同平台上，结合训推一体的优势，让开发者拥有一次训练、随处部署的体验。此外，飞桨从硬件接入、调度执行、高性能计算和模型压缩 4 个维度持续对推理功能深度优化，整体性能领先，尤其在硬件接入方面，飞桨拥有硬件统一适配方案，携手各大硬件厂商实现软硬件一体协同优化，大幅降低硬件厂商的对接成本，并带来领先的开发体验，特别是对国产硬件做到了广泛的适配。

产业级开源模型库　飞桨建设了大规模的官方模型库，算法总数为 600 多个，包含经过产业实践长期打磨的主流模型、PP 特色模型，以及在国际竞赛中夺冠的模型。提供面向语义理解、图像分类、目标检测、图像分割、文字识别（OCR）、语音合成等场景的多个端到端开发套件，满足企业低成本开发和快速集成的需求。飞桨的模型库是围绕国内企业实际研发流程量身定制的产业级模型库，所服务的企业遍布能源、金融、工业、农业等多个领域。其中产业级知识增强的文心大模型已经形成涵盖基础大模型、任务大模型和行业大模型的三级体系。

本实践提供在线可运行版本，读者可以登录 AI Studio 获取。AI Studio 是飞桨的人工智能学习与实训社区，免费提供 GPU 算力，读者可以在平台上轻松运行本书实践项目[⊖]。

11.2　迁移学习在视频分类中的实践案例

11.2.1　方案设计

本案例使用飞桨 PP-TSM 模型在 UCF101 数据集上实现视频分类任务。PP-TSM 是飞桨推出的视频理解模型，在 TSM（Temporal Shift Module）的基础上增加大量优

⊖ https://aistudio.baidu.com/aistudio/course/introduce/28366.

化技巧，精度显著提升。其中 PP-TSM 在训练时使用了两阶段的知识蒸馏方案，应用了迁移学习的思想，使用大数据进行知识蒸馏，得出精度更高的小模型。一阶段知识蒸馏时，小模型作为 PP-TSM 骨干网络的预训练模型；二阶段知识蒸馏时，蒸馏后的小模型可以提升预测精度。

知识蒸馏是指使用教师模型（Teacher Model）去指导学生模型（Student Model）学习特定任务。保证学生模型在参数量不变的情况下，得到比较大的性能提升，甚至获得与教师模型相似的精度指标。

在一阶段知识蒸馏中，PP-TSM 使用半监督标签知识蒸馏方案（Simple Semi-supervised Label Distillation，SSLD）对图像模型进行蒸馏。从 ImageNet 22K 中挖掘近 400 万张图片，与 ImageNet 1K 训练集整合在一起，得到一个包含 500 万张图片的数据集作为知识蒸馏的训练数据集。PP-TSM 使用 ResNeXt101_32x16d_wsl 作为教师模型，在该数据集上蒸馏 ResNet50_vd 模型，如图 11.3 所示。

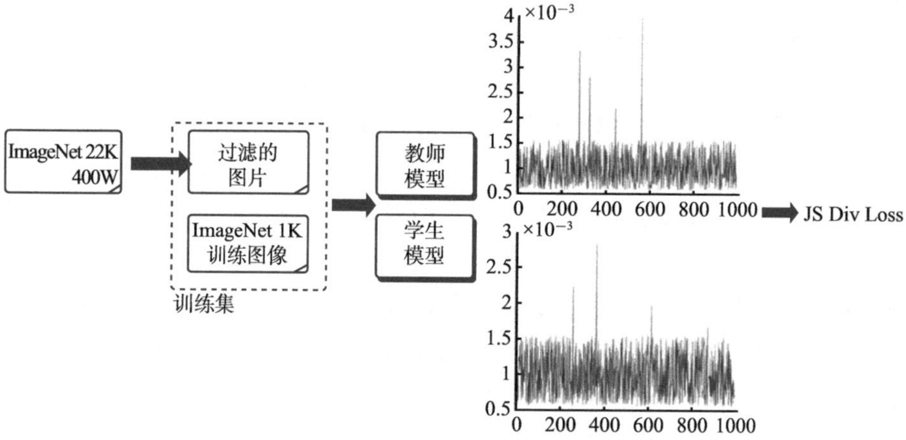

图 11.3　知识蒸馏示意图

蒸馏后得到的模型权重作为预训练权重，在 ImageNet 1K 训练集上对该模型进行微调。最终，模型精度由 79.12% 提升至 82.39%。微调后的图像分类模型 ResNet50_vd 作为预训练模型，对视频分类网络 PP-TSM 的权重进行初始化，从而实现知识的迁移。

第二阶段知识蒸馏使用以 ResNet152 为 backbone 的 CSN 模型作为教师模型，在 Kinetics-400 数据集上进行蒸馏，最终精度提升大约 0.6%。

除两阶段知识蒸馏外，PP-TSM 还使用了 Video Mixup、Cosine Decay LR、Label Smooth、Precise BN 等优化技巧，在 UCF101、Kinetics-400 数据集上精度分别提升了 5.5%和 3.5%。

11.2.2　预训练模型效果

为了验证使用预训练模型是否会对模型最终的训练精度产生影响，我们进行了一个对比实验。在数据集和配置文件相同的条件下，分别加载预训练模型和直接初始化模型，对比模型训练的精度。从实验结果可以看到，加载合适的预训练模型对于模型的精度影响非常大，如图 11.4 所示。

指标	加载预训练模型	初始化模型
Top-1 精度	90.28	32.51

图 11.4　实验对比结果

11.2.3　数据处理

数据集介绍　UCF101 数据集是从 YouTube 上收集的动作识别数据集，有 101 个动作类别，共 13 320 个视频。UCF101 数据集具有极大的多样性，在摄像机运动、物体外观和姿态、物体尺度、视点、杂乱背景、光照条件等方面存在较大差异，是目前极具挑战性的数据集，如图 11.5 所示。

图 11.5　UCF101 数据集

在进行数据处理前，需要先使用如下命令复制 PaddleVideo 模型库并安装 Python 依赖库。

```
cd PATH_TO_PROJECT/
git clone https://github.com/PaddlePaddle/PaddleVideo.git

# 安装 Python 依赖库
python -m pip install -r PaddleVideo/requirements.txt
-i https://pypi.tuna.tsinghua.edu.cn/simple/
```

数据文件示例 将 UCF101 数据集解压存放在 PATH_TO_PROJECT/PaddleVideo/data/ucf101/ 目录下，文件组织形式如下所示：

```
ucf101_train,val_videos.txt
UCF-101
    ApplyEyeMakeup
        v_ApplyEyeMakeup_g01_c01.avi
        ...
    YoYo
        v_YoYo_g25_c05.avi
        ...
    ...
```

其中，ucf101_ {train, val} _ videos.txt 中存放的是视频信息，部分内容展示如下：

- ApplyEyeMakeup/v_ApplyEyeMakeup_g08_c01 0
- ApplyEyeMakeup/v_ApplyEyeMakeup_g08_c02 0
- ApplyEyeMakeup/v_ApplyEyeMakeup_g08_c03 0

第一个元素表示视频文件路径，第二个元素表示该视频文件对应的类别。

```
# 解压数据集并将数据集移动到指定目录下
# 仅在第一次运行代码时使用
unzip -oq UCF101.zip
mv UCF-101/PaddleVideo/data/ucf101/
mv ucf101_train_videos.txt PaddleVideo/data/ucf101/
mv ucf101_val_videos.txt PaddleVideo/data/ucf101/
```

处理数据时，对于训练集和验证集数据分别会使用不同的处理方式，具体定义在 pptsm_ucf101.yaml 文件内的 PIPELINE 部分。

```
PIPELINE: #PIPELINE field
   train:
   #Mandotary, indicate the pipeline to deal with the training data,
   #associate to the 'paddlevideo/loader/pipelines/'
      decode:
           name: "VideoDecoder"
      sample:
           name: "Sampler"
           num_seg: 8
            seg_len: 1
            valid_mode: False
       transform: #Mandotary, image transfrom operator
            - Scale:
              short_size: 256
            - MultiScaleCrop:
              target_size: 256
            - RandomCrop:
              target_size: 224
            - RandomFlip:
            - Image2Array:
            - Normalization:
              mean: [0.485, 0.456, 0.406]
              std: [0.229, 0.224, 0.225]
    valid:
    #Mandatory, indicate the pipeline to deal with the validing data.
    #associate to the 'paddlevideo/loader/pipelines/'
       decode:
         name: "VideoDecoder"
       sample:
         name: "Sampler"
         num_seg: 8
         seg_len: 1
         valid_mode: True
       transform:
         - Scale:
           short_size: 256
         - CenterCrop:
           target_size: 224
         - Image2Array:
         - Normalization:
           mean: [0.485, 0.456, 0.406]
           std: [0.229, 0.224, 0.225]
    test:
    #Mandatory, indicate the pipeline to deal with the validing data.
    #associate to the 'paddlevideo/loader/pipelines/'
       decode:
         name: "VideoDecoder"
       sample:
         name: "Sampler"
```

```
      num_seg: 8
      seg_len: 1
      valid_mode: True
    transform:
      - Scale:
        short_size: 256
      - CenterCrop:
        target_size: 224
      - Image2Array:
      - Normalization:
        mean: [0.485, 0.456, 0.406]
        std: [0.229, 0.224, 0.225]
```

可以看到，对于所有数据，首先会将视频解码为帧（VideoDecoder），并对视频进行帧采样处理（Sampler）。对于训练数据集，还会进行图片尺度化（Scale）、多尺度剪裁（MultiScaleCrop）、随机剪裁（RandomCrop）、随机翻转（RandomFlip）、Mixup 等数据增广处理。

下面一段代码展示了数据集的构建方式，Compose 函数定义了数据处理的 pipeline，VideoDataset 函数读取数据并对数据按照 pipeline 进行处理，最终在 build_dataloader 函数中将处理后的数据封装成 paddle.io.DataLoader 的形式。

```
# Construct dataset and dataloader
train_pipeline = Compose(train_mode=True)
train_dataset = VideoDataset(file_path=train_file_path,
                             pipeline=train_pipeline,
                             suffix=suffix)
train_loader = build_dataloader(dataset=train_dataset,
                                batch_size=batch_size,
                                num_workers=num_workers,
                                train_mode=True,
                                places=places,
                                shuffle=train_shuffle,
                                collate_fn_cfg=mix_collate_fn)
```

11.2.4 模型训练

在模型训练前，依据 11.2.1 节方案设计中迁移学习的思路，使用图像蒸馏预训练模型 ResNet50_vd_ssld_v2.pdparams 作为骨干网络的初始化参数，将预训练模型的图像分类知识迁移到视频分类任务中。通过如下命令下载预训练模型。

```
wget https://videotag.bj.bcebos.com/PaddleVideo/PretrainModel/
ResNet50_vd_ssld_v2_pretrained.pdparams
mv ResNet50_vd_ssld_v2_pretrained.pdparams PaddleVideo/data/
```

将定义好的配置文件移动到 PaddleVideo/configs/recognition/pptsm/ 文件夹中：

```
mv pptsm_ucf101.yaml PaddleVideo/configs/recognition/pptsm/
```

通过如下命令启动训练：

```
cd PaddleVideo/
python main.py --validate
-c configs/recognition/pptsm/pptsm_ucf101.yaml
```

模型训练部分代码展示如下。在训练过程中，先对学习率的衰减策略和优化器进行定义。PP-TSM 训练过程中同时使用 warm-up 策略和余弦退火策略来调整学习率，优化器使用 Momentum 优化器。对于每一个 epoch，访问数据集中的每一个 batch 进行网络训练。

```
# 构造求解程序
    # 学习率的衰减策略
    lr = CustomWarmupCosineDecay(warmup_start_lr= 0.001,
    warmup_epochs= 10,cosine_base_lr= 0.01,max_epoch=100,
    num_iters=len(train_loader))
    # 使用的优化器
    optimizer = paddle.optimizer.Momentum(
        learning_rate=lr,
        momentum=momentum,
         parameters=model.parameters(),
         weight_decay=paddle.regularizer.L2Decay(weight_decay),
         use_nesterov=True
     )

     #训练模型
     best = 0.
     for epoch in range(0, epochs):
          model.train() # 将模型设置为训练模式
          # 访问每一个 batch
          for i, data in enumerate(train_loader):
              # 前向传播
              outputs = model.train_step(data) # 执行前向推断

              # 反向传播
```

```
            avg_loss = outputs['loss']
            avg_loss.backward()
            # 最小化
            # 梯度更新
            optimizer.step()
            optimizer.clear_grad()

        # 学习率更新
        lr.step()
```

如果想要对比验证有无预训练模型对模型效果是否有影响，可以修改 config 文件，设置 pretrained："" 即可去除预训练模型加载。

11.2.5 模型评估

执行如下命令在测试集上对训练好的模型进行评估，评估指标为 Top-1 准确率。Top-1 准确率是指在测试集中，预测结果和真实结果相同的样本数量与全部预测数据数量的百分比。

```
python main.py --test
-c configs/recognition/pptsm/pptsm_ucf101.yaml
-w output/ppTSM/ppTSM_best.pdparams
# top1 accuary: 0.903
```

11.2.6 模型预测

导出 inference 模型 使用如下命令生成预测所需的模型结构文件 ppTSM.pdmodel 和模型权重文件 ppTSM.pdiparams。

```
python tools/export_model.py
-c configs/recognition/pptsm/pptsm_ucf101.yaml \
-p output/ppTSM/ppTSM_best.pdparams \
-o inference/ppTSM
```

使用预测引擎推理 使用如下命令对 example.avi 视频进行推理，该视频是一个时长为 5 秒的射箭片段，如图 11.6 所示，正确预测类别应为 archery。

```
python tools/predict.py
--input_file data/example.avi \
--config configs/recognition/pptsm/pptsm_ucf101.yaml \
```

```
--model_file inference/ppTSM/ppTSM.pdmodel \
--params_file inference/ppTSM/ppTSM.pdiparams \
--use_gpu=True \
--use_tensorrt=False
```

预测结果为 Current video file：data/example.avi，top-1 class：2。查询 class 对应类别发现，预测类别为 archery，说明预测结果正确。

图 11.6 example.avi

11.3 迁移学习在目标检测中的实践案例

11.3.1 方案设计

本案例使用飞桨 PP-YOLOv2 模型实现吸烟检测任务。PP-YOLOv2 是飞桨推出的目标检测模型，在 YOLOv3 的基础上增加了大量优化技巧，精度显著提升。PP-YOLO 和 PP-YOLOv2 从如下几个方面优化和提升 YOLOv3 模型的精度和速度：更优的骨干网络 ResNet50vd-DCN、更优的预训练模型、Drop Block、Exponential Moving Average、IoU Loss、Grid Sensitive、Matrix NMS、CoordConv、Spatial Pyramid Pooling、PAN、IoU aware Loss。如果读者比较感兴趣，可以在飞桨目标检测套件 PaddleDetection 的 GitHub 上了解更多优化策略、实现代码和实验结果。

PP-YOLOv2 的骨干网为 ResNet。在实际应用中，由于训练数据匮乏，往往将基于 ImageNet 数据集训练出的分类模型作为预训练模型初始化网络参数，然后再进行迁移学习。本案例对比了在 ImageNet 数据集上训练得到的预训练模型是否进行蒸馏操作对迁移任务的影响。

11.3.2 预训练模型的蒸馏对迁移任务的影响

表 11.1 所示为在 ImageNet 数据集上训练得到的模型是否经过蒸馏操作对后续迁移任务精度的对比情况。通过实验，我们发现仅仅使用 ImageNet 上的预训练模型，mAP 为 88.6%，采用预训练模型+蒸馏，mAP 为 89.2%。可以发现，使用蒸馏技术后，模型精度有所提升。

表 11.1 蒸馏操作对迁移学习的影响对比

模　型	mAP
ImageNet 预训练模型	88.6
ImageNet 预训练模型+蒸馏	89.2

11.3.3 数据处理

首先，解压本实验提供的数据集，然后按照 0.9：0.1 的比例划分成训练集和验证集，生成标签文档，并安装 PaddleDetection 开发环境。

```
#解压数据集
unzip -o PATH_TO_DATASET/pp_smoke.zip -d PATH_TO_PROJECT
```

下面代码中的 ratio 参数用于控制划分比例。

```
import random
import os
#生成 train.txt 和 val.txt
random.seed(2022)
xml_dir = 'PATH_TO_PROJECT/Annotations'#标签文件地址
img_dir = 'PATH_TO_PROJECT/images '#图像文件地址
path_list = list()
for img in os.listdir(img_dir):
    img_path = os.path.join(img_dir,img)
    xml_path = os.path.join(xml_dir,img.replace('jpg','xml'))
    path_list.append((img_path, xml_path))
random.shuffle(path_list)
ratio = 0.9
train_f = open('PATH_TO_PROJECT/train.txt','w') #生成训练文件
val_f = open('PATH_TO_PROJECT/val.txt','w')#生成验证文件

for i ,content in enumerate(path_list):
    img, xml = content
    text = img + " "+ xml + '\n'
    if i < len(path_list) * ratio:
        train_f.write(text)
    else:
        val_f.write(text)
train_f.close()
val_f.close()

#生成标签文档
label =['smoke ']#设置想检测的类别
with open('PATH_TO_PROJECT/label_list.txt', 'w') as f:
    for text in label:
        f.write(text+'\n')
```

本实验基于 PaddleDetection 完成，先解压源码，再配置依赖库。

```
# 解压源码
unzip -oq PATH_TO_DATASET/PaddleDetection-release-2.3.zip -d PATH_TO_PROJECT

mv PATH_TO_PROJECT/PaddleDetection-release-2.3
PATH_TO_PROJECT/PaddleDetection

# 安装依赖库
cd PATH_TO_PROJECT/PaddleDetection/
pip install -r requirements.txt
```

11.3.4　模型训练

PaddleDetection 通过配置文件的方式设置模型结构、数据配置和相关处理等。本案例利用 configs/ppyolo/ppyolov2_r50vd_dcn_voc.yml 配置文件，为了适配本案例，需要进行一定的修改。修改数据配置 configs/datasets/voc.yml。

```
metric: VOC
map_type: 11point
num_classes: 1

TrainDataset:
  !VOCDataSet
    dataset_dir: PATH_TO_PROJECT/images
    anno_path: PATH_TO_PROJECT/train.txt
    label_list: PATH_TO_PROJECT/label_list.txt
    data_fields: ['image', 'gt_bbox', 'gt_class','difficult']

EvalDataset:
  !VOCDataSet
    dataset_dir: PATH_TO_PROJECT/images
    anno_path: PATH_TO_PROJECT/val.txt
    label_list: PATH_TO_PROJECT/label_list.txt
    data_fields: ['image','gt_bbox', 'gt_class', 'difficult']

TestDataset:
  !ImageFolder
    anno_path: PATH_TO_PROJECT/val.txt
```

相关参数的含义如下：

- num_classes：检测的目标类别，本例为 1。
- TrainDataset/dataset_dir：训练数据所在文件夹，PATH_TO_PROJECT/images。

- TrainDataset/anno_path：训练数据标注所在文件，PATH_TO_PROJECT/train.txt。
- TrainDataset/label_list：标签列表，PATH_TO_PROJECT/label_list.txt。
- EvalDataset/dataset_dir：验证数据所在文件夹，PATH_TO_PROJECT/images。
- EvalDataset/anno_path：验证数据标注所在文件，PATH_TO_PROJECT/val.txt。
- EvalDataset/label_list：标签列表，PATH_TO_PROJECT/label_list.txt。
- TestDataset/anno_path：测试数据标注所在文件，此处设置同验证集，PATH_TO_PROJECT/val.txt。

预训练模型参数配置在 configs/ppyolo/base/ppyolov2_r50vd_dcn.yml 中的 pretrain_weights，默认即为经过蒸馏操作的 ImageNet 上训练的预训练模型。

```
pretrain_weights: https://paddledet.bj.bcebos.com/models/
pretrained/ResNet50_vd_ssld_pretrained.pdparams
```

进行模型训练需要完成如下几个步骤：

- 实例化模型，PP-YOLOv2 模型需要制定 backbone、head、neck 和后处理。
- 创建 dataset 和 dataloader。
- 创建学习率衰减策略、优化器。
- 迭代进行训练，每轮逐批加载训练数据，执行模型的前向传播和反向传播，更新模型参数。
- 模型评估，在验证集上验证模型效果。
- 保存模型。

下面详细介绍具体实现方法。

1）实例化模型，PP-YOLOv2 模型需要指定 backbone、head、neck 和后处理。

```
#创建模型
backbone = ResNet(depth=50, pretrained = pretrain_weights)
head = YOLOv3Head()
neck = PPYOLOPAN()
post_process = BBoxPostProcess()

ppyolov2_model = PPYOLOv2(backbone = backbone,head = head,
neck=neck,post_process=post_process)
```

2）创建 dataset 和 dataloader。

```
# 创建 dataset 和 dataloader
train_pipeline = TrainReader()
train_dataset = TrainDataset(dataset_dir=dataset_dir, anno_path
= anno_path, label_list=label_list, pipeline = train_pipeline)

train_loader = paddle.io.DataLoader(train_dataset)

if validate:
    valid_pipeline = TrainReader()
    valid_dataset = EvalDataset(dataset_dir=dataset_dir, anno_path
    = anno_path, label_list=label_list, pipeline = valid_pipeline)

    valid_loader = paddle.io.DataLoader(valid_dataset)
```

3）创建学习率衰减策略和优化器。

```
# 学习率的衰减策略
lr = paddle.optimizer.lr.PiecewiseDecay(boundaries=boundaries,
values=values)
# 使用的优化器
optimizer = paddle.optimizer.Momentum(
    learning_rate=lr,
    momentum=momentum,
    parameters=ppyolov2_model.parameters(),
    weight_decay=paddle.regularizer.L2Decay(weight_decay)
)
```

4）迭代进行训练，每轮逐批加载训练数据，执行模型的前向传播和反向传播，更新模型参数。

```
# 训练模型
best = 0.
for epoch in range(0, epochs):
    ppyolov2_model.train() # 将模型设置为训练模式
    record_list = build_record()
    tic = time.time()
    # 访问每一个 batch
    for i, data in enumerate(train_loader):
        record_list['reader_time'].update(time.time() - tic)
        # 4.1 forward
        outputs = ppyolov2_model.train_step(data) # 执行前向传播
```

```
        # 4.2 backward
        # 反向传播
        avg_loss = outputs['loss']
        avg_loss.backward()
        # 4.3 minimize
        # 梯度更新
        optimizer.step()
        optimizer.clear_grad()

        # 重编码日志
        record_list['lr'].update(optimizer._global_learning_rate(),
        batch_size)
        for name, value in outputs.items():
            record_list[name].update(value, batch_size)

        record_list['batch_time'].update(time.time() - tic)
        tic = time.time()

        if i % log_interval == 0:
            ips = "ips: {:.5f} instance/sec.".format(batch_size /
            record_list["batch_time"].val)
            log_batch(record_list, i, epoch + 1, epochs, "train", ips)

    # 学习率更新
    lr.step()

    ips = "ips: {:.5f} instance/sec.".format(
        batch_size * record_list["batch_time"].count /
        record_list["batch_time"].sum
    )
    log_epoch(record_list, epoch + 1, "train", ips)
```

5）进行模型评估，在验证集上验证模型效果。

```
def evaluate(best):
    ppyolov2_model.eval()
    record_list = build_record()
    record_list.pop('lr')
    tic = time.time()
    for i, data in enumerate(valid_loader):
        outputs = ppyolov2_model.val_step(data)

        # log_record
        for name, value in outputs.items():
            record_list[name].update(value, batch_size)

        record_list['batch_time'].update(time.time() - tic)
```

```
        tic = time.time()

        if i \% log_interval = = 0:
            ips = "ips: {:.5f} instance/sec.".format(batch_size /
            record_list["batch_time"].val)
            log_batch(record_list, i, epoch + 1,epochs, "val", ips)
    if validate or epoch = = epochs - 1:
        with paddle.fluid.dygraph.no_grad():
            best, save_best_flag = evaluate(best)
        # save best
        if save_best_flag:
            paddle.save(optimizer.state_dict(),
            osp.join(output_dir, model_name + "_best.pdopt"))
            paddle.save(ppyolov2_model.state_dict(),
            osp.join(output_dir, model_name + "_best.pdparams")
```

6）保存模型。

```
# 保存模型和优化器
        if epoch % save_interval = = 0 or epoch = = epochs - 1:
        paddle.save(optimizer.state_dict(), osp.join(output_dir,
        model_name + f"_epoch_epoch + 1:05d.pdopt"))
        paddle.save(ppyolov2_model.state_dict(),
        osp.join(output_dir, model_name +
        f"_epoch_epoch + 1:05d.pdparams"))
```

上面的代码是一个评估流程示例，可以通过下面的命令直接启动训练。

```
cd PATH_TO_PROJECT/PaddleDetection/

python tools/train.py -c configs/ppyolo/ppyolov2_r50vd_dcn_voc.yml
--eval --use_vdl=True --vdl_log_dir="./output"
```

11.3.5　模型评估

本实验使用 mAP 作为模型的评估指标，mAP 是用来衡量目标检测算法精度的一个常用指标。目前各个经典算法都是使用 mAP 在开源数据集上进行精度对比。在计算 mAP 之前，还需要使用几个概念：准确率（Precision）、召回率（Recall）、PR 曲线。

- 准确率：预测为正的样本中有多少是真正的正样本。
- 召回率：样本中的正例有多少被预测正确。
- PR 曲线：使用 Precision、Recall 为纵、横坐标，就可以得到 PR 曲线。

mAP 的计算方式可以分成如下两种：

- AP(Average Precision)——某一类 P-R 曲线下的面积。
- mAP(mean Average Precision)——所有类别的 AP 值取平均。

模型评估大体可以分为四步：实例化模型、加载训练好的模型参数、创建 dataset 和 dataloader，以及在测试集上测试模型。

1)实例化模型。PP-YOLOv2 模型需要指定 backbone、head、neck 和后处理。

```
#创建模型
backbone = ResNet(depth=50, pretrained = pretrain_weights)
head = YOLOv3Head()
neck = PPYOLOPAN()
post_process = BBoxPostProcess()

ppyolov2_model = PPYOLOv2(backbone = backbone,head = head,neck=neck,
post_process=post_process)
ppyolov2_model = PPYOLOv2(backbone = backbone,head = head,neck=neck,
 post_process=post_process)
```

2) 加载训练好的模型参数。

```
# 加载模型参数
# params_file_path 为训练好的模型参数
model_state_dict = paddle.load(params_file_path)
ppyolov2_model.load_dict(model_state_dict)

ppyolov2_model.eval()
```

3) 创建 dataset 和 dataloader。

```
# 创建 dataset 和 dataloader
test_pipeline = TestReader()
test_dataset = TestDataset(dataset_dir=dataset_dir, anno_path
= anno_path, label_list=label_list, pipeline = test_pipeline)

test_loader = paddle.io.DataLoader(test_dataset)
```

4）在测试集上测试模型，逐条 batch 加载数据，执行模型的前向计算，得到输出。

```
record_list = build_record()
record_list.pop('lr')
tic = time.time()
for i, data in enumerate(test_loader()):
    outputs = ppyolov2_model.val_step(data)
    # log_record
    for name, value in outputs.items():
        record_list[name].update(value, batch_size)

    record_list['batch_time'].update(time.time() - tic)
    tic = time.time()

    if i % log_interval == 0:
        ips = "ips: {:.5f} instance/sec.".format(batch_size /
        record_list["batch_time"].val)
        log_batch(record_list, i, epoch + 1,epochs, "val", ips)
python -u tools/eval.py -c configs/ppyolo/ppyolov2_r50vd_dcn_voc.yml
-o weights=output/ppyolov2_r50vd_dcn_voc/best_model.pdparams
```

上面的代码是一个评估流程示例，可以通过下面的命令直接启动评估。

```
python -u tools/eval.py -c configs/ppyolo/ppyolov2_r50vd_dcn_voc.yml
-o weights=models/smoking_imagenet_ssld.pdparams
```

11.3.6 模型预测

模型预测如下所示：

```
#执行 tools/infer.py 后,在 output 文件夹下会生成对应的预测结果
cd PATH_TO_PROJECT/PaddleDetection
python tools/infer.py -c configs/ppyolo/ppyolov2_r50vd_dcn_voc.yml
-o weights=output/ppyolov2_r50vd_dcn_voc/best_model.pdparams
--infer_img=PATH_TO_PROJECT/smoke1.png
```

11.4 本章小结

本章以迁移学习在视觉方向的应用为例，使用飞桨框架完成了 2 个产业实践案例。建议读者登录飞桨实训平台 AI Studio 动手操作，实践迁移学习算法的代码实现，以及测试算法模型在实践中的应用。

Reference Literature

参考文献

[1] 陈琦，刘儒德. 当代教育心理学［M］. 北京：北京师范大学出版社，2019.

[2] 索里，特尔福德. 教育心理学［M］. 高觉敷，等译. 北京：人民教育出版社，1982.

[3] PERKINS D N, SALOMON G. Transfer of learning [J]. International encyclopedia of education, 1992, 2: 6452-6457.

[4] PAN S J, YANG Q. A survey on transfer learning [J]. IEEE transactions on knowledge and data engineering, 2010, 22 (10): 1345-1359.

[5] WANG Z. DAI Z, POCZOS B, et al. Characterizing and avoiding negative transfer [C]// Proceedings of the IEEE/CVF conference on computer vision and pattern recognition, 2019: 11293-11302.

[6] 曹宝龙. 学习与迁移［M］. 杭州：浙江教育出版社，2019.

[7] ZHUANG F, QI Z, DUAN K, et al. A comprehensive survey on transfer learning [J]. Proceedings of the IEEE, 2020, 109 (1): 43-76.

[8] WEISS K, KHOSHGOFTAAR T M, WANG D. A survey of transfer learning [J]. Journal of big data, 2016, 3 (1): 1-40.

[9] XU C, TAO D, XU C. A survey on multi-view learning [J] . arXiv preprint arXiv: 1304 5634, 2013.

[10] ZHAO J, XIE X, XU X, et al. Multi-view learning overview: recent progress and new challenges [J]. Information fusion, 2017, 38: 43-54.

[11] ZHANG D, HEJ, LIU Y, et al. Multi-view transfer learning with a large margin approach [C]// Proceedings of the 17th ACM SIGKDD international conference on knowledge discovery and data mining, 2011: 1208-1216.

[12] YANG P Y, GAO W. Multi - view discriminant transfer learning. [C]//Proceedings of 23rd international joint conference on artificial intelligence (IJCAI 2013), 2013: 1854: 1848.

[13] FEUZ K D, COOK D J. Collegial activity learning between heterogeneous sensors [J]. Knowledge and information systems, 2017, 53 (2): 337-364.

[14] ZHANG W, LI R, ZENG T, et al. Deep model based transfer and multi-task learning for biological image analysis [J]. IEEE transactions on big data, 2016, 6 (2): 322-333.

[15] LIU A A, XU N, NIE W Z, et al. Multi-domain and multi-task learning for human action recognition [J]. IEEE transactions on image processing, 2018, 28 (2): 853-867.

[16] HOSPEDALES T M, ANTONIOU A, MICAELLI P, et al. Meta-learning in neural networks: a survey [J]. IEEE transactions on pattern analysis and machine intelligence, 2021, 44 (9): 5149-5169.

[17] SNELL J, SWERSKY K, ZEMEL R. Prototypical networks for few-shot learning [C]// Proceedings of the 31st international conference on neural information processing systems, 2017: 4080-4090.

[18] FINN C, ABBEEL P, LEVINE S, Model-agnostic meta-learning for fast adaptation of deep networks [C]//Proceedings of the 34th international conference on machine learning, 2017(70): 1126-1135.

[19] MUNKHDALAI T, YU H. Meta networks [C]//Proceedings of the 34th international conference on machine learning, 2017 (70): 2554-2563.

[20] WANG Y, YAO Q, KWOK J T, et al. Generalizing from a few examples: a survey on few-shot learning [J]. ACM computing surveys (csur), 2020, 53 (3): 1-34.

[21] SHEN Z, LIU J, HE Y, et al. Towards out-of-distribution generalization: a survey [J]. arXiv preprint arXiv: 2108.13624, 2021.

[22] GOU J, YU B, MAYBANK S J, et al. Knowledge distillation: a survey [J]. International journal of computer vision, 2021, 129 (6): 1789-1819.

[23] LIU Y, KANG Y, XING C, et al. A secure federated transfer learning framework [J]. IEEE intelligent systems, 2020, 35 (4): 70-82.

[24] PENG X, HUANG Z, ZHU Y, et al. Federated Adversarial Domain Adaptation [C]//International Conference on Learning Representations. 2019.

[25] LEE D D, SEUNG H S. Learning the parts of objects by non-negative matrix factorization [J]. Nature, 1999, 401 (6755): 788-791.

[26] DING C, LI T, PENG W, et al. Orthogonal nonnegative matrix t-factorizations for clustering [C]// Proceedings of the 12th ACM SIGKDD international conference on knowledge discovery and data mining, 2006: 126-135.

[27] ZHUANG F, LUO P, DU C, et al. Triplex transfer learning: exploiting both shared and distinct concepts for text classification [J]. IEEE transactions on cybernetics, 2013, 44 (7): 1191-1203.

[28] LI T, DING C, ZHANG Y, et al. Knowledge transformation from word space to document space [C]// Proceedings of the 31st annual international ACM SIGIR conference on research and development in information retrieval, 2008: 187-194.

[29] ZHUANG F, LUO P, XIONG H, et al. Exploiting associations between word clusters and document classes for cross-domain text categorization [J]. Statistical analysis and data mining: the ASA data science journal, 2011, 4 (1): 100-114.

[30] BELKIN M, NIYOGI P, SINDHWANI V. Manifold regularization: a geometric framework for learning from labeled and unlabeled examples. [J]. Journal of machine learning research, 2006, 7 (11): 2399-2434.

[31] LONG M, WANG J, DING G, et al. Dual transfer learning [C]//Proceedings of the 12th SIAM SDM, 2012: 540-551.

[32] PAN S J, TSANG I W, KWOK J T, et al. Domain adaptation via transfer component analysis [J]. IEEE transactions on neural networks, 2010, 22 (2): 199-210.

[33] HOSMER D, LEMESHOW S. Applied logistic regression [M]. New York: WileyBlackwell, 2000.

[34] PAN S J, NI X, SUN J T, et al. Cross-domain sentiment classification via spectral feature alignment [C]//WWW'10: proceedings of the 19th international conference on world wide web, 2010: 751-760.

[35] GUI L, XU R, LU Q, et al. Cross-lingual opinion analysis via negative transfer detection [C]// Proceedings of annual meeting of the Association for Computational Linguistics (ACL), 2014: 860-865.

[36] WANG D, LU C, WU J, et al. Softly associative transfer learning for cross-domain classification [J]. IEEE transactions on cybernetics, 2019, 50 (11): 4709-4721.

[37] ALGHAMDI R, ALFALQI K. K. A survey of topic modeling in text mining [J]. Int. J. Adv. comput. sci. appl. (IJACSA), 2015, 6 (1): 147-153.

[38] WANG Q, ZHU H, FIU W, et al. Discerning tactical patterns for professional soccer teams: an enhanced topic model with applications [C]//Proceedings of the 21th ACM SIGKDD international conference on knowledge discovery and data mining, 2015: 2197-2206.

[39] HOFMANN T. Unsupervised learning by probabilistic latent semantic analysis [J]. Machine learning,

2001, 42 (1): 177-196.

[40] BLEI D M, NG A Y, JORDAN M I. Latent dirichlet allocation [J]. Journal of machine learning research, 2003, 3: 993-1022.

[41] DAI W, XUE G R, YANG Q, et al. Transferring naive bayes classifiers for text classification [C]// AAAI, 2007 (7): 540-545.

[42] DAUME Ⅲ H, MARCU D. Domain adaptation for statistical classifiers [J]. Journal of artificial intelligence research, 2006, 26: 101-126.

[43] XUE G R, DAI W, YANG Q, et al. Topic-bridged plsa for cross-domain text classification [C]// Proceedings of the 31st annual international ACM SIGIR conference on research and development in information retrieval, 2008: 627-634.

[44] COHN D, CARUANA R, MCCALLUM A. Semi-supervised clustering with user feedback [J]. Constrained clustering: advances in algorithms, theory, and applications, 2003, 4 (1): 17-32.

[45] ZHUANG F, LUO P, SHEN Z, et al. Mining distinction and commonality across multiple domains using generative model for text classification [J]. IEEE transactions on knowledge and data engineering, 2012, 24 (11): 2025-2039.

[46] YOO J, CHOI S. Probabilistic matrix tri-factorization [C]//2009 IEEE international conference on acoustics, speech and signal processing. IEEE, 2009: 1553-1556.

[47] ZHUANG F, LUO P, YIN P, et al. Concept learning for cross-domain text classification: A general probabilistic framework [C]//Twenty-third international joint conference on artificial intelligence, 2013: 1960-1966.

[48] BAO Y, COLLIER N, DATTA A. A partially supervised cross-collection topic model for cross-domain text classification [C]//Proceedings of the 22nd ACM international conference on information & knowledge management, 2013: 239-248.

[49] LI L, JIN X, LONG M. Topic correlation analysis for cross-domain text classification [C]// Proceedings of the AAAI conference on artificial intelligence, 2012: 998-1004.

[50] JING B, LU C, WANG D, et al. Cross-domain labeled lda for cross-domain text classification [C]// 2018 IEEE International conference on data mining (ICDM) . IEEE, 2018: 187-196.

[51] WANG D, JING B, LU C, et al. Coarse alignment of topic and sentiment: a unified model for cross-lingual sentiment classification [J]. IEEE transactions on neural networks and learning systems, 2020, 32 (2): 736-747.

[52] LIN Z, JIN X, XU X, et al. A cross-lingual joint aspect/sentiment model for sentiment analysis [C]//Proceedings of the 23rd ACM international conference on conference on information and knowledge management, 2014: 1089-1098.

[53] ZHUANG F, LUO P, SHEN Z, et al. Collaborative dual-plsa: mining distinction and commonality across multiple domains for text classification [C]//Proceedings of the 19th ACM international conference on Information and knowledge management, 2010: 359-368.

[54] ZHOU G, HE T, ZHAO J, et al. A subspace learning framework for cross-lingual sentiment classification with partial parallel data [C]//Twenty-Fourth international joint conference on artificial intelligence, 2015: 1426-1432.

[55] MA C, WANG M, CHEN X. Topic and sentiment unification maximum entropy model for online review analysis [C]//Proceedings of the 24th international conference on world wide web, 2015: 649-654.

[56] LIN C, HE Y. Joint sentiment/topic model for sentiment analysis [C]//Proceedings of the 18th ACM conference on information and knowledge management, 2009: 375-384.

[57] YOSINSKI J, CLUNE J, BENGIO Y, et al. How transferable are features in deep neural networks?

[C]//Proceedings of the 27th international conference on neural information processing system, 2014 (2): 3320-3328.

[58] ZHUANG F, CHENG X, LUO P, et al. Supervised representation learning: transfer learning with deep autoencoders [C]//Twenty-fourth international joint conference on artificial intelligence, 2015: 4119-4126.

[59] LONG M, CAO Y, WANG J, et al. Learning transferable features with deep adaptation networks [C]//International conference on machine learning. PMLR, 2015: 97-105.

[60] BEN-DAVID S, BLITZER J, CRAMMER K, et al. A theory of learning from different domains [J]. Machine learning, 2010, 79 (1): 151-175.

[61] SEJDINOVIC D, SRIPERUMBUDUR B, GRETTON A, et al. Equivalence of distance-based and rkhs-based statistics in hypothesis testing [J]. The annals of statistics, 2013: 2263-2291.

[62] GRETTON A, SEJDINOVIC D, STRATHMANN H, et al. Optimal kernel choice for large-scale two-sample tests [C]//Advances in neural information processing systems. Citeseer, 2012: 1205-1213.

[63] KRIZHEVSKY A, SUTSKEVER I, HINTON G E. Imagenet classification with deep convolutional neural networks [C]//Proceedings of the 25th international conference on neural information processing systems, 2012 (1): 1097-1105.

[64] GANIN Y, USTINOVA E, AJAKAN H, et al. Domain-adversarial training of neural networks [J]. The journal of machine learning research, 2016, 17 (1): 2096-2030.

[65] SUN B, SAENKO K. Deep coral: correlation alignment for deep domain adaptation [C]//European conference on computer vision. Springer, 2016: 443-450.

[66] ZHU U, ZHUANG F, WANG J, et al. Deep subdomain adaptation network for image classification [J]. IEEE transactions on neural networks and learning systems, 2020, 32 (4): 1713-1722.

[67] ZHU Y, ZHUANG F, WANG J, et al. Multi-representation adaptation network for cross-domain image classification [J]. Neural networks, 2019, 119: 214-221.

[68] GRETTON A, BORGWARDT K M, RASCH M J, et al. A kernel two-sample test [J]. JMLR, 2012, 13 (Mar): 723-773.

[69] HE K, ZHANG X, REN S, et al. Deep residual learning for image recognition [C]// Proceedings of the IEEE conference on computer vision and pattern recognition, 2016: 770-778.

[70] HUANG G, LIU Z, VAN DER MAATEN L, et al. Densely connected convolutional networks [C]// Proceedings of the IEEE conference on computer vision and pattern recognition, 2017: 4700-4708.

[71] ZHU Y, ZHUANG F, WANG D. Aligning domain-specific distribution and classifier for cross-domain classification from multiple sources [C]//Proceedings of the AAAI conference on artificial intelligence, 2019 (33): 5989-5996.

[72] XUHONG L, GRANDVALET Y, DAVOINE F. Explicit inductive bias for transfer learning with convolutional networks [C]//International Conference on Machine Learning. PMLR, 2018: 2825-2834.

[73] LI X, XIONG H, WANG H, et al. Delta: deep learning transfer using feature map with attention for convolutional networks [C]//International Conference on Learning Repre-sentations, 2019.

[74] GOODFELLOW I J, POUGET-ABADIE J, MIRZA M, et al. Generative adversarial nets [C]// Proceedings of the 27th International Conference on Neural Information Processing Systems, 2014: 2672-2680.

[75] RADFORD A, METZ L, CHINTALA S. Unsupervised representation learning with deep convolutional generative adversarial networks [C]//ICLR, 2016.

[76] ZHU J Y, PARK T, ISOLA P, et al. Unpaired image-to-image translation using cycleconsistent adversarial networks [C]//Proceedings of the IEEE international conference on computer vision, 2017:

2223-2232.

[77] LI C, WAND M. Precomputed real - time texture synthesis with markovian generative adversarial networks [C]//European conference on computer vision. Springer, 2016: 702-716.

[78] LECUN Y, BOTTOU L, BENGIO Y, et al. Gradient-based learning applied to document recognition [J]. Proceedings of the IEEE, 1998, 86 (11): 2278-2324.

[79] SUSSKIND J, ANDFRSON A, HINTON G E. The toronto face dataset [R]. Technical report UTML TR 2010-001, U. Toronto, 2010.

[80] KRIZHEVSKY A. Learning multiple layers of features from tiny images [D]. Toronto: University of Toronto, 2009.

[81] ARJOVSKY M, CHINTALA S, BOTTOU L. Wasserstein generative adversarial networks [C]// International conference on machine learning. PMLR, 2017: 214-223.

[82] GANIN Y, LEMPITSKY V. Unsupervised domain adaptation by backpropagation [C]//International conference on machine learning. PMLR, 2015: 1180-1189.

[83] TZENG E, HOFFMAN J, DARRELL T, et al. Simultaneous deep transfer across domains and tasks [C]//Proceedings of the IEEE international conference on computer vision. 2015: 4068-4076.

[84] BOUSMALIS K, SILBERMAN N, DOHAN D, et al. Unsupervised pixel-level domain adaptation with generative adversarial networks [C]//Proceedings of the IEEE conference on computer vision and pattern recognition, 2017: 3722-3731.

[85] EIGEN D, PUHRSCH C, FERGUS R. Depth map prediction from a single image using a multi-scale deep network [C]//28th annual conference on neural information processing systems. Neural information processing systems foundation, 2014: 2366-2374.

[86] SAITO K, WATANABEK, USHIKU Y, et al. Maximum classifier discrepancy for unsupervised domain adaptation [C]//Proceedings of the IEEE conference on computer vision and pattern recognition, 2018: 3723-3732.

[87] BOUSMALIS K, IRPAN A, WOHLHART P, et al. Using simulation and domain adaptation to improve efficiency of deep robotic grasping [C]//2018 IEEE international conference on robotics and automation (ICRA) . IEEE. 2018: 4243-4250.

[88] HOFFMAN J, TZENG E, PARK T, et al. Cycada: cycle-consistent adversarial domain adaptation [C]//International conference on machine learning. PMLR, 2018: 1989-1998.

[89] DASARATHY B V, SHEELA B V. A composite classifier system design: concepts and methodology [J]. Proceedings of the IEEE, 1979, 67 (5): 708-713.

[90] BREIMAN L. Bagging predictors [J]. Machine learning, 1996, 24 (2): 123-140.

[91] FREUND Y, SCHAPIRE R, ABE N. A short introduction to boosting [J]. Journal-Japanese society for artificial intelligence, 1999, 14: 1612.

[92] BREIMAN L. Random forests [J]. Machine learning, 2001, 45 (1): 5-32.

[93] HO T K. Random decision forests [C]//Proceedings of 3rd international conference on document analysis and recognition, 1995: 278-282.

[94] DAI W, YANG Q, XUE G R, et al. Boosting for transfer learning [C]//Proceedings of the 24th international conference on machine learning, 2007: 193-200.

[95] FREUND Y, SCHAPIRE R E. A decision - theoretic generalization of on - line learning and an application to boosting [J]. Journal of computer and system sciences, 1997, 55 (1): 119-139.

[96] GAO J, FAN W, JIANG J, et al. Knowledge transfer via multiple model local structure mapping [C]//Proceedings of the 14th ACM SIGKDD international conference on knowledge discovery and data mining, 2008: 283-291.

[97] GAO J, FAN W, SUN Y, et al. Heterogeneous source consensus learning via decision propagation and negotiation [C]//Proceedings of the 15th ACM SIGKDD international conference on knowledge discovery and data mining, 2009: 339-348.

[98] MA X, LUO P, ZHUANG F, et al. Combining supervised and unsupervised models via unconstrained probabilistic embedding [C]//Twenty-second international joint conference on artificial intelligence, 2011: 1396-1401.

[99] ZHUANG F, LUO P, XIONG H, et al. Cross-domain learning from multiple sources: a consensus regularization perspective [J]. IEEE transactions on knowledge and data engineering, 2010, 22 (12): 1664-1678.

[100] ZHUANG F, LUO P, PAN S J, et al. Ensemble of anchor adapters for transfer learning [C]// Proceedings of the 25th ACM International on conference on information and knowledge management, 2016: 2335-2340.

[101] ZHANG Y, SONG G, DU L, et al. Dane: domain adaptive network embedding [C]//Proceedings of the twenty-eighth international joint conference on artificial intelligence, 2019: 4362-4368.

[102] WU M, PAN S, ZHOU C, et al. Unsupervised domain adaptive graph convolutional networks [C]// Proceedings of the web conference 2020, 2020: 1457-1467.

[103] SHEN X, DAI Q, CHUNG F L, et al. Adversarial deep network embedding for cross-network node classification [C]//Proceedings of the AAAI conference on artificial intelligence, 2020 (34): 2991-2999.

[104] YANG S, SONG G, JIN Y, et al. Domain adaptive classification on heterogeneous information networ4ks. [C]//IJCAI, 2020: 1410-1416.

[105] ZHUANG Y. SHI C, YANG C, et al. Semantic - specific hierarchical alignment network for heterogeneous graph adaptation [C]//Joint european conference on machine learning and knowledge discovery in databases, Springer, 2021: 335-350.

[106] KIPF T N, WELLING M. Semi-supervised classification with graph convolutional networks [C]// International Conference on Learning Representations. 2016.

[107] TANG J, QU M, WANG M, et al. Line: Large - scale information network embedding [C]// Proceedings of the 24th international conference on world wide web, 2015: 1067-1077.

[108] MAO X, LI Q, XIE H, et al. Least squares generative adversarial networks [C]//Proceedings of the IEEE international conference on computer vision, 2017: 2794-2802.

[109] HAMILTON W, YING Z, LESKOVEC J. Inductive representation learning on large graphs [J]. Advances in neural information processing systems, 2017, 30: 1025-1035.

[110] LEVY O, GOLDBERG Y. Neural word embedding as implicit matrix factorization [J]. Advances in neural information processing systems, 2014, 27: 2177-2185.

[111] SUN Y, HAN J, YAN X, et al. Pathsim: meta path-based top-k similarity search in heterogeneous information networks [J]. Proceedings of the VLDB endowment, 2011, 4 (11): 992-1003.

[112] ZHANG Y, XIONG Y, KONG X, et al. Deep collective classification in heterogeneous information networks [C]//Proceedings of the 2018 world wide web conference, 2018: 399-408.

[113] SHI C, LI Y, ZHANG J, et al. A survey of heterogeneous information network analysis [J]. IEEE transactions on knowledge and data engineering, 2016, 29 (1): 17-37.

[114] ZHANG Y, YANG Q. A survey on multi-task learning [J]. IEEE transactions on knowledge and data engineering, 2021: 5586-5609.

[115] LI Y, TIAN X, LIU T, et al. Multi-task model and feature joint learning [C]//Twenty-fourth international joint conference on artificial intelligence, 2015: 3643-3649.

[116] BICKEL S, BOGOJESKA J, LENGAUER T, et al. Multi-task learning for hiv therapy screening [C]//Proceedings of the 25th international conference on machine learning, 2008: 56-63.

[117] ZHUANG F, LUO D, JIN X, et al. Representation learning via semi-supervised autoen-coder for multi-task learning [C]//2015 IEEE international conference on data mining. IEEE, 2015: 1141-1146.

[118] EVGENIOU T, PONTIL M. Regularized multi-task learning [C]//Proceedings of the tenth ACM SIGKDD international conference on knowledge discovery and data mining, 2004: 109-117.

[119] ZILINSKAS A. Practical mathematical optimization: an introduction to basic optimization theory and classical and new gradient-based algorithms [J]. Interfaces, 2006, 36 (6): 613.

[120] FRIEDMAN J, HASTIE T, TIBSHIRANI R. Regularization paths for generalized linear models via coordinate descent [J]. Journal of statistical software, 2010, 33 (1): 1.

[121] SENER O, KOLTUN V. Multi-task learning as multi-objective optimization [C]//Proceedings of the 32nd international conference on neural information processing systems, 2018: 525-536.

[122] CARUANA R. Multitask learning: a knowledge-based source of inductive bias [C]//Machine learning, proceedings of the tenth international conference. Morgan kaufmann, 1993: 41-48.

[123] BAXTER J. A bayesian/information theoretic model of learning to learn via multiple task sampling [J]. Machine learning, 1997, 28 (1): 7-39.

[124] KENDALL A, GAL Y, CIPOLLA R. Multi-task learning using uncertainty to weigh losses for scene geometry and semantics [C]//Proceedings of the IEEE conference on computer vision and pattern recognition, 2018: 7482-7491.

[125] CHEN Z, BADRINARAYANAN V, LEE C Y, et al. Gradnorm: gradient normalization for adaptive loss balancing in deep multitask networks [C]//International conference on machine learning. PMLR, 2018: 794-803.

[126] DESIDERI J A. Multiple-gradient descent algorithm (mgda) for multiobjective optimization [J]. Comptes rendus mathematique, 2012, 350 (5-6): 313-318.

[127] JAGGI M. Revisiting frank-wolfe: projection-free sparse convex optimization [C]//International conference on machine learning. PMLR, 2013: 427-435.

[128] DUONG L, COHN T, BIRD S, et al. Low resource dependency parsing: cross-lingual parameter sharing in a neural network parser [C]//Proceedings of the 53rd. annual meeting of the association for computational linguistics and the 7th international joint conference on natural language processing, 2015 (2): 845-850.

[129] YANG Y, HOSPEDALES T. Trace Norm Regularised Deep Multi-Task Learning [C]//5th International Conference on Learning Representations. 2017.

[130] MISRA I, SHRIVASTAVA A, GUPTA A, et al. Cross-stitch networks for multi-task learning [C]// Proceedings of the IEEE conference on computer vision and pattern recognition, 2016: 3994-4003.

[131] GIRSHICK R. Fast r-cnn [C]//Proceedings of the IEEE international conference on computer vision, 2015: 1440-1448.

[132] ZHUANG F, KARYPIS G, NING X, et al. Multi-view learning via probabilistic latent semantic analysis [J]. Information sciences, 2012, 199: 20-30.

[133] HE J, DU C, ZHUANG F, et al. Online bayesian max-margin subspace multi-view learning. [C]// IJCAI, 2016: 1555-1561.

[134] HE J, DU C, DU C, et al. Nonlinear maximum margin multi-view learning with adaptive kernel. [C]//IJCAI, 2017: 1830-1836.

[135] ZHANG C, FU H, HU Q, et al. Generalized latent multi-view subspace clustering [J]. IEEE

transactions on pattern analysis and machine intelligence, 2018, 42 (1): 86-99.

[136] XU C, TAO D, XU C. Multi-view intact space learning [J]. IEEE transactions on pattern analysis & machine intelligence, 2015, 37 (12): 2531-2544.

[137] JIN X, ZHUANG F, WANG S, et al. Shared structure learning for multiple tasks with multiple views [C]//Joint European conference on machine learning and knowledge discovery in databases. Springer, 2013: 353-368.

[138] JIN X, ZHUANG F, XIONG H, et al. Multi-task multi-view learning for heterogeneous tasks [C]// Proceedings of the 23rd ACM international conference on conference on information and knowledge management, 2014: 441-450.

[139] ELKAHKY A M, SONG Y, HE X. A multi-view deep learning approach for cross domain user modeling in recommendation systems [C]//Proceedings of the 24th international conference on world wide web, 2015: 278-288.

[140] FUANG P S, FIE X, GAO J, et al. Learning deep structured semantic models for web search using clickthrough data [C]//Proceedings of the 22nd ACM international conference on information & knowledge management, 2013: 2333-2338.

[141] ZHOU X, DONG D, HUA W, et al. Multi-view response selection for human-computer conversation [C]//Conference on empirical methods in natural language processing, 2016: 372-381.

[142] RUDER S, GHAFFARI P, BRESLIN J G. Knowledge adaptation: teaching to adapt [J/OL]. CoRR, 2017, abs/1702. 02052 [2018-08-13]. http: //arxiv. org/abs/1702. 02052.

[143] PETERS M E, AMMAR W, BHAGAVATULA C, et al. Semi-supervised sequence tagging with bidirectional language models [C/OL]//BARZILAY R, KAN M. Proceedings of the 55th Annual Meeting of the Association for Computational Linguistics, ACL 2017, Vancouver, Canada, July 30 - August 4, volume 1: long papers. Association for computational linguistics, 2017: 1756-1765 [2021-08-06]. https: //doi. org/10. 18653/vl/P17-1161.

[144] LAKEW S M, EROFEEVA A, NEGRI M, et al. Transfer learning in multilingual neural machine translation with dynamic vocabulary [C/OL]//TURCHI M, NIEHUES J, FLDERICO M, Proceedings of the 15th international conference on spoken language translation, IWSLT 2018, Bruges, Belgium, October 29-30, 2018. International conference on spoken language translation, 2018: 54-61 [2022-03-04]. https: //aclanthology. org/2018. iwslt-1. 8.

[145] MOU L, MENG Z, YAN R, et al. How transferable are neural networks in NLP applications? [C]// Proceedings of the 2016 conference on empirical methods in natural language processing, EMNLP 2016, Austin, Texas, USA, November 1-4, 2016. The association for computational linguistics, 2016: 479-489.

[146] KIM J K, KIM Y B, SARIKAYA R, et al. Cross-lingual transfer learning for pos tagging without cross-lingual resources [C]//Proceedings of the 2017 conference on empirical methods in natural language processing, 2017: 2832-2838.

[147] DONG L, YANG N, WANG W, et al. Unified language model pre-training for natural language understanding and generation [C]//Advances in neural information processing systems 32: annual conference on neural information processing systems 2019, 2019: 13042-13054.

[148] DENG J, DONG W, SOCHER R, et al. Imagenet: A large-scale hierarchical image database [C]// 2009 IEEE conference on computer vision and pattern recognition. IEEE, 2009: 248-255.

[149] DEVLIN J, CHANG M, LEE K, et al, BERT: pre-training of deep bidirectional transformers for language understanding [C/OL]//BURSTEIN J, DORAN C, SOLORIO T. Proceedings of the 2019 conference of the North American chapter of the association for computational linguistics: human

language technologies, NAACL-HLT 2019, minneapolis, MN, USA, June 2-7, 2019, volume 1 (Long and Short Papers). Association for computational linguistics, 2019: 4171-4186 [2022-03-16]. https: //doi. org/10. 18653/vl/n19-1423.

[150] REMUS R. Domain adaptation using domain similarity - and domain complexity - based instance selection for cross-domain sentiment analysis [C]//2012 IEEE 12th international conference on data mining workshops. IEEE, 2012: 717-723.

[151] VAN ASCH V, DAELEMANS W. Using domain similarity for performance estimation [C]//Proceedings of the 2010 workshop on domain adaptation for natural language processing, 2010: 31-36.

[152] TZENG E, HOFFMAN J, ZHANG N, et al. Deep domain confusion: maximizing for domain invariance [J/OL]. CoRR, 2014, abs/1412. 3474 [2018 - 08 - 13]. http: //arxiv. org/abs/1412. 3474.

[153] CHEN X, SUN Y, ATHIWARATKUN B, et al. Adversarial deep averaging networks for cross-lingual sentiment classification [J]. Transactions of the association for computational linguistics, 2018, 6: 557-570.

[154] PETERS M E, NEUMANN M, IYYER M, et al. Deep contextualized word representations [C]// Proceedings of the 2018 conference of the North American chapter of the association for computational linguistics: human language technologies, NAACL-HLT 2018, New Orleans, Louisiana, USA, June 1-6, 2018, volume 1 (Long Papers). Association for Computational Linguistics, 2018: 2227-2237.

[155] DEVLIN J, CHANG M, LEE K, et al. BERT: pre-training of deep bidirectional transformers for language understanding [C/OL]//BURSTEIN J, DORAN C, SOLORIO T. Proceedings of the 2019 conference of the North American chapter of the association for computational linguistics: human language technologies, NAACL-HLT 2019, Minneapolis, MN, USA, June 2-7, 2019, volume 1 (long and short papers). Association for computational linguistics, 2019: 4171-4186 [2022-03-16]. https: //doi. org/10. 18653/vl/n19-1423.

[156] VASWANI A, SHAZEER N, PARMAR N, et al. Attention is all you need [C]//Advances in neural information processing systems 30: annual conference on neural information processing systems 2017, 2017: 5998-6008.

[157] LIU Y, OTT M, GOYAL N, et al. Roberta: a robustly optimized BERT pretraining approach [J/OL]. CoRR, 2019, abs/1907. 11692 [2019-08-01]. http: //arxiv. org/abs/1907. 11692.

[158] ROBERTS A, RAFFEL C, SHAZEER N. How much knowledge can you pack into the parameters of a language model? [C]//Proceedings of the 2020 conference on empirical methods in natural language processing, EMNLP 2020, 2020: 5418-5426.

[159] RAFFEL C, SHAZEER N, ROBERTS A, et al, Exploring the limits of transfer learning with a unified text-to-text transformer [J]. J. Mach. Learn. Res., 2020 (21): 140:1-140:67.

[160] HUANG J, SMOLA A J, GRETTON A, et al. Correcting sample selection bias by unlabeled data [C]//SCHÖLKOPF B, PLATT J C, HOFMANN T. Advances in neural information processing systems. MIT Press, 2006: 601-608.

[161] LONG M, WANG J, DING G, et al. Transfer feature learning with joint distribution adaptation [C]// IEEE international conference on computer vision. IEEE computer society, 2013: 2200-2207.

[162] LI S, SONG S, HUANG G, et al. Domain invariant and class discriminative feature learning for visual domain adaptation [J]. IEEE trans. Image Process., 2018, 27 (9): 4260-4273.

[163] FERNANDO B, HABRARD A, SEBBAN M, et al. Unsupervised visual domain adaptation using subspace alignment [C]//IEEE international conference on computer vision. IEEE computer society, 2013: 2960-2967.

[164] GHIFARY M, KLEIJN W B, ZHANG M. Domain adaptive neural networks for object recognition [C]//Lecture notes in computer science: Pacific Rim International Conference on Artificial Intelligence. Spririger, 2014 (8862): 898-904.

[165] SUN B, SAENKO K. Deep CORAL: correlation alignment for deep domain adaptation [C] //Lecture Notes in Computer Science: volume 9915, Computer Vision - ECCV 2016 Workshops, 2016: 443-450.

[166] ZELLINGER W, GRUBINGER T, LUGHOFER E, et al. Central moment discrepancy (CMD) for domain - invariant representation learning [C/OL]//International conference on learning representations. OpenReview. net, 2017 [2019 - 07 - 25]. https: //openreview. net/forum? id = SkB- \ _ mcel.

[167] XIE S, ZHENG Z, CHEN L, et al. Learning semantic representations for unsupervised domain adaptation [C/OL]//Proceedings of machine learning research: volume 80, proceedings of the 35th international conference on machine learning, ICML 2018, Stockholmsmassan, Stockholm, Sweden, July 10-15, 2018. PMLR, 2018: 5419-5428 [2020-10-21]. http: //proceedings. mlr. press/ v80/xie18c. html.

[168] PAN Y, YAO T, LI Y, et al. Transferrable prototypical networks for unsupervised domain adaptation [C/OL]//IEEE conference on computer vision and pattern recognition, CVPR 2019, Long Beach, CA, USA, June 16-20, 2019. Computer Vision Foundation / IEEE, 2019: 2239-2247 [2021-08-30], http: //openaccess. thecvf. com/content \ _ CVPR \ _ 2019/html/Pan \ _ Transferrable \ _ Prototypical \ _ Networks \ _ for \ _ Unsupervised \ _ Domain \ _ Adaptation \ _ CVPR \ _ 2019 \ _ paper. html. DOI: 10. 1109/CVPR. 2019. 00234.

[169] LI Y, WANG N, SHI J, et al. Revisiting batch normalization for practical domain adaptation [C]// International conference on learning representations, workshop track proceedings. OpenReview. net, 2017.

[170] LI S, XIE B, LIN Q, et al. Generalized domain conditioned adaptation network [J]. IEEE transactions on pattern analysis and machine intelligence, 2021: 4093-4109.

[171] GANIN Y, USTINOVA E, AJAKAN H, et al. Domain-adversarial training of neural networks [J/OL]. J. Mach. Learn. Res., 2016 (17): 59:1-59:35 [2019-07-10]. http: //jmlr. org/papers/v17/15-239. html.

[172] ZHANG W, XU D, OUYANG W, et al. Self-paced collaborative and adversarial network for unsupervised domain adaptation [J/OL]. IEEE Trans. Pattern Anal. Mach. Intell., 2021, 43 (6): 2047-2061 [2021-06-01]. https: //doi. org/10. 1109/TPAMI. 2019. 2962476.

[173] CAO Z, MA L, LONG M, et al. Partial adversarial domain adaptation [C/OL]// Proceedings of the European Conference on Computer Vision (ECCV). 2018 [2018-09-13]. https: //doi. org/10. 1007/978-3-030-01237-3_9.

[174] SAITO K, YAMAMOTO S, USHIKU Y, et al. Open set domain adaptation by backpropagation [C/OL]//Proceedings of the European Conference on Computer Vision (ECCV). 2018: 153-168 [2021-01-21]. https: //doi. org/10. 1007/978-3-030-01228-1_10.

[175] YOU K, LONG M, CAO Z, et al. Universal domain adaptation [C/OL]//Proceedings of the IEEE/CVF conference on computer vision and pattern recognition. 2019: 2720-2729 [2021-08-30]. https: //doi. org/10. 1109/CVPR. 2019. 00283.

[176] PENG X. BAI Q, XIA X, et al. Moment matching for multi-source domain adaptation [C/OL]// 2019 IEEE/CVF International Conference on Computer Vision, 2019: 1406-1415. https: //doi. org/10. 1109/ICCV. 2019. 00149.

[177] TOLDO M, MARACANI A, MICHIELI U, et. al. Unsupervised domain adaptation in semantic

segmentation: a review [J/OL]. CoRR, 2020, abs/2005. 10876. https: //arxiv. org/abs/2005. 10876.
[178] KANG G, WEI Y, YANG Y, et al. Pixel-level cycle association: a new perspective for domain adaptive semantic segmentation [C]//Advances in neural information processing systems. 2020: 3569-3580.
[179] TSAI Y H, HUNG W C, SCHULTER S, et al. Learning to adapt structured output space for semantic segmentation [C]//CVPR, 2018: 7472-7481.
[180] ZOU Y, YU Z, KUMAR B V, et al. Unsupervised domain adaptation for semantic segmentation via class-balanced self-training [C]//ECCV, 2018: 289-305.
[181] ZOU Y, YU Z, LIU X, et al. Confidence regularized self-training [C]//ICCV, 2019: 5982-5991.
[182] CHEN M, XUE H, CAI D. Domain adaptation for semantic segmentation with maximum squares loss [C/OL]//2019 IEEE/CVF International Conference on Computer Vision, 2019: 2090 - 2099. https: //doi. org/10. 1109/ICCV. 2019. 00218.
[183] CHOI J. KIM T, KIM C. Self-ensembling with gan-based data augmentation for domain adaptation in semantic segmentation [C/OL]//2019 IEEE/CVF International Conference on Computer Vision, 2019. IEEE, 2019: 6829-6839. https: //doi. org/10. 1109/ICCV. 2019. 00693.
[184] CHEN Y, LI W, SAKARIDIS C, et al. Domain adaptive faster R-CNN for object detection in the wild [C]//2018 IEEE Conference on Computer Vision and Pattern Recognition, CVPR, 2018: 3339-3348.
[185] VÁZQUEZ D, LÓPEZ A M, PONSA D. Unsupervised domain adaptation of virtual and real worlds for pedestrian detection [C]//Proceedings of the 21st International Conference on Pattern Recognition, 2012: 3492-3495.
[186] HE Z, ZHANG L. Multi-adversarial faster-rcnn for unrestricted object detection [C]//2019 IEEE/CVF International Conference on Computer Vision, 2019: 6667-6676.
[187] SAITO K, USHIKU Y, HARADA T, et al. Strong-weak distribution alignment for adaptive object detection [C]//IEEE conference on Computer Vision and Pattern Recognition, 2019: 6956-6965.
[188] CHEN C, ZHENG Z, DING X, et al. Harmonizing transferability and discriminability for adapting object detectors [C]//2020 IEEE/CVF Conference on Computer Vision and Pattern Recognition, 2020: 8866-8875.
[189] XU C, ZHAO X, JIN X, et al. Exploring categorical regularization for domain adaptive object detection [C]//2020 IEEE/CVF conference on Computer Vision and Pattern Recognition, 2020: 11721-11730.
[190] XU M, WANG H, NI B, et al. Cross-domain detection via graph-induced prototype alignment [C]//2020 IEEE/CVF conference on Computer Vision and Pattern Recognition, 2020: 12352-12361.
[191] ZHENG Y, HUANG D, LIU S, et al. Cross-domain object detection through coarse-to-fine feature adaptation [C]//2020 IEEE/CVF Conference on Computer Vision and Pattern Recognition, 2020: 13763-13772.
[192] HSU H, YAO C, TSAI Y, et al. Progressive domain adaptation for object detection [C]// IEEE Winter Conference on Applications of Computer Vision, 2020: 738-746.
[193] GOPALAN R, LI R, CHELLAPPA R. Domain adaptation for object recognition: an unsupervised approach [C]//IEEE International Conference on Computer Vision, 2011: 999-1006.
[194] KIM T, JEONG M, KIM S, et al. Diversify and match, a domain adaptive representation learning paradigm for object detection [C]//IEEE Conference on Computer Vision and Pattern Recognition, 2019: 12456-12465.
[195] FRENCH G, MACKIEWICZ M, FISHER M H. Self-ensembling for visual domain adaptation [C]//

6th International Conference on Learning Representations, 2018.

[196] TARVAINEN A, VALPOLA H. Mean teachers are better role models: weight-averaged consistency targets improve semi-supervised deep learning results [C]//Advances in Neural Information Processing Systems 30: Annual Conference on Neural Information Processing Systems 2017, 2017.

[197] CAI Q, PAN Y, NGO C, et al. Exploring object relation in mean teacher for crossdomain detection [C]//IEEE Conference on Computer Vision and Pattern Recognition, 2019: 11457-11466.

[198] TIAN K, ZHANG C, WANG Y, et al. Knowledge mining and transferring for domain adaptive object detection [C]//Proceedings of the IEEE/CVF International Conference on Computer Vision, 2021: 9133-9142.

[199] QI L, WANG L, HUO J, et al. Adversarial camera alignment network for unsupervised cross-camera person re-identification [J] IEEE Transactions on Circuits and Systems for Video Technology, 2021, 32 (5): 2921-2936.

[200] GE Y, CHEN D, LI H. Mutual Mean-Teaching: Pseudo Label Refinery for Unsupervised Domain Adaptation on Person Re-identification [C]//International Conference on Learning Representations, 2019.

[201] GE Y, ZHU F, CHEN D, et al. Self-paced contrastive learning with hybrid memory for domain adaptive object re-ID [C]//Proceedings of the 34th International Conference on Neural Information Processing Systems. 2020: 11309-11321.

[202] GATYS L A, ECKER A S, BEHTGE M. A Neural Algorithm of Artistic Style [J]. Nature Communications, 2015.

[203] HUANG X, BELONGIE S. Arbitrary style transfer in real-time with adaptive instance normalization [C]//Proceedings of the IEEE international conference on computer vision, 2017: 1501-1510.

[204] BANSAL A. MA S, RAMANAN D. et al. Recycle-gan: unsupervised video retargeting [C]// Proceedings of the European conference on computer vision (ECCV) . 2018: 119-135.

[205] LI S, HAN B, YU Z, et al. I2v-gan: unpaired infrared-to-visible video translation [C]// Proceedings of the 29th ACM International Conference on Multimedia, 2021: 3061-3069.

[206] SINGH A P, GORDON G J. Relational learning via collective matrix factorization [C]//Proceedings of the 14th ACM SIGKDD international conference on knowledge discovery and data mining, 2008: 650-658.

[207] HAO X, LIU Y, XIE R, et al. Adversarial feature translation for multi-domain recommendation [C]//Proceedings of the 27th ACM SIGKDD conference on knowledge discovery & data mining, 2021: 2964-2973.

[208] ZHU Y, TANG Z, LIU Y, et al. Personalized transfer of user preferences for cross-domain recommendation [C]//Proceeding of the fifteenth ACMI international conference on web search and data mining, 2021: 1507-1515.

[209] HU G, ZHANG Y, YANG Q. Conet: Collaborative cross networks for cross-domain recommendation [C]//Proceedings of the 27th ACM international conference on information and knowledge management, 2018: 667-676.

[210] XIE R, LIU Y, ZHANG S, et al. Personalized approximate pareto-efficient recommendation [C]// Proceedings of the web conference 2021, 2021: 3839-3849.

[211] ZHAO Z, HONG L, WEI L, et al. Recommending what video to watch next: a multitask ranking system [C]//Proceedings of the 13th ACM conference on recommender systems, 2019: 43-51.

[212] MA J, ZHAO Z, YI X, et al. Modeling task relationships in multi-task learning with multi-gate mixture-of-experts [C]//Proceedings of the 24th ACM SIGKDD international conference on knowledge discovery & data mining, 2018: 1930-1939.

[213] ZHU Y, XI D, SONG B, et al. Modeling users' behavior sequences with hierarchical explainable network for cross-domain fraud detection [C]//Proceedings of the web conference 2020, 2020: 928-938.

[214] XI D, ZHUANG F, SONG B, et al. Neural hierarchical factorization machines for user's event sequence analysis [C]//Proceedings of the 43rd international ACM SIGIR conference on research and development in information retrieval, 2020: 1893-1896.

[215] XI D, SONG B, ZHUANG F, et al. Modeling the field value variations and field interactions simultaneously for fraud detection [C]//Proceedings of the AAAI conference on artificial intelligence, 2021 (35): 14957-14965.

[216] TAN C, SUN F, KONG T, et al. A survey on deep transfer learning [C]//International conference on artificial neural networks. Springer, 2018: 270-279.

[217] SILVA T H, VIANA A C, BENEVENUTO F, et al. Urban computing leveraging locationbased social network data: a survey [J]. ACM computing surveys (CSUR), 2019, 52 (1): 1-39

[218] GENG X, LI Y, WANG L, et al. Spatiotemporal multi-graph convolution network for ride-hailing demand forecasting [C]//Proceedings of the AAAI conference on artificial intelligence, 2019 (33): 3656-3663.

[219] BAI L, YAO L, LI C, et al. Adaptive graph convolutional recurrent network for traffic forecasting [C]//34th conference on neural information processing systems, 2020 (33): 17804-17815.

[220] LI Y, YU R, SHAHABI C, et al. Diffusion convolutional recurrent neural network: data-driven traffic forecasting [C]//International conference on learning representations, 2018.

[221] YU B, YIN H, ZHU Z. Spatio-temporal graph convolutional networks: a deep learning framework for traffic forecasting [C]//Proceedings of the 27th international joint conference on artificial intelligence, 2018: 3634-3640.

[222] DAI W, XUE G R, YANG Q, et al. Co-clustering based classification for out-of-domain documents [C]//Proceedings of the 13th ACM SIGKDD international conference on knowledge discovery and data mining, 2007: 210-219.

[223] TIAN X, TAO D, RUI Y. Sparse transfer learning for interactive video search reranking [J]. ACM Transactions on multimedia computing, communications, and applications (TOMM), 2012, 8 (3): 1-19.

[224] ZHANG C, ZHANG H, QIAO J, et al. Deep transfer learning for intelligent cellular traffic prediction based on cross-domain big data [J]. IEEE journal on selected areas in communications, 2019, 37 (6): 1389-1401.

[225] FAN X, XIANG C, CHEN C, et al. Buildsensys: reusing building sensing data for traffic prediction with cross-domain learning [J]. IEEE transactions on mobile computing, 2020, 20 (6): 2154-2171.

[226] REN Y, CHEN X, WAN S, et al. Passenger flow prediction in traffic system based on deep neural networks and transfer learning method [J]. 2019 4th international conference on intelligent transportation engineering (ICITE), 2019: 115-120.

[227] DU Y, WANG J, FENG W, et al. Adarnn: adaptive learning and forecasting for time series [C]//Proceedings of the 30th ACM international conference on information & knowledge management, 2022: 402-411.

[228] WANG L, GENG X, MA X, et al. Ridesharing car detection by transfer learning [J]. Artificial intelligence, 2019, 273: 1-18.

[229] XU F, LI Y, WANG H, et al. Understanding mobile traffic patterns of large scale cellular towers in

urban environment [J]. IEEE/ACM Transactions on networking (TON), 2017, 25 (2): 1141-1161.

[230] ZHANG C, ZHANG H, QIAO J, et al. Deep transfer learning for intelligent cellular traffic prediction based on cross-domain big data [J]. IEEE Journal on Selected Areas in Communications, 2019, 37 (6): 1389-1401.

[231] WANG L, ZHANG D, YANG D, et al. Space-ta: cost-effective task allocation exploiting intradata and interdata correlations in sparse crowdsensing [J], ACM Transactions on Intelligent Systems and Technology, 2017.

[232] WANG L, GENG X, MA X, et al. Cross-city transfer learning for deep spatio-temporal prediction [C]//Proceedings of the 28th International Joint Conference on Artificial Intelligence. 2019: 1893-1899.

[233] SONG J, XU J, LING X, et al. C2TTE: Cross-city Transfer Based Model for Travel Time Estimation [C]//Database Systems for Advanced Applications: 25th International Conference, DASFAA 2020, Jeju, 2020, Proceedings, Part I. 2020: 288-295.

[234] LIU B, FU Y, YAO Z, et al. Learning geographical preferences for point-of-interest recommendation [J]. Knowledge discovery and data mining, 2013: 1043-1051.

[235] WANG Z, QIN Z, TANG X, et al. Deep reinforcement learning with knowledge transfer for online rides order dispatching [C]//2018 IEEE International Conference on Data Mining (ICDM). IEEE, 2018: 617-626.

[236] LIU B, FU Y, YAO Z, et al. Learning geographical preferences for point-of-interest recommendation [C]//Proceedings of the 19th ACM SIGKDD international conference on knowledge discovery and data mining, 2013: 1043-1051.

[237] LI D, GONG Z, ZHANG D. A common topic transfer learning model for crossing city poi recommendations [J]. IEEE transactions on cybernetics, 2018, 49 (12): 4282-4295.

[238] DING J, YU G, LI Y, et al. Learning from hometown and current city: cross - city poi recommendation via interest drift and transfer learning [J]. Proceedings of the ACM on interactive, mobile, wearable and ubiquitous technologies, 2019, 3 (4): 1-28.

[239] XIN H, LU X, XU T, et al, Out-of-town recommendation with travel intention modeling [C]// Proceedings of the AAAI Conference on Artificial Intelligence. 2021, 35 (5): 4529-4536.

[240] CHEN Y, WANG X, FAN M, et al. Curriculum meta-learning for next poi recommendation [C]// Proceedings of the 27th ACM SIGKDD conference on knowledge discovery & data mining. 2021: 2692-2702.

[241] FINN C. ABBEEL P, LEVINE S. Model-agnostic meta-learning for fast adaptation of deep networks [C]//International conference on machine learning. PMLR, 2017: 1126-1135.

[242] GUO B, LI J, ZHENG V W, et al. Citytransfer: Transferring inter- and intra-city knowledge for chain store site recommendation based on multi-source urban data [J]. Proceedings of the ACM on interactive, mobile, wearable and ubiquitous technologies. 2018, 1 (4): 1-23.

[243] LIU Y. GUO B, ZHANG D, et al. Knowledge transfer with weighted adversarial network for cold-start store site recommendation [J]. ACM transactions on knowledge discovery from data (TKDD), 2021, 15 (3): 1-27.